办公软件应用（Windows平台）

# Windows 7、Office 2010 职业技能培训教程

## （高级操作员级）

教材编写委员会　编写

北京希望电子出版社
Beijing Hope Electronic Press
www.bhp.com.cn

# 内容简介

本书共 8 章，与试题汇编一一对应。第 1 章由浅入深地讲解了 Windows 7 的基本应用，使读者能够更好地掌握这一操作系统的使用；第 2 章和第 3 章讲解 Word 2010 文档处理的基本操作和综合操作；第 4 章和第 5 章讲解 Excel 2010 数据表格处理的基本操作和综合操作；第 6 章讲解 PowerPoint 2010 演示文稿的制作；第 7 章讲解三个办公软件之间的联合应用；最后一章讲解桌面信息管理程序应用。

本书可供考评员和培训教师在组织培训、操作练习等方面使用，还可供广大读者学习办公软件应用知识和提高办公软件应用技能使用。

为方便考生练习，全部的素材文件将在北京希望电子出版社微信公众号、微博，以及北京希望电子出版社网站（www.bhp.com.cn）上提供。

图书在版编目（CIP）数据

办公软件应用（Windows 平台）Windows 7、Office 2010 职业技能培训教程 ：高级操作员级 / 教材编写委员会编写. —北京 ：北京希望电子出版社, 2014.1

ISBN 978-7-83002-127-6

Ⅰ. ①办… Ⅱ. ①全… Ⅲ. ①Windows 操作系统－技术培训－教材②办公自动化－应用软件－技术培训－教材 Ⅳ. ①TP316.7②TP317.1

中国版本图书馆 CIP 数据核字(2013)第 240153 号

出版：北京希望电子出版社
地址：北京市海淀区中关村大街 22 号
　　　中科大厦 A 座 10 层
邮编：100190
网址：www.bhp.com.cn
电话：010-82620818（总机）转发行部
　　　010-82626237（邮购）
传真：010-62543892
经销：各地新华书店

封面：张　洁
编辑：石文涛　刘　霞
校对：全　卫
开本：787mm×1092mm　1/16
印张：22
字数：522 千字
印刷：北京市密东印刷有限公司
版次：2022 年 9 月 1 版 11 次印刷

定价：49.80 元

# 国家职业技能鉴定专家委员会

# 计算机专业委员会名单

# 教材编委会名单

# 出 版 说 明

本书根据办公软件应用（Windows 平台）培训和考核标准及操作员级考试大纲编写，共分 8 章，与《试题汇编》一一对应。第 1 章由浅入深地讲解 Windows 7 的基本操作，使读者能够基本掌握该操作系统的使用，为后续学习打下基础；第 2～5 章分别讲述了文字录入与编辑、Word 2010 文档的格式设置与编排、文档表格的创建与设置、文档的版面设置与编排；第 6 章和第 7 章讲解 Excel 2010 电子表格工作簿的操作、电子表格中的数据处理；最后一章讲解 Word 和 Excel 的进阶应用。

本书可供考评员和培训教师在组织培训、操作练习等方面使用，还可供广大读者学习办公软件应用知识和提高办公软件应用技能使用。

本书执笔人有张瑜、孙静、张立光、张彦菲、颜虹等，并感谢北京智源时代科技有限公司提供技术支持，本书的不足之处敬请批评指正。

# 目　录

# 第一章　操作系统应用

Windows 7 是由微软公司（Microsoft）开发的操作系统，可供家庭及商业工作环境、笔记本电脑、平板电脑、多媒体中心等使用。Windows 7操作系统继承部分Vista特性，在加强系统的安全性、稳定性的同时，重新对性能组件进行了完善和优化，部分功能、操作方式也回归质朴，在满足用户娱乐、工作、网络生活中的不同需要等方面达到了一个新的高度。特别是在科技创新方面，实现了上千处新功能和改变，Windows 7操作系统成为了微软产品中的巅峰之作。

**本章主要内容**

- 操作系统的基本操作
- 操作系统的设置与优化

**评分细则**

本章有6个评分点，每题10分。

| 序号 | 评分点 | 分值 |
|---|---|---|
| 1 | 进入操作系统 | 1 |
| 2 | 建立考生文件夹 | 1 |
| 3 | 复制文件 | 1 |
| 4 | 重命名文件 | 1 |
| 5 | 操作系统的设置 | 3 |
| 6 | 操作系统的优化 | 3 |

**本章导读**

综上所述，我们明确了本章所要求掌握的技能考核点以及对应《试题汇编》单元的评分点、分值和判分要求等。下面先在“样题示范”中展示《试题汇编》中的一道真题，然后详细讲解本章中涉及到的知识点和技能考核点，最后通过“样题解答”来讲解这道真题的详细操作步骤。

## 1.1 样题示范

**【练习目的】**

从《试题汇编》中选取样题，了解本章题目类型，掌握本章重点技能点。

**【样题来源】**

《试题汇编》第一单元1.1题（随书光盘中提供了本样题的操作视频）。

**【操作要求】**

考生按如下要求进行操作。

**1．操作系统的基本操作**

- 启动“资源管理器”：开机，进入Windows 7操作系统，启动“资源管理器”。
- 创建文件夹：在C盘根目录下建立考生文件夹，文件夹名为考生准考证后7位。
- 复制、重命名文件：C盘中有考试题库“Win2010GJW”文件夹，文件夹结构如下图所示。根据选题单指定题号，将题库中“KSML2”文件夹内相应的文件复制到考生文件夹中，将文件分别重命名为A1、A2、A3、A4、A5、A6、A7、A8，扩展名不变。

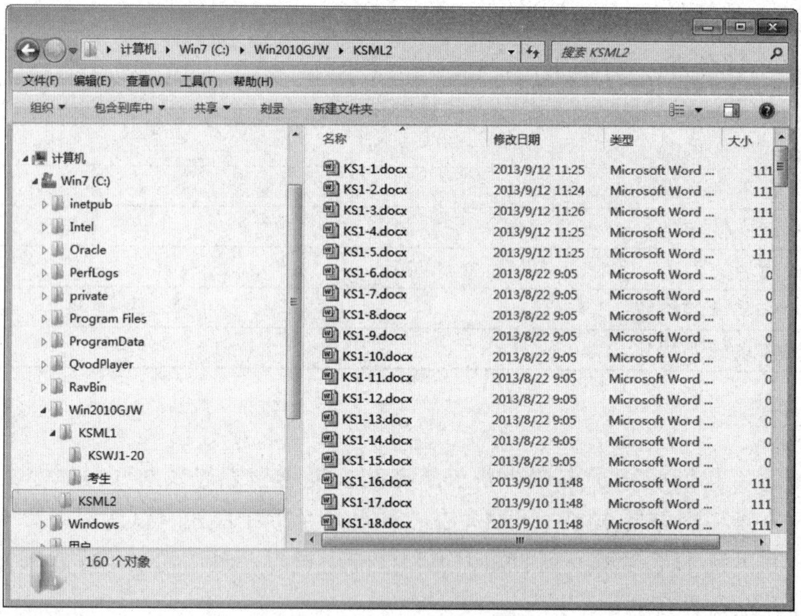


举例：选题单指定第二单元题号为8，则将题库中KSML2文件夹内的KS2-8.docx复制到考生文件夹中，并重命名为A2.docx。

**2．系统设置与优化：**

- 将程序“截图工具”先附到「开始」菜单上，然后再锁定到任务栏中。
- 应用“Aero主题”中的“建筑”，并设置“更改图片时间间隔”为“30秒”，播放方式为“无序播放”；设置窗口颜色为“大海”，且不启用透明效果，将设置完成的主题保存为“考生的主题”。

# 1.2　操作系统的基本操作

## 1.2.1　认识Windows 7系统

### 1．Windows 7系统的启动

（1）系统启动。

首先连接好计算机电源，按一下主机箱的电源开关，计算机会自动进行自检。自检顺利通过后，系统会进入Windows 7的登录界面，可以在其中单击选择要登录的用户名。如果没有设置登录密码，系统会自动登录；如果设置了密码，在“用户账户”图标的下方会出现一个空白文本框，可以在这里输入密码，如图1-1所示。

图1-1

输入正确的密码后，单击按钮或直接按Enter键，系统将进入Windows 7桌面，如图1-2所示。

图1-2

（2）重新启动。

当运行应用程序出现问题或程序越来越慢时，可以关闭所有打开的应用程序，再重新启动计算机。重新启动计算机的操作方法如下：

Windows 7的开始按钮是微软视窗标记，单击该按钮弹出“开始”菜单，单击“关机”按钮右侧的三角按钮，在弹出的快捷菜单中执行“重新启动”命令，如图1-3所示。

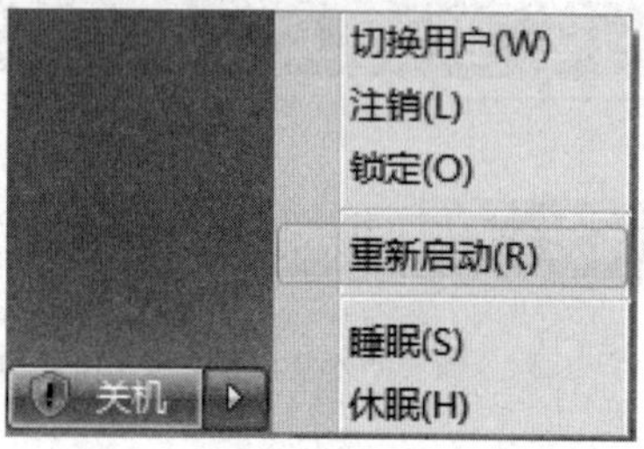

图1-3

（3）切换用户。

Windows 7是一个多用户操作系统，当登录系统时，单击登录界面上的用户名前的图标即可以实现多用户登录，每个用户都可以对系统进行个性化设置，并且不同的用户之间互相不影响。

为了方便不同的用户快速登录计算机，Windows 7提供了切换用户和注销功能，这样不但方便快捷，而且有利于减少对硬件的损耗。

- 切换用户是在不关闭当前用户的情况下切换到另外一个用户。切换用户的操作方法如下：
  单击“开始”按钮弹出“开始”菜单，单击“关机”按钮右侧的三角按钮，在弹出的快捷菜单中执行“切换用户”命令，如图1-4所示。
- 注销是保存设置并关闭当前登录用户。注销的操作方法如下：
  单击“开始”按钮弹出“开始”菜单，单击“关机”按钮右侧的三角按钮，在弹出的快捷菜单中执行“注销”命令，如图1-5所示。

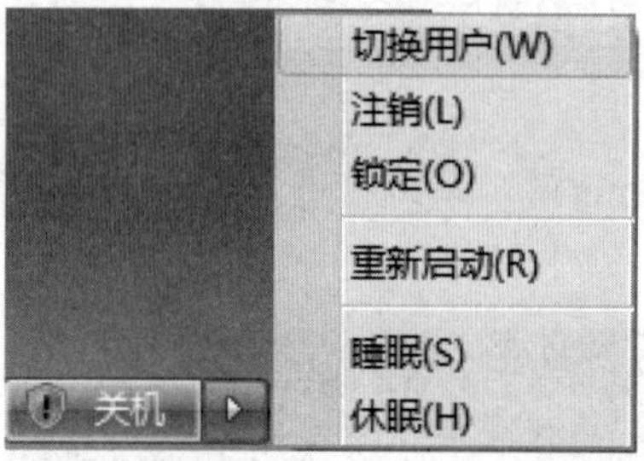

图1-4

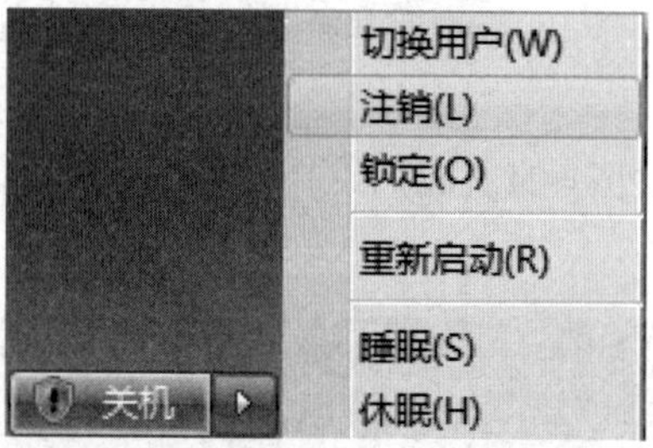

图1-5

（4）关闭计算机。

当用户不再需要使用计算机时，就可以关闭计算机了。关闭计算机的操作方法如下：

单击“开始”按钮弹出“开始”菜单，单击“关机”按钮，如图1-6所示。

图1-6

**2．认识Windows 7的桌面**

登录Windows 7后，屏幕上较大的区域称为桌面，用户使用计算机完成的各种工作都是在桌面上进行的。Windows 7的桌面包括桌面背景、图标、任务栏、开始按钮等部分，如图1-7所示。

图1-7

（1）桌面背景。

桌面背景也称为桌布或者墙纸，是进入Windows系统后对Windows7的第一印象。同时也是进行Windows操作的开始。Windows 7允许用户根据自己的喜好来更改桌面背景。

（2）图标。

一个图标是一个图形图像，同时也是一种标志，代表了某一个程序或文件。图标是程序或文件的图形表示，当用户在计算机中安装了程序或建立了文件后，这些程序或文件会建立起一个图标来表示自己。每一个图标代表一个命令，单击或双击该图标可执行命令并迅速地打开程序文件。在实际使用的过程中，可以根据个人的需要，将一些常用的快捷方式图标放到桌面上，以便于使用。

（3）任务栏。

任务栏是位于桌面最底端的蓝色长条。任务就是指一个正在运行的程序，Windows 7是一个多任务操作系统，可以让计算机同时做多份工作。Windows 7操作系统在任务栏方面进行了较大程度的改进和革新，包括将从95、98到2000、XP、Vista都一直沿用的快速启动栏和任务选项进行合并处理。这样通过任务栏，即可快速查看各个程序的运行状态、历史信息等等。每运行一个程序，就会在任务栏上显示出相应的程序按钮，通过单击任务栏上的程序按钮，可以在多个应用程序中进行切换。如果同时运行的程序过多，Windows 7会自动将同一类型的程序按钮折叠为一个按钮，此时如果想切换到该类型的某一个程序，只要单击该程序按钮，从弹出的列表中选择相应的程序即可。

（4）“开始”按钮。

单击“开始”按钮，弹出“开始”菜单，几乎可以在此完成所有的任务，如启动应用程序、打开文档、查找文件以及退出系统等等，如图1-8所示。

图1-8

（5）语言栏。

语言栏用于文字输入，通过它可以添加或者删除输入法、切换中/英文输入状态、切换中文输入法以及设置默认输入法等。

（6）通知区域。

任务栏最右边的区域被称为通知区域，也有人称其为系统提示区或系统托盘。在该区域中可以显示活动和紧急的通知图标、隐藏不活动的图标。出现在通知区域里的实际上也是一些程序快捷图标，只不过与快速启动栏的图标相比，这些程序已经是在运行过程中了。但与活动任务区里的运行程序不同，通知区域里的运行程序是在后台运行，而不是在前台运行。

## 1.2.2 资源管理器

“资源管理器”是Windows操作系统提供的资源管理工具，是Windows的精华功能之一。Windows系统中资源管理器是用户经常浏览和查看文件的重要窗口，可以通过资源管理器查看计算机上的所有资源，能够清晰、直观地对计算机上形形色色的文件和文件夹进行管理。在Windows 7系统中，微软对资源管理器进行了很多改进，并赋予了更多新颖有趣的功能，操作更便利。

启动“资源管理器”的方法有两种。

方法1：打开“开始”菜单，在“所有程序”的“附件”列表中执行“Windows资源管理器”命令，启动“资源管理器”，如图1-9所示。

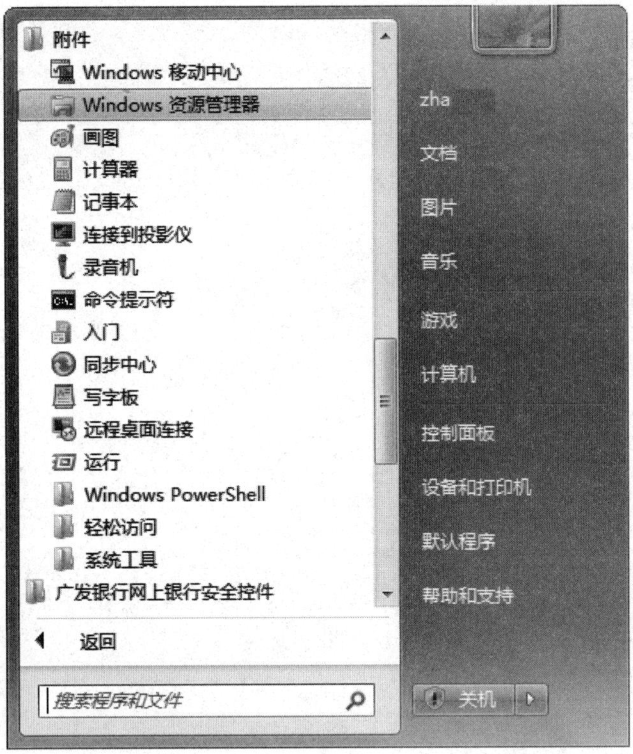


图1-9

图1-10

方法2：在任务栏上，单击“资源管理器”快速启动按钮，启动“资源管理器”，如图1-10所示。

在Windows 7资源管理器中，在窗口左侧的列表区，包含收藏夹、库、计算机和网络等资源。这与Windows XP及Vista系统都有很大的不同，所有的改变都是为了更好地组织、管理及应用资源，从而带来更高效的操作。在菜单栏方面，Windows 7简化了组织方式，一些功能被直接作为顶级菜单置于菜单栏上，如新建库、新建文件夹功能等。而且，一些有必要保留的按钮与菜单栏放置在同一行中，如视图模式的设置。

### 1.2.3 文件（夹）的基本操作

文件是计算机中的一个重要的概念。计算机中的程序，以及在程序中所编辑的文档、表格等都是以文件的形式存放在计算机中。文件名是文件的标识符号，每个文件都有自己的文件名，文件名由“主文件名．扩展名”组成。按照文件类别和内容，分别把它们存放在一起，存放这些同类信息的地方，叫做文件夹。文件夹可存放文件及子文件夹，Windows以文件夹的形式组织和管理文件。

**1．选定文件（夹）**

在对文件或文件夹进行操作之前，要先选定对象。首先打开“资源管理器”，在对话框窗口左侧列表区选定指定的文件夹，然后在右侧“内容窗格”中选定所需的文件或文件夹，如图1-11所示。

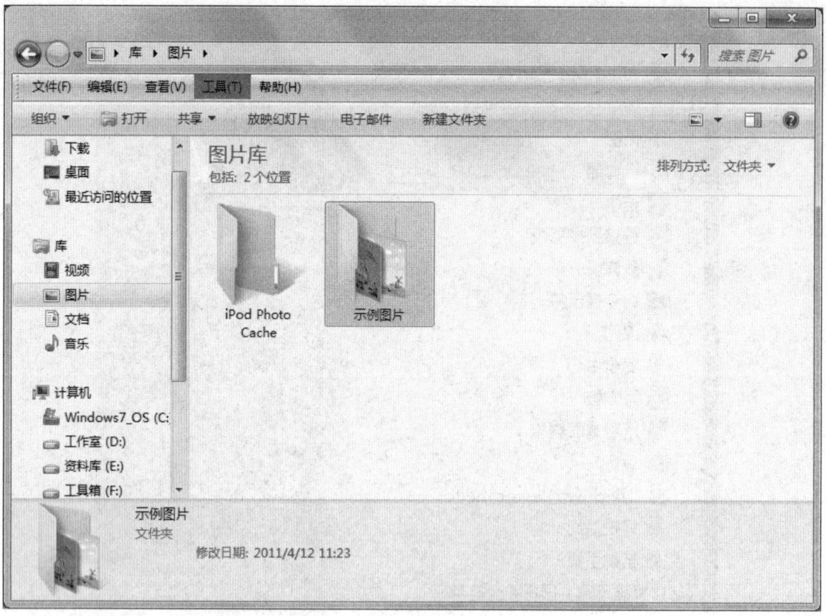


图1-11

常见的选定操作如下：

（1）选定单个文件或文件夹：直接单击对象。

（2）选定一组连续排列的文件或文件夹：将光标放置空白处，按住鼠标并拖拽，此时会出现一个矩形方块，用此方块包含所选对象后，释放鼠标即可。也可以按住Shift键，单击第一个和最后一个选择对象。

（3）选定不相邻的文件或文件夹：按住Ctrl键，逐个单击需要选择的文件和文件夹即可。

（4）选定全部文件或文件夹：可使用“编辑”菜单中的“全选”命令，也可使用Ctrl+A组合键。

（5）取消选定的一个文件或文件夹：按住Ctrl键，同时单击要取消的项目即可。

（6）取消选定的全部文件或文件夹：在窗口的任意空白处单击即可。

**2．打开文件（夹）**

要打开一个文件（夹），常用的方法有三种。

方法1：双击要打开的文件（夹），即可激活对应的文件（夹）窗口。

方法2：右击要打开的文件（夹），在打开的快捷菜单中执行“打开”命令打开该文件（夹），如图1-12所示。

图1-12

方法3：选中要打开的文件（夹），使用菜

单栏中的“打开”命令打开该文件（夹），如图1-13所示。

图1-13

3．新建文件（夹）

要建立一个新的文件，其操作步骤如下：

（1）选择需要建立新文件的文件夹窗口。

（2）选择“文件”菜单中“新建”选项下对应的文件格式。例如，执行“Microsoft Word 文档”命令，如图1-14所示，则在窗口中出现一个名为“新建 Microsoft Word 文档.docx”的文件。

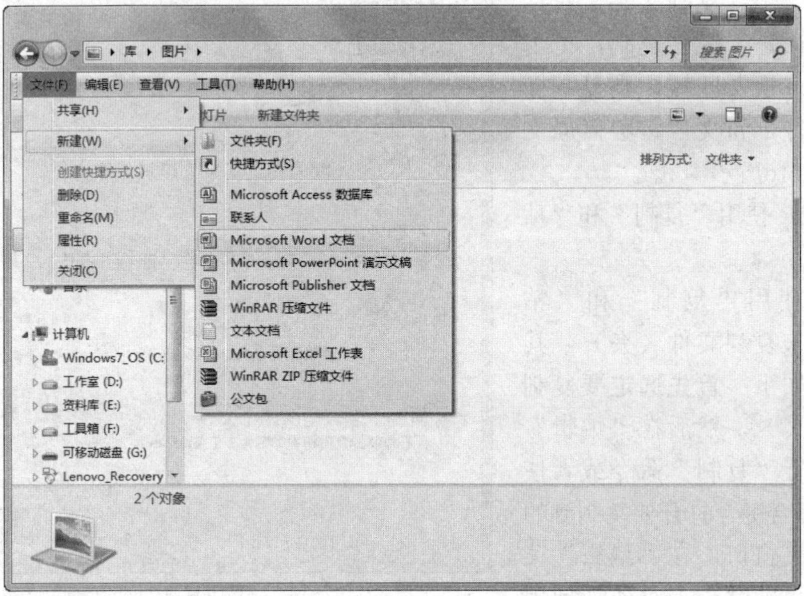


图1-14

（3）为新建的文件（夹）输入一个名字。

（4）按Enter键或单击确认操作。

新建文件夹时，其总是作为某个文件夹的子文件夹，因此在创建新文件夹之前应先选择其父文件夹为当前文件夹。新建文件夹可以在“文件”菜单中“新建”选项下执行“文件夹”命令，也可以直接在菜单栏中执行“新建文件夹”命令。

**4．复制文件（夹）**

将一个或一批文件（夹）从源位置备份至目标位置，并在源位置依旧保留该文件（夹）的操作，称为复制文件（夹）。复制文件和文件夹是计算机之间交流信息最基本的操作。常用的操作方法如下：

方法1：使用拖拽鼠标的方式复制。

可以轻松的通过拖拽鼠标来完成复制的操作。其操作步骤如下：首先选定要复制的文件（夹），再打开需要放置的目标文件夹窗口。在选定要复制的文件上按住鼠标右键，不要松开，并拖拽鼠标，这时会发现所选文件图标的阴影随着光标移动。将光标拖拽到目标窗口中，松开鼠标右键，在弹出的快捷菜单中执行“复制到当前位置”命令，即可完成复制操作，如图1-15所示。

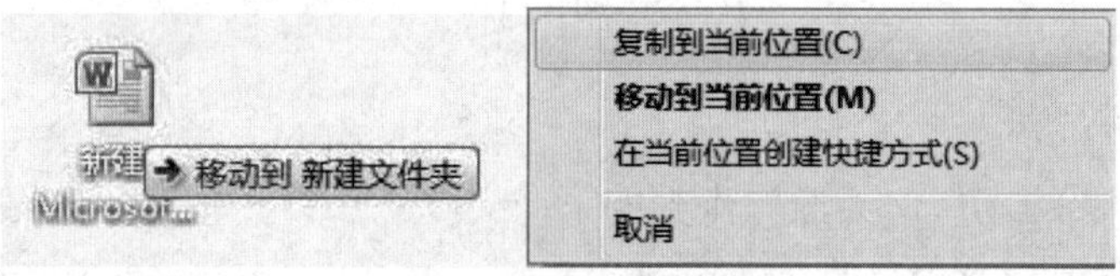


图1-15

复制文件时，如果目标文件夹中已存在同名的文件，系统将会给出一个“复制文件”对话框要求确认是否进行复制，单击“复制和替换”区域，则复制操作继续执行，新文件将覆盖原文件，如图1-16所示。

方法2：使用“复制”和“粘贴”命令。

可以使用“复制”和“粘贴”命令来复制文件（夹）。其操作步骤如下：首先选定要复制的文件（夹），然后在“编辑”菜单中执行“复制”命令或者使用Ctrl+C组合键。打开要复制到的目标文件夹窗口，在“编辑”菜单中执行“粘贴”命令或者使用

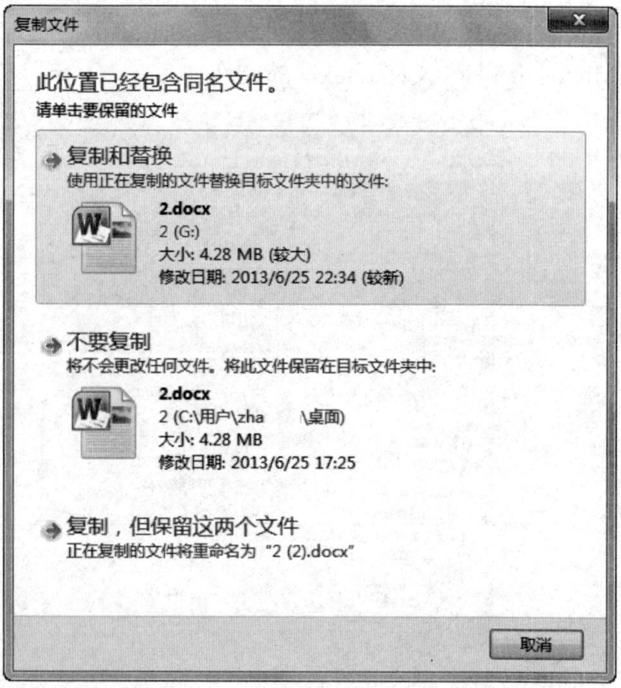


图1-16

Ctrl+V组合键，即可完成复制操作，如图1-17所示。

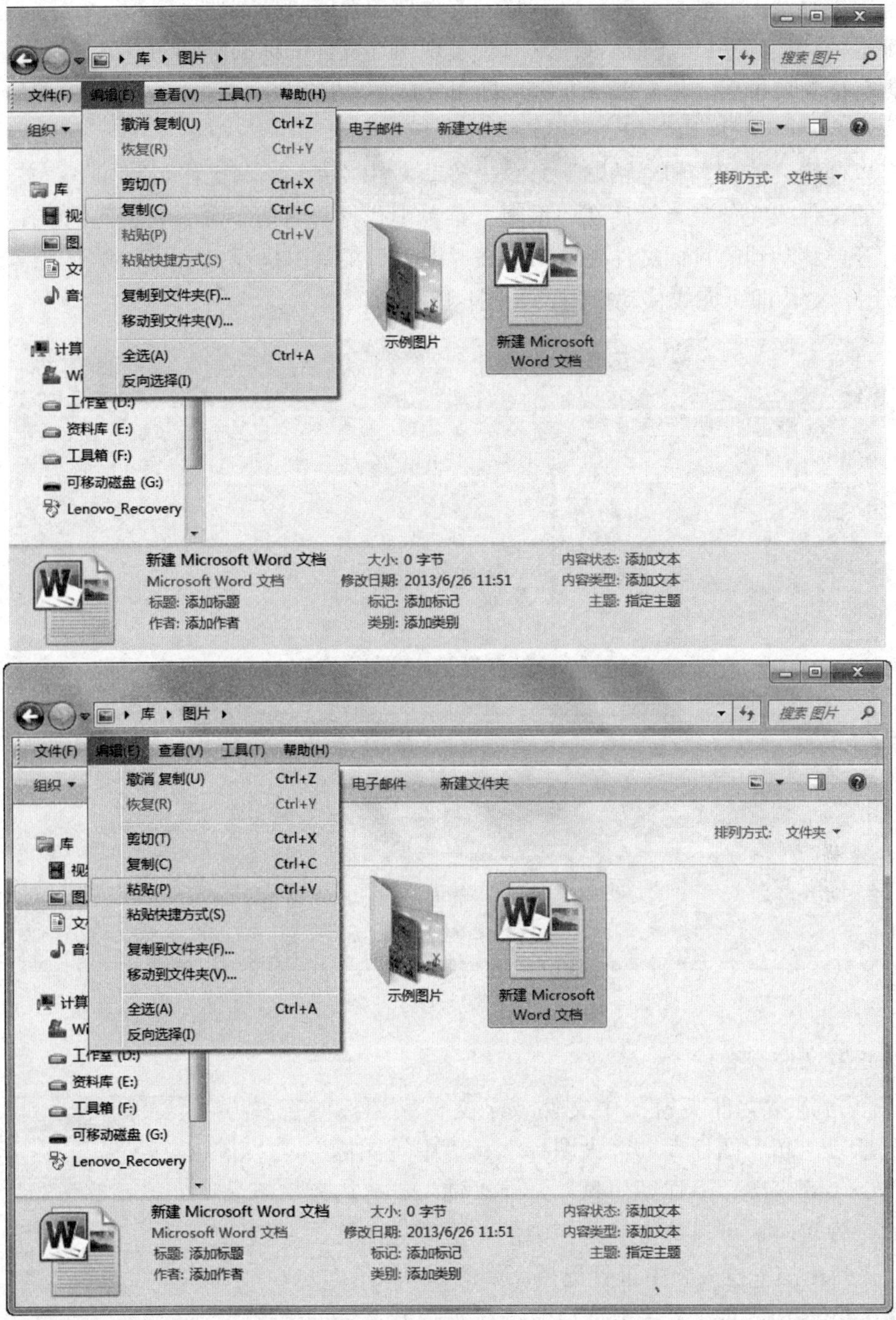


图1-17

5．**移动文件（夹）**

将一个或一批文件（夹）从源位置移动至目标位置，同时在源位置不再保留该文件（夹）的操作，称为移动文件（夹）。常用的操作方法如下：

方法1：使用拖拽鼠标的方式移动。

选定要移动的文件（夹），打开移动文件要放置的目标文件夹窗口。在选定要移动的文件上按住鼠标左键，并拖拽，这时会发现所选文件图标的阴影随着光标移动。光标拖拽到目标窗口中后，松开鼠标左键，即可完成移动操作。

方法2：使用“剪切”和“粘贴”命令。

可以使用“剪切”和“粘贴”命令来移动文件（夹）。其操作步骤如下：首先选定要移动的文件或文件夹，然后在“编辑”菜单中执行“剪切”命令或者使用Ctrl+X组合键。打开要移动到的目标文件夹窗口，在“编辑”菜单中执行“粘贴”命令，或者使用Ctrl+V组合键，即可完成移动操作，如图1-18所示。

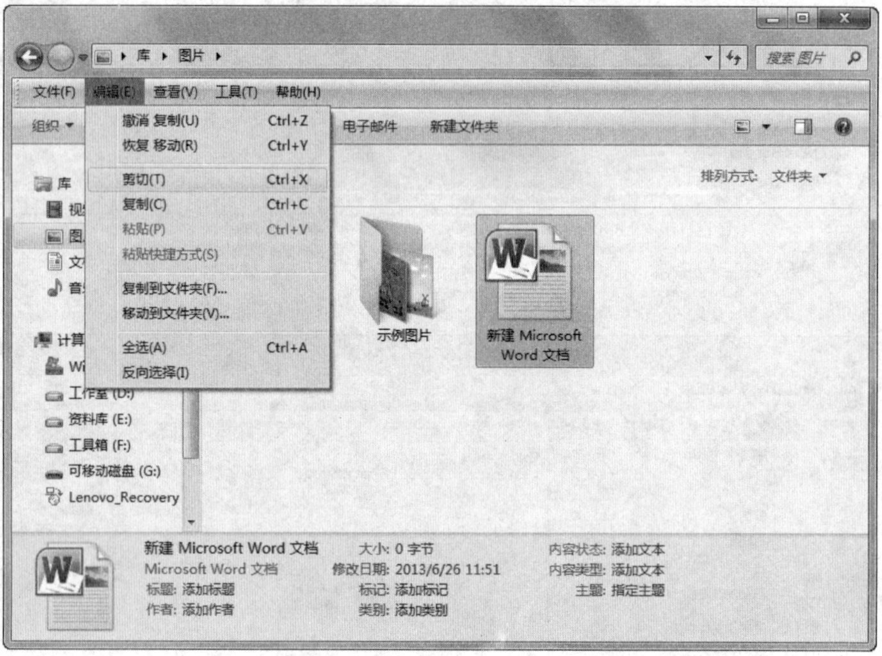


图1-18

**6.查看文件（夹）**

可以自定义文件夹窗口中文件或子文件夹图标的查看方式，包括以“超大图标”、“大图标”、“中等图标”、“小图标”、“列表”、“详细信息”、“平铺”、“内容”等显示方式。设置时，可以单击菜单栏中的“更改您的视图”按钮，在弹出的下拉列表中进行选择，如图1-19所示。

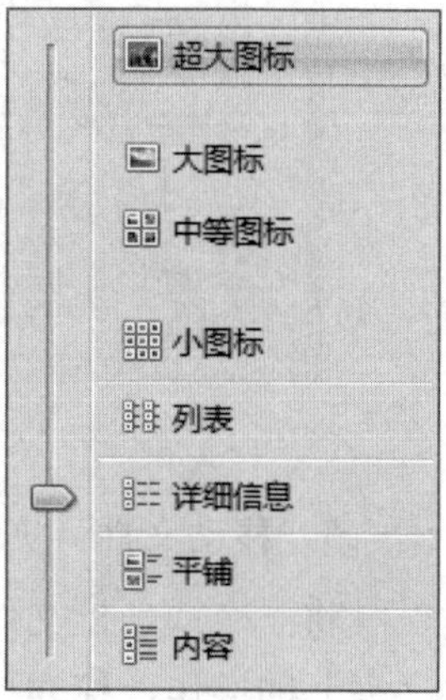


图1-19

Windows 7提供了文件预览功能，在不打开文件的情况下即可预览文件内容，非常方便。只需单击菜单栏上的“预览窗格”按钮即可，如图1-20所示。

但对于公用计算机或有着特殊要求的计算机来说，可能并不希望任何用户都能够自由预览系统中的各类文档，只需单击“隐藏预览窗格”按钮即可。

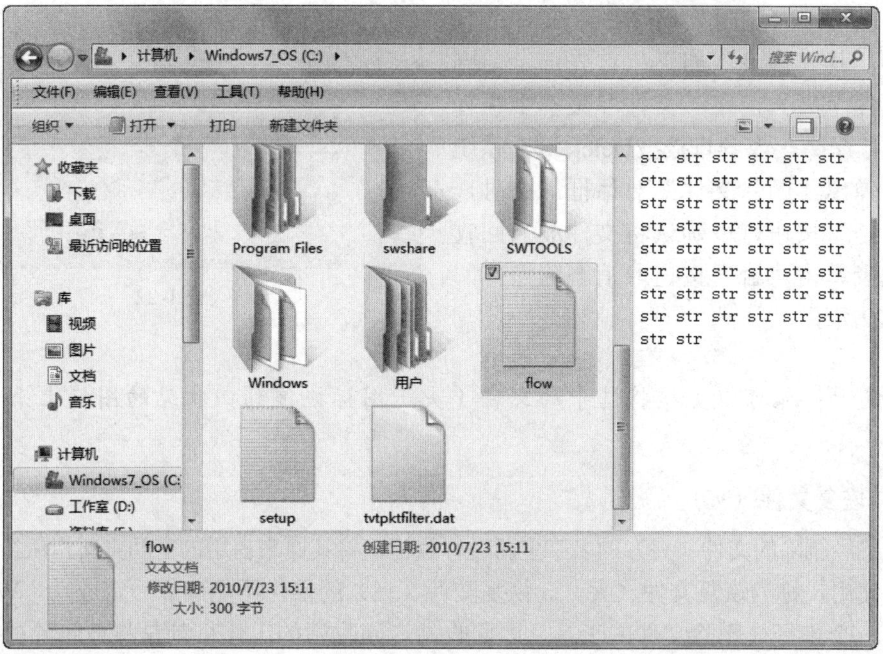


图1-20

7．查找文件（夹）

“资源管理器”提供了查找文件（夹）的功能。

要查找文件（夹），其操作步骤如下：在“资源管理器”窗口中，在左栏窗格中选择要搜索的磁盘或文件夹，在右上角的搜索区域单击搜索文本框，弹出设置框，单击“添加搜索筛选器”下的筛选条件，在弹出的菜单中选择搜索范围，系统会自动进行搜索，如图1-21所示。

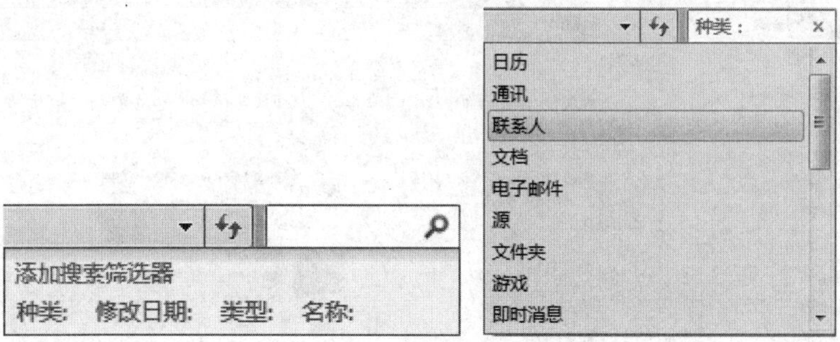


图1-21

8．删除文件（夹）

删除文件（夹）意味着将该文件（夹）的撤销，共所占用的存储空间也将释放。这样，系统就检索不到该文件（夹）了。将不需要的文件删除掉是使用计算机的过程中不可缺少的文件管理操作。Windows提供了一个叫做“回收站”的工具，删除文件时，系统总是将被删除的文件放入回收站中。这样，当进行了错误的删除操作时，可以在回收站找到被误删的文件，并恢复。

可以使用“删除”命令进行文件的删除操作，其操作步骤如下：首先选定要删除的文件（夹），在“文件”菜单中执行“删除”命令，或者直接按Delete键，系统将自动弹出“删除文件”对话框。这时，单击“是”按钮可以确认将文件放入回收站，或者单击“否”按钮取消删除操作，如图1-22所示。

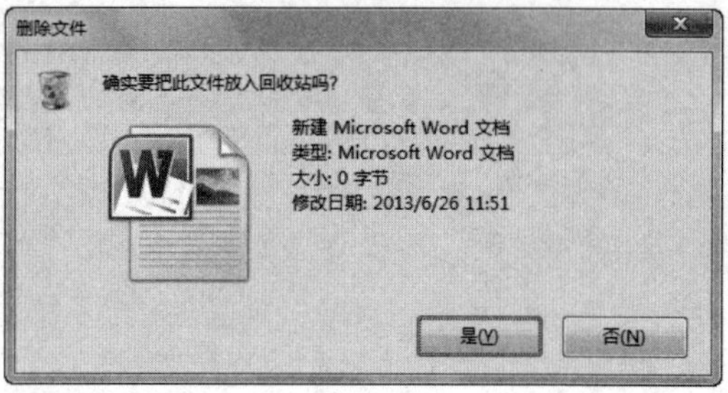


图1-22

提示：也可以直接将选中的文件（夹）图标拖拽到回收站的图标上来删除文件（夹）。

### 9．恢复文件（夹）

将已经删除的文件（夹）的名字重新进行登记，将其原来占用的空间重新指派给该文件（夹）使用，称为恢复文件（夹）。恢复文件（夹）的操作不能确保一定成功。Windows提供了一个恢复被删除文件的工具，即回收站。回收站的工作机制是将被删除的文件放到一个队列中，并把最近删除的文件放到队列的最前面。如果队列满了，则最先删除的文件将被永久删除。只要队列足够大，就有机会把几天甚至几周以前删除的文件恢复。

要恢复已被删除的文件，其操作步骤如下：首先双击桌面上的“回收站”图标，打开“回收站”窗口。窗口中会列出被删除的文件，选中要恢复的文件，然后在“文件”菜单中执行“还原”命令，或者直接在菜单栏中执行“还原此项目”命令，即可恢复选中的文件（夹），如图1-23所示。

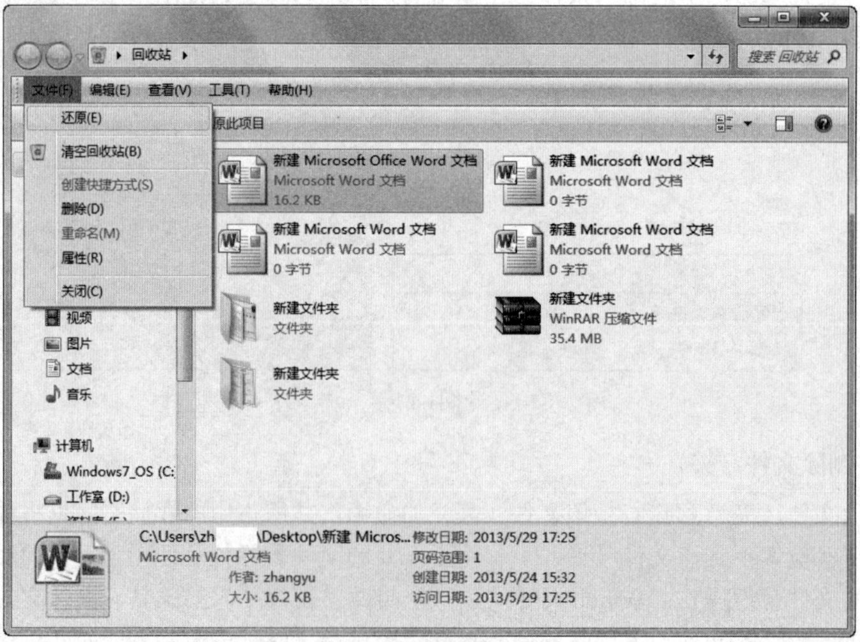


图1-23

提示：也可以在选中的文件图标上右击，在打开的快捷菜单中执行“还原”命令即可恢复文件，如图1-24所示，或者直接从回收站拖拽选中的文件到某一驱动器或文件夹窗口中，也可恢复该文件。

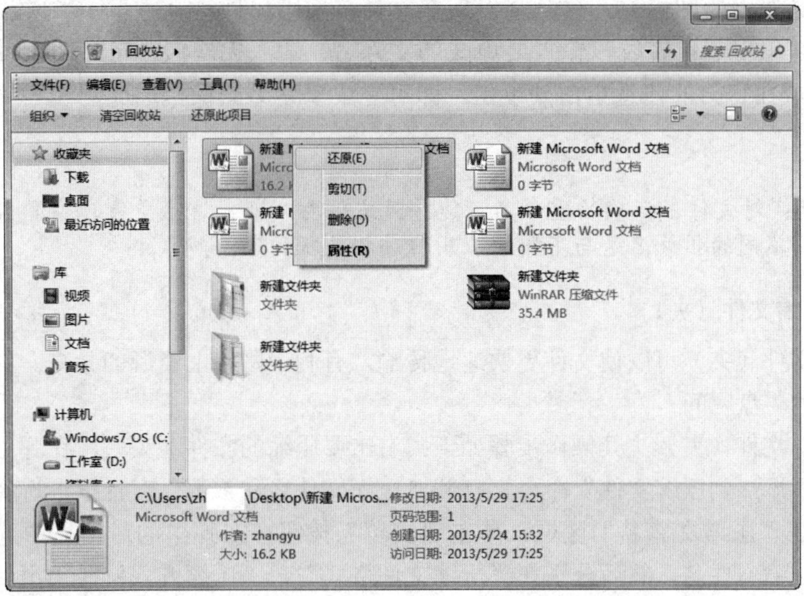


图1-24

### 10．重命名文件（夹）

给某个文件（夹）另起一个名字称为文件（夹）重命名。常用的操作方法如下：

方法1：选中要重命名的文件（夹），在“文件”菜单中执行“重命名”命令，如图1-25所示。

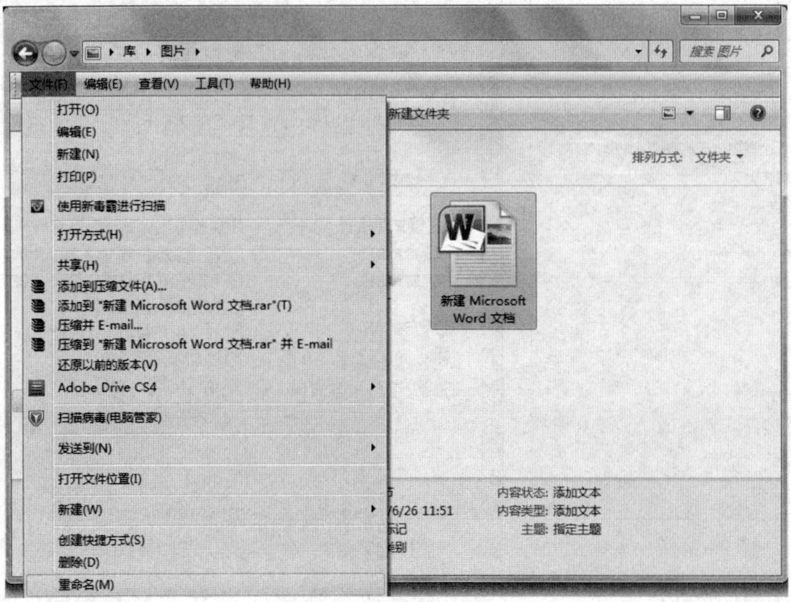


图1-25

方法2：选中要重命名的文件（夹），右击，打开其快捷菜单，执行“重命名”命令。

方法3：在选中文件或文件夹的名字上单击（注意是选中的文件名，而不是选中的图标）。这时会发现在文件名周围出现一个方框，并且文件名出现蓝色底纹，输入要更改的文件名，输入完毕后，可按Enter键，或在窗口的任意空白处单击，即可完成重命名的操作，如图1-26所示。

图1-26

提示：对文件不正确的重命名可能导致文件打不开，这主要表现在更改了文件的扩展名，而不同的扩展名是与不同的应用程序相关联的。

**11.压缩文件（夹）**

压缩文件（夹）可以使文件更快速地传输，有利于网络上资源的共享。同时，还能节省大量的磁盘空间。

要压缩文件（夹），其操作步骤如下：右击要压缩的文件（夹），在弹出的快捷菜单中执行“添加到压缩文件”命令。打开“压缩文件名和参数”对话框，选择“常规”选项卡，在“压缩文件名”区域，单击“浏览”按钮，在弹出的对话框中选择保存位置，输入压缩文件名，然后分别在“压缩文件格式”、“压缩方式”、“更新方式”区域选中所需方式，单击“确定”按钮，如图1-27所示。

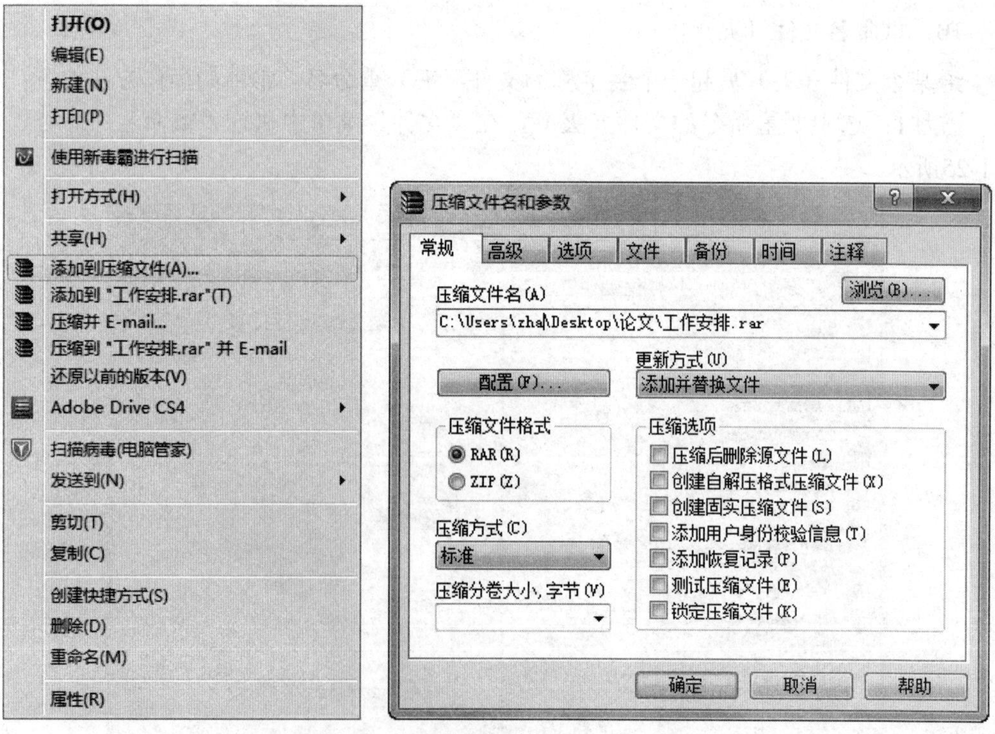


图1-27

还可以在压缩文件（夹）时设置压缩密码，在“压缩文件名和参数”对话框中选择“高级”选项卡，单击“设置密码”按钮。打开“带密码压缩”对话框，在“输入密码”和“再次输入密码以确认”文本框中输入密码，单击“确定”按钮，如图1-28所示。

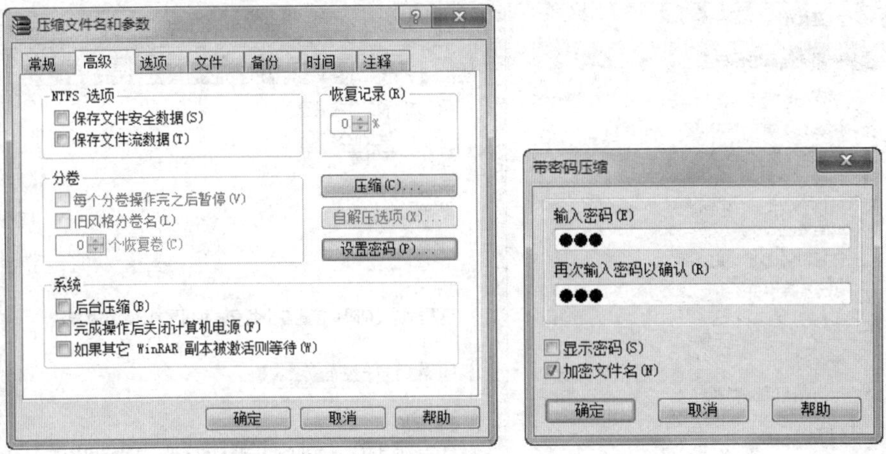


图1-28

压缩后的文件（夹）在需要时可以解压缩，其操作步骤如下：右击要解压缩的文件（夹），在弹出的快捷菜单中执行“解压文件”命令。打开“解压路径和选项”对话框，在“常规”选项卡下，从“目标路径”下拉列表中选择保存位置，在“更新方式”和“覆盖方式”区域选中所需方式，单击“确定”按钮，如图1-29所示。

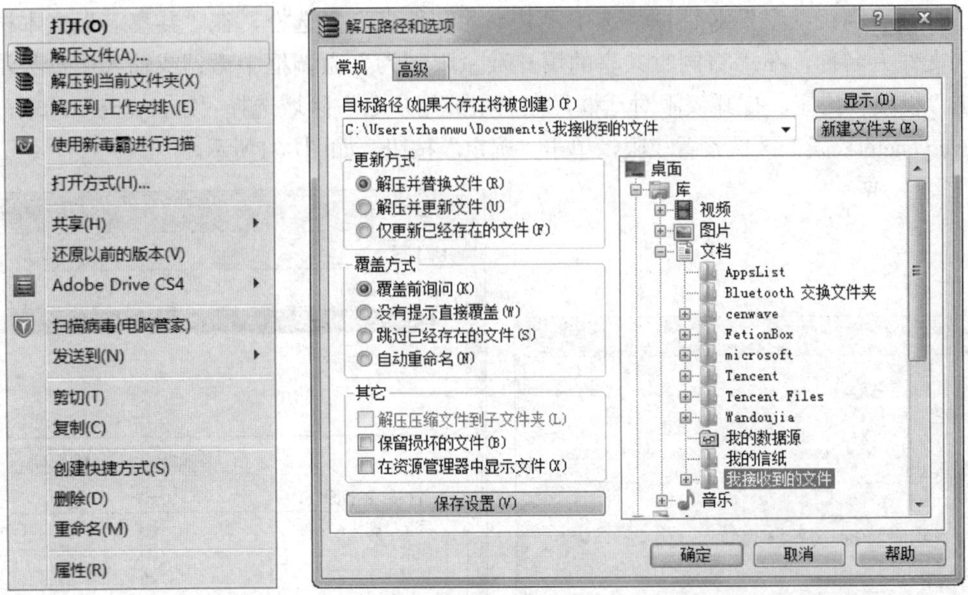


图1-29

**12．共享文件夹**

所谓共享文件夹就是指某个计算机用来和其他计算机间相互分享的文件夹。在Windows 7系统中，要想实现共享文件夹，首先要保证联网的各计算机的工作组名称一致。

若要共享文件夹，其操作步骤如下：右击要共享的文件夹，在弹出的快捷菜单中执行“属性”命令。打开“属性”对话框，在“共享”选项卡下单击“高级共享”按钮，如图1-30所示。

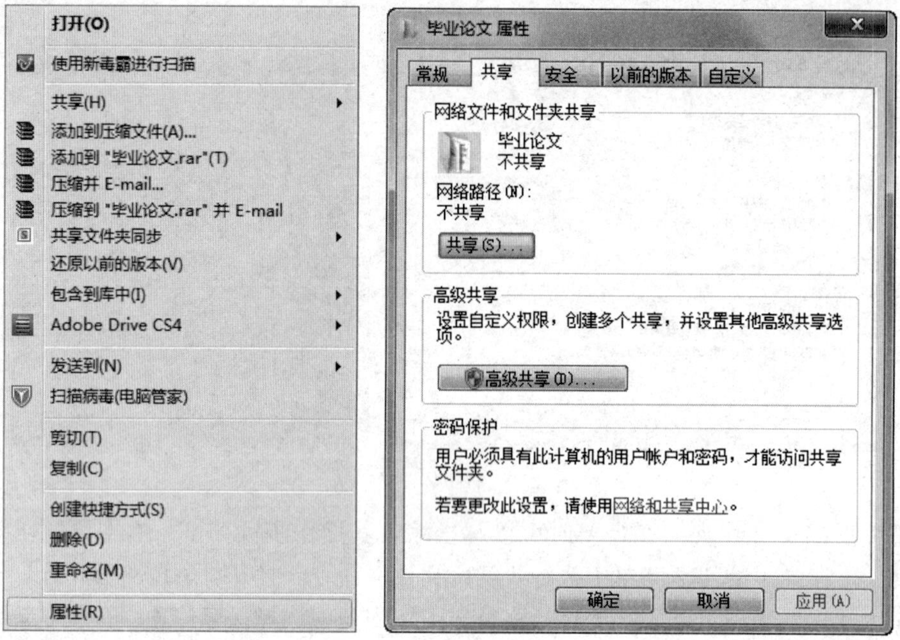


图1-30

打开“高级共享”对话框，选中“共享此文件夹”复选框，在“共享名”文本框中输入文件夹名称，在“将同时共享的用户数量限制为”微调框中微调或输入用户数量；单击“权限”按钮，打开权限对话框，在“组或用户名”区域选择“Everyone”选项，在“Everyone的权限”区域设置权限，单击“确定”按钮，如图1-31所示。

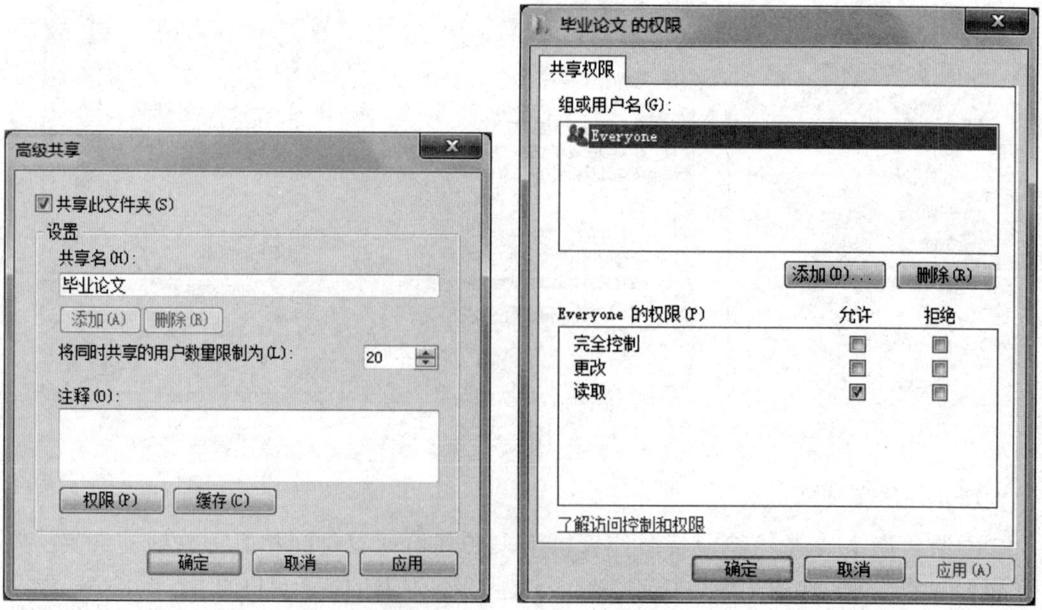


图1-31

## 1.2.4 文件（夹）的属性管理

**1．文件（夹）的属性**

文件（夹）一般有4种属性：

- 只读：该文件或文件夹只能够读取，不能被修改或删除。
- 隐藏：表示隐藏该文件（夹），即在默认状态下该文件（夹）的图标将不显示，隐藏后虽然该文件或文件夹仍然存在，但常规显示状态下无法查看或使用此文件（夹）。
- 存档：表示文件（夹）被修改或备份过，系统的某些备份程序将根据该属性来确定是否为其建立一个备份。
- 系统：表示该文件是系统文件，具有只读、隐藏属性，不允许用户设置。

**2．查看文件属性**

要查看文件的属性，常用的操作方法如下：

方法1：选中要查看的文件，在“文件”菜单下执行“属性”命令，即可打开该文件的属性设置对话框，如图1-32所示。

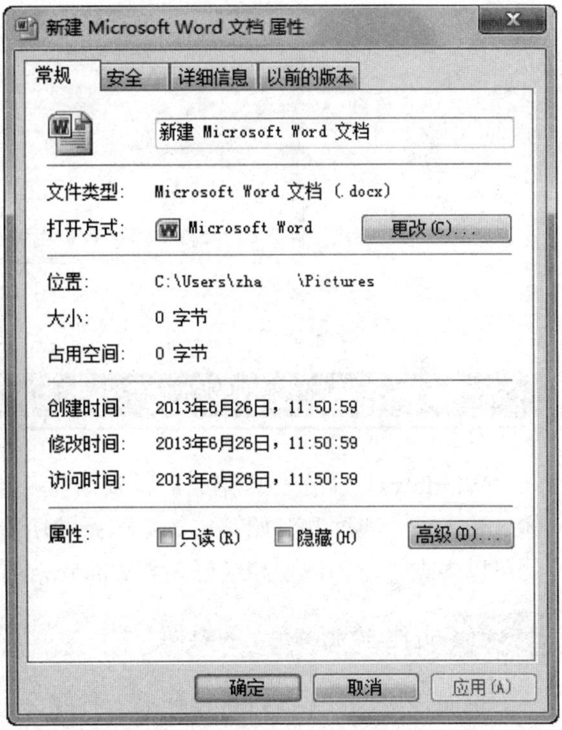


图1-32

在图1-32所示的对话框中的“常规”选项卡下的第一栏显示出该文件的名称及图标，可以在名称框中改变文件的名称。

在第二栏显示出文件的类型和打开方式。文件类型一般由文件的扩展名决定，决定了用户能够对该文件进行何种操作。打开方式则决定了系统将使用哪个应用程序来打开该文件。

在第三栏显示出文件的位置、大小和占用空间。其中位置是文件在磁盘中所在的文件夹；大小表示文件的实际大小；占用空间表示文件在磁盘中实际占用的物理空间。

第四栏显示的是文件的创建时间、修改时间和访问时间。

第五栏内列出了文件的属性。

方法2：选中要查看的文件，右击该文件，在其快捷菜单中执行“属性”命令，即可打开该文件的属性设置对话框。

**3．查看文件夹属性**

查看文件夹属性的方法与查看文件属性的方法基本相同，选中要查看的文件夹，再执行“属性”命令即可。

在“属性”对话框中各栏所显示的内容与文件属性对话框基本相同。另外，可在其中观察到该文件夹中包含几个文件、几个文件夹，如图1-33所示。

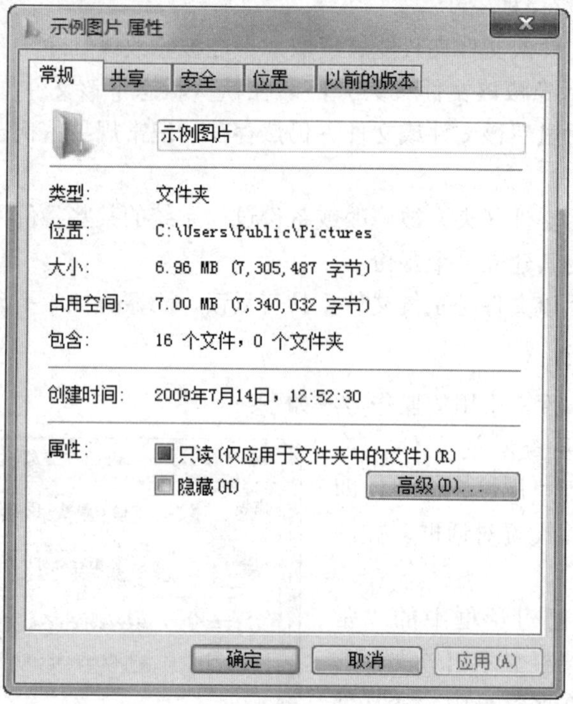


图1-33

## 1.3 操作系统的设置与优化

Windows 7系统安装完成后，安装程序会为用户提供一种默认的标准配置，如字体、输入法、桌面和开始菜单等。但系统所提供的这些默认配置未必适合所有的人，因此可以根据自己的需要和爱好调整Windows 7的各种系统属性。

### 1.3.1 美化Windows 7的桌面

桌面是用户对系统进行操作的一种媒介，是操作系统的外观。Windows 7桌面把计算机内的各部分硬件和软件、计算机的外部设备有机地联系在一起，个性化的桌面能让用户操作起来更方便。

**1．更改桌面主题**

桌面主题是指Windows 7操作系统为用户提供的桌面配置方案，改变桌面主题将会得到另一种桌面外观。具体操作方法如下：

（1）单击“开始”按钮弹出“开始”菜单，在右侧单击“控制面板”按钮，打开“控制面板”窗口，在“外观和个性化”选项下执行“更改主题”命令，如图1-34所示。

图1-34

（2）打开“个性化”窗口，在“Aero主题”区域中选择所需的主题，如图1-35所示。

图1-35

（3）在“个性化”窗口中，单击“桌面背景”按钮，在打开的“桌面背景”窗口中，在“图片位置”后面的文本框中选择所需图片，在预览窗格中选择所需种类，在“更改图片时间间隔”下拉列表中选择时间，若要无序播放需选中“无序播放”复选框，单击“保存修改”按钮，如图1-36所示，返回到“个性化”窗口。

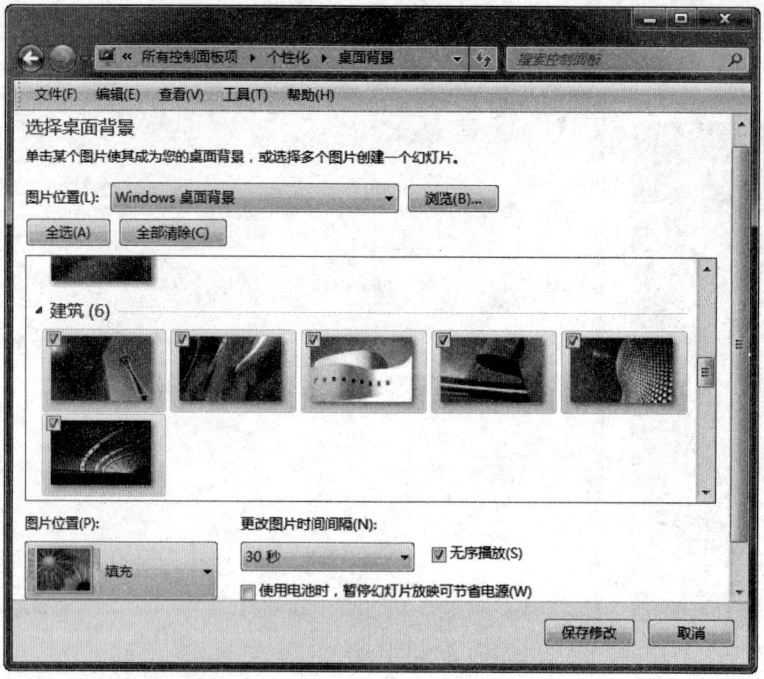


图1-36

（4）在“个性化”窗口中，单击“窗口颜色”按钮，在打开的“窗口颜色和外观”窗口中，在“更改窗口边框、「开始」菜单和任务栏的颜色”区域选择所需颜色，需要透明效果可选中“启用透明效果”复选框，在“颜色浓度”区域调整颜色浓度，单击“保存修改”按钮，如图1-37所示，返回到“个性化”窗口。

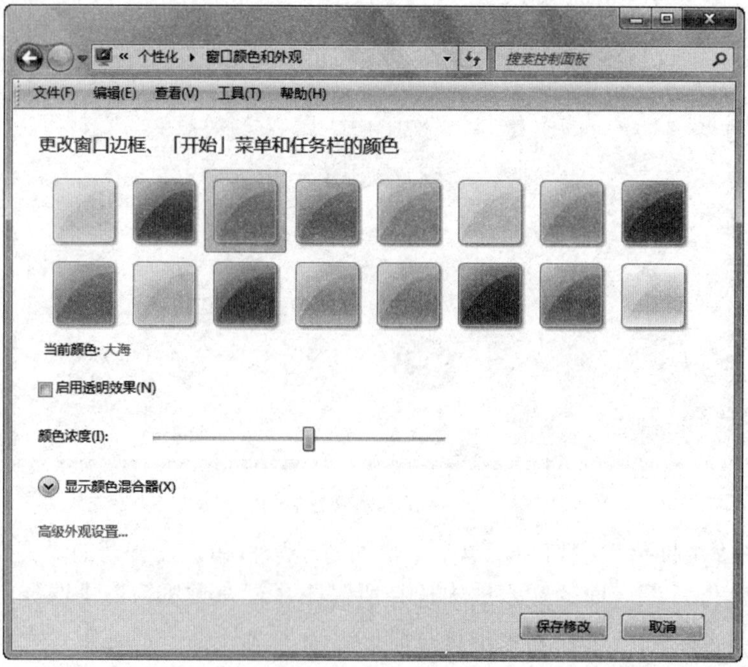


图1-37

（5）在“个性化”窗口的“我的主题”区域中执行“保存主题”命令（如图1-38所示），弹出“将主题另存为”对话框，在“主题名称”文本框中输入名称，单击“保存”按钮，如图1-39所示。

图1-38

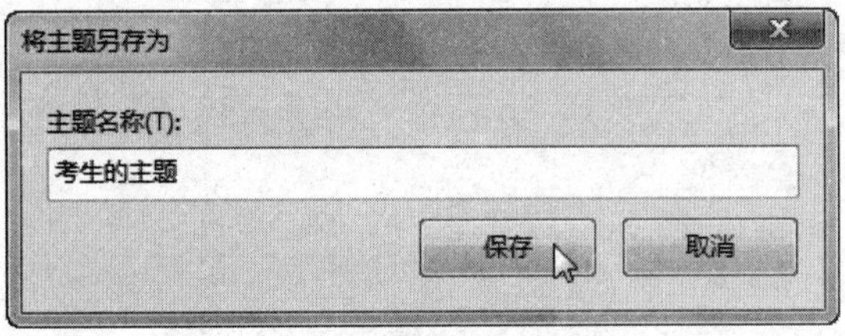

图1-39

**2．调整屏幕分辨率**

屏幕分辨率（resolution）就是屏幕图像的精密度，是指显示器所能显示的点数的多少。由于屏幕上的点、线和面都是由点组成的，显示器可显示的点数越多，画面就越精细，同样的屏幕区域内能显示的信息也越多，所以分辨率是个非常重要的性能指标之一。具体的操作方法如下：

（1）单击“开始”按钮弹出“开始”菜单，在右侧单击“控制面板”按钮，打开“控制面板”窗口，在“外观”选项下执行“调整屏幕分辨率”命令。

（2）打开“屏幕分辨率”窗口，在“分辨率”下拉列表中选择所需像素，执行“高级设置”命令。在打开的对话框中选择“监视器”选项卡，在“屏幕刷新频率”下拉列表中选择所需频率，在“颜色”下拉列表中选择所需颜色，单击“确定”按钮，如

图1-40所示，返回到“屏幕分辨率”窗口，单击“确定”按钮。

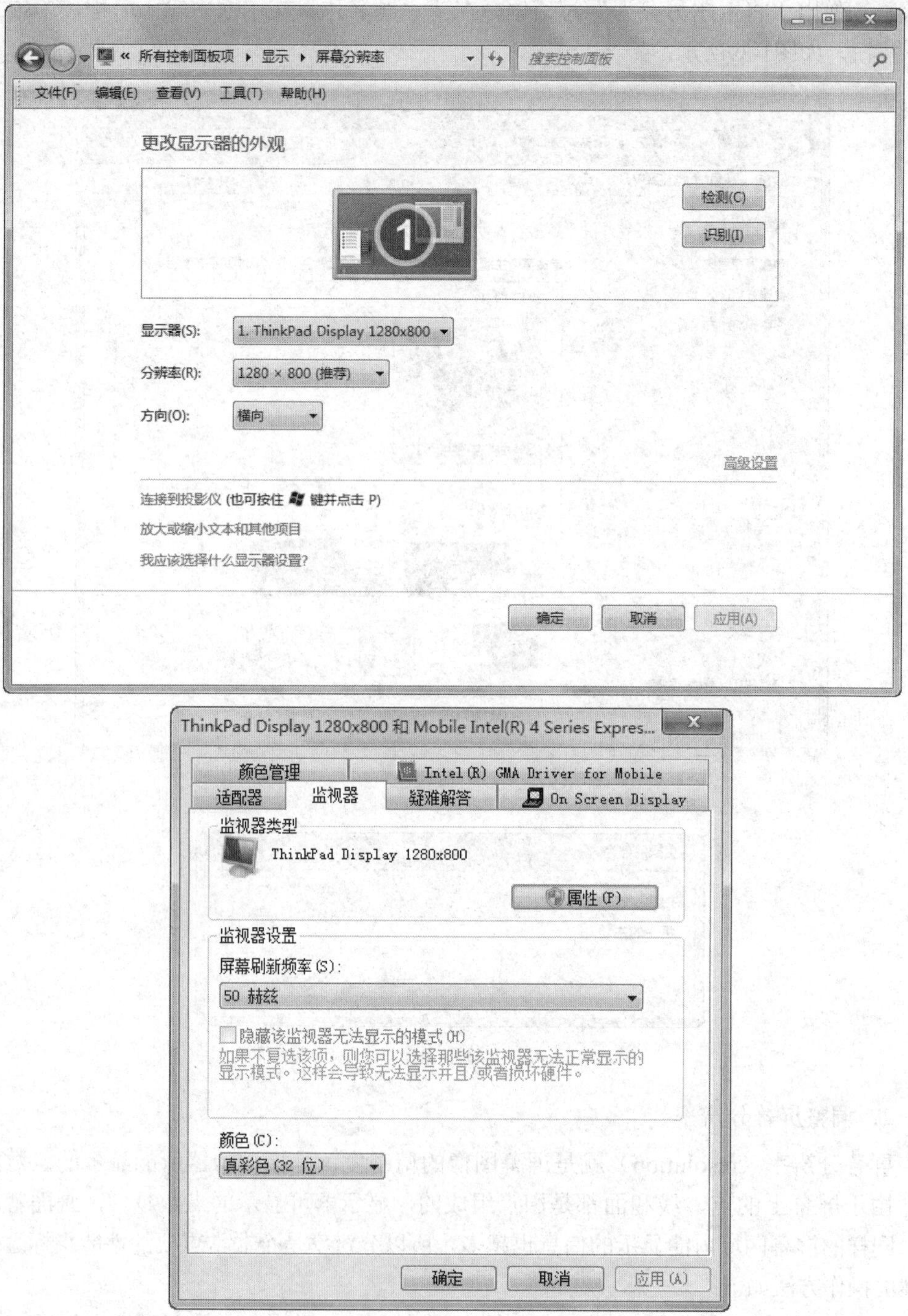


图1-40

### 3．设置屏幕保护程序

在不想关闭运行的程序但又不想让其他人看到的情况下，可以使用屏幕保护程序。而且，计算机里的屏幕保护程序在一定程度上可以保护显示器，延长显示器寿命。

设置屏幕保护程序，其操作方法如下：单击“开始”按钮弹出“开始”菜单，在右侧单击“控制面板”按钮，打开“控制面板”窗口，执行“外观”命令，打开“外观”窗口，执行“显示”命令，打开“显示”窗口，在左侧列表中执行“更改屏幕保护程序”命令，如图1-41所示。

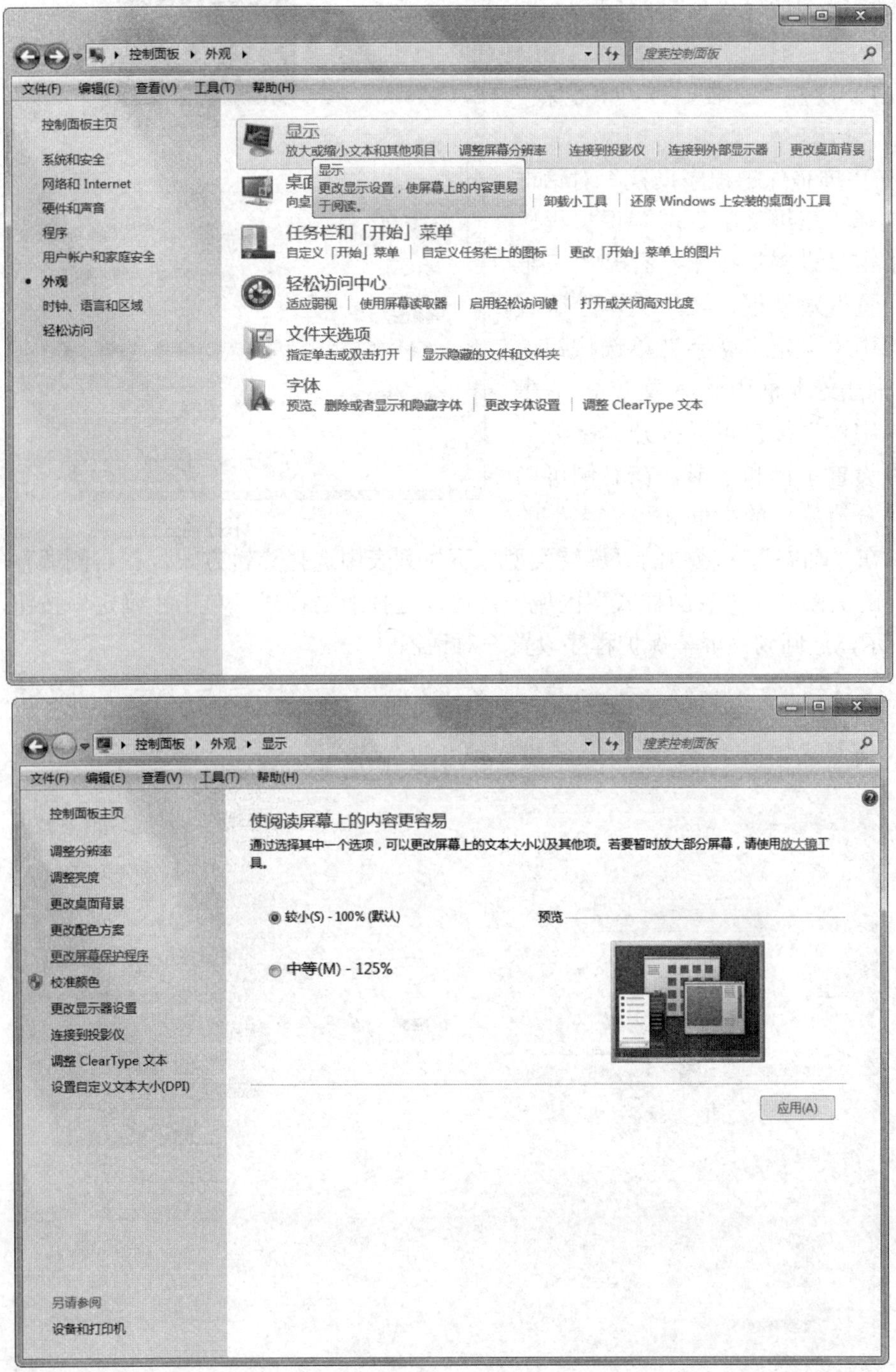


图1-41

打开“屏幕保护程序设置”对话框，在“屏幕保护程序”下拉列表中选择所需程序，其中“三维文字”和“照片”可以进行设置，在“等待”微调框中微调或输入所需时间，如图1-42所示。

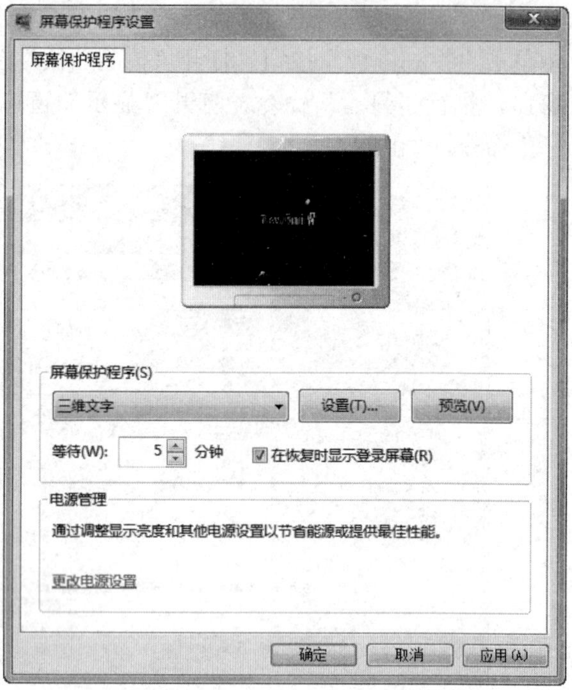


图1-42

（1）设置“三维文字”屏幕保护程序。

在“屏幕保护程序设置”对话框中，选择“三维文字”屏幕保护程序后，单击“设置”按钮，打开“三维文字设置”对话框，在“文本”区域中，选中“自定义文字”单选按钮，在后面的文本框中输入文字，单击“选择字体”按钮可以打开“字体”对话框设置字体和字形，在右侧可以调整“分辨率”的高低和“文字”的大小；在“动态”区域中的“旋转类型”下拉列表中选择旋转方式，在右侧调整“旋转速度”的快慢；在“表面样式”区域中，可以选择所需样式；单击“确定”按钮，如图1-43所示，返回到“屏幕保护程序设置”对话框。

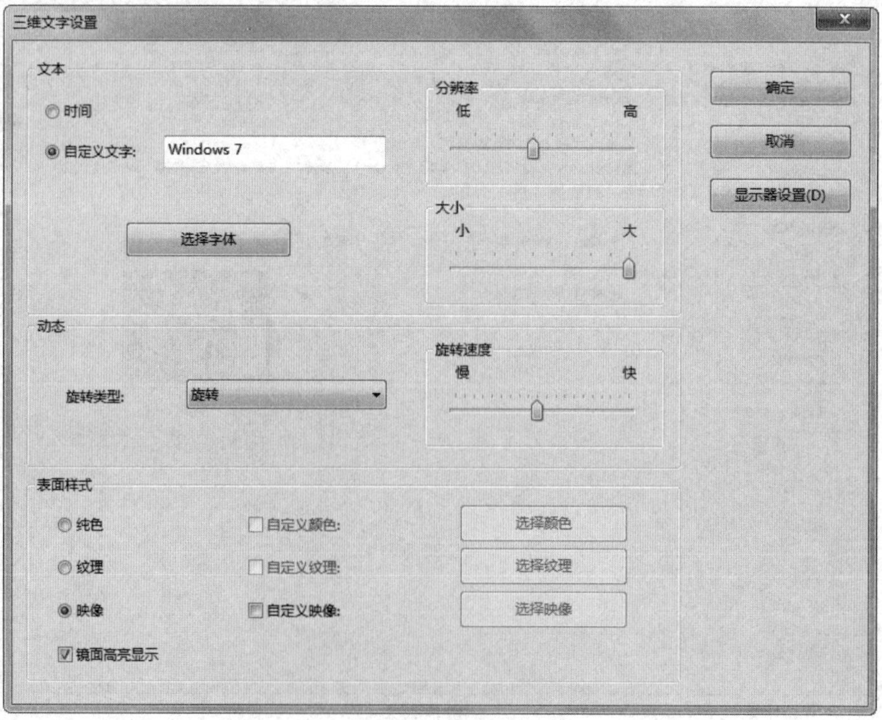


图1-43

（2）设置“照片”屏幕保护程序。

在“屏幕保护程序设置”对话框中，选择“照片”屏幕保护程序后，单击“设置”按钮，打开“照片屏幕保护程序设置”对话框，单击“浏览”按钮，打开“浏览文件夹”对话框，查找所需文件夹，单击“确定”按钮，返回至“照片屏幕保护程序设置”对话框；在“幻灯片放映速度”下拉列表中选择所需速度，选中“无序播放图片”复选框；单击“保存”按钮，如图1-44所示，返回到“屏幕保护程序设置”对话框。

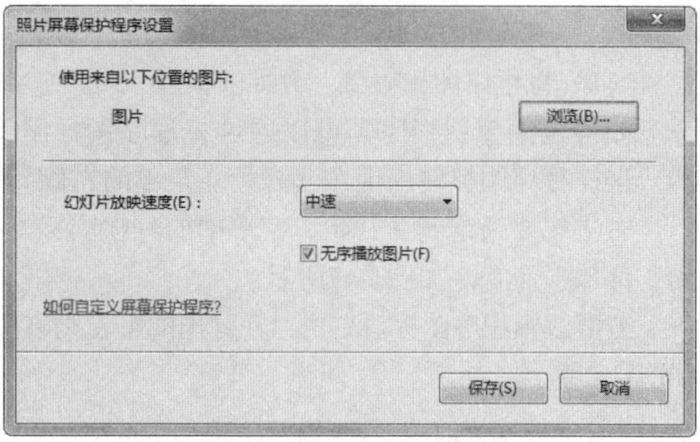


图1-44

## 1.3.2 「开始」菜单和“任务栏”的使用

### 1. 打开「开始」菜单

「开始」菜单的操作是Windows 7中最基本的操作之一。打开「开始」菜单的方法有很多种，最常用的方法是单击按钮即可弹出「开始」菜单，或者按住Ctrl键不放，同时再按下Esc键，也可以弹出「开始」菜单，如图1-45所示。在桌面的任意空白处单击，即可退出「开始」菜单。

在“所有程序”菜单中可以查找到系统中安装的所有程序。打开「开始」菜单，执行“所有程序”命令，即可显示所有程序的子菜单。菜单中用文件夹表示的项目，表示该菜单下还隐藏着子菜单。执行“返回”命令，可以返回「开始」菜单，如图1-46所示。

图1-45

图1-46

### 2．自定义「开始」菜单

（1）将程序图标附到「开始」菜单。

如果定期使用程序，可以通过将程序图标附到「开始」菜单以创建程序的快捷方式，这样程序图标将出现在「开始」菜单的左侧。

右击想要锁定到「开始」菜单中的程序图标，在弹出的下拉列表中执行“附到「开始」菜单”命令，如图1-47所示。

若要解锁程序图标，右击，在弹出的下拉列表中执行“从「开始」菜单解锁”命令，如图1-48所示。

图1-47

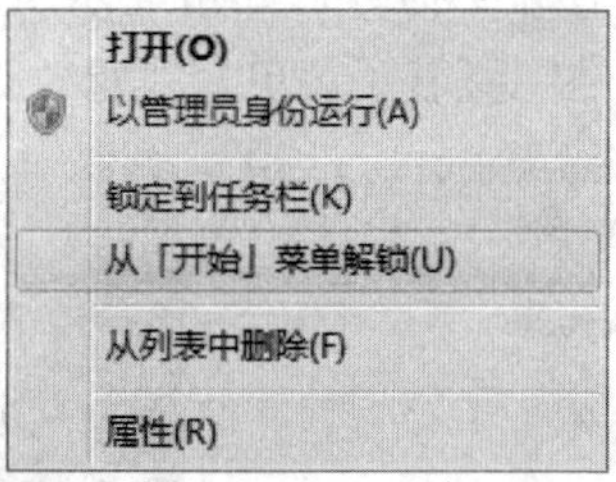

图1-48

若要更改固定的项目的顺序，请将程序图标拖动到列表中的新位置，如图1-49所示。

（2）从「开始」菜单删除程序图标。

从「开始」菜单删除程序图标不会将它从“所有程序”列表中删除或卸载该程序。

单击「开始」按钮，右击要从「开始」菜单中删除的程序图标，在弹出的下拉列表中执行“从列表中删除”命令，如图1-50所示。

（3）自定义「开始」菜单。

右击按钮，在弹出的下拉列表中执行“属性”命令，打开“任务栏和「开始」菜单属性”对话框，单击“「开始」菜单”选项卡。

在“「开始」菜单”选项卡中，可以设置“电源按钮操作”，单击其右侧的下拉按钮，在弹出的下拉列表中可以选择将电源按钮设置为关机、休眠、注销等，如图1-51所示。

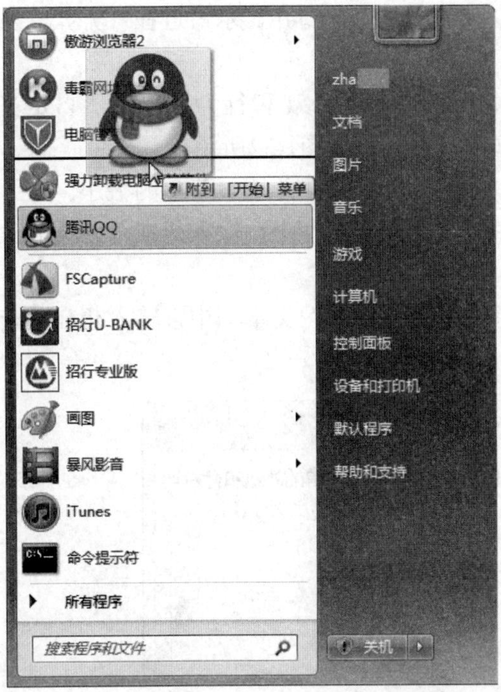


图1-49

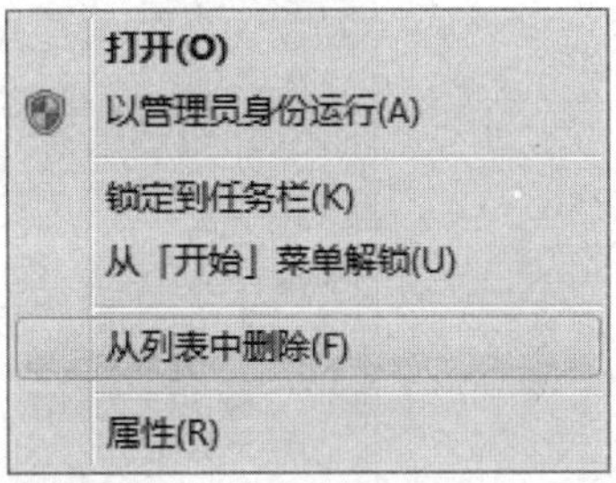


图1-50

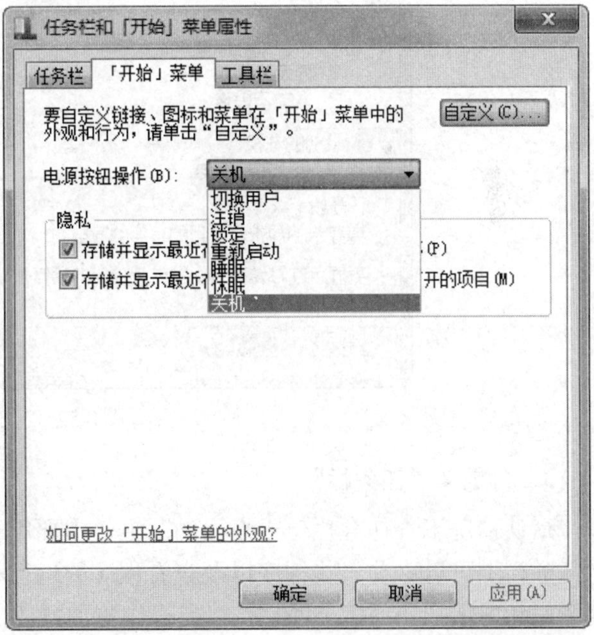


图1-51

在“「开始」菜单”选项卡中，可以清除「开始」菜单中最近打开的文件或程序，但不会将它们从计算机中删除。

- 若要清除最近打开的程序，可以取消选中“存储并显示最近在「开始」菜单中打开的程序”复选框。

- 若要清除最近打开的文件，可以取消选中“存储并显示最近在「开始」菜单和任务栏中打开的项目”复选框。

要自定义链接、图标和菜单在「开始」菜单中的外观和行为，单击“自定义”按钮，打开“自定义「开始」菜单”对话框进行设置，如图1-52所示。

在“自定义「开始」菜单”对话框中，还可以更改「开始」菜单的大小。

- 在“要显示的最近打开过的程序的数目”文本框中，输入想在「开始」菜单中显示的程序数目。
- 在“要显示在跳转列表中的最近使用的项目数”文本框中，输入想在跳转列表中显示的项目数。

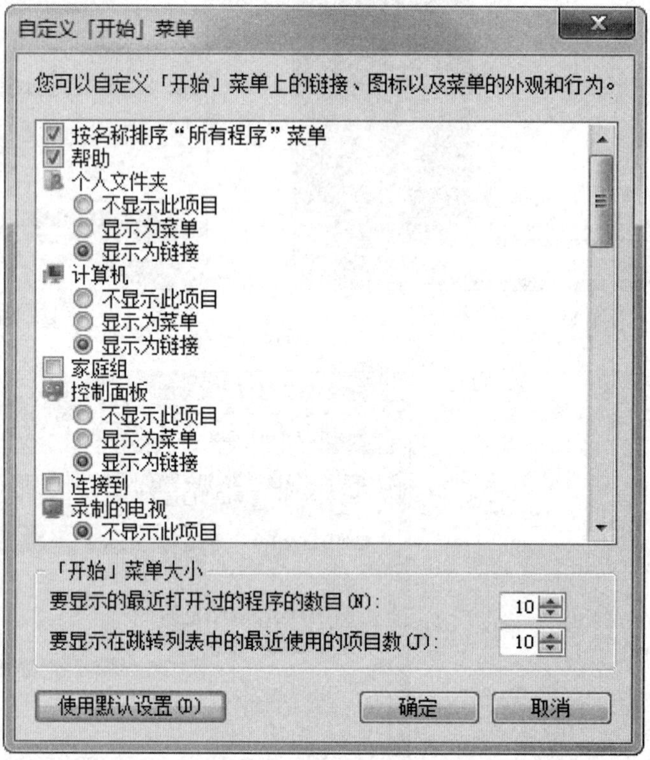


图1-52

### 3. 自定义“任务栏”

默认情况下，任务栏位于桌面的下方，主要用于显示Windows所启动的任务，同时从任务栏上可以启动一些程序以及查看程序的运行状态，如图1-53所示。可以根据自己的爱好和习惯把任务栏个性化，以使操作更加方便，从而大大提高学习和工作的效率。

图1-53

（1）锁定任务栏。

锁定任务栏可帮助防止无意中移动任务栏或调整任务栏大小。

若要锁定任务栏，右击任务栏上的空白空间，在其快捷菜单中选择“锁定任务栏”选项，在该选项前面出现复选标记，如图1-54所示。

若要解锁任务栏，右击任务栏上的空白空间，在其快捷菜单中选择“锁定任务栏”选项（将取消前面的复选标记）可以解除任务栏锁定。

（2）隐藏任务栏。

如果在屏幕上的任何地方都看不到任务栏，则可能被隐藏了。隐藏任务栏可以创造更多的空间。任务栏通常位于桌面的底部，隐藏任务栏时，当把鼠标移向屏幕的底部时，任务栏才显示出来。

图1-54

若要隐藏任务栏，右击任务栏，在弹出的快捷菜单中执行“属性”命令。打开“任务栏和「开始」菜单属性”对话框，在“任务栏”选项卡的“任务栏外观”下，选中“自动隐藏任务栏”复选框，如图1-55所示，然后单击“确定”按钮，则任务栏从视图中隐藏起来。

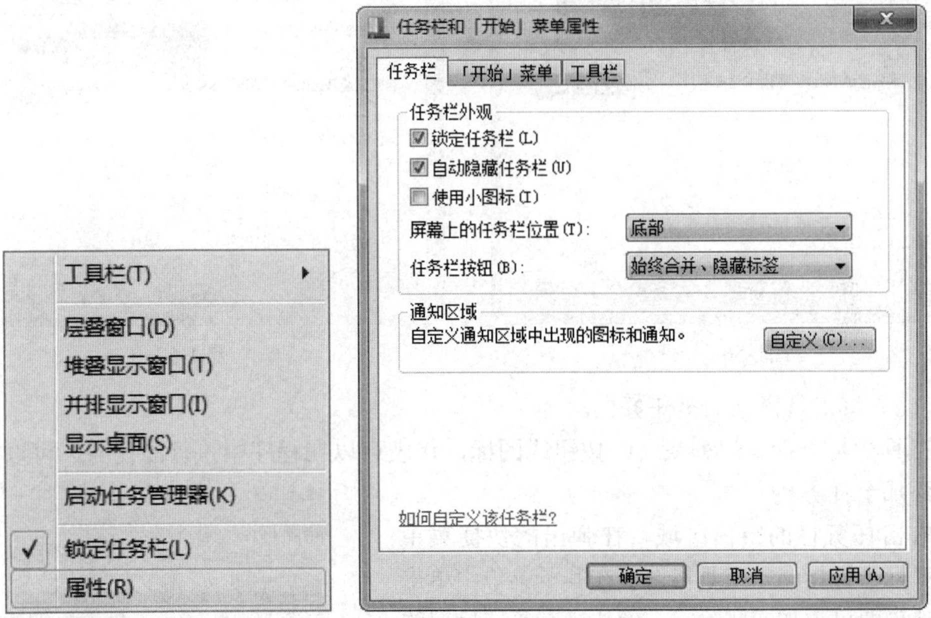


图1-55

（3）移动任务栏。

任务栏通常位于桌面的底部，也可以将其移动到桌面的两侧或顶部。

移动任务栏之前，需要解除任务栏锁定。然后单击任务栏上的空白空间，按住鼠标左键，并拖动任务栏到桌面的四个边缘之一。当任务栏出现在所需的位置时，释放鼠标即可。

也可以不解锁任务栏，直接右击任务栏，在弹出的快捷菜单中执行“属性”命令。打开“任务栏和「开始」菜单属性”对话框，在“任务栏”选项卡的“任务栏外观”下，在“屏幕上的任务栏位置”右侧的下拉列表中选择适合的位置，然后单击“确定”

按钮，如图1-56所示。

（4）使用小图标。

在任务栏上可以使用小图标。右击任务栏，在弹出的列表中执行“属性”命令。打开“任务栏和「开始」菜单属性”对话框，在“任务栏”选项卡的“任务栏外观”下，选中“使用小图标”复选框，然后单击“确定”按钮。

（5）设置任务栏按钮。

为了节省空间，可以为任务栏上的按钮设置合并。

右击任务栏，在弹出的快捷菜单中执行“属性”命令。打开“任务栏和「开始」菜单属性”对话框，在“任务栏”选项卡的“任务栏外观”下，在“任务栏按钮”右侧的下拉列表中选择所需的方式，然后单击“确定”按钮，如图1-57所示。

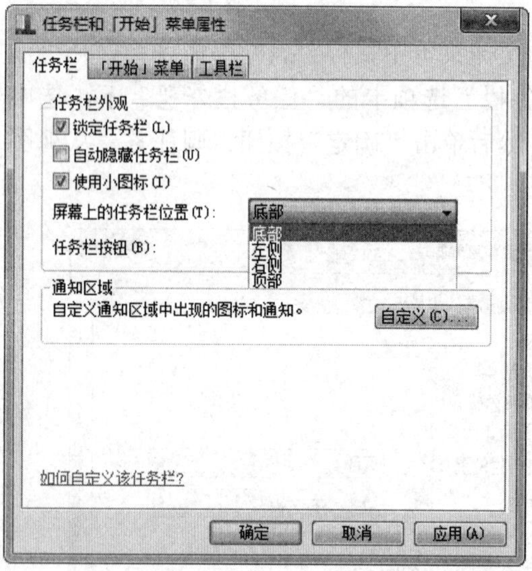


图1-56

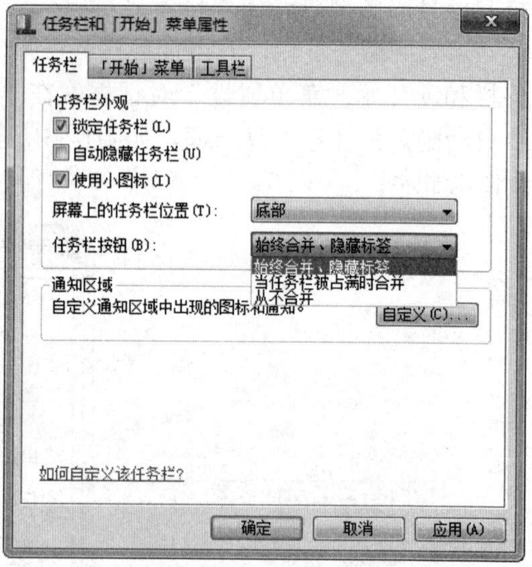


图1-57

（6）将工具栏添加至任务栏。

工具栏是一行、一列或一个按钮或图标，代表可以在程序中执行的任务，可以将工具栏添加至任务栏。

右击任务栏的空白区域，在弹出的快捷菜单中将鼠标指针指向“工具栏”，在其子菜单中单击任一选项即可添加或删除它，旁边带有复选标记的选项表示已在任务栏上显示，如图1-58所示。

图1-58

## 1.3.3 创建新帐户

对于很多家庭计算机或者公用计算机用户来说，往往会在计算机中创建多个登录帐户，以满足不同用户的不同桌面需求。

为计算机创建一个新帐户，其操作方法如下：单击“开始”按钮弹出“开始”菜单，在右侧单击“控制面板”按钮，打开“控制面板”窗口，在“用户帐户和家庭安全”选项下执行“添加或删除用户帐户”命令，如图1-59所示，在打开的“管理帐户”

窗口中执行“创建一个新帐户”命令，如图1-60所示。

图1-59

图1-60

打开“创建新帐户”窗口，在“该名称将显示在欢迎屏幕和「开始」菜单上。”下面的文本框中输入帐户名称，在帐户类型区域选择所需类型，单击“创建帐户”按钮，如图1-61所示。

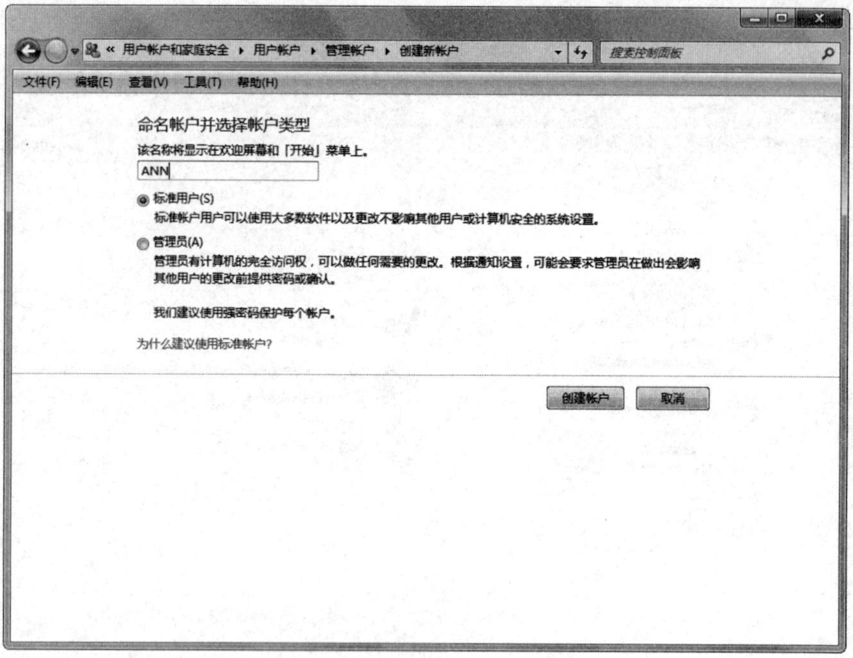


图1-61

返回到“管理帐户”窗口，在“选择希望更改的帐户”区域单击新创建的帐户，打开“更改帐户”窗口，如图1-62所示，执行“创建密码”命令打开“创建密码”窗口，在“新密码”和“确认新密码”文本框中均输入密码，单击“创建密码”按钮，如图1-63所示。

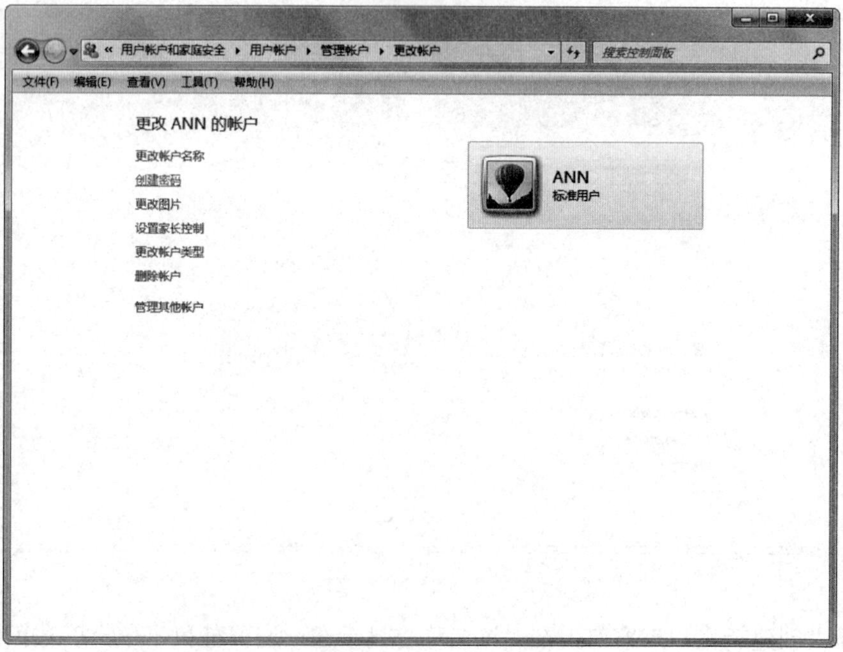


图1-62

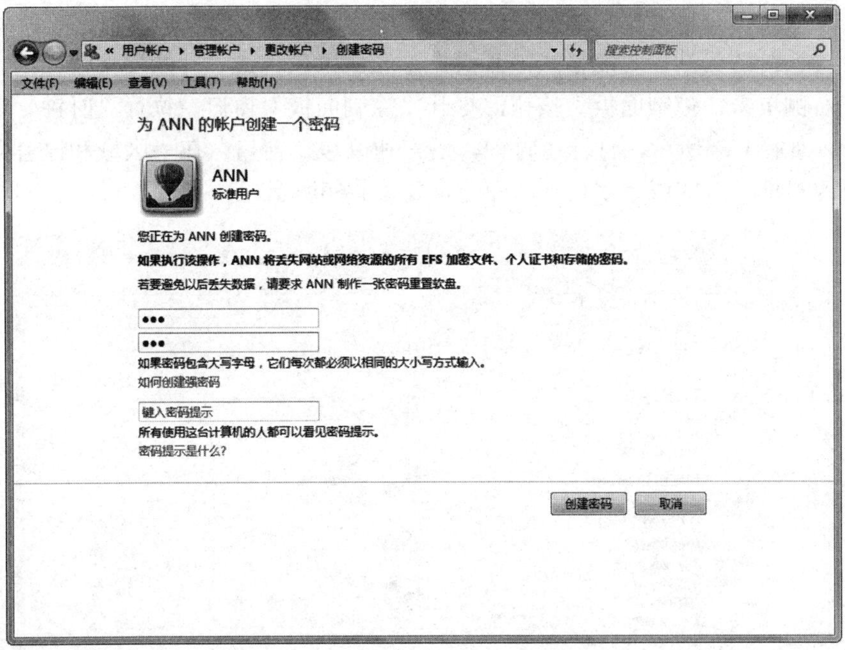


图1-63

返回到“更改帐户”窗口，执行“更改图片”命令，打开“选择图片”窗口，在其中选择所需图片，单击“更改图片”按钮，如图1-64所示。

图1-64

## 1.3.4 设置日期和时间格式

在Windows 7中，系统会自动为存档文件标上日期和时间，以供用户检索和查询。

可以根据个人习惯设置日期和时间格式。

要设置系统的日期和时间格式，其操作方法如下：单击“开始”按钮弹出“开始”菜单，在右侧单击“控制面板”按钮，打开“控制面板”窗口，执行“时钟、语言和区域”命令，如图1-65所示，打开“时钟、语言和区域”窗口，在“区域和语言”选项下执行“更改日期、时间或数字格式”命令，如图1-66所示。

图1-65

图1-66

打开“区域和语言”对话框，在“日期和时间格式”区域，设置“短日期”、“长日期”、“短时间”、“长时间”、“一周的第一天”的格式，单击“确定”按钮，如图1-67所示。

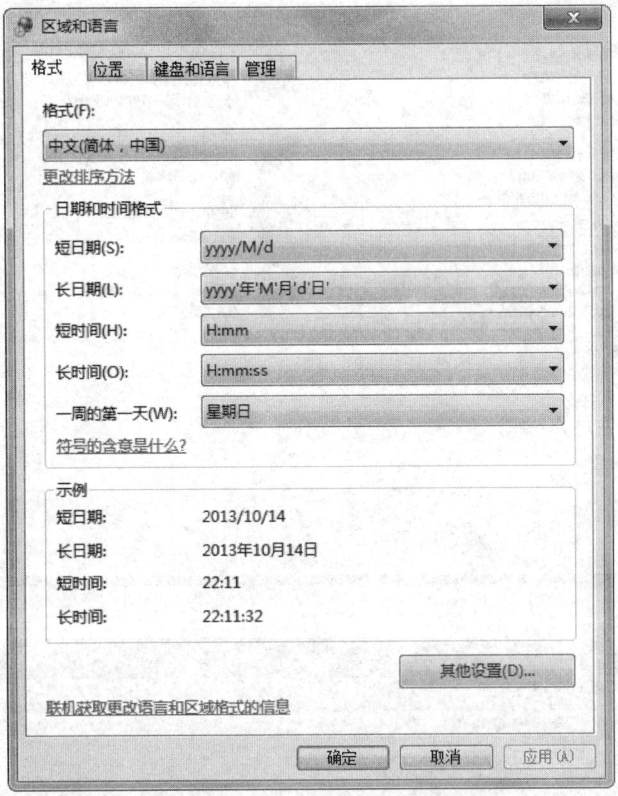


图1-67

## 1.3.5 设置硬件与声音

**1．鼠标的设置**

设置鼠标可以使之更适合用户的工作习惯，提高工作的效率。可以设置的鼠标属性有改变左右手习惯、改变双击速度、改变鼠标指针方案等。

（1）鼠标键设置。

要设置鼠标键，其操作方法如下：单击“开始”按钮弹出“开始”菜单，在右侧单击“控制面板”按钮，打开“控制面板”窗口，执行“硬件和声音”命令，打开“硬件和声音”窗口，在“设备和打印机”区域执行“鼠标”命令，如图1-68所示。

打开“鼠标 属性”对话框，选择“鼠标键”选项卡，在“鼠标键设置”区域，选中“切换主要和次要的按钮”复选框可以将鼠标右键设置成选择和拖拽等主要性能使用；在“双击速度”区域调整双击速度的快慢；在“单击锁定”区域选中“启用单击锁定”复选框可以不用一直按着鼠标键就可以高亮显示或拖拽，如图1-69所示。

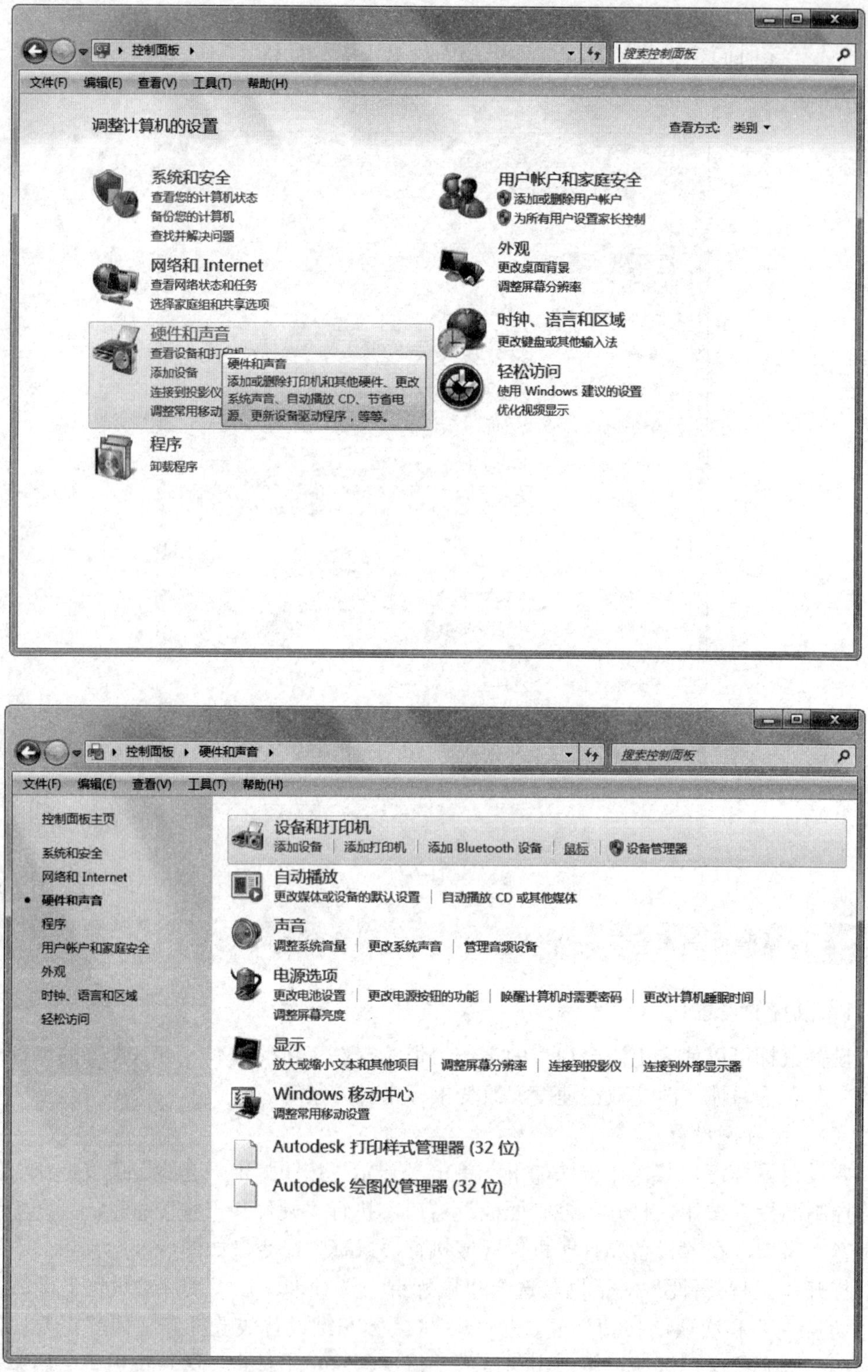
控制面板
搜索控制面板
文件(F) 编辑(E) 查看(V) 工具(T) 帮助(H)
调整计算机的设置
查看方式: 类别
系统和安全
查看您的计算机状态
备份您的计算机
查找并解决问题
网络和 Internet
查看网络状态和任务
选择家庭组和共享选项
硬件和声音
添加设备
硬件和声音
添加或删除打印机和其他硬件、更改系统声音、自动播放 CD、节省电源、更新设备驱动程序，等等。
程序
卸载程序
用户帐户和家庭安全
添加或删除用户帐户
为所有用户设置家长控制
外观
更改桌面背景
调整屏幕分辨率
时钟、语言和区域
更改键盘或其他输入法
轻松访问
使用 Windows 建议的设置
优化视频显示
控制面板 硬件和声音
控制面板主页
系统和安全
网络和 Internet
硬件和声音
程序
用户帐户和家庭安全
外观
时钟、语言和区域
轻松访问
设备和打印机
添加设备 | 添加打印机 | 添加 Bluetooth 设备 | 鼠标 | 设备管理器
自动播放
更改媒体或设备的默认设置 | 自动播放 CD 或其他媒体
声音
调整系统音量 | 更改系统声音 | 管理音频设备
电源选项
更改电池设置 | 更改电源按钮的功能 | 唤醒计算机时需要密码 | 更改计算机睡眠时间 |
调整屏幕亮度
显示
放大或缩小文本和其他项目 | 调整屏幕分辨率 | 连接到投影仪 | 连接到外部显示器
Windows 移动中心
调整常用移动设置
Autodesk 打印样式管理器 (32 位)
Autodesk 绘图仪管理器 (32 位)

图1-68

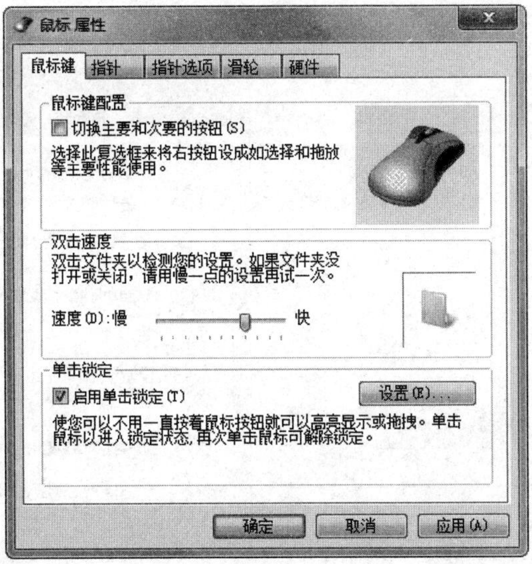


图1-69

（2）鼠标指针设置。

要设置鼠标指针，其操作方法如下：单击“开始”按钮弹出“开始”菜单，在右侧单击“控制面板”按钮，打开“控制面板”窗口，执行“硬件和声音”命令，打开“硬件和声音”窗口，在“设备和打印机”区域执行“鼠标”命令。

打开“鼠标 属性”对话框，选择“指针”选项卡，在“方案”下拉列表中选择所需方案，在“自定义”下拉列表框中选择要自定义的选项，单击“浏览”按钮，打开“浏览”对话框，在“查找范围”下拉列表中选择所需文件，单击“打开”按钮，如图1-70所示。

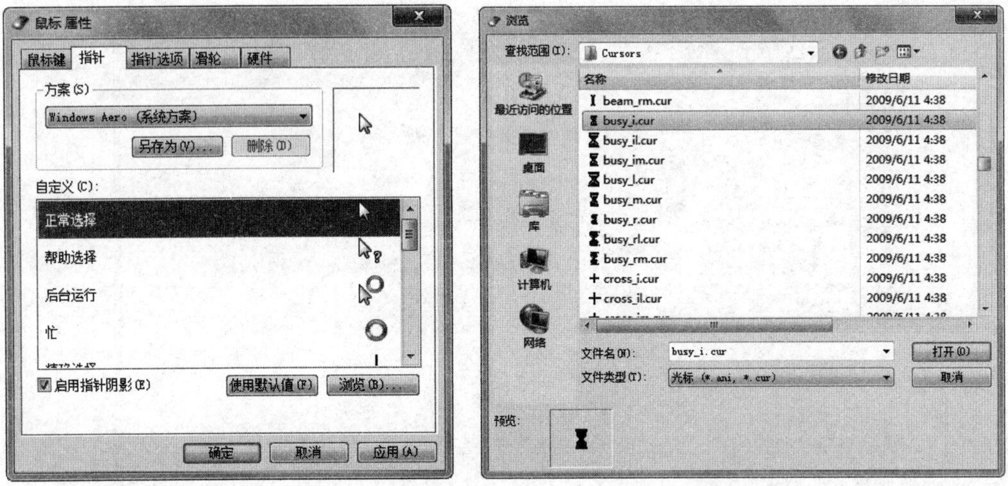


图1-70

返回到“鼠标 属性”对话框，单击“另存为”按钮，打开“保存方案”对话框，在“将该光标方案另存为：”文本框中输入方案名称，单击“确定”按钮，如图1-71所示。

在“鼠标 属性”对话框中，选择“指针选项”选项卡，在“移动”区域中设置

“选择指针移动速度”，在“可见性”区域选择指针的显示方式，如图1-72所示。

图1-71

图1-72

2. **设置声音和音频设备**

Windows 7自带一个声音库，在不同的事件发生时使用不同的声音提示。如果不喜欢这些声音，可以选择直接关掉，也可以使用从网上下载的音乐甚至自己录制的声音进行代替。

设置声音和音频设备，其操作方法如下：单击“开始”按钮弹出“开始”菜单，在右侧单击“控制面板”按钮，打开“控制面板”窗口，执行“硬件和声音”命令。打开“硬件和声音”窗口，在“声音”选项下执行“更改系统声音”命令，如图1-73所示。

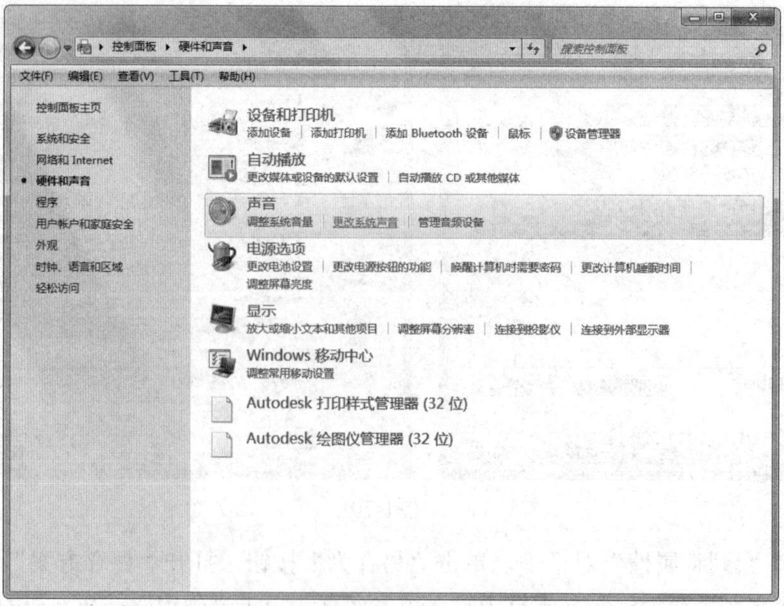


图1-73

打开“声音”对话框，选择“声音”选项卡，在“声音方案”下拉列表中选择所需方案，在“程序事件”下拉列表框中选择要更改的程序事件，单击“浏览”按钮，打开“浏览新的Windows登录声音。”对话框，在“查找范围”列表框中选择所需文件，单击“打开”按钮，如图1-74所示。

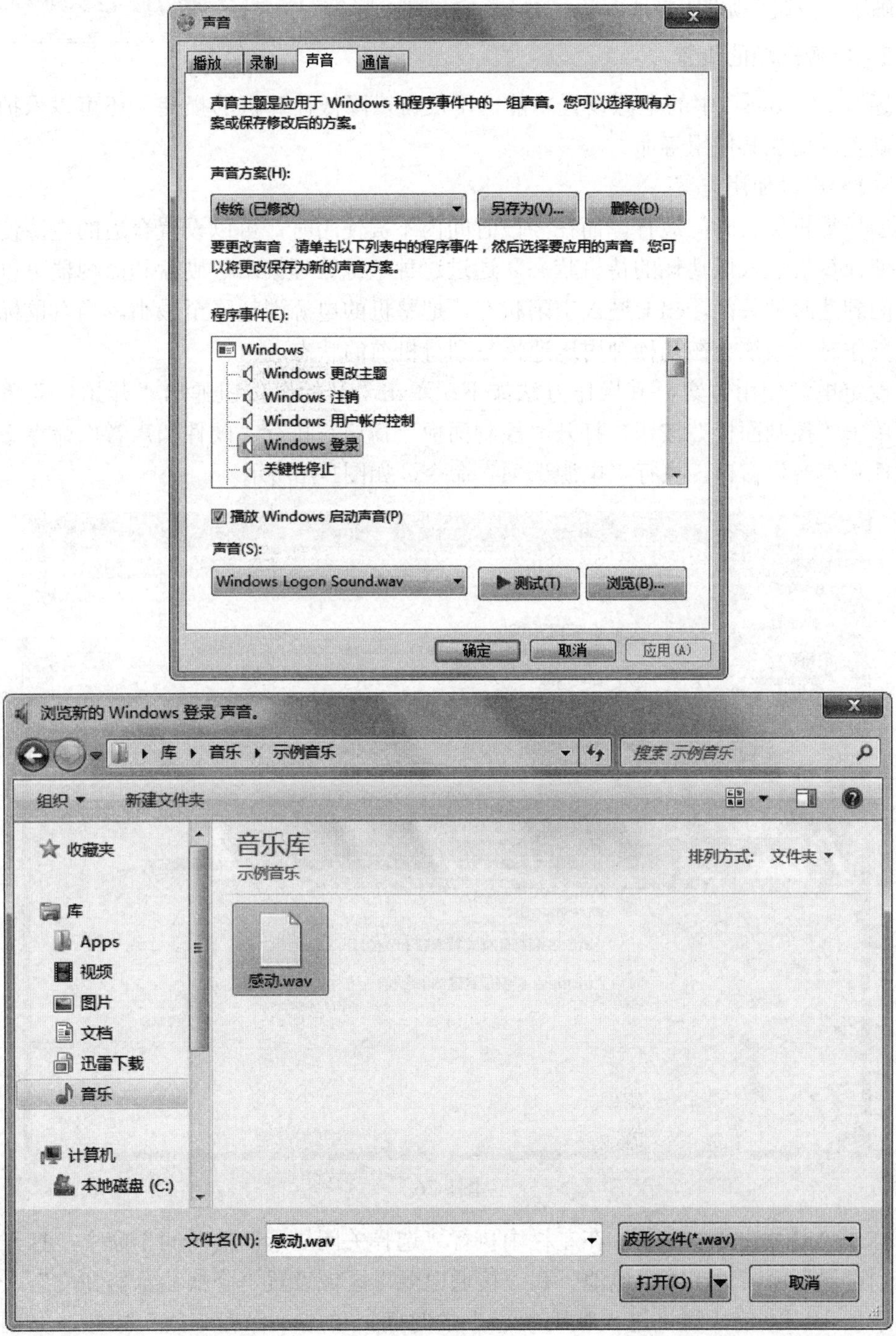


图1-74

返回到“声音”对话框，单击“另存为”按钮，弹出“方案另存为”对话框，在“将此声音方案另存为”文本框中输入声音方案名称，单击“确定”按钮，如图1-75所示。

图1-75

### 3．电源选项的设置

通过Windows 7中的电源设置功能，不仅可以降低计算机的损耗，还可以保护显示器、硬盘，增加其使用寿命。

（1）电源使用方案。

当计算机要长时间运行，而在一段时间内不被使用时，可以设置合适的电源使用方案，使计算机进入低功耗的待机状态。通过这种电源管理技术，硬盘和监视器可以在设定时间到达时被关闭，CPU进入空闲状态，把整机的电源消耗降至最小。当有鼠标或者键盘操作时，系统会在几秒钟内迅速恢复到待机前的状态。

设定电源使用方案，其操作方法如下：单击“开始”按钮弹出“开始”菜单，在右侧单击“控制面板”按钮，打开“控制面板”窗口，执行“硬件和声音”命令。打开“硬件和声音”窗口，执行“电源选项”命令，如图1-76所示。

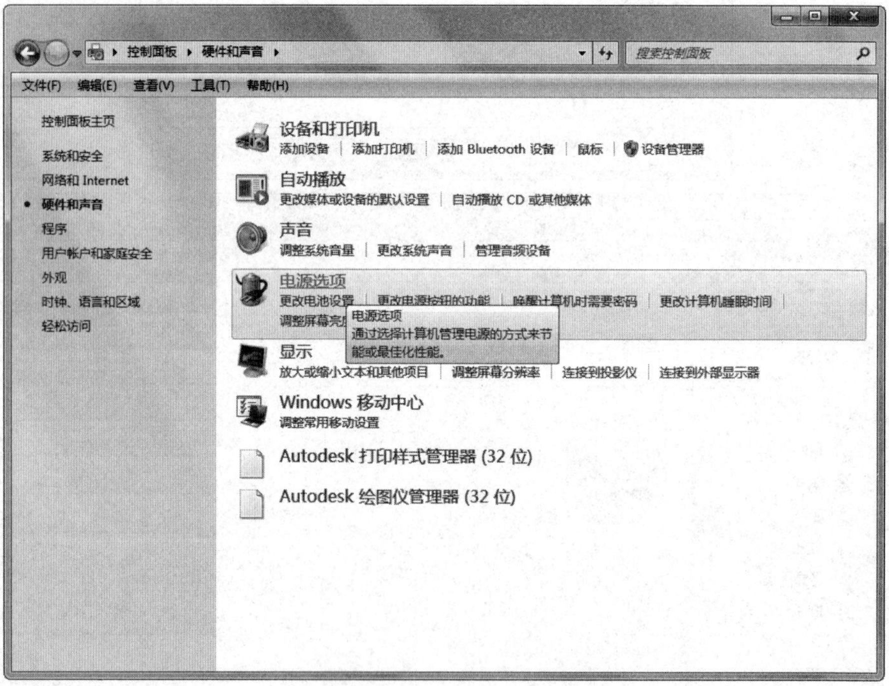


图1-76

打开“电源选项”窗口，在左栏中执行“选择关闭显示器的时间”命令，打开“编辑计划设置”窗口，在“用电池”和“接通电源”区域设置“降低显示器亮度”、“关闭显示器”、“使计算机进入睡眠状态”的时间，单击“保存修改”按钮，如图1-77所示。

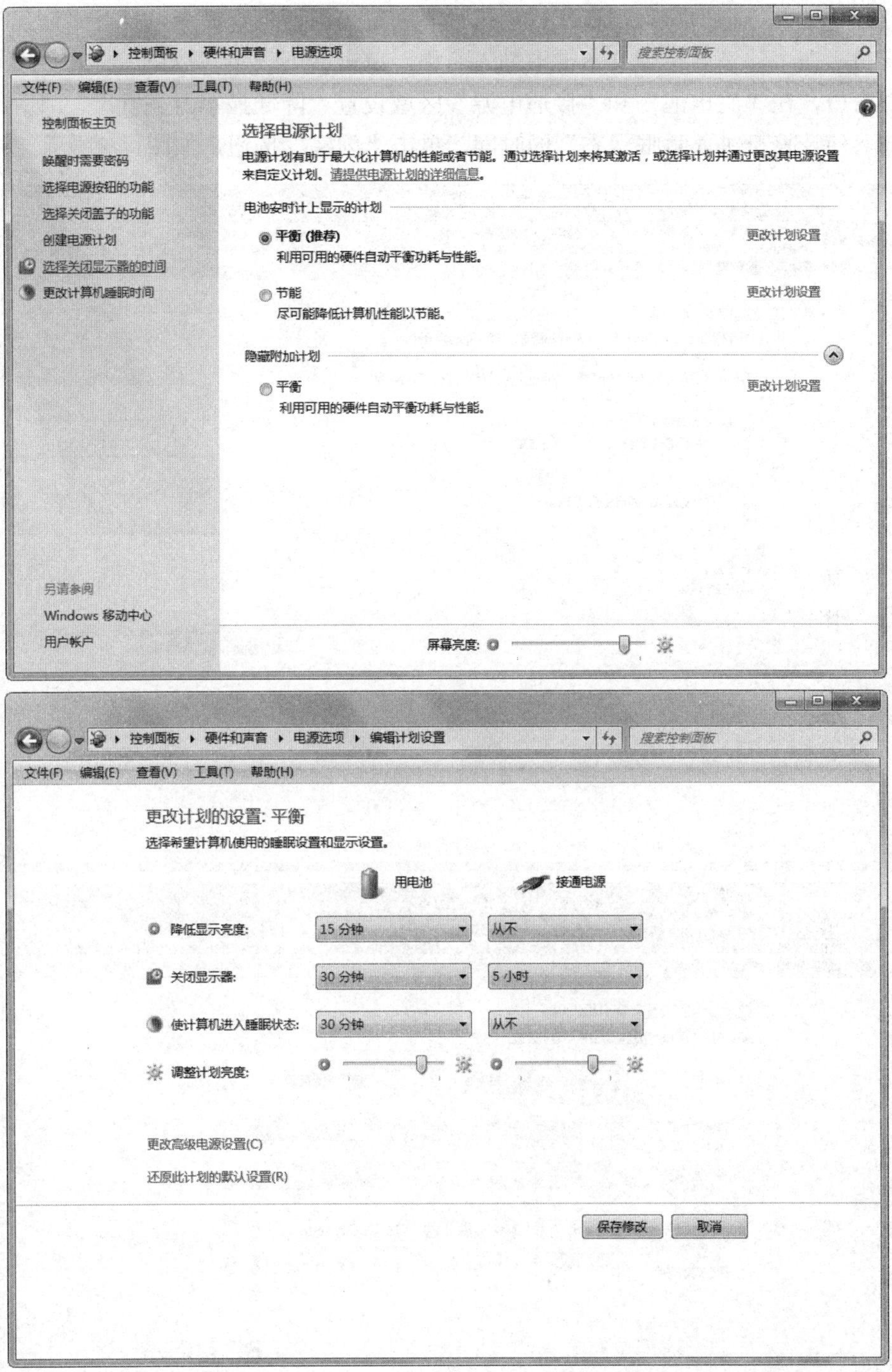


图1-77

（2）创建电源计划。

创建电源计划，其操作方法如下：单击“开始”按钮弹出“开始”菜单，在右侧单击“控制面板”按钮，打开“控制面板”窗口，执行“硬件和声音”命令。打开“硬件和声音”窗口，执行“电源选项”命令。

打开“电源选项”窗口，在左栏中执行“创建电源计划”命令。打开“创建电源计划”窗口，在“计划名称”文本框中输入名称，单击“下一步”按钮。打开“编辑计划设置”窗口，在“用电池”和“接通电源”区域设置“降低显示器亮度”、“关闭显示器”、“使计算机进入睡眠状态”的时间，单击“创建”按钮，如图1-78所示。

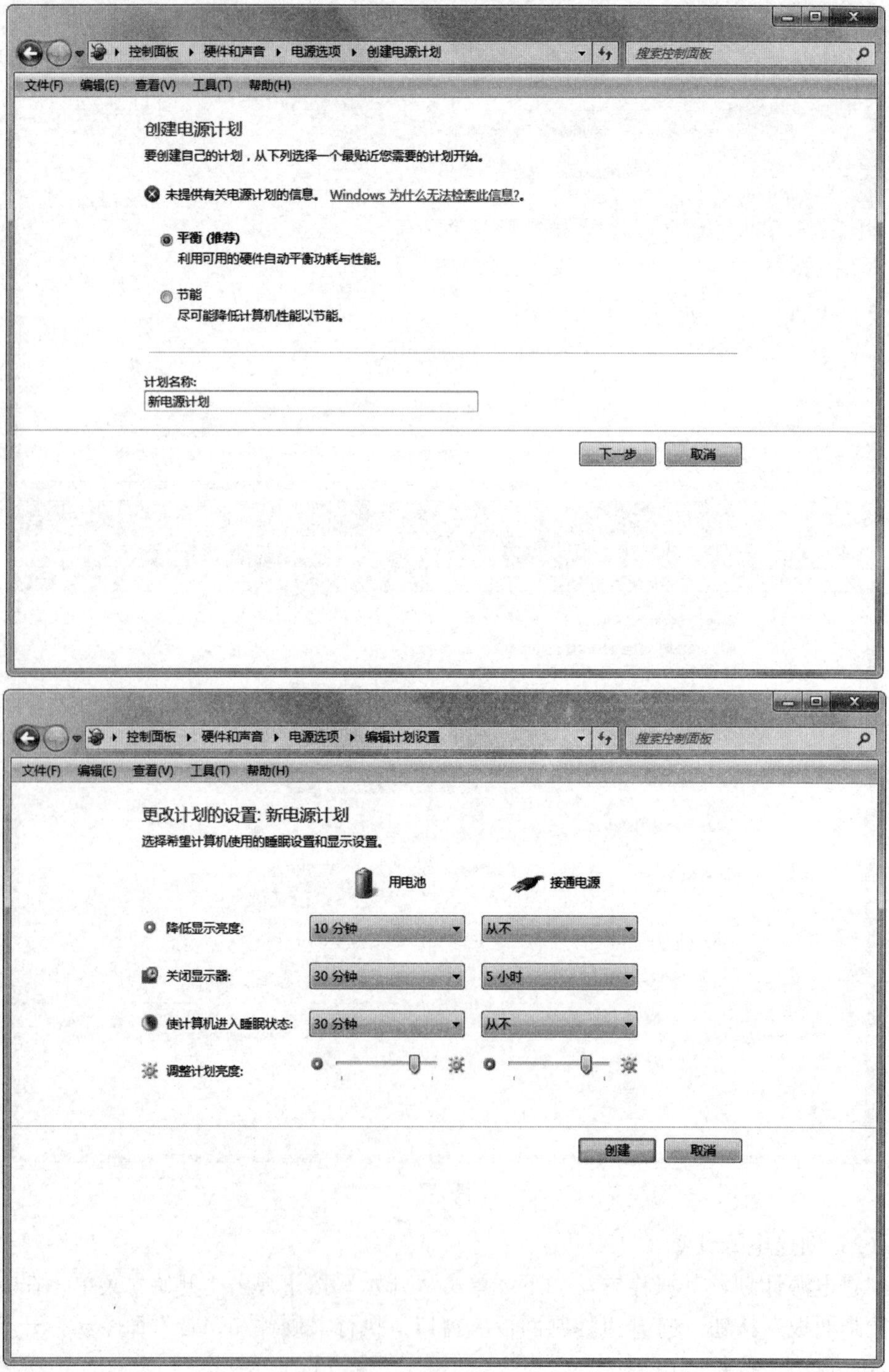


图1-78

## 1.3.6 磁盘维护工具的应用

Windows 7提供了多种磁盘维护工具，包括：磁盘检查程序、磁盘碎片整理程序、磁盘空间管理程序、磁盘清理程序和数据备份等程序。

**1．磁盘清理程序**

磁盘清理程序可以进行垃圾文件的清理，可以辨别硬盘上的无用文件，可以清理掉硬盘中的临时文件，这些文件或是由于非法操作，或是由于软件在运行过程中产生的。不但会占用大量的磁盘空间，还会降低系统的运行速度，因此需要删除它们，以便释放磁盘空间。

进行磁盘清理的操作方法如下：单击“开始”按钮弹出“开始”菜单，执行“所有程序”命令，在“附件”的“系统工具”中执行“磁盘清理”命令，打开“磁盘清理：驱动器选择”对话框，在“驱动器”下拉列表中选择要清理的磁盘（以C盘为例），单击“确定”按钮，如图1-79所示。

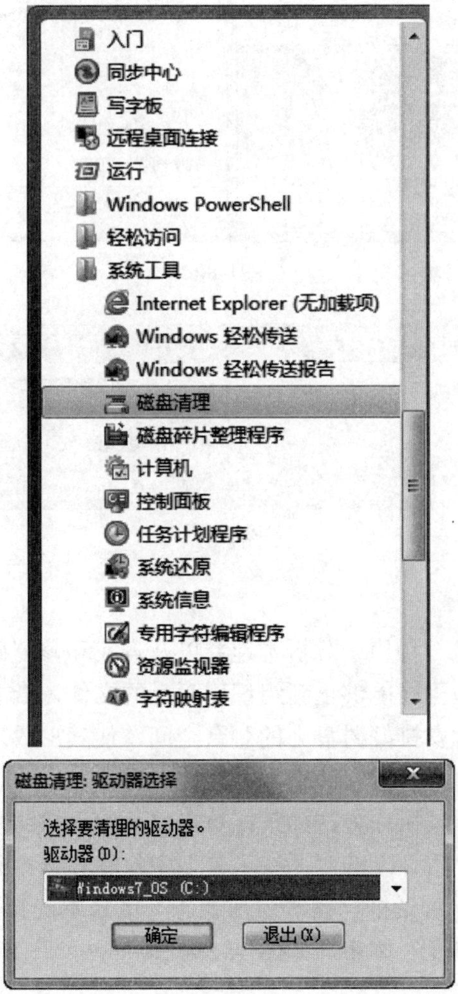


图1-79

弹出“磁盘清理”对话框，等待扫描完毕后弹出“（C:）的磁盘清理”对话框。在打开的“（C:）的磁盘清理”对话框中，在“要删除的文件”下拉列表框中，选中要删除文件的复选框，单击“确定”按钮，如图1-80所示。

在弹出的“磁盘清理”对话框中，单击“删除文件”按钮。再次弹出“磁盘清理”对话框，等待清理完毕即可，如图1-81所示。

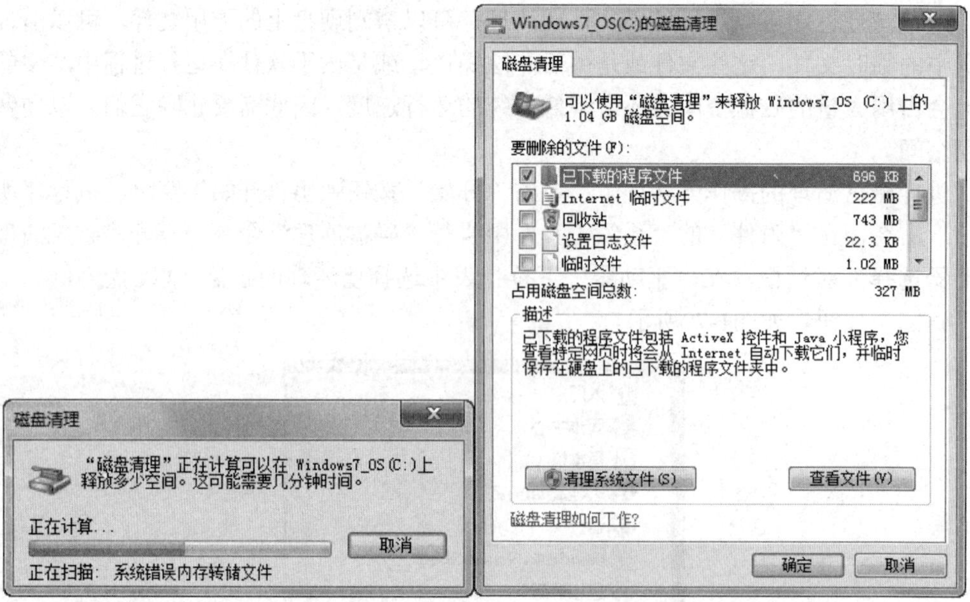


图1-80

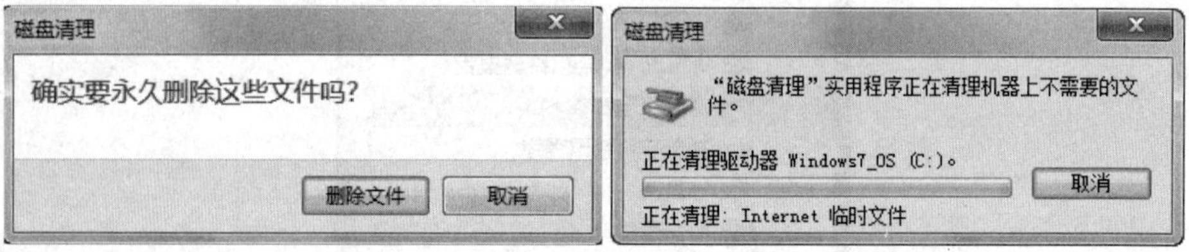


图1-81

**2．磁盘碎片整理程序**

磁盘碎片整理程序是一种用于分析本地卷以及查找和修复碎片文件和文件夹的系统实用程序。磁盘碎片整理程序能够重新组织磁盘上的文件，合并碎片文件和文件夹，把碎片文件放在一起，同时安排好磁盘上的剩余空间，使其形成连续的块。这样就加快了文件读取的速度，并腾出更多的存储空间来存放文件。

进行磁盘碎片整理，其操作方法如下：单击“开始”按钮弹出“开始”菜单，执行“所有程序”命令，在“附件”的“系统工具”中执行“磁盘碎片整理程序”命令，打开“磁盘碎片整理程序”对话框，在“当前状态”区域中选择要整理的磁盘（以C盘为例），单击“磁盘碎片整理”按钮，如图1-82所示。

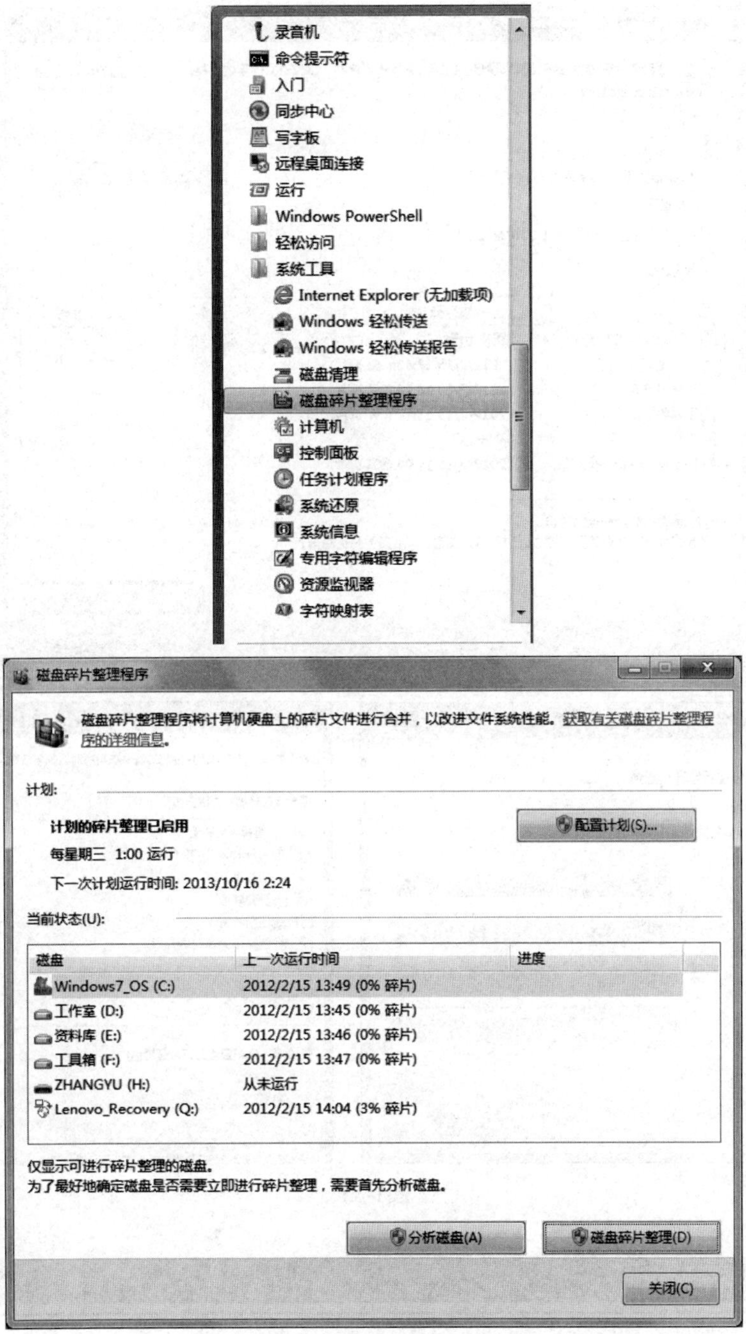


图1-82

磁盘碎片整理程序自动运行整理C盘，不必等整理完成，在“计划”区域中单击“配置计划”按钮，打开“磁盘碎片整理程序：修改计划”对话框，分别在“频率”、“日期”、“时间”下拉列表中选择所需选项；然后单击“选择磁盘”按钮，打开“磁盘碎片整理程序：选择计划整理的磁盘”对话框，在“要包含在计划中的磁盘”区域选中要整理磁盘的复选框，单击“确定”按钮，如图1-83所示。

图1-83

## 1.4 样题解答

随书光盘中提供了本样题的操作视频。

### 1. 操作系统的基本操作

第1步：进入Windows 7操作系统后执行“开始”→“所有程序”→“附件”→“Windows 资源管理器”命令，如图1-84所示。或在“开始”按钮上单击鼠标右键，在弹出的快捷菜单中执行“打开Windows资源管理器”命令，也可打开资源管理器的窗口。

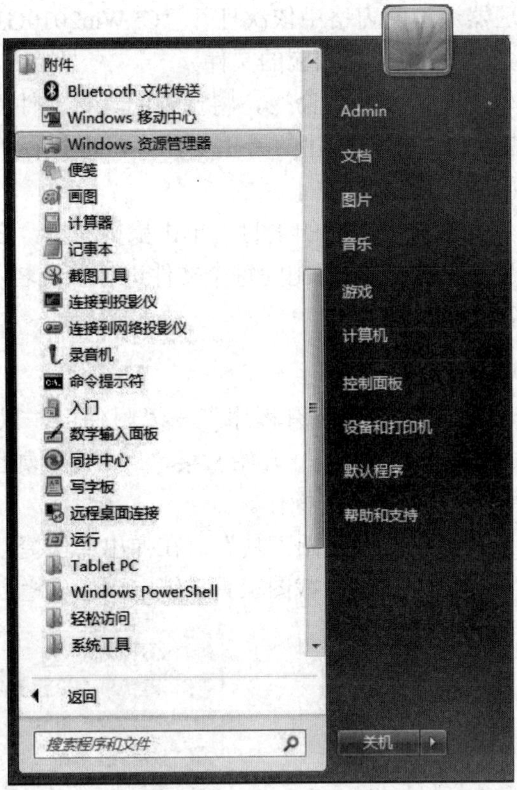


图1-84

第2步：在资源管理器左边的窗格中选择“本地磁盘（C:）”，在右边窗格的空白位置单击鼠标右键，在弹出的快捷菜单中执行“新建”→“文件夹”命令。

第3步：在右边的窗格中出现了一个新建的文件夹，并且该文件夹名处于可编辑状态，输入考生准考证后7位作为该文件夹名称，如图1-85所示。

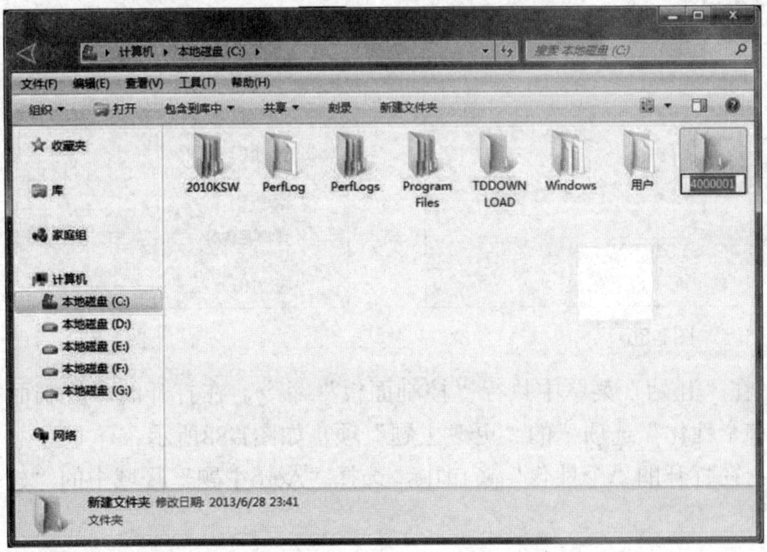


图1-85

第4步：在资源管理器左边的窗格中依次打开“C:\Win2010GJW\KSML2”文件夹，根据选题单在右边的内容窗格中选择相应的文件。

第5步：执行“编辑”→“复制”命令，将选中的素材文件复制到剪切板中。在资源管理器左边的文件夹窗口中打开新建的考生文件夹，再执行“编辑”→“粘贴”命令，则素材文件就被复制到考生文件中了。

第6步：依次在考生文件夹中相应的素材上单击鼠标右键，在弹出的快捷菜单中执行“重命名”命令，根据操作要求对复制的每个文件进行重命名，重命名时注意不要改变原考题文件的扩展名。

**2．系统设置与优化**

第7步：依次打开“开始”→“所有程序”→“附件”，鼠标右键单击“截图工具”，在打开的下拉菜单中执行“附到「开始」菜单”命令，如图1-86所示，即可完成将“截图工具”附到“开始”菜单中的操作。

第8步：再次用鼠标右键单击“截图工具”，在弹出的快捷菜单中执行“锁定到任务栏”命令，如图1-87所示，即可将“截图工具”锁定到任务栏上。

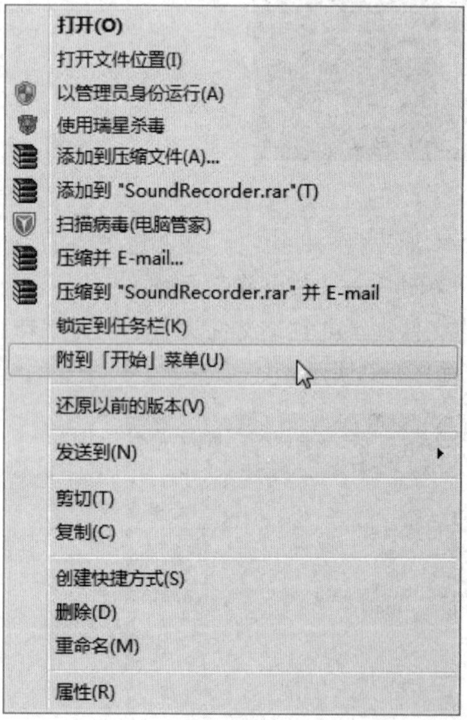


图1-86

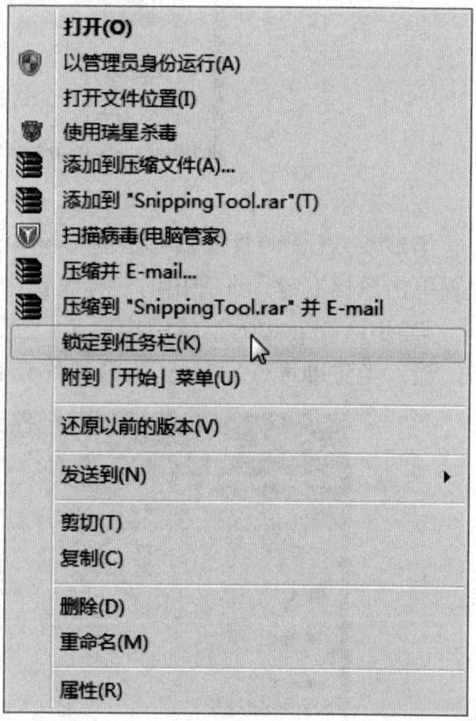


图1-87

第9步：在“开始”菜单中执行“控制面板”命令，在打开的“控制面板”窗口中单击“外观和个性化”选项下的“更改主题”项，如图1-88所示。

第10步：在打开的“个性化”窗口中，选择“Aero主题”区域中的“建筑”，如图1-89所示。

图1-88

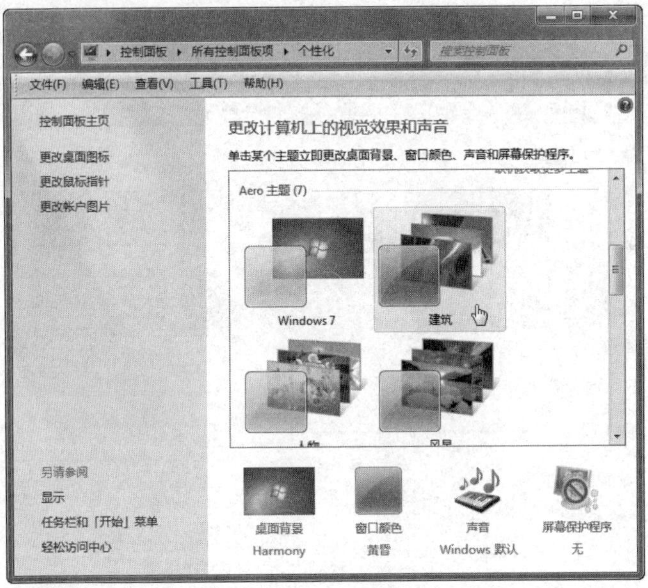


图1-89

第11步：单击下方的“桌面背景”按钮，打开“桌面背景”窗口。在“图片位置”下拉列表中选择“Windows 桌面背景”，在预览窗格中选择“建筑”类，在“更改图片时间间隔”下拉列表中选择“30秒”选项，勾选“无序播放”复选框，如图1-90所示，单击“保存修改”按钮，返回到“个性化”窗口。

第12步：在“个性化”窗口中，单击“窗口颜色”按钮，在打开的“窗口颜色和外观”窗口中选择“大海”选项，取消“启用透明效果”的选中状态，如图1-91所示，单击“保存修改”按钮，返回到“个性化”窗口。

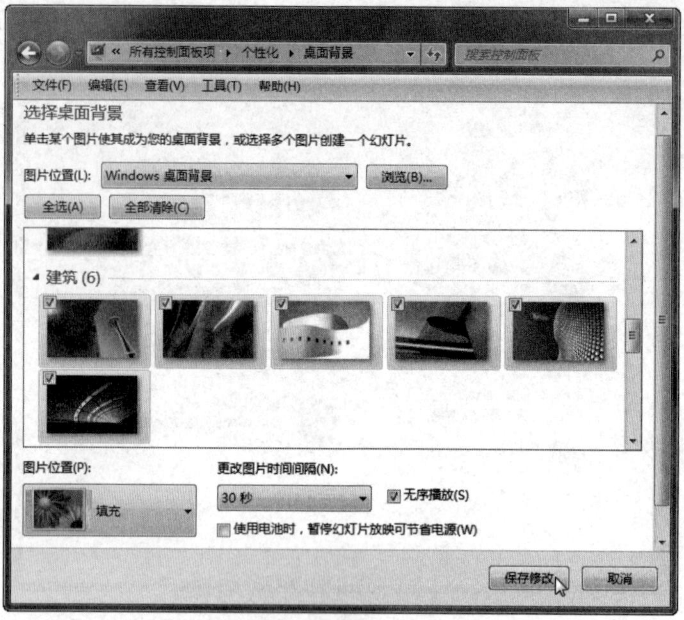


图1-90

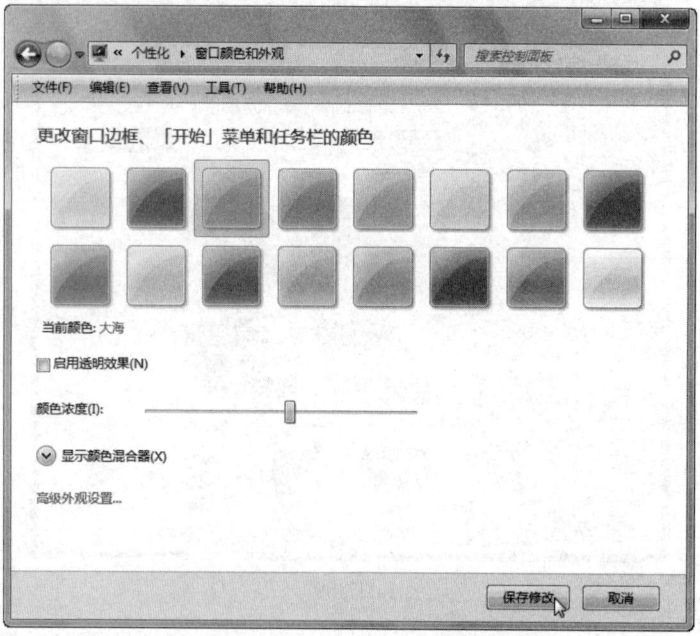


图1-91

第13步：在“个性化”窗口的“我的主题”区域中单击“保存主题”项，弹出“将主题另存为”对话框，在“主题名称”文本框中输入“考生的主题”，如图1-92所示，单击“保存”按钮。

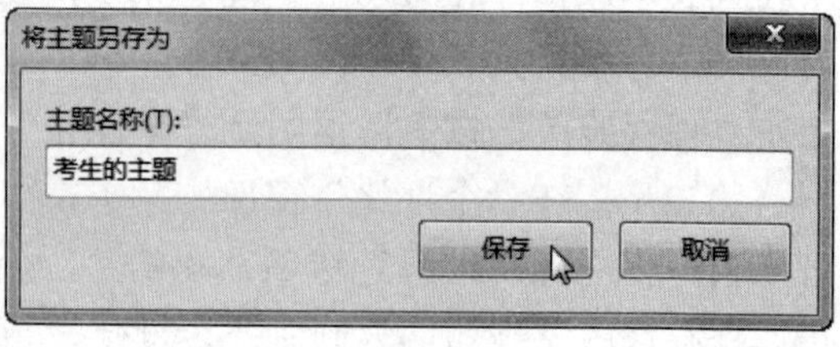


图1-92

# 第二章　文档处理的基本操作

为了使文档中的内容更加美观和规范，并提高文档的可阅读性，我们可以设置文档的页面格式、编排格式、表格样式，以及文档的插入设置和保护操作。

**本章主要内容**

- 文档的页面格式设置
- 文档的编排格式设置
- 文档内容的图文混排
- 文档表格的高级操作
- 文档的保护操作

**评分细则**

本章有9个评分点，每题16分。

| 序号 | 评分点 | 分值 |
|---|---|---|
| 1 | 设置页眉、页码、页边距等 | 2 |
| 2 | 设置页面背景：边框、页面颜色或水印等 | 2 |
| 3 | 设置艺术字 | 2 |
| 4 | 设置字体、段落格式 | 2 |
| 5 | 插入项目符号或设置中文版式 | 1 |
| 6 | 插入图片、SmartArt图形或文本框 | 3 |
| 7 | 文档表格的数据处理 | 2 |
| 8 | 套用表格样式 | 1 |
| 9 | 文档的保护操作 | 1 |

**本章导读**

综上所述，我们明确了本章所要求掌握的技能考核点以及对应《试题汇编》单元的评分点、分值和判分要求等。下面先在“样题示范”中展示《试题汇编》中的一道真题，然后详细讲解本章中涉及到的知识点和技能考核点，最后通过“样题解答”来讲解这道真题的详细操作步骤。

## 2.1 样题示范

**【练习目的】**

从《试题汇编》中选取样题，了解本章题目类型，掌握本章重点技能点。

**【样题来源】**

《试题汇编》第二单元2.1题（随书光盘中提供了本样题的操作视频）。

**【操作要求】**

打开文档A2.docx，按照样文进行如下操作。

**1.设置文档页面格式**

- 按【样文2-1A】所示，设置页边距为上下各4.2厘米、左右各3.3厘米；为文档插入“危险性”页眉，左侧录入页眉标题为“环保漫谈”，右侧插入页码“第1页”，字体均为方正姚体、小四，并设置页眉距边界2.5厘米。
- 按【样文2-1A】所示，为页面添加1.5磅、蓝色、双实线的页面边框，并设置边框与文字的距离上下左右均为15磅。

**2.设置文档编排格式**

- 按【样文2-1A】所示，将标题设置为艺术字样式“填充 - 红色，强调文字颜色2，暖色粗糙棱台”；字体为华文新魏，位置为“顶端居中，四周型文字环绕”；为其添加“转换”中“前近后远”弯曲的文本效果。
- 按【样文2-1A】所示，将正文第1段中第1句文本“湿地是指一年中至少有一段时间……滩涂和沼泽群落等。”的字体设置为楷体_GB2312、小四、加粗，并添加红色波浪线下划线；将正文第1段的行距设置为固定值23磅。
- 按【样文2-1A】所示，为正文第2、3、4段文本添加项目符号，并设置字体颜色为蓝色，段落间距为段前0.5行、段后0.5行。

**3.文档的插入设置**

- 在【样文2-1A】所示位置插入图片文件C:\Win2010GJW\KSML1\KSWJ2-1A.jpg，设置图片高度为4.5厘米、宽度为6.8厘米，环绕方式为紧密型，置于底层；为图片添加“马赛克气泡”的艺术效果和“柔化边缘5磅”的图片效果。

**4.文档表格的高级操作**

- 在Word 2010中打开文件C:\Win2010GJW\KSML1\KSWJ2-1B.docx，以A2-A.docx为文件名保存至考生文件夹中。
- 按【样文2-1B】所示，运用求和公式计算出“总计”值，将结果填写在相应的单元格内。
- 按【样文2-1B】所示，为表格自动套用“中等深浅底纹1 - 强调文字颜色6”的表格样式。

**5.文档的保护操作**

- 在A2-A.docx文档中启动文档保护，仅允许对文档进行“填写窗体”操作，密码为“ks2-1”。

【样文2-1A】

环保漫谈　　　　　　　　　　　　　　　　　　　　第 1 页

# 保护湿地改善环境

**湿地是指一年中至少有一段时间为潮湿或水涝的地区，其水深一般不超过 6 米，包括沼泽、泥炭地、滩涂和沼泽群落等。**历史上北京有许多湿地，如“海淀”二字，即有“泉水丰茂，沼泽遍布”的含义。但随着城市的发展，大量湿地被改造、填埋，至今北京已没有严格意义的天然湿地了。湿地的丧失，是城市越来越酷热、越来越干旱的原因之一。

- 湿地含有丰沛水量，比陆地具有更大的比热，高温吸热，低温放热，从而调节气温，减小温差；同时，湿地是区域水循环的重要环节，雨季可以调蓄洪水，降低洪峰，并及时补充地下水，旱季可以增大蒸发，增加降水，从而减少旱、涝灾害。
- 湿地由动植物、微生物、土壤、水体以及砂砾基质组成，它们之间的生物、物理、化学作用使湿地成为天然的“空气净化器”和“污水处理厂”。大面积湿地可以直接吸附空气中的浮尘、细菌和有害气体，与降水、径流带来的尘土及有害物质一起沉滞于基质，从而起到净化空气的作用。
- 湿地为野生动植物提供良好的栖息地，以维持它们正常的繁衍，是天然的物种基因库；湿地提供丰富的水产品，出产泥炭、水电，可用于适度旅游开发，具有很高的经济价值；此外湿地还具有科研与景观价值。

【样文2-1B】

| 商品销售记录 | | | | |
|---|---|---|---|---|
| 名称 | 第一季度 | 第二季度 | 第三季度 | 第四季度 |
| 牙膏 | 493 | 443 | 369 | 626 |
| 牙刷 | 392 | 311 | 494 | 577 |
| 洗发露 | 517 | 732 | 750 | 605 |
| 洗衣粉 | 607 | 693 | 705 | 685 |
| 护发素 | 629 | 303 | 471 | 719 |
| 洗面奶 | 556 | 446 | 741 | 623 |
| 总计 | 3194 | 2928 | 3530 | 3835 |

## 2.2 文档的页面格式设置

对文档进行页面格式设置，主要包括设置页边距、纸张大小、设置页眉和页脚、设置边框和底纹、页面背景和水印等。

### 2.2.1 设置页面

文档最终是以页打印输出的。因此，页面的美观显得尤为重要，输出文档之前首先要进行页面的设置，比如页边距、纸张的大小等，然后才能把文档中的正文和图形打印到纸的正确位置。

**1. 设置页边距**

页边距是页面边缘的空白区域。一般情况下，会在页边距可打印区域内插入文本和图形。当更改文档的页边距时，也就更改了文本和图形显示在每页上的位置。设置页边距有两种方法，可以在功能区中选择预定义设置的页边距，也可以在对话框中自定义设置。

方法1：单击“页面布局”选项卡，在“页面设置”组中单击“页边距”按钮，在弹出的下拉列表中选择所需要的内置页边距，如图2-1所示。

这样设置页边距，如果文档包含多个节，新的页边距类型将只应用到当前节。如果文档包含多个节，并且已选中多个部分，则新的页边距类型将应用到所选择的每一节。

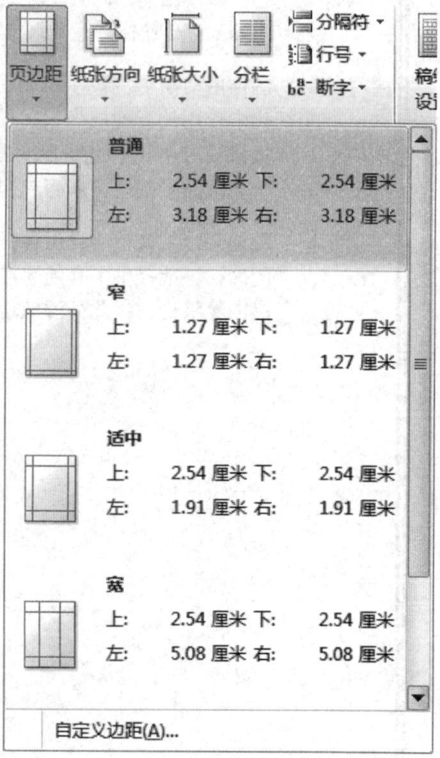

图2-1

方法2：单击“页面布局”选项卡，在“页面设置”组中单击“页边距”按钮，在弹出的下拉列表中执行“自定义边距”命令，打开“页面设置”对话框。在“页边距”选项卡下可以自定义设置上、下、左、右的页边距，如图2-2所示。

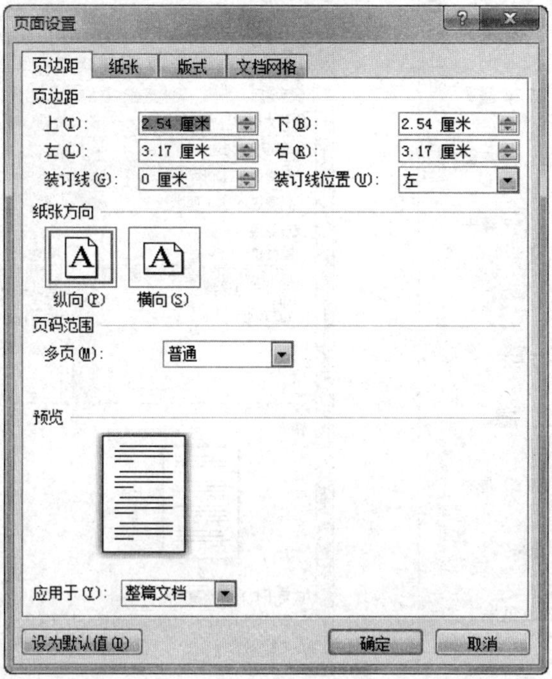


图2-2

**2．设置纸张方向和大小**

为了适应不同的打印纸张，可以通过以下操作改变页面方向和大小。

（1）设置纸张方向。

在默认情况下，Word编辑区域纸张的方向总是纵向排列的，如果想编辑横幅面的内容，可以在“页面布局”选项卡下的“页面设置”组中单击“纸张方向”下拉按钮，在弹出的下拉列表中执行“横向”命令，如图2-3所示。

图2-3

（2）选择纸张大小。

在“页面布局”选项卡下的“页面设置”组中，单击“纸张大小”下拉按钮，在弹出的下拉列表中可以选择适合的纸张大小，如A4、B4等，如图2-4所示。

（3）自定义纸张大小。

如果使用的打印纸张较为特殊，可以通过以下方法自定义纸张的大小：在“页面布局”选项卡下的“页面设置”组中，单击“纸张大小”下拉按钮，在弹出的下拉列表中执行“其他页面大小”命令。在弹出的“页面设置”对话框中选择“纸张”选项卡，在“纸张大小”区域可直接输入所需要的宽度值和高度值，最后单击“确定”按钮完成此次设置，如图2-5所示。

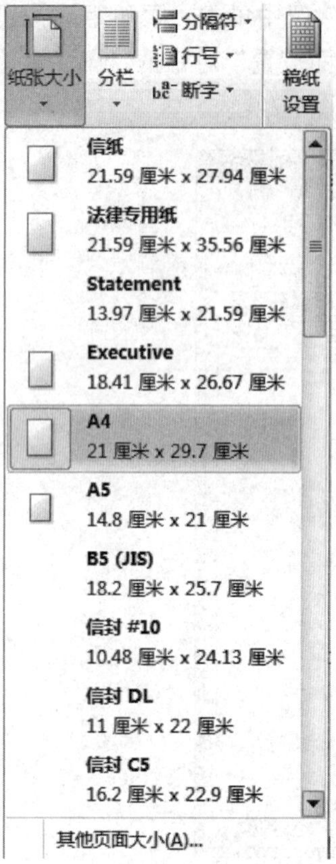


图2-4

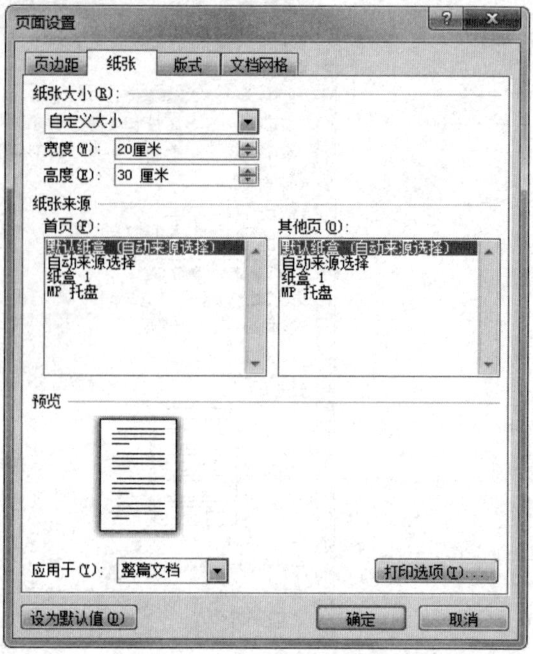


图2-5

## 2.2.2 设置页眉、页脚与页码

页眉和页脚都是文档的重要组成部分，是文档中每个页面的顶部、底部和两侧页边距中的区域。可以在页眉和页脚中插入或更改文本和图形，也可以添加页码、时间和日期、公司徽标、文档标题、文件名或作者姓名等。这样就可以在阅读时从页眉页脚中知道相应的信息，如当前页数、当前阅读的小节、文档名字、编写的信息等。

**1．插入页眉和页脚**

在“插入”选项卡下的“页眉和页脚”组中，可以执行插入页眉、页脚和页码的操作，如图2-6所示。

插入页眉的具体操作步骤如下：

（1）在“插入”选项卡下的“页眉和页脚”组中，单击“页眉”下拉按钮。

（2）在弹出的下拉列表中选择所需要的页眉样式，如图2-7所示。页眉即被插入到文档的每一页中。

（3）此时光标在文档顶端的页眉区域闪烁，直接输入所需要的页眉内容即可，如图2-8所示。

（4）设置完成后，“设计”选项卡下单击“关闭页眉和页脚”按钮，返回至文档正文，如图2-9所示。

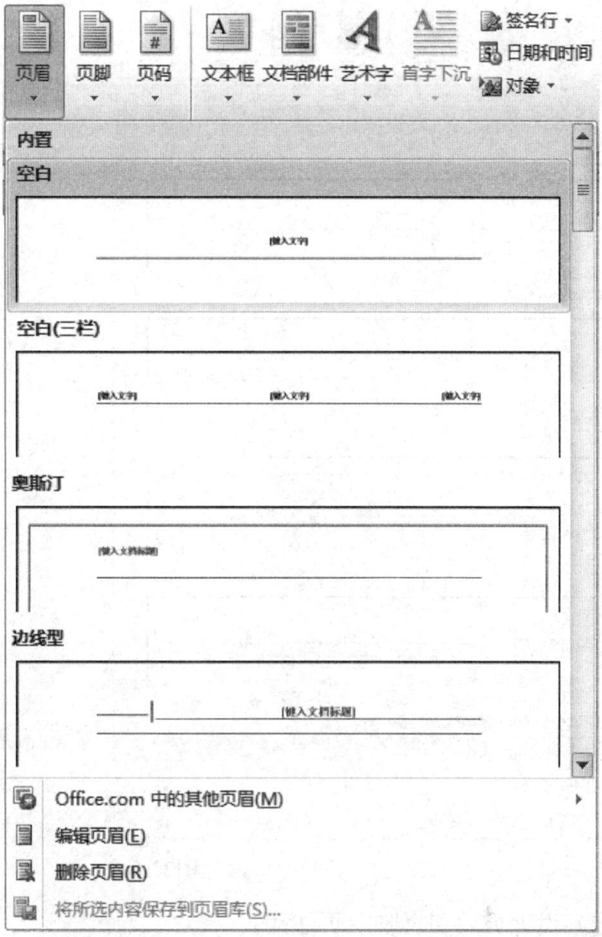


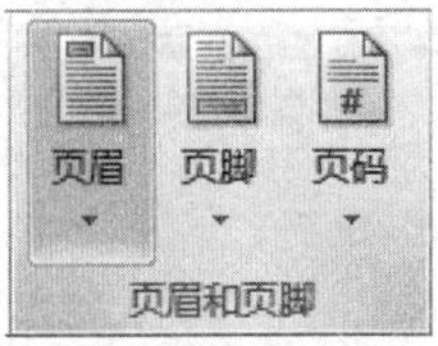


图2-6　　图2-7

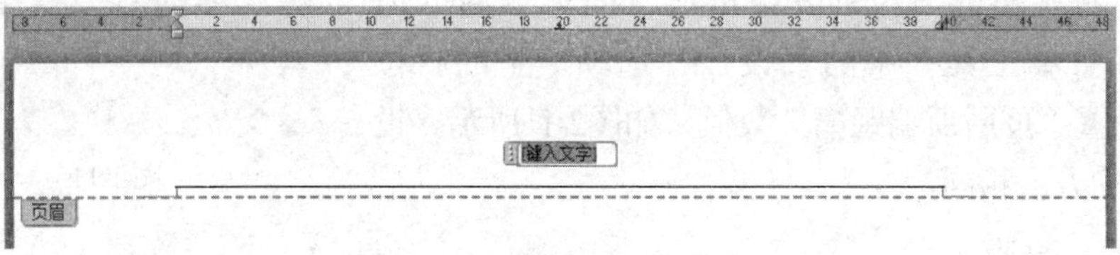

图2-8　　图2-9

（5）插入页脚的方法与插入页眉是相同的。

**2．设置页眉和页脚格式**

在插入页眉和页脚后，为了使其达到更加美观的效果，还可以为其设置格式。

（1）设置页眉和页脚文本格式。

设置页眉和页脚文本格式的方法与设置文档中的普通文本相同。在“插入”选项卡下的“页眉和页脚”组中，单击“页眉”下拉按钮，在弹出的下拉列表中执行“编辑页眉”命令。然后选择页眉中的文本内容，切换至“开始”选项卡，为其设置所需要的字体格式，如图2-10所示。设置页脚文本格式方法相同。

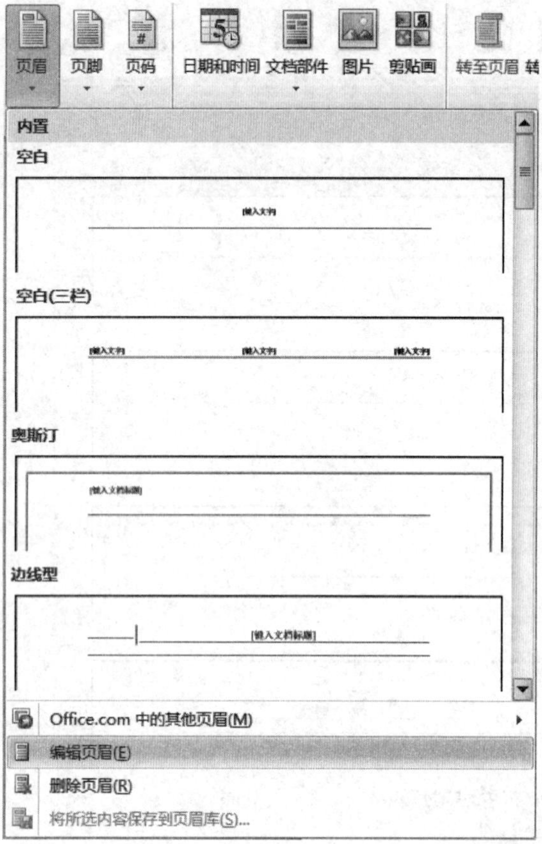


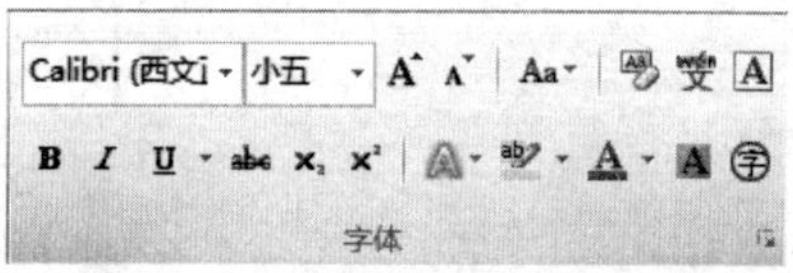


图2-10

（2）设置页眉和页脚、页边距。

在“插入”选项卡下的“页眉和页脚”组中，单击“页眉”下拉按钮，在弹出的下拉列表中执行“编辑页眉”命令。在“页眉和页脚工具”中的“设计”选项卡下的“位置”组中，可设置“页眉顶端距离”数值，如图2-11所示。设置页脚、页边距的方法相同。

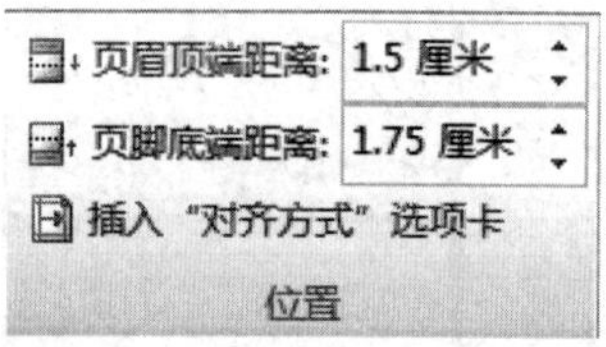


图2-11

**3．删除页眉、页脚**

在“插入”选项卡下的“页眉和页脚”组中，单击“页眉”下拉按钮，在其下拉列表中执行“删除页眉”命令，页眉即被从整个文档中删除。删除页脚的方法相同。

**4．页码**

（1）插入页码。

为了方便对文档进行阅读和管理，还可以在文档中插入页码。一般情况下，页码显示在文档的底端，可以根据自己的需要选择样式来确定页码显示的位置。具体操作步骤为：在“页眉和页脚工具”的“设计”选项卡中单击“页码”下拉按钮，在弹出的下拉列表中选择插入位置，再在弹出的列表中选择所需要的页码样式即可，如图2-12所示。

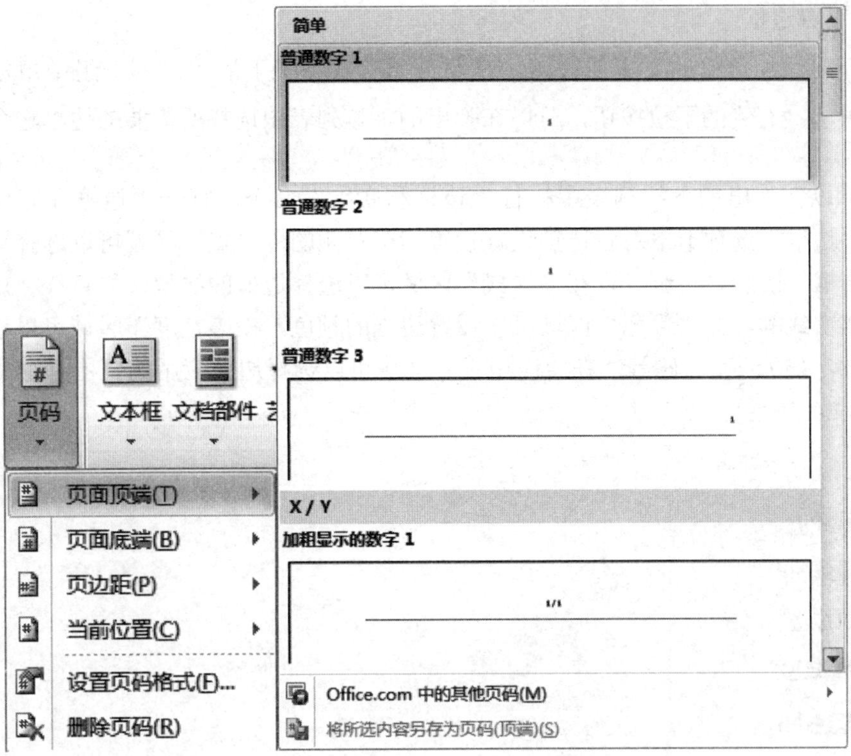


图2-12

（2）设置页码格式。

如果对页码格式不满意，还可以设置页码的格式。具体操作步骤为：在“页眉和页脚工具”的“设计”选项卡中单击“页码”下拉按钮，在弹出的下拉列表中执行“设置页码格式”命令，弹出“页码格式”对话框，在“编号格式”下拉列表框中选择或输入所需要的页码格式，如图2-13所示。

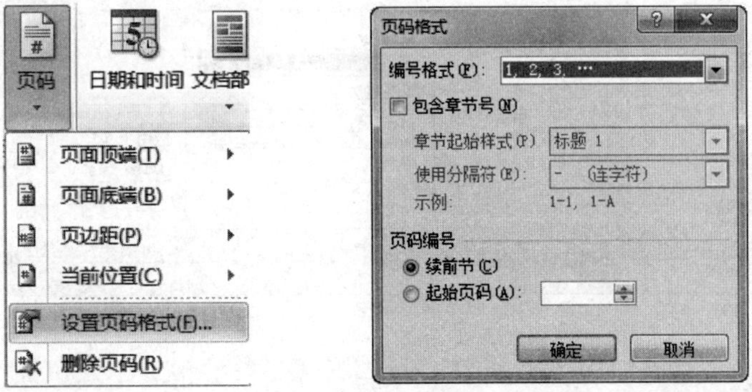


图2-13

## 2.2.3　设置边框和底纹

为了使文档中的重要内容突出显示，可以为其设置边框和底纹，也可以使用突出显示文本功能。

1．设置边框

选择要添加边框的文本或段落，在“开始”选项卡下的“段落”组中单击“下框线”按钮 右侧的下拉按钮，可以在弹出的下拉列表中选择所需要的边框选项，如图2-14所示。

也可以在弹出的下拉列表中执行“边框和底纹”命令，打开“边框和底纹”对话框，在“边框”选项卡下对各选项进行设置。在左侧的“设置”区域可以选择边框的效果，如方框、阴影、三维等，在“样式”区域可以选择边框的线型，如直线、虚线、波浪线、双实线等，在“颜色”区域可以设置边框的颜色，在“宽度”区域可以设置边框线的粗细，如0.5磅、1磅等，在“应用于”区域可以选择边框应用的范围，如文字或段落，如图2-15所示。

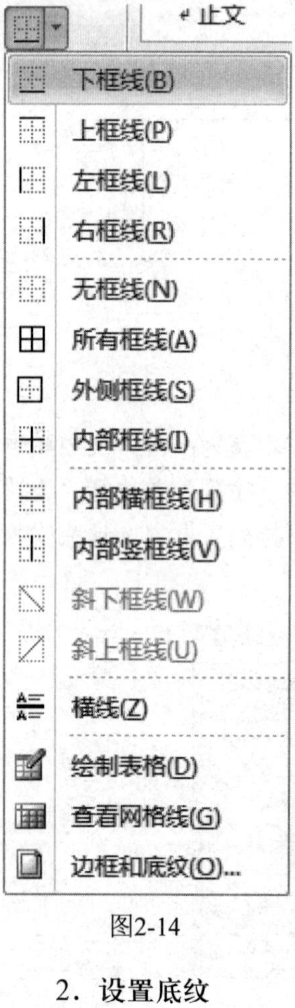


图2-14

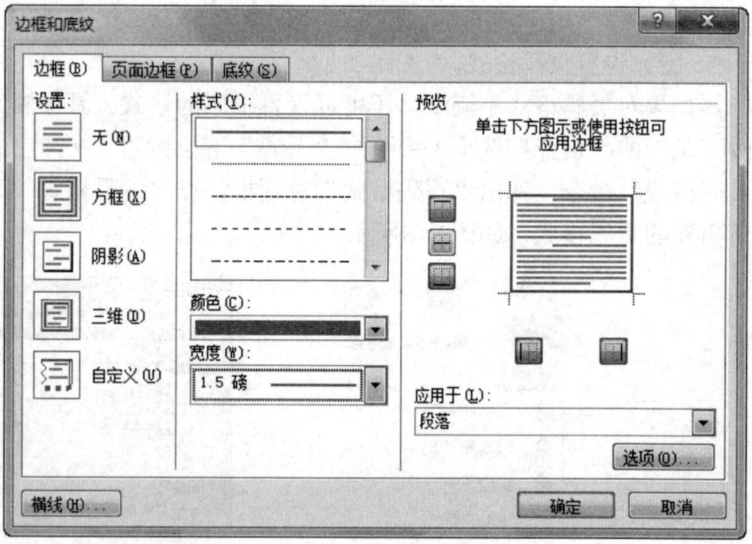


图2-15

2．设置底纹

要设置底纹，只需在“开始”选项卡下的“字体”组中单击“底纹”按钮 右侧的下拉按钮，在弹出的下拉列表中选择所要填充的颜色，如图2-16所示。

也可以在“边框和底纹”对话框中的“底纹”选项卡下进行设置。在该选项卡中可以对底纹的填充颜色、图案样式、图案颜色及应用范围进行设置，如图2-17所示。

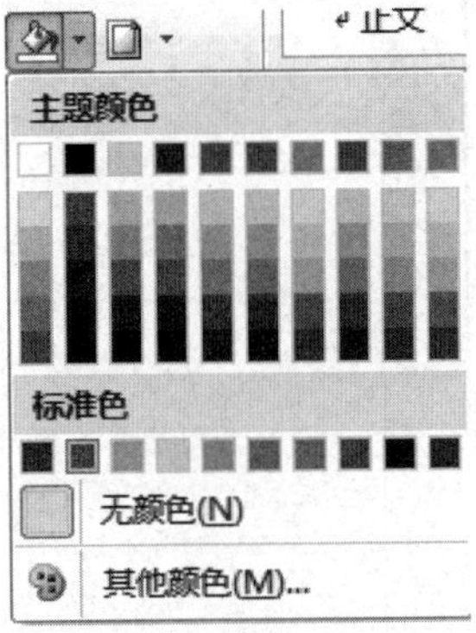


图2-16

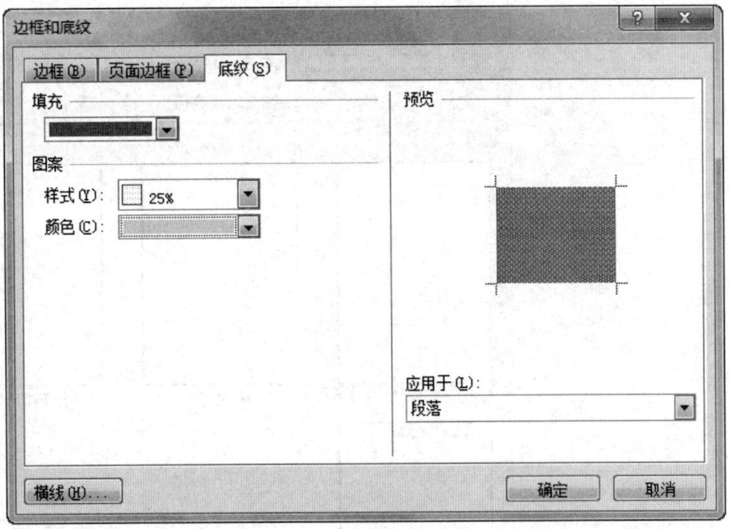


图2-17

3．突出显示文本

Word 2010还提供了突出显示文本的功能，可以快速将指定的内容以需要的颜色突出显示出来，常应用于审阅文档。

首先选择需要设置突出显示的文本，在“开始”选项卡下的“字体”组中单击“以不同颜色突出显示文本”按钮 右侧的下拉按钮，在弹出的下拉列表中选择所需要的颜色，即可使所选择的文本以相应的颜色突出显示出来，如图2-18所示。

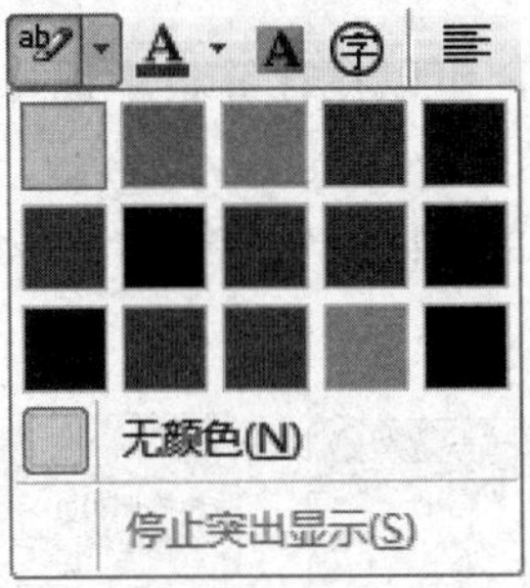


图2-18

## 2.2.4 设置页面背景

为页面添加背景、水印、边框，可使页面更加美观，使阅读更具有趣味。

### 1．设置页面水印

要为页面添加水印，在“页面布局”选项卡下的“页面背景”组中单击“水印”下拉按钮，在弹出的下拉列表中选择所需要的水印样式，如图2-19所示。

也可以自定义水印，在“页面布局”选项卡下的“页面背景”组中单击“水印”下拉按钮，在弹出的下拉列表中执行“自定义水印”命令，打开“水印”对话框。

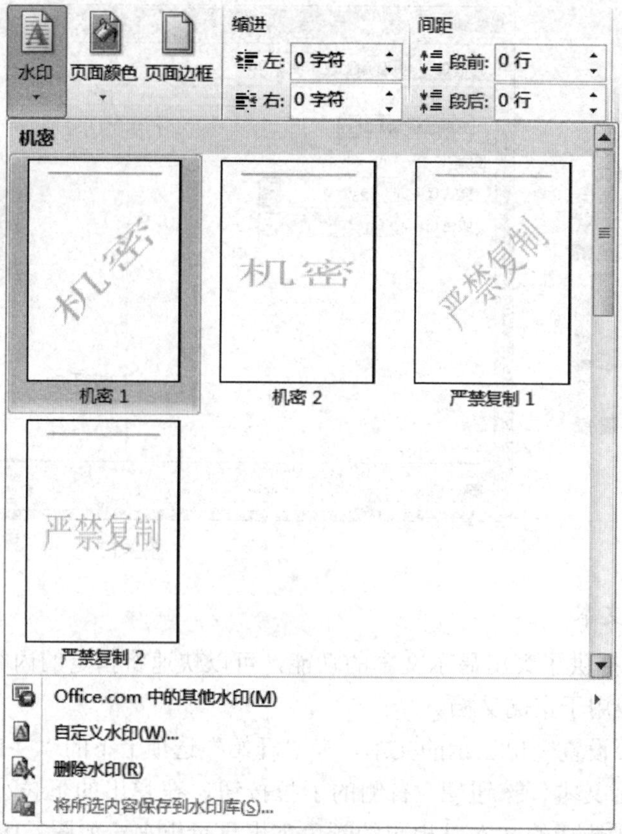


图2-19

选中“图片水印”单选按钮，可以在计算机中选择图片，设置缩放比例和冲蚀，如图2-20所示。

选中“文字水印”单选按钮，可以设置语言、文字、字体、字号、颜色、版式等，如图2-21所示。

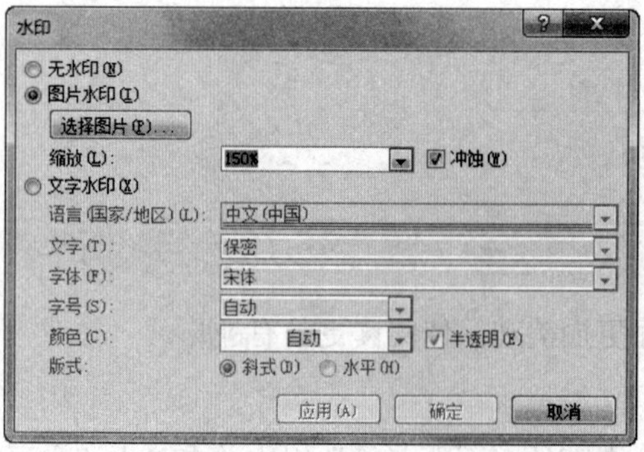


图2-20

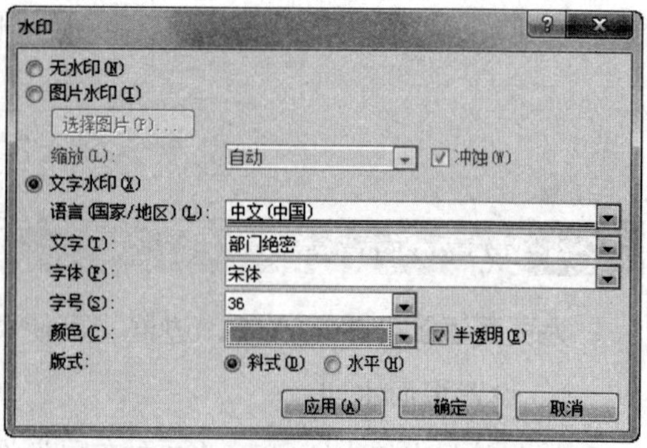


图2-21

**2．设置页面背景**

要为页面添加背景颜色，在“页面布局”选项卡下的“页面背景”组中单击“页面颜色”下拉按钮，在弹出的下拉列表中选择所需要的颜色，如图2-22所示。

还可以为页面设置填充效果，在“页面布局”选项卡下的“页面背景”组中单击“页面颜色”下拉按钮，在弹出的下拉列表中执行“填充效果”命令，打开“填充效果”对话框，为页面添加特殊效果，如渐变、纹理、图案和图片，如图2-23所示。

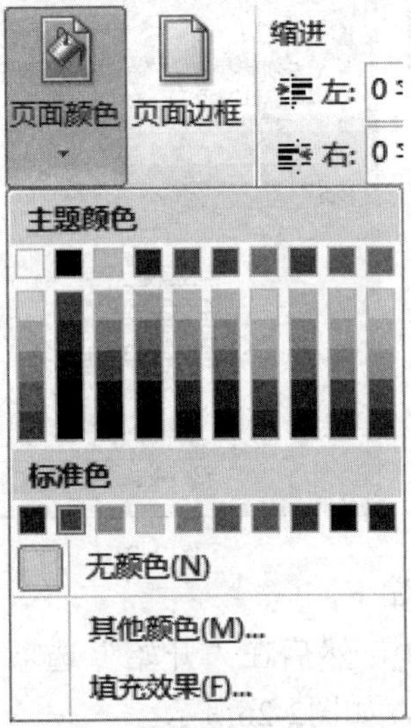


图2-22

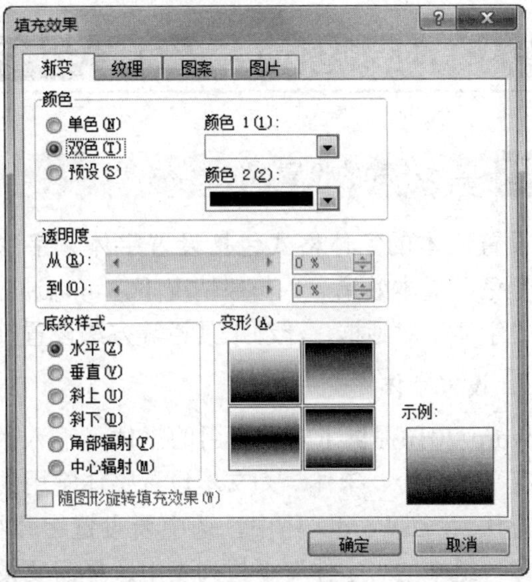


图2-23

### 3．设置页面边框

要设置页面边框，只需在“页面布局”选项卡下的“页面背景”组中单击“页面边框”按钮，打开“边框和底纹”对话框，在“页面边框”选项卡下对各选项进行设置：在左侧的“设置”区域可以选择页面边框的效果，在“样式”区域可以选择页面边框的线型，在“颜色”区域可以设置页面边框的颜色，在“宽度”区域可以设置页面边框线的粗细，在“艺术型”区域可以设置页面边框的艺术效果，在“应用于”区域可以选择页面边框应用的范围，如图2-24所示。

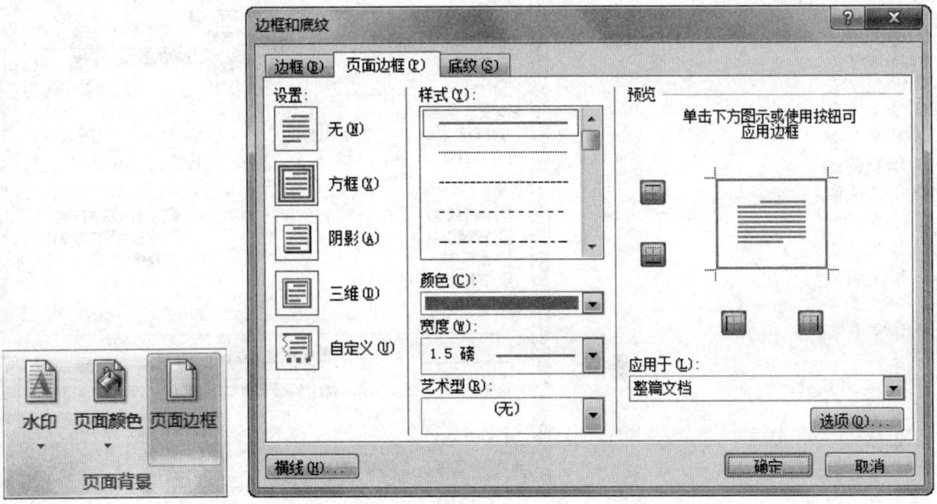


图2-24

如需对页面边框的边距进行设置，只需在“页面边框”选项卡下单击“选项”按钮，打开“边框和底纹选项”对话框，设置页面边框的边距及测量基准等，如图2-25所示。

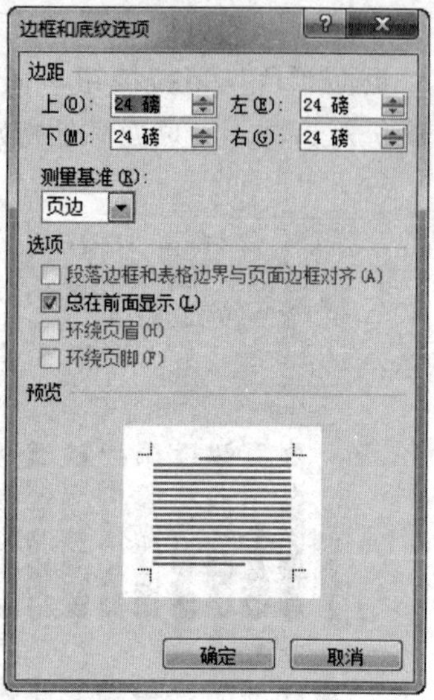


图2-25

## 2.3 文档的编排格式设置

### 2.3.1 字体格式的设置

设置文本的字体格式包括设置字体、字形、字号、字体颜色及文本效果等。一般情况下，可以通过“字体”组、“字体”对话框、浮动工具栏等方法设置字体格式。

**1．设置字体**

Word 2010提供了多种可用的字体，输入的文本在默认情况下是五号、宋体。为文本设置字体常用的操作方法如下。

方法1：在Word文档中，选中要设置字体格式的文本，然后在“开始”选项卡下“字体”组中的“字体”下拉列表中选择需要设置的字体，如图2-26所示。

方法2：选中要设置字体格式的文本，在“开始”选项卡下“字体”组中单击右下角的“对话框启动器”按钮，打开“字体”对话框。在“字体”选项卡下的“中文字体”下拉列表中可以选择文档中中文文本的字体格式，在“西文字体”下拉列表中可以选择文档中西文文本的字体格式，如图2-27所示。

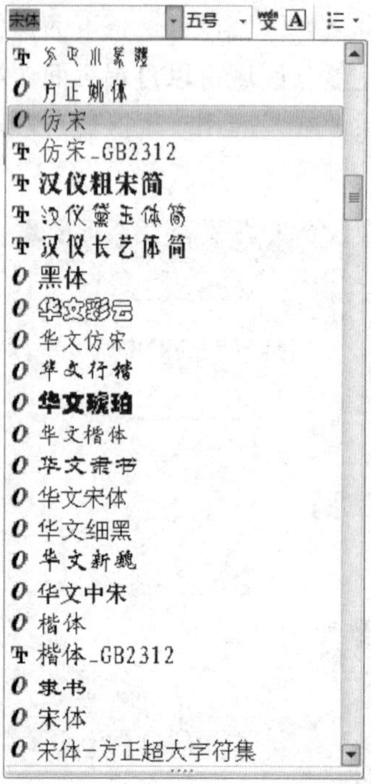


图2-26

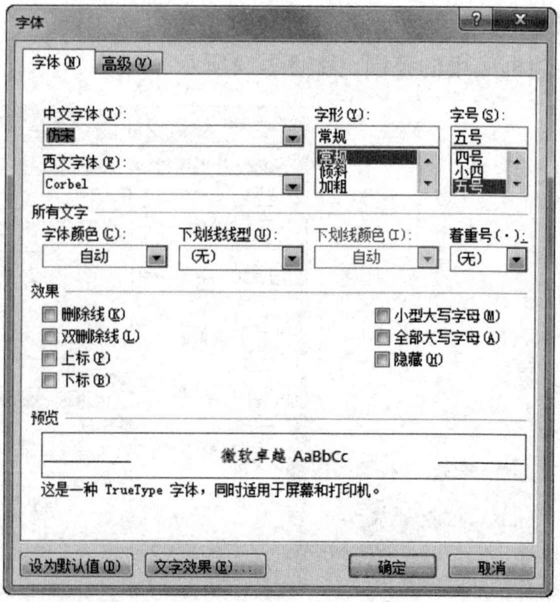


图2-27

方法3：选中要设置字体格式的文本后，Word 2010会自动弹出“格式”浮动工具栏。这个浮动工具栏开始时呈半透明状态，当光标接近时，才会正常显示，否则就会自动隐藏。在该浮动栏中单击“字体”下拉按钮，在弹出的列表中可以选择需要的字体样式，如图2-28所示。

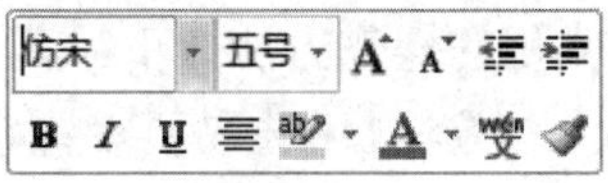

图2-28

方法4：按Ctrl+Shift+P组合键或Ctrl+D组合键，都可以直接打开“字体”对话框。

2．**设置字号**

Word 2010有两种字号表示方法，一种是中文标准，以“号”为单位，如初号、一号、二号等；另一种是西文标准，以“磅”为单位，如8磅、9磅、10磅等。为文本设置字号常用的操作方法如下：

方法1：选中要设置字号的文本，在“开始”选项卡下“字体”组中的“字号”下拉列表中选择需要设置的字号，如图2-29所示。

方法2：选中要设置字号的文本，打开“字体”对话框。在“字体”选项卡下的“字号”列表框中可以选择需要设置的字号，如图2-30所示。

图2-29

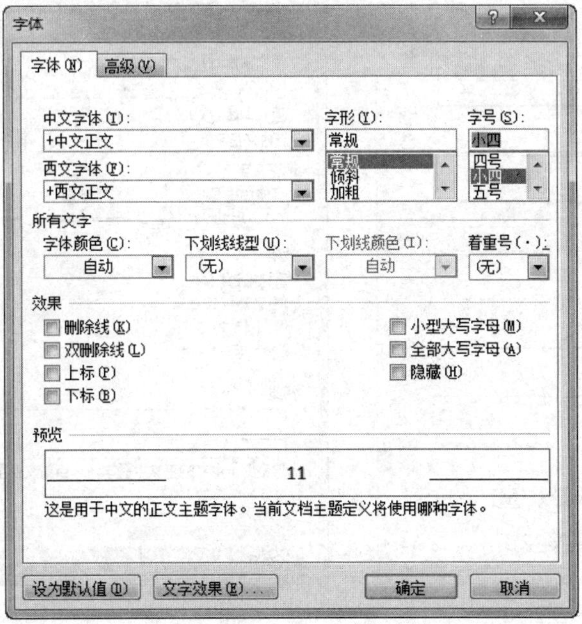

图2-30

方法3：选中要设置字号的文本，打开“格式”浮动工具栏，在该浮动栏中单击“字号”下拉按钮，在弹出的下拉列表中选择需要设置的字号，如图2-31所示。

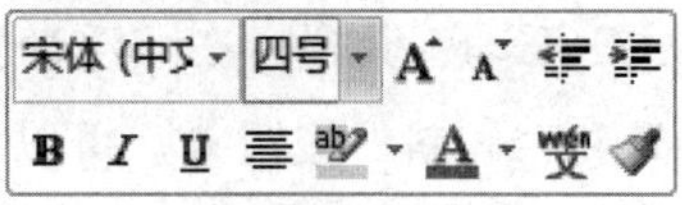

图2-31

方法4：按Ctrl+Shift+>组合键可以快速增大字号，按Ctrl+Shift+<组合键可以快速缩小字号。

3．设置字形

字形包括文字的常规显示、倾斜显示、加粗显示及下划线显示等。为文本设置字形常用的操作方法如下：

方法1：选取要设置字形的文本，在“开始”选项卡下“字体”组中单击相应的按钮可以设置字符的格式：单击“加粗”按钮 **B**，可以设置字符的加粗格式；单击“倾斜”按钮 *I*，可以设置字符的倾斜格式；单击“下划线”按钮 U ，可以为字符添加默认格式的下划线，如图2-32所示。单击“下划线”按钮 U 右侧的下拉按钮，可以从下拉列表中选择下划线的线型和颜色，如图2-33所示。

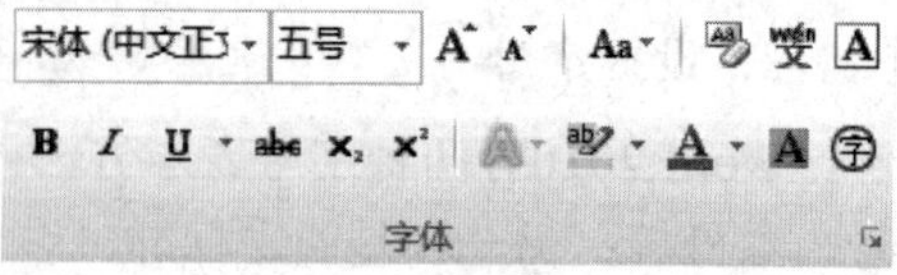

图2-32

方法2：选中要设置字形的文本，打开“字体”对话框。在“字体”选项卡下的“字形”列表框中可以选择设置字形，在“下划线线型”和“下划线颜色”列表框中可以选择为文本添加下划线，在“着重号”列表框中可以选择为文本添加着重号，如图2-34所示。

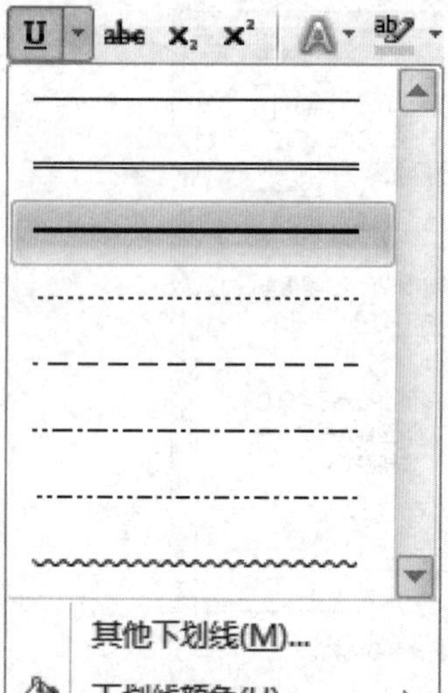

图2-33

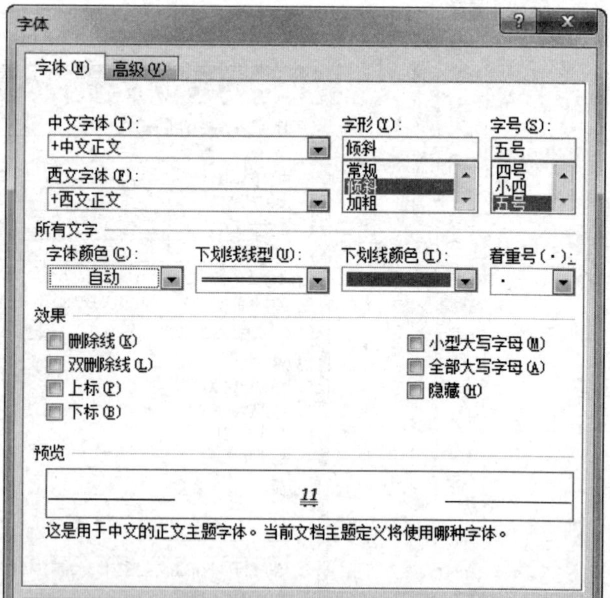

图2-34

方法3：选中要设置字形的文本，打开“格式”浮动工具栏，在该浮动栏中单击“加粗”按钮 **B** 和“倾斜”按钮 *I*，可以为字符设置加粗和倾斜显示，如图2-35所示。

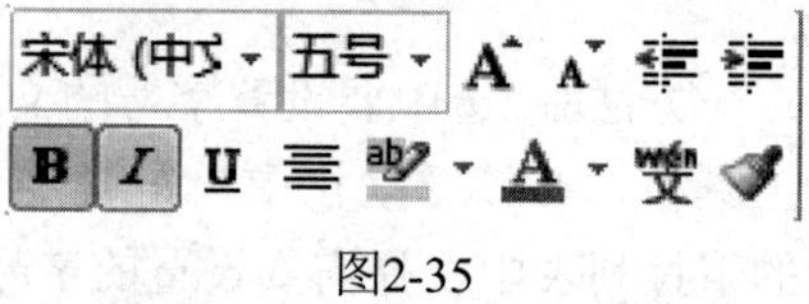

图2-35

方法4：按Ctrl+B组合键，可以设置加粗显示；按Ctrl+I组合键，可以设置倾斜显示；按Ctrl+U组合键，可以设置下划线显示。

**4．设置字体颜色**

为字符设置字体颜色，可以使文本看起来更醒目、更美观。为文本设置字体颜色常用的操作方法如下：

方法1：选取要设置字体颜色的文本，在“开始”选项卡下“字体”组中单击“字体颜色”下拉按钮，在弹出的颜色面板中选择需要的颜色即可，如图2-36所示。

方法2：选中要设置字体颜色的文本，打开“字体”对话框。在“字体”选项卡下的“字体颜色”下拉列表中选择需要的颜色，如图2-37所示。

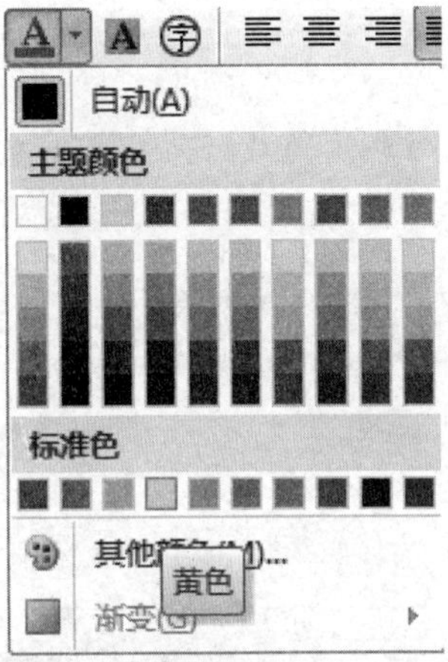


图2-36

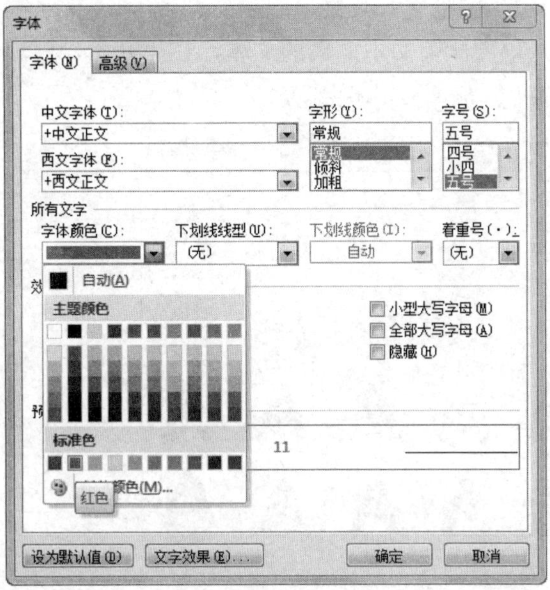


图2-37

方法3：选中要设置字体颜色的文本，打开“格式”浮动工具栏，在该浮动栏中单击“字体颜色”下拉按钮，同样可以从弹出的颜色面板中选择需要的颜色，如图2-38所示。

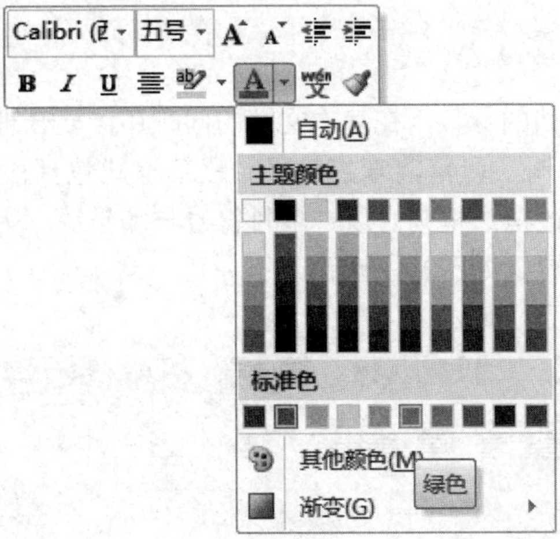


图2-38

5．**设置文本效果**

通过更改文字的填充和边框，或者添加诸如阴影、映像或发光之类的效果，可以更改文字的外观。

（1）设置文本效果。

选取要设置文本效果的文本，在“开始”选项卡下“字体”组中单击“文本效果”下拉按钮 ，在弹出的文本效果面板中选择需要的效果，可以设置轮廓、阴影、映像和发光效果，如图2-39所示。

（2）删除文本效果。

选取要删除文本效果的文本，在“开始”选项卡下“字体”组中单击“清除格式”按钮 ，如图2-40所示。

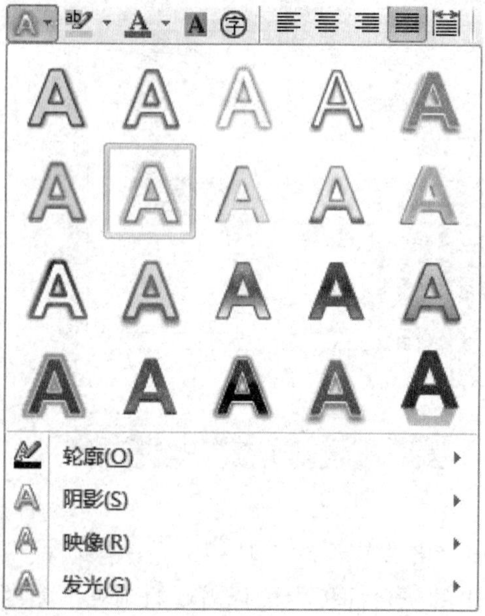


图2-39

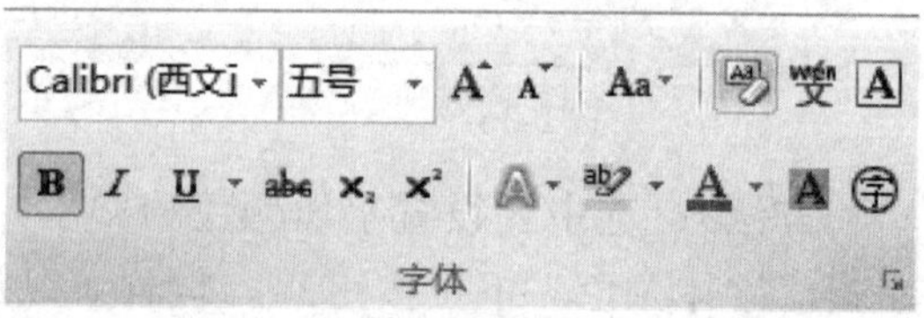


图2-40

## 2.3.2 段落格式的设置

段落是构成整个文档的骨架，在编辑文档的同时还需要合理设置文档段落的格式，才能使文档达到层次分明、段落清晰的效果。段落格式包括段落的对齐方式、缩进方式、段落间距与行距、段落边框与底纹、项目符号与编号等。大多数的段落格式都可以在“段落”组中完成设置，如图2-41所示。

图2-41

### 1．设置段落对齐方式

段落对齐主要包括两端对齐、居中对齐、左对齐、右对齐和分散对齐。在“开始”选项卡下的“段落”组中，有一组快速选择段落对齐方式的按钮，单击相应的对齐方式按钮，即可快速为段落选择对齐方式。

- 文本左对齐：快速将选择的段落在页面中靠左侧对齐排列，其快捷键为Ctrl+L。文本左对齐与两端对齐效果相似。
- 居中：快速将选择的段落在页面中居中对齐排列，其快捷键为Ctrl+E。
- 文本右对齐：快速将选择的段落在页面中靠右侧对齐排列，其快捷键为Ctrl+R。
- 两端对齐：两端对齐是Word 2010中默认的对齐方式，可以将文字左右两端同时对齐，并根据页面需要自动增加字符间距以达到左右两端对齐的效果，其快捷键为Ctrl+J。
- 分散对齐：快速将选择的段落在页面中分散对齐排列，其快捷键为Ctrl+Shift+J。

### 2．设置段落缩进

段落缩进主要包括左缩进、右缩进、悬挂缩进和首行缩进4种方式。

- 左缩进：设置整个段落左边界的缩进位置。
- 右缩进：设置整个段落右边界的缩进位置。
- 悬挂缩进：设置段落中除首行以外的其他行的起始位置。
- 首行缩进：设置段落中首行的起始位置。

设置段落缩进常用的操作方法如下：

方法1：使用“标尺”设置段落缩进。在Word 2010中，可以通过拖动标尺中的缩进标记来调整段落的缩进，此设置仅对光标所在的段落或所选择的段落发生作用。在“视图”选项卡下的“显示”组中，选中“标尺”复选框，即可在页面中显示标尺，如图2-42所示。

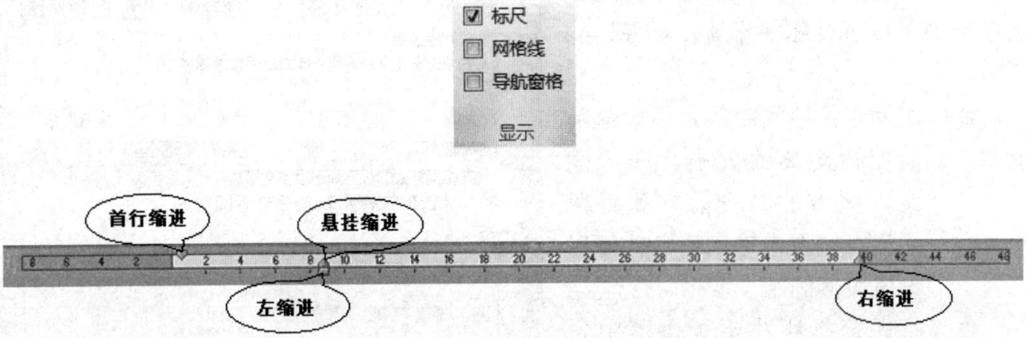


图2-42

方法2：使用“段落”对话框设置段落缩进，可以更准确地设置缩进尺寸。首先选择要进行设置的段落，在“开始”选项卡下单击“段落”组右下方的“对话框启动器”按钮，弹出“段落”对话框，在“缩进和间距”选项卡中可以进行相关设置，如图2-43所示。

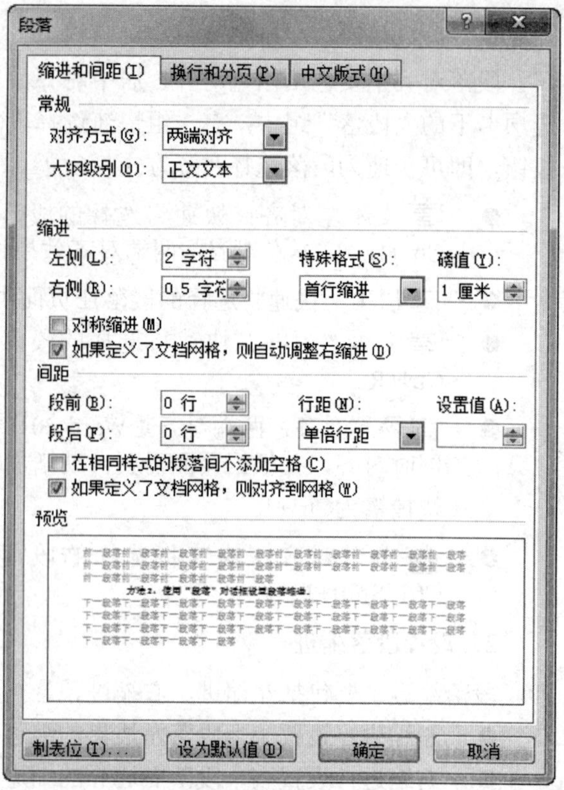


图2-43

在“缩进”区域的“左侧”文本框中输入左缩进的值，则所有行从左边缩进；在“右侧”文本框中输入右缩进的值，则所有行从右边缩进；在“特殊格式”下拉列表中可以选择段落缩进的方式：首行缩进和悬挂缩进。

方法3：使用快捷按钮设置段落缩进。在“开始”选项卡下的“段落”组或“格式”浮动工具栏中，单击“减少缩进量”按钮或“增加缩进量”按钮，可以减少或增加缩进量。

**3．设置段间距与行间距**

间距主要包括行间距和段间距，所谓行间距是指段落中行与行之间的距离；所谓段间距是指前后相邻的段落之间的距离。在Word 2010 中，大多数快速样式集的默认间距是：行之间为1.15，每个段落之间为 10 磅。设置段间距与行间距常用的操作方法如下：

方法1：首先选择要进行设置的段落，在“开始”选项卡下单击“段落”组右下方的对话框启动器按钮，弹出“段落”对话框，在“缩进和间距”选项卡中可以进行相关设置，如图2-44所示。

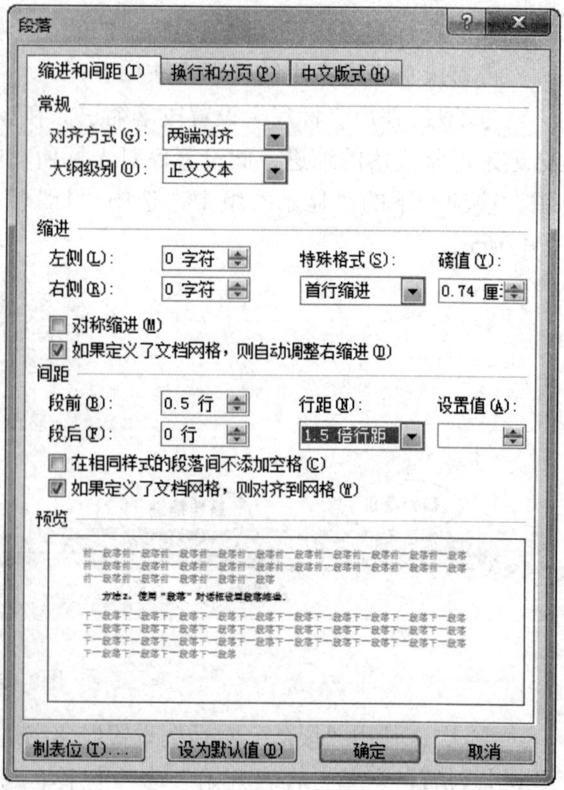


图2-44

- 段间距：段间距决定了段落前后空白距离的大小。在“间距”区域的“段前”和“段后”微调框中输入值，就可以设置段落间距。
- 行距：行距决定了段落中各行文本之间的垂直距离。在“行距”下拉列表中选择符合要求的间距值，如单倍行距、

1.5倍行距、2倍行距等。如果下拉列表中没有需要的行距值，也可以在“设置值”微调框中直接输入行距值。行距各选项的功能如下所示：

- ◆ 单倍行距：此选项将行距设置为该行最大字体（字体：一种应用于所有数字、符号和字母字符的图形设计。也称为“样式”或“字样”。Arial 和 Courier New 是字体的示例。字体通常具有不同的大小（如 10 磅）和各种样式（如粗体）。）的高度加上一小段额外间距。额外间距的大小取决于所用的字体。
- ◆ 1.5 倍行距：此选项为单倍行距的 1.5 倍。
- ◆ 双倍行距：此选项为单倍行距的两倍。
- ◆ 最小值：此选项设置适应行上最大字体或图形所需的最小行距。
- ◆ 固定值：此选项设置固定行距（以磅为单位）。例如，如果文本采用 10 磅的字体，则可以将行距指定为 12 磅。
- ◆ 多倍行距：此选项设置可以用大于 1 的数字表示的行距。例如，将行距设置为 1.15 会使间距增加 15%，将行距设置为 3 会使间距增加 300%（三倍行距）。

*提示：如果某个行包含大文本字符、图形或公式，则 Word 会增加该行的间距。若要均匀分布段落中的各行，则使用固定间距，并指定足够大的间距以适应所在行中的最大字符或图形。如果出现内容显示不完整的情况，则增加间距量。*

方法2：在“开始”选项卡下的“段落”组中，单击“行和段落间距”下拉按钮，设置行间距、增加段前间距和段后间距，如图2-45所示。

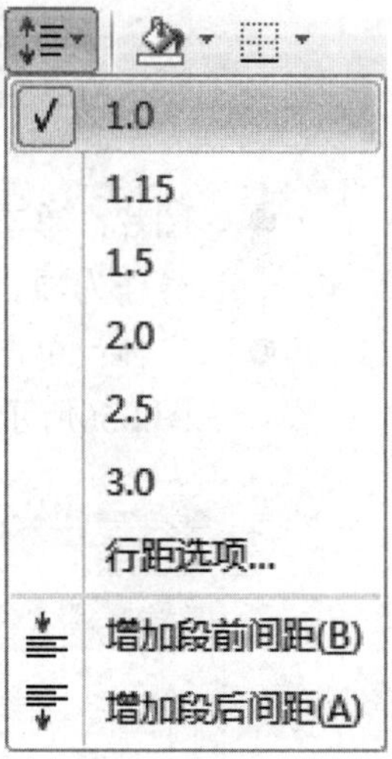


图2-45

*提示：选择“1.0”表示行距为早期版本的 Word 中使用的行距的一倍。选择“2.0”表示所选段落中的行距是为双倍行距。选择“1.15”表示行距为 Word 2010 中使用的行距的一倍。*

**4．设置项目符号和编号**

为了使段落层次分明，结构更加清晰，可以为段落添加项目符号或编号。项目符号和编号都是以段落为单位的。

（1）添加项目符号。

选择需要添加项目符号的段落，在“开始”选项卡下的“段落”组中单击“项目符号”下拉按钮，在弹出库中可以选择所需要的项目符号样式，如图2-46所示。

也可以自定义项目符号，在“项目符号”下拉列表中执行“定义新项目符号”命令，打开“定义新项目符号”对话框，如图2-47所示。

- ● 符号：单击该按钮，打开“符号”对话框，可从中选择合适的符号样式作为项目符号，如图2-48所示。

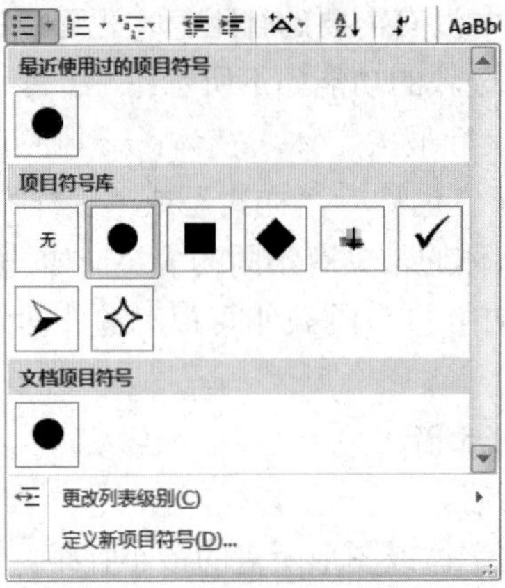


图2-46

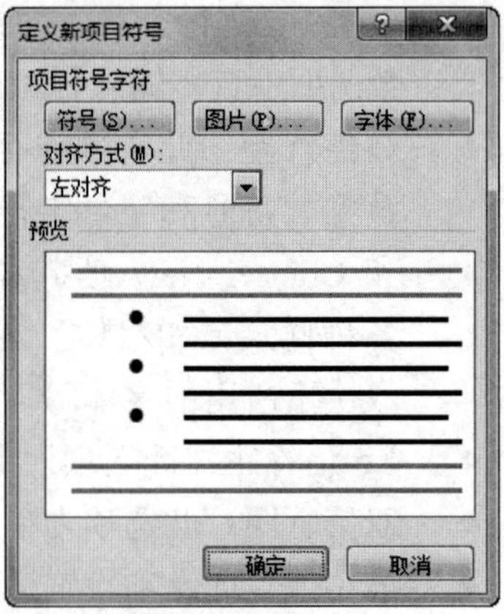


图2-47

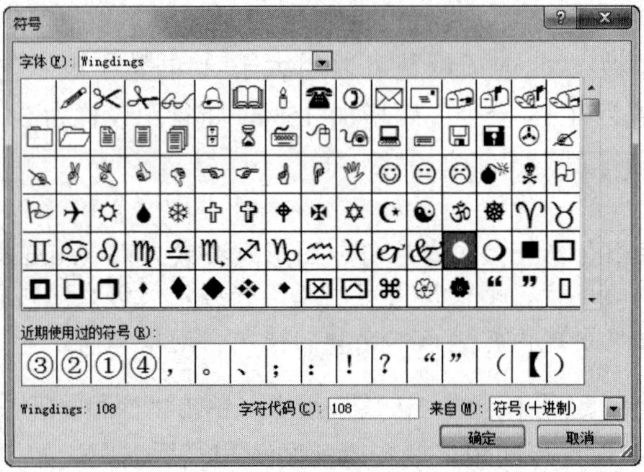


图2-48

- 图片：单击该按钮，打开“图片项目符号”对话框，可从中选择合适的图片符号作为项目符号，如图2-49所示。
- 字体：单击该按钮，打开“字体”对话框，可以设置项目符号的字体格式，如图2-50所示。

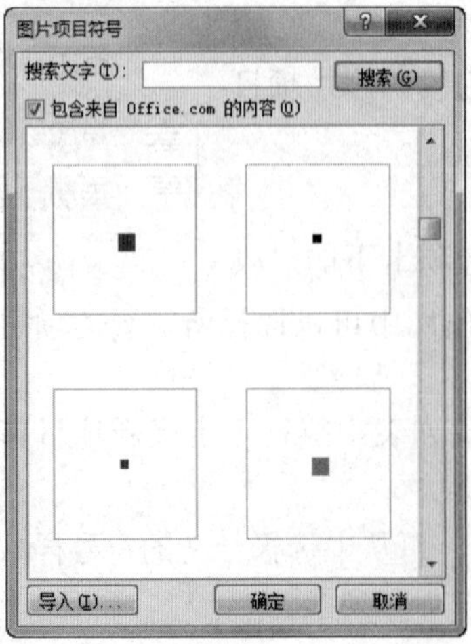


图2-49

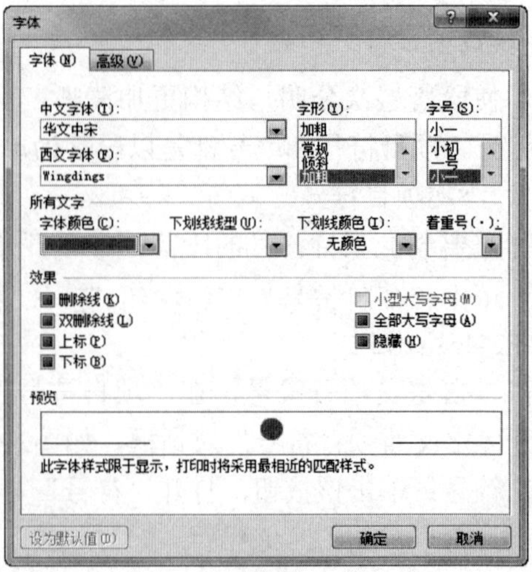


图2-50

- 对齐方式：在该下拉列表中列出了3种项目符号的对齐方式，分别为左对齐、居中和右对齐。

（2）添加编号。

选择需要添加编号的段落，在“开始”选项卡下的“段落”组中单击“编号”下拉按钮 ☰ ▾，在弹出的编号库中可以选择所需要的编号样式，如图2-51所示。

也可以自定义编号，在“编号”下拉列表中执行“定义新编号格式”命令，打开“定义新编号格式”对话框，如图2-52所示。

图2-51

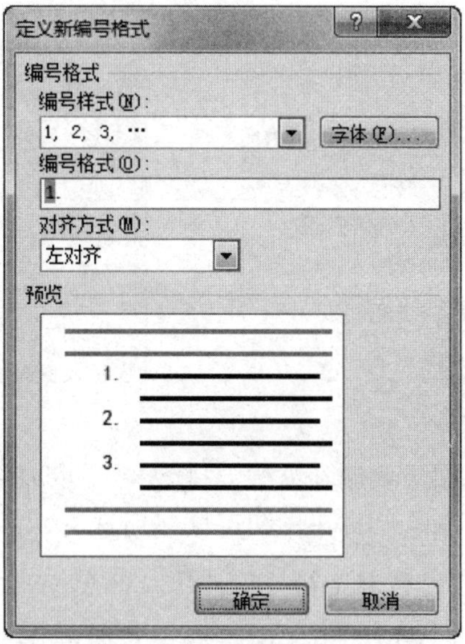


图2-52

- 编号样式：在该下拉列表中可以选择其他的编号样式。
- 字体：单击该按钮，打开“字体”对话框，可以设置编号的字体格式。
- 编号格式：该文本框中显示的是编号的最终样式，在该文本框中可以添加一些特殊的符号，如冒号、逗号、半角句号等。
- 对齐方式：在该下拉列表中列出了3种编号的对齐方式，分别为左对齐、居中和右对齐。

（3）删除项目符号和编号。

对于不再需要的项目符号或编号可以随时将其删除，操作方法也很简单。只需选中需要删除项目符号或编号的文本，然后在“段落”组中单击“项目符号”按钮或“编号”按钮即可。如果要删除单个项目符号或编号，可以选中该项目符号或编号，然后直接按Backspace键即可。

## 2.3.3 中文版式

Word 2010提供了独特的、具有中文特色的中文版式功能，包括纵横混排、合并字符、双行合一等。

1．纵横混排

在默认情况下，文档中文本的内容都是横向排列的，有时出于某种需要必须使文字纵横混排，这时就可以使用Word 2010的纵横混排功能，使横向排版的文本在原基础上向左旋转90°，形成纵横混排。

要给文本设置纵横混排效果，首先要选中需要设置的文本内容，然后在“开始”选项卡下的“段落”组中单击“中文版式”按钮，在弹出的下拉列表中执行“纵横混排”命令，打开“纵横混排”对话框。在该对话框中选中“适应行宽”复选框，Word将自动调整文本行的宽度，如图2-53所示。

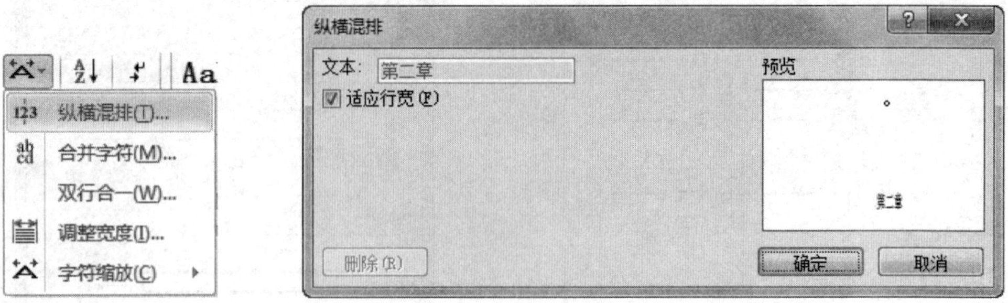


图2-53

如果要删除纵横混排效果，可选择纵向排列的文本，打开“纵横混排”对话框，单击“删除”按钮，即可恢复所选文本的横向排列效果。

2．合并字符

在Word 2010中可以设置合并字符效果，该效果能使所选的字符排列成上、下两行，并且可以设置合并字符的字体、字号。

要给文本设置合并字符效果，首先要选中需要设置的文本内容，然后在“开始”选项卡下的“段落”组中单击“中文版式”按钮，在弹出的下拉列表中执行“合并字符”命令，打开“合并字符”对话框。在“文字”文本框中可以对文字内容进行修改，在“字体”和“字号”文本框中设置文本的字体、字号，如图2-54所示。

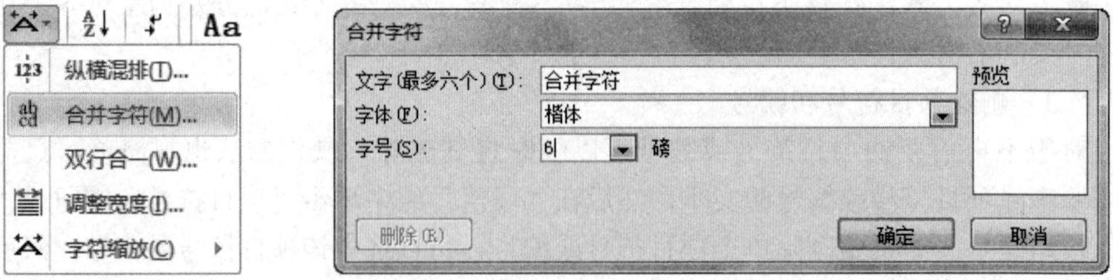


图2-54

如果要删除合并字符效果，需先选中合并的字符，再打开“合并字符”对话框，单击“删除”按钮，即可取消所选字符的合并效果。

提示：合并的字符不能超过6个汉字的宽度，即可以合并12个半角英文字符，超过此长度的字符，将被自动截断。

3．双行合一

在Word 2010中设置的双行合一效果能使所选的位于同一行的文本内容平均地变为两行，并使其在一行中显示出来。在必要的情况下，还可以为双行合一的文本添加不同类型的括号。

要给文本设置双行合一效果，首先要选中需要设置的文本内容，然后在“开始”选项卡下的“段落”组中单击“中文版式”按钮，在弹出的下拉列表中执行“双行合一”命令，打开“双行合一”对话框。在“文字”文本框中可以对文字内容进行修改；选中“带括号”复选框后，可在“括号样式”列表框中选择为双行合一的文本添加不同类型的括号，如图2-55所示。

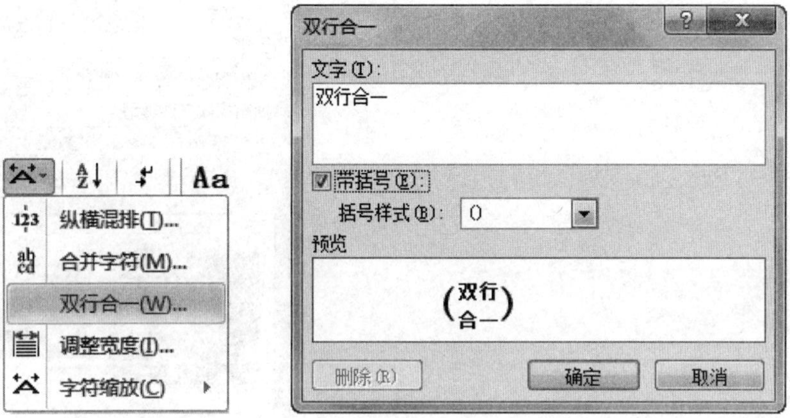


图2-55

如果要删除双行合一的文本时，需先选中这些文本，再打开“双行合一”对话框，单击“删除”按钮即可。

提示：设置双行合一的文本只能是位于同一自然段、连续的内容，如果选择多行不连续的文本，那么只能将首行文本设置为双行合一效果。

## 2.4　文档内容的图文混排

如果一篇文章通篇只有文字，而没有任何修饰性的内容，在阅读时不仅缺乏吸引力，而且阅读起来劳累不堪。在用Word 2010编辑文档时，可以插入图片、艺术字、SmartArt图形、文本框等对象，制作图文并茂、内容丰富的文档，不仅会使文章、报告显得生动有趣，还能更直观地理解文章内容。

### 2.4.1　插入并编辑图片

为了使文档更加美观、生动，可以在其中插入图片对象。在Word 2010中不仅可以插入系统提供的图片，还可以从其他程序和位置导入图片，或者从扫描仪或数码相机中直接获取图片。

**1．插入剪贴画**

在安装Office程序后，系统自带了一些图片，即剪贴画。剪贴画图库内容非常丰富，设计精美、构思巧妙，并且能够表达不同的主题，适合于制作各种文档。插入剪贴画的操作步骤为：

（1）在“插入”选项卡下的“插图”组中单击“剪贴画”按钮，如图2-56所示。

（2）此时在窗口右侧打开“剪贴画”边栏，在“搜索文字”文本框中输入剪贴画关键字，如“工作”，再单击“搜索”按钮，此时可以看到在任务窗格中显示了多个搜索到的剪贴画，如图2-57所示。

图2-56

图2-57

（3）将光标定位在文档中需要插入图片的位置，然后单击所选择的剪贴画，即可将其插入到文档中。

**2．插入文件中的图片**

如果需要使用的图片已经保存在计算机中，那么可以执行插入文件中的图片功能，将图片插入到文档中。这些图片文件可以是Windows的标准BMP位图，也可是其他应用程序所创建的图片，如JPEG压缩格式的图片、TIFF格式的图片等。

（1）在“插入”选项卡下的“插图”组中单击“图片”按钮，如图2-58所示。

图2-58

（2）在打开的“插入图片”对话框中选择需要插入的图片，单击“插入”按钮即可将图片插入到文档中，如图2-59所示。默认情况下，被插入的图片会直接嵌入到文档中，并成为文档的一部分。

图2-59

提示：如果要链接图形文件，而不是插入图片，可在“插入图片”对话框中选择要链接的图形文件，然后单击“插入”下拉按钮，在弹出的菜单中执行“链接到文件”命令即可。使用链接方式插入的图片在文档中不能被编辑。

**3．编辑图片**

在文档中插入图片后，为使其达到更加美观的效果，还可以为其设置格式，比如调整图片大小和位置，设置图片的文字环绕方式、旋转图片、裁剪图片、为图片重新设置颜色、应用图片样式等。选中要编辑的图片，可自动打开“图片工具”中的“格式”选项卡，如图2-60所示。

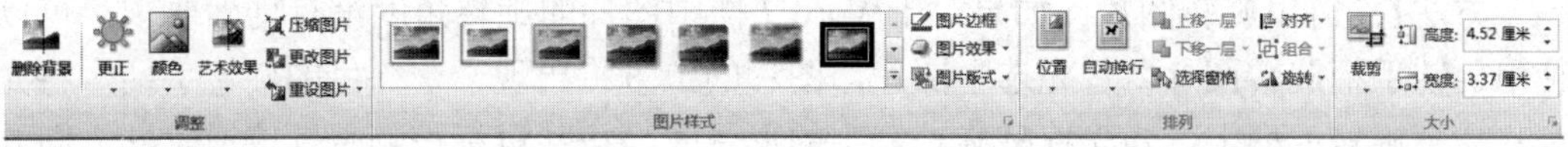


图2-60

（1）调整图片大小。

通常在默认情况下插入的图片的大小和位置并不符合文档的实际需求，需要对其大小和位置进行调整。调整图片大小的常用操作方法如下：

方法1：选中插入的图片，此时图片四周出现8个控制点，将光标移动到这些控制点时，光标将变成“↕”、“↔”、“↖”、“↗”双向箭头形状，这时按住鼠标拖拽图片控制点，即可任意调整图片大小。

方法2：选中插入的图片，在“格式”选项卡下“大小”组中的“高度”和“宽度”文本框中可以精确设置图片的大小，如图2-61所示。

方法3：选中插入的图片，在“格式”选项卡下“大小”组中单击右下角的“对话框启动器”按钮，打开“布局”对话框。在“大小”选项卡下的“缩放”选项区域的“高度”和“宽度”微调框中均可输入缩放比例，并选中“锁定纵横比”和“相对原始图片大小”复选框，即可实现图片的等比例缩放操作，如图2-62所示。

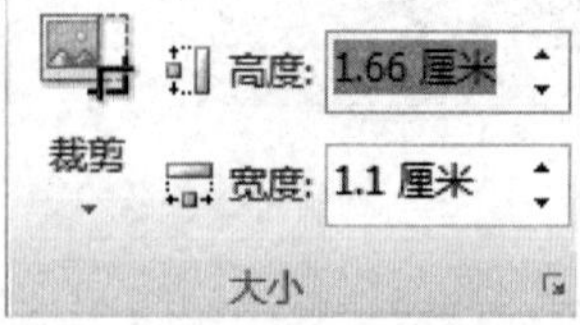

图2-61

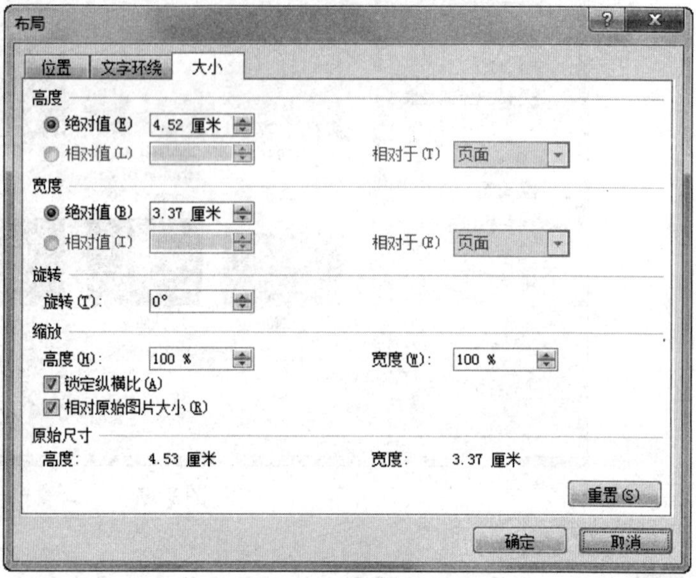

图2-62

（2）调整图片位置。

选中图片并将指针移至图片上方，待光标变成十字箭头✥形状时，按住鼠标进行拖拽，这时光标变为形状，移动图片至合适的位置，释放鼠标即可移动图片。移动图片的同时按住Ctrl键，即可实现图片的复制操作。

（3）旋转图片。

当需要图片以一定的角度显示在文档中时，可以旋转图片。可以通过图片的旋转控制点自由旋转图片，也可以选择固定旋转的角度。旋转图片的常用操作方法如下：

方法1：自由旋转图片。如果对于Word文档中图片的旋转角度没有精确要求，可以使用旋转手柄旋转图片。首先选中图片，图片的上方将出现一个绿色的旋转手柄。将光标移动到旋转手柄上，当光标呈旋转箭头的形状时，按住鼠标按顺时针或逆时针方向旋转图片即可，如图2-63所示。

方法2：固定旋转图片。Word 2010预设了4种图片旋转效果，即向右旋转90°、向左旋转90°、垂直翻转和水平翻转。首先选中需要旋转的图片，在“格式”选项卡的

“排列”组中单击“旋转”按钮，可以在打开的下拉列表中选择“向右旋转90°”、“向左旋转90°”、“垂直翻转”或“水平翻转”效果，如图2-64所示。

图2-63

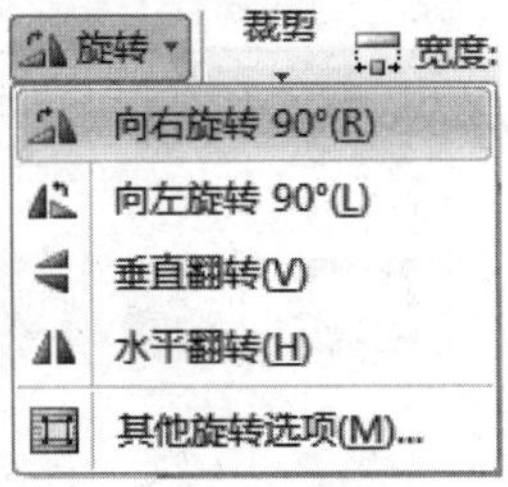


图2-64

方法3：按角度值旋转图片。可以通过指定具体的数值，以便更精确地控制图片的旋转角度。首先选中需要旋转的图片，在“格式”选项卡的“排列”组中单击“旋转”按钮，在打开的下拉列表中执行“其他旋转选项”命令。在打开的“布局”对话框的“大小”选项卡中，在“旋转”区域调整“旋转”编辑框的数值，并单击“确定”按钮即可按指定角度值旋转图片。

（4）设置图片的文字环绕方式。

默认情况下插入的图片是嵌入到文档中的，可以设置图片的文字环绕方式，使其与文档显示更加协调。要设置图片的环绕方式，可以在“格式”选项卡的“排列”组中单击“自动换行”下拉按钮，从弹出的下拉列表中选择一种文字环绕方式。Word 2010提供了7种图片环绕方式，如图2-65所示。

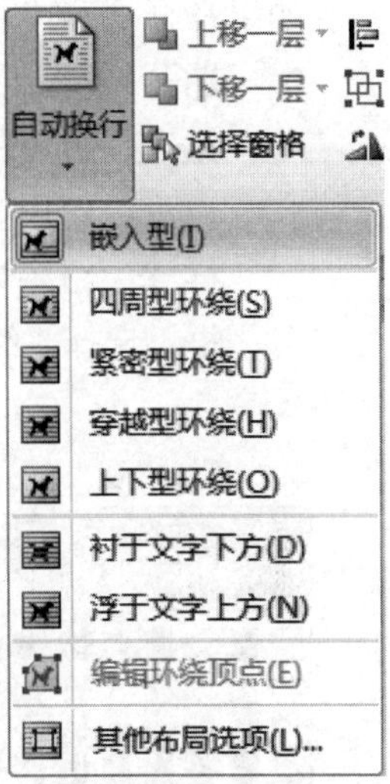


图2-65

嵌入型：该方式使图像的周围环绕文字，将图像置于文档中文本行的插入点位置，并且与文字位于相同的层上。

- 四周型环绕：该方式将文字环绕在所选图像边界框的四周。
- 紧密型环绕：该方式将文字紧密环绕在图像自身边缘的周围，而不是图像边界框的周围。
- 衬于文字下方：该方式将取消文本环绕，并将图像置于文档中文本层下方，对象在其单独的图层上浮动。
- 浮于文字上方：该方式将取消文本环绕，并将图像置于文档中文本层上方，对象在其单独的图层上浮动。
- 上下型环绕：该方式将图片置于两行文字中间，图片的两侧无字。
- 穿越型环绕：该方式类似于四周型环绕，但文字可进入到图片空白处。

（5）设置图片样式。

插入图片后，为了使图片更加美观，可以使用“图片工具”中的“格式”选项卡为图片设置图片样式。

选中图片后，在“格式”选项卡的“图片样式”组中单击样式区域右下角的“其他”按钮▾，在弹出的库中选择所需要的样式，如图2-66所示。

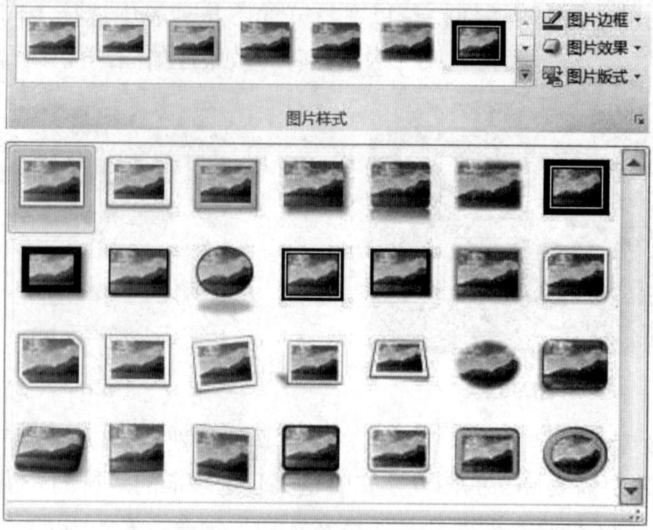


图2-66

如果在样式库中没有所需要的图片样式，还可以自定义图片样式。

- 图片边框：在“格式”选项卡的“图片样式”组中单击“图片边框”下拉按钮，在弹出的下拉列表中选择图片边框的线形、颜色和粗细，如图2-67所示。也可以使用“设置图片格式”对话框进行设置，在“格式”选项卡下的“图片样式”组中单击右下角的“对话框启动器”按钮，打开“设置图片格式”对话框，选择“线条颜色”和“线型”选项卡，对图片进行设置，如图2-68所示。

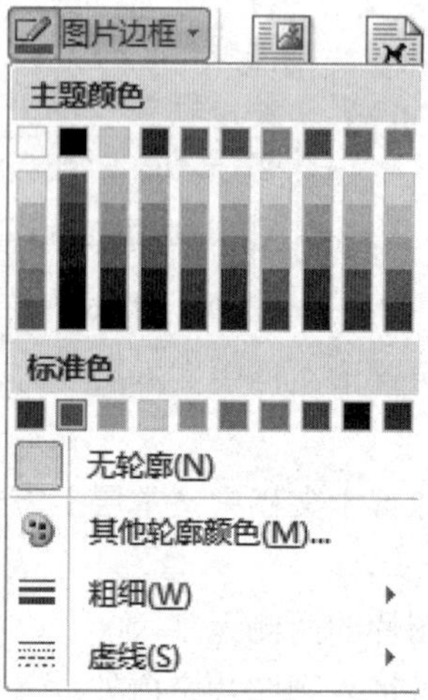


图2-67

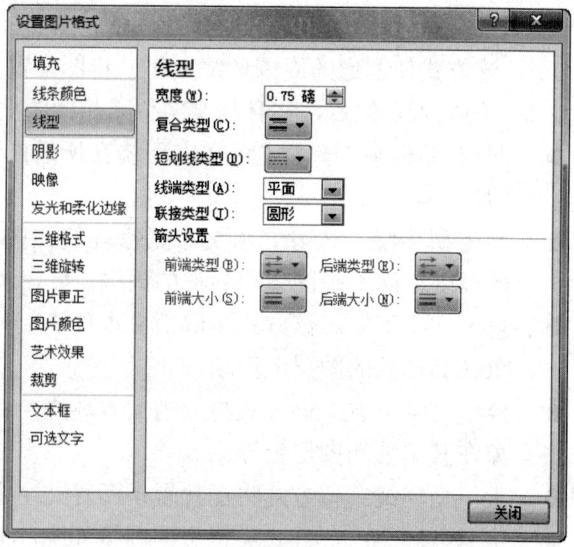


图2-68

- 图片效果：在“格式”选项卡下的“艺术字样式”组中单击“图片效果”按钮，在弹出的下拉列表中可以为图片设置阴影、映像、发光、柔化边缘、棱台、三维旋转等效果，如图2-69所示。

  也可以使用“设置图片格式”对话框进行设置，在“格式”选项卡下的“图片样式”组中单击右下角的“对话框启动器”按钮，打开“设置图片格式”对话框，选择“阴影”、“映像”、“发光和柔化边缘”、“三维格式”、“三维旋转”选项卡等，对图片进行设置，如图2-70所示。

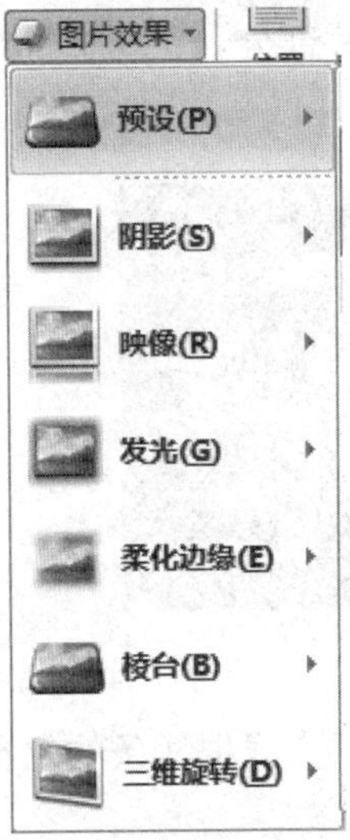


图2-69

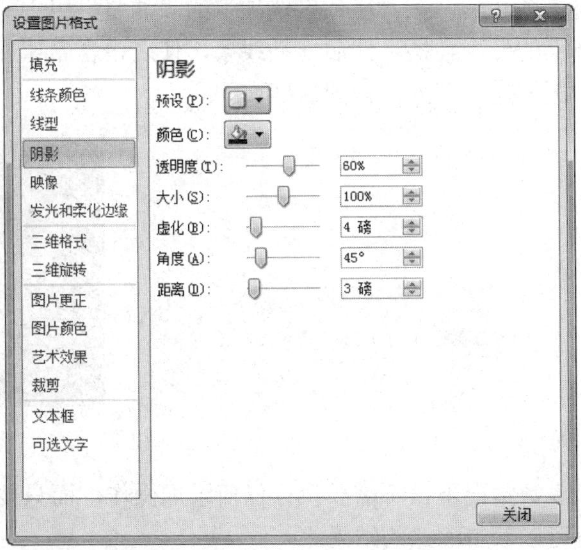


图2-70

（6）设置图片艺术效果。

可以将艺术效果应用于图片或图片填充，以使图片看上去更像草图、绘图或绘画。图片填充是一个形状，或者其中填充了图片的其他对象。一次只能将一种艺术效果应用于图片，因此，应用不同的艺术效果会删除以前应用的艺术效果。

选中图片后，在“格式”选项卡的“调整”组中单击“艺术效果”按钮，在弹出的下拉列表中选择所需要的效果，如图2-71所示。

要删除图片的艺术效果，只需选中图片后，在“格式”选项卡的“调整”组中单击“艺术效果”下拉按钮，在弹出的下拉列表中选择第一个效果“无”，如图2-72所示。

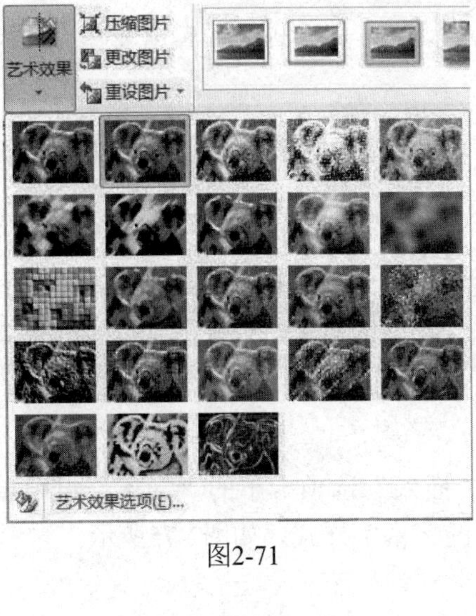


图2-71

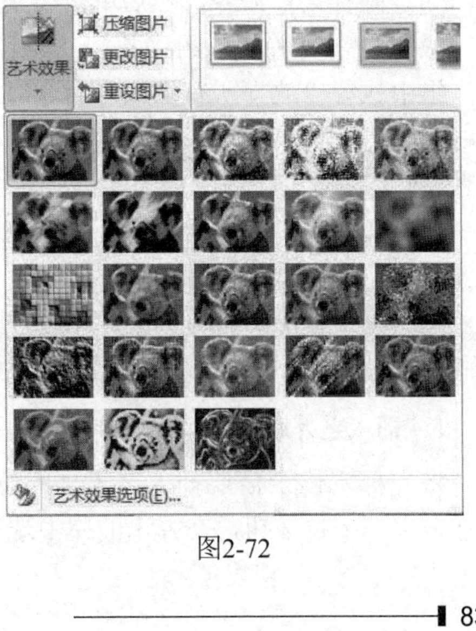


图2-72

（7）删除图片背景。

可以消除图片的背景，以强调或突出图片的主题，或消除杂乱的细节。可以使用自动背景消除，也可以使用一些线条画出图片背景的哪些区域要保留，哪些要消除。

选中图片后，在“格式”选项卡的“调整”组中单击“删除背景”按钮。单击点线框线条上的一个句柄，然后拖动线条，使之包含希望保留的图片部分，并将大部分希望消除的区域排除在外，如图2-73所示。

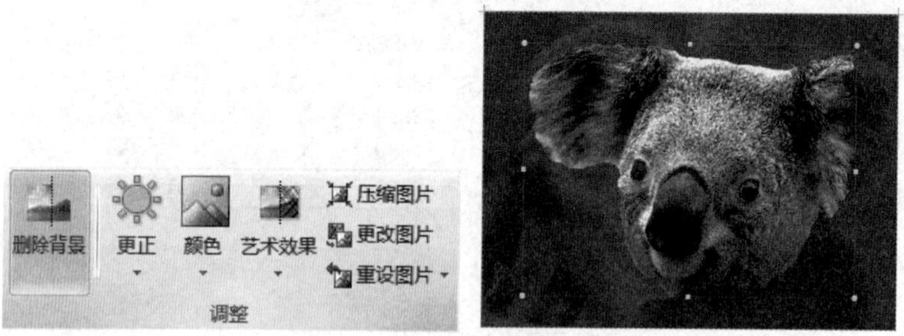


图2-73

大多数情况下，不需要执行任何附加操作，而只要不断尝试点线框线条的位置和大小，就可以获得满意的结果。

在打开的“背景消除”选项卡的“优化”组（如图2-74所示）中，可以执行以下的操作：

图2-74

- 若要指示不希望自动消除的图片部分，可以执行“标记要保留的区域”命令。
- 若要指示除了自动标记要消除的图片部分外，哪些部分确实还要消除，可以执行“标记要删除的区域”命令。
- 如果对线条标出的要保留或删除的区域不甚满意，想要更改它，可以执行“删除标记”命令，然后单击线条进行更改。

最后，在“关闭”组中执行“保留更改”命令；若要取消自动背景消除，在“关闭”组中执行“放弃所有更改”命令即可。

## 2.4.2 插入并编辑艺术字

艺术字是一个文字样式库，可以将艺术字添加到Word文档中以制作出装饰性效果，例如，可以拉伸标题、对文本进行变形、使文本适应预设形状，或应用渐变填充。相应的艺术字将成为可以在文档中移动或放置在文档中的对象，以此添加文字效果或进行强调。

### 1．插入艺术字

将光标定位于需要插入艺术字的位置，在“插入”选项卡下的“文本”组中单击“艺术字”下拉按钮，在弹出的库中选择所需要的艺术字样式，如图2-75所示。

在文档中将出现“请在此放置您的文字”文本框，输入所需文字即可，如图2-76所示。

输入文字后，可以打开“开始”选项卡，在“字体”组中为其设置所需要的字体格式，如图2-77所示。

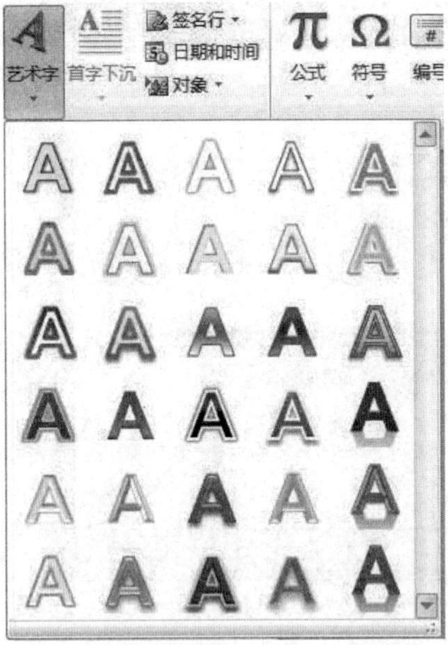


图2-75

图2-76

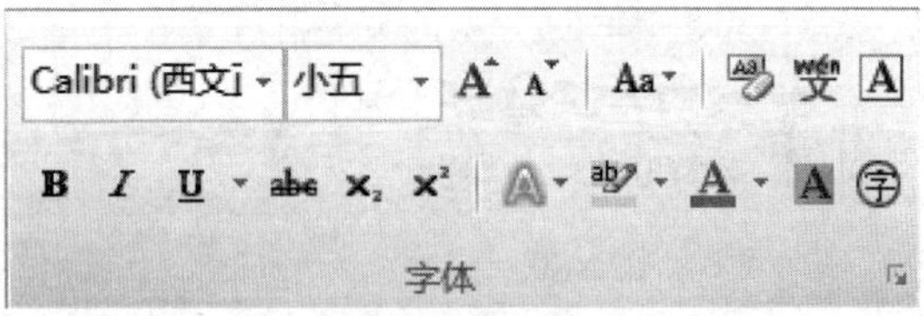


图2-77

## 2．编辑艺术字

创建好艺术字后，如果对艺术字的样式不满意，可以像设置图片一样设置其样式，如编辑艺术文字、更改艺术字样式、设置艺术字填充颜色等。选择艺术字即会出现“绘图工具”，在“格式”选项卡下就可以对艺术字进行各种设置，如图2-78所示。

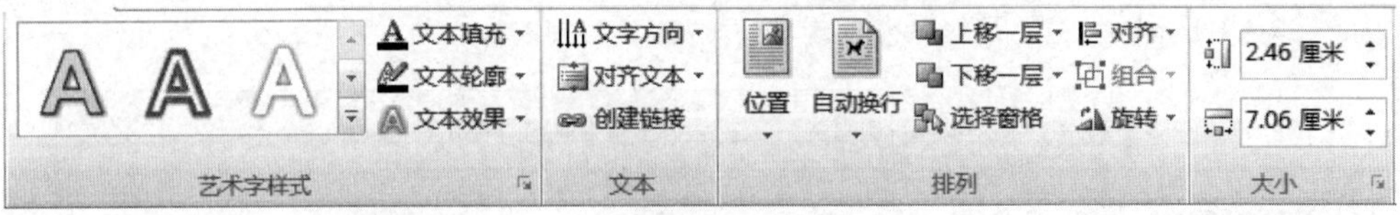


图2-78

（1）更改艺术字样式。

在“格式”选项卡下的“艺术字样式”组中，单击右下角的“其他”按钮，在弹出的库中可以选择需要更改为的样式，如图2-79所示。

（2）自定义艺术字样式。

- 文本填充：在“格式”选项卡下的“艺术字样式”组中单击“文本填充”下拉按钮，在弹出的下拉列表中可以为艺术字选择填充颜色，还可以为文本设置渐变效果，如图2-80所示。

  也可以使用“设置文本效果格式”对话框进行设

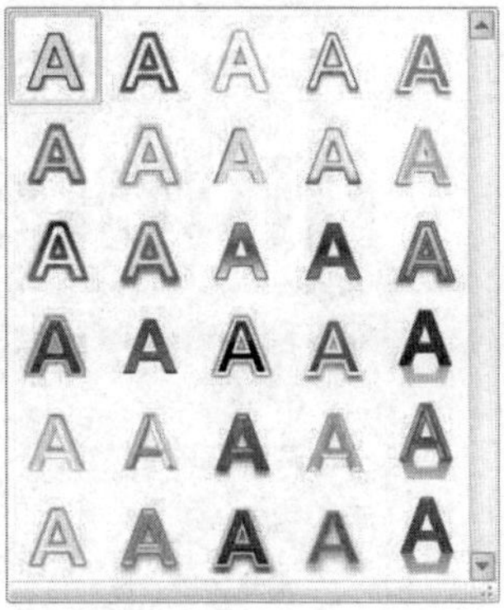

图2-79

置，在“格式”选项卡下的“艺术字样式”组中单击右下角的“对话框启动器”按钮，打开“设置文本效果格式”对话框，选择“文本填充”选项卡，对艺术字进行设置，如图2-81所示。

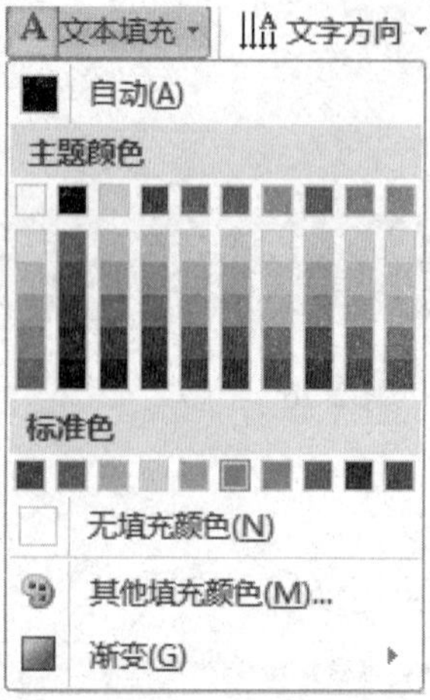


图2-80

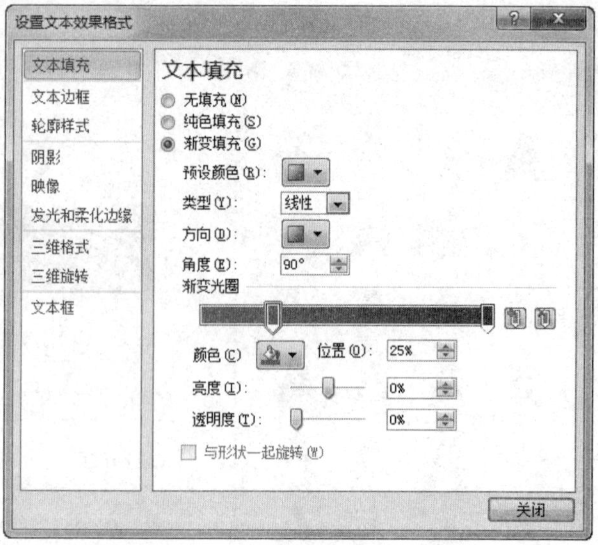


图2-81

- 形状轮廓：在“格式”选项卡下的“艺术字样式”组中单击“文本轮廓”下拉按钮，在弹出的下拉列表中可以更改艺术字边框的颜色、线条样式、线条粗细等，如图2-82所示。

  也可以使用“设置文本效果格式”对话框进行设置，在“格式”选项卡下的“艺术字样式”组中单击右下角的“对话框启动器”按钮，打开“设置文本效果格式”对话框，选择“轮廓样式”选项卡，对艺术字进行设置，如图2-83所示。

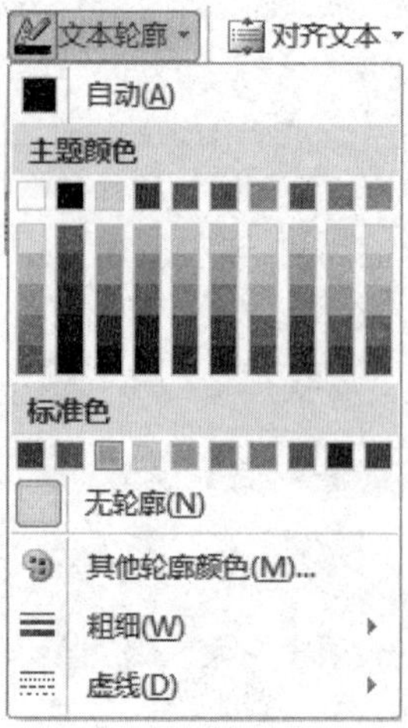


图2-82

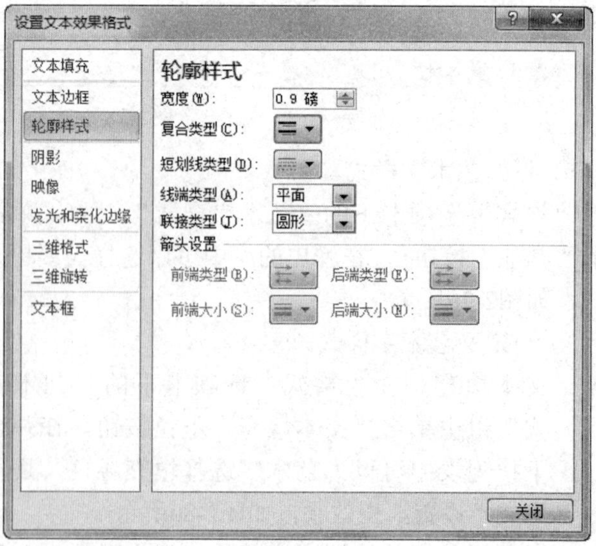


图2-83

- 文本效果：在“格式”选项卡下的“艺术字样式”组中单击“文本效果”下拉按钮，在弹出的下拉列表中可以为艺术字设置阴影、映像、发光、棱台、三维旋转等效果，还可以将艺术字转换为其他形状，如图2-84所示。

也可以使用“设置文本效果格式”对话框进行设置，在“格式”选项卡下的“艺术字样式”组中单击右下角的“对话框启动器”按钮，打开“设置文本效果格式”对话框，选择“阴影”、“映像”、“发光和柔化边缘”、“三维旋转”选项，对艺术字进行设置，如图2-85所示。

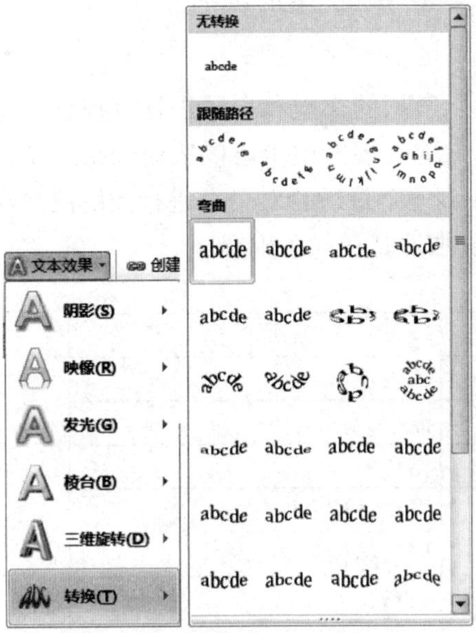


图2-84

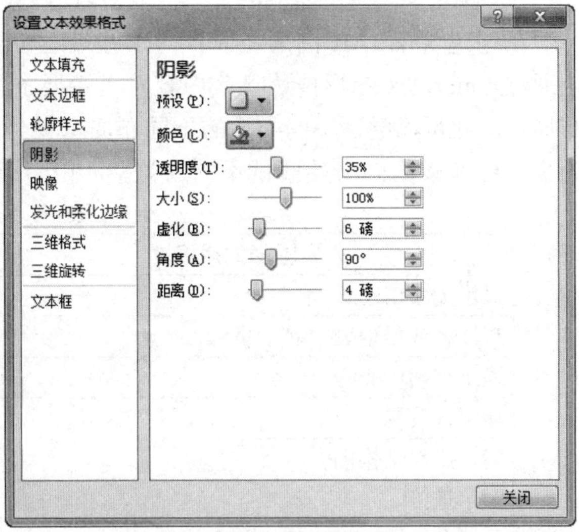


图2-85

三维格式：在“格式”选项卡下的“艺术字样式”组中单击右下角的“对话框启动器”按钮，打开“设置文本效果格式”对话框，选择“三维格式”选项卡，对艺术字进行设置，如图2-86所示。

- 环绕方式：在“格式”选项卡下的“排列”组中单击“自动换行”下拉按钮，为艺术字选择版式，更改其周围的文字环绕方式，如图2-87所示。

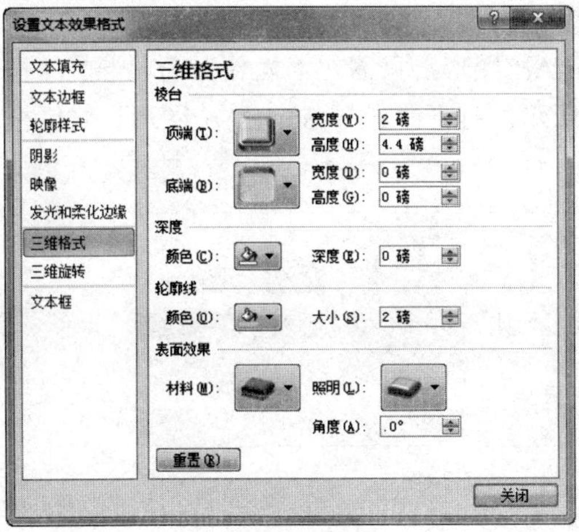


图2-86

图2-87

## 2.4.3 插入并编辑SmartArt图形

SmartArt 图形是信息和观点的视觉表示形式。可以通过从多种不同布局中进行选择来创建 SmartArt 图形，从而快速、轻松、有效地传达信息。

创建 SmartArt 图形时，系统将提示选择一种 SmartArt 图形类型，如“流程”、“层次结构”、“循环”或“关系”。每种类型的 SmartArt 图形包含几个不同的布局。选择了一个布局之后，可以很容易地切换 SmartArt 图形的布局或类型。新布局中将自动保留大部分文字和其他内容以及颜色、样式、效果和文本格式。

### 1．插入 SmartArt 图形

在创建 SmartArt 图形之前，对那些最适合显示数据的类型和布局进行可视化。希望通过 SmartArt 图形传达哪些内容？是否要求特定的外观？由于可以快速轻松地切换布局，因此可以尝试不同类型的不同布局，直至找到一个最适合对信息进行图解的布局为止。可以从表2-1开始尝试不同的类型，使图形更加清楚和易于理解。

表2-1

| 图形的用途 | 图形类型 |
|---|---|
| 显示无序信息 | 列表 |
| 在流程或日程表中显示步骤 | 流程 |
| 显示连续的流程 | 循环 |
| 显示决策树 | 层次结构 |
| 创建组织结构图 | 层次结构 |
| 图示连接 | 关系 |
| 显示各部分如何与整体关联 | 矩阵 |
| 显示与顶部或底部最大部分的比例关系 | 棱锥图 |
| 绘制带图片的族谱 | 图片 |

此外，还要考虑文字量，因为文字量通常决定了所用布局以及布局中所需的形状个数。通常，在形状个数和文字量仅限于表示要点时，SmartArt 图形最有效。如果文字量较大，则会分散 SmartArt 图形的视觉吸引力，使这种图形难以直观地传达信息。但某些布局（如“列表”类型中的“梯形列表”）适用于文字量较大的情况。

确定以上内容后，要创建SmartArt 图形，只需在“插入”选项卡的“插图”组中，单击“SmartArt”按钮，如图2-88所示。打开“选择 SmartArt 图形”对话框，选择所需的类型和布局，如图2-89所示。

图2-88

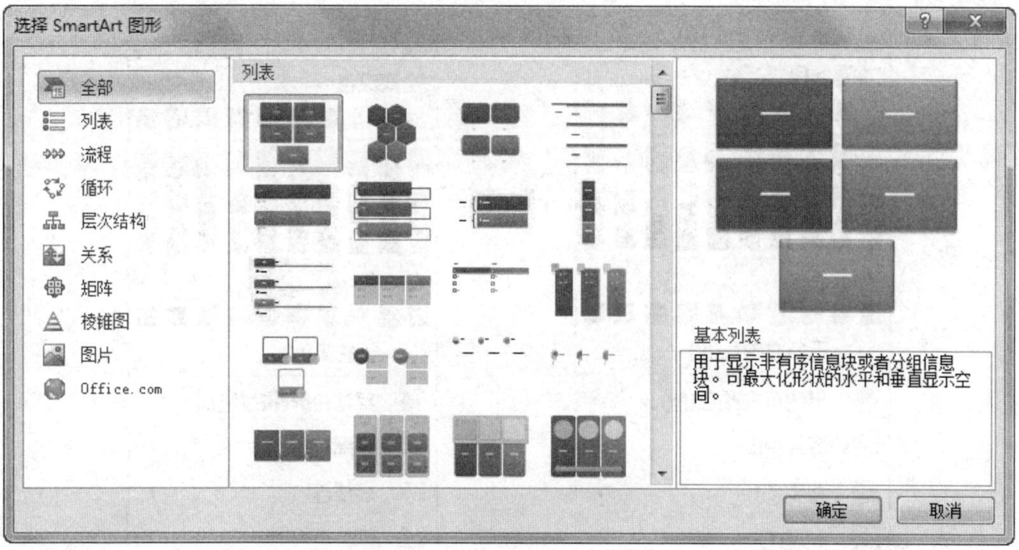


图2-89

在创建的SmartArt 图形中可以输入文本，单击“文本”窗格中的“[文本]”，然后输入文本。也可以从其他位置或程序复制文本，单击“文本”窗格中的“[文本]”，然后粘贴文本，如图2-90所示。

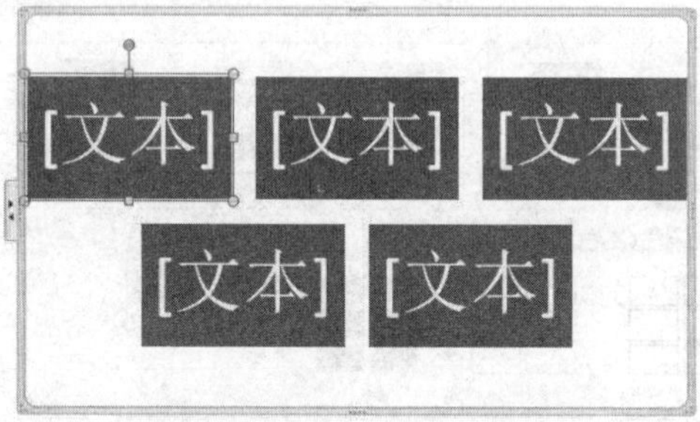


图2-90

2．编辑 SmartArt 图形

（1）更改SmartArt 图形颜色。

创建SmartArt 图形后，可以为SmartArt 图形更改颜色。既可以更改单个形状的颜色，也可以更改形状边框的颜色，还可以更改整个图形的颜色。

- 更改形状的颜色：单击 SmartArt 图形中要更改的形状，在“SmartArt 工具”下的“格式”选项卡的“形状样式”组中单击“形状填充”下拉按钮，在弹出的下拉列表中选择所需的颜色。若要选择无颜色，则执行“无填充颜色”命令，如图2-91所示。
- 更改形状边框的颜色：单击要更改的边框所在的形状，在“SmartArt 工具”下的“格式”选项卡的“形状样式”组中单击“形状轮廓”下拉按钮，在弹出的下拉列表中选择所需的颜色。若要隐藏边框，则执行“无轮廓”命令，如图2-92所示。

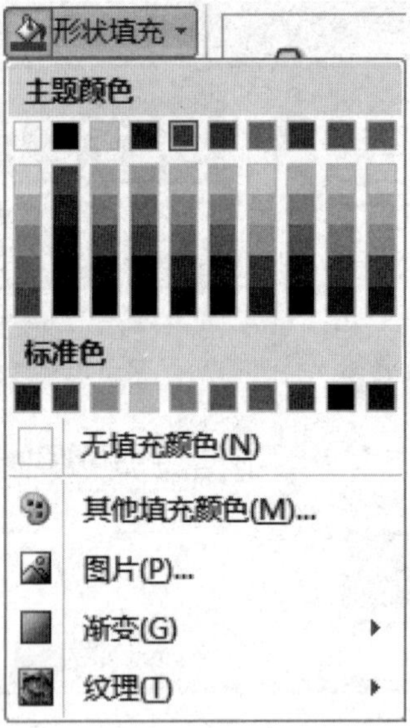


图2-91

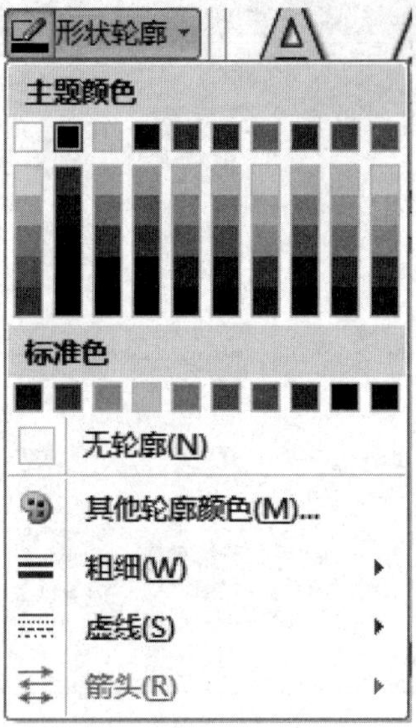


图2-92

- 更改整个 SmartArt 图形的颜色：单击 SmartArt 图形，在“SmartArt 工具”下的“设计”选项卡的“SmartArt 样式”组中单击“更改颜色”下拉按钮，在弹出的下拉列表中选择所需的颜色变体，如图2-93所示。

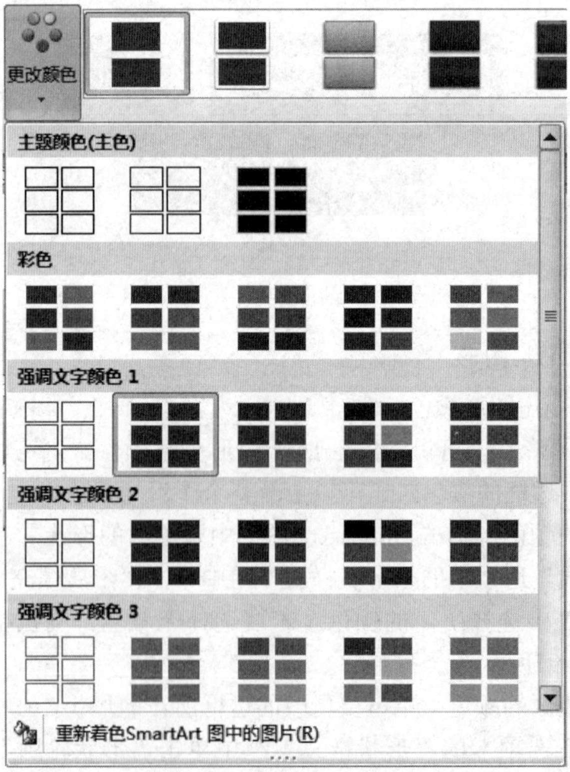


图2-93

（2）更改SmartArt 图形样式。

“SmartArt 样式”是各种效果（如线型、棱台或三维）的组合，可应用于 SmartArt 图形中的形状以创建独特且具专业设计效果的外观。

单击 SmartArt 图形，在“SmartArt 工具”下“设计”选项卡的“SmartArt 样式”组中，单击右下角的“其他”按钮，在弹出的库中可以选择需要更改为的样式，如图2-94所示。

图2-94

（3）在SmartArt 图形中添加形状。

单击要向其中添加另一个形状的 SmartArt 图形，然后单击最接近新形状的添加位置的现有形状。在“SmartArt 工具”下的“设计”选项卡的“创建图形”组中单击“添加形状”下拉按钮，在弹出的下拉列表中选择所需的位置，如图2-95所示。

若要从 SmartArt 图形中删除形状，则选择要删除的形状，然后按 Delete键。若要删除整个 SmartArt 图形，则选中 SmartArt 图形的边框，然后按 Delete键。

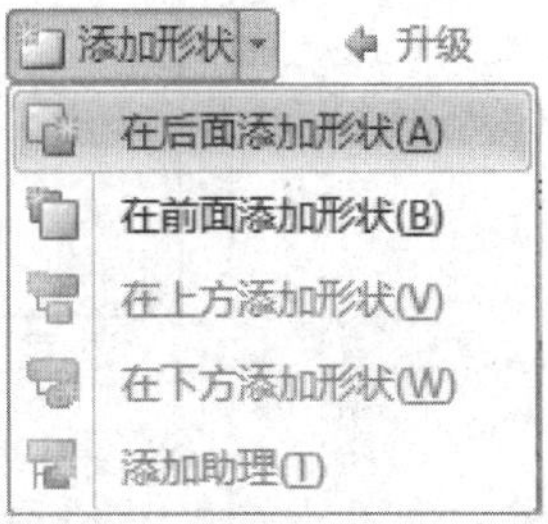


图2-95

## 2.4.4 插入与编辑文本框

如果想要在文档中添加部分内容，但又不希望影响文档中的其他文本，那么可以使用文本框。文本框是一种图形对象，作为存放文本或图形的容器，可置于页面中的任何位置，并可随意地调整其大小。在Word 2010中，可以直接插入文本框，在绘制的形状中添加文字后，也将自动视其为文本框。还可以根据不同的需要对其进行一些特殊的处理，如设置其形状、样式、填充、轮廓、对齐、组合、大小、文字环绕方式等。

**1．插入文本框**

文本框是一个可以容纳文字或图片等内容的图形对象，可以将其移动至适当的位置，使文档更具观赏性。在Word 2010中可以插入内置文本框，也可以绘制文本框。

（1）插入内置文本框。

Word 2010提供了44种内置文本，例如简单文本框、传统型提要栏和飞越型引述等。在“插入”选项卡下的“文本”组中单击“文本框”下拉按钮，在弹出的下拉列表中可以选择任意一种内置的文本框样式，如图2-96所示。此时系统在文档中会自动插入一个相应样式的文本框，然后将其移动到文档中合适的位置，在文本框中输入相应的文本内容即可。

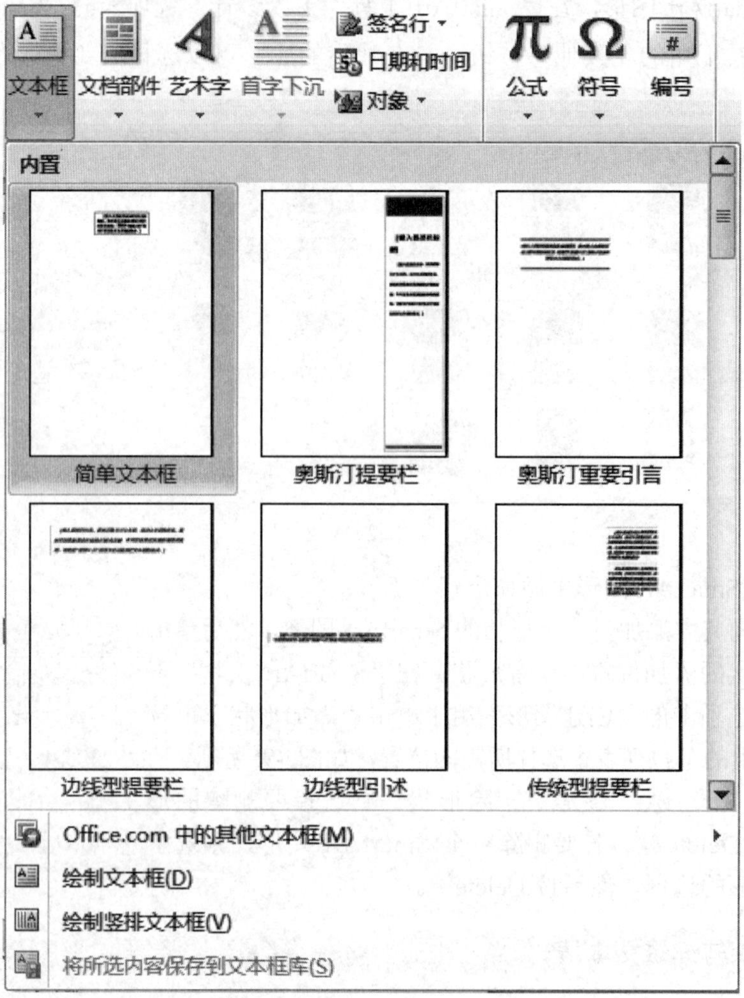


图2-96

（2）绘制文本框。

在Word 2010中除了可以插入内置的文本框外，还可以手动绘制需要的文本框，该文本框分为横排文字的文本框和竖排文字的文本框。

方法1：在“插入”选项卡下的“文本”组中单击“文本框”下拉按钮，在弹出的下拉列表中执行“绘制文本框”命令或“绘制竖排文本框”命令，即可在文档中任意位置绘制横排或竖排的文本框。

方法2：在“插入”选项卡下的“插图”组中单击“形状”下拉按钮，在弹出的下拉列表中单击“基本形状”下的“文本框”按钮，就可以在文档中绘制一个横排文本框，输入的文字是从左到右横排显示；在弹出的下拉列表中单击“垂直文本框”按钮，可以绘制一个垂直文本框，输入的文字将从右到左竖排显示，如图2-97所示。

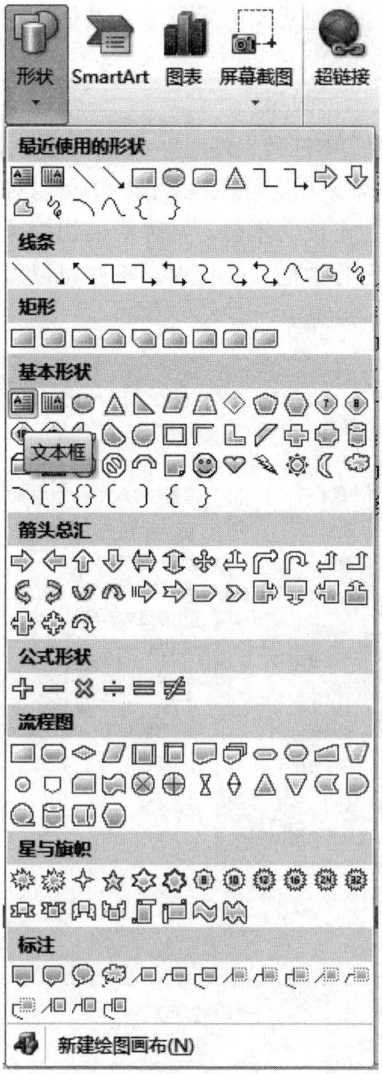


图2-97

**2．编辑文本框**

在文本框中添加文本和图片等对象的操作方法与在文档中的操作方法是一样的，在此不再赘述。如果插入的文本框保存默认的样式，可能会显得很单调。可以根据需要对其大小、位置、边框、填充色和版式等进行设置。

（1）通过文本框工具设置文本框效果。

选中插入的文本框后，系统将自动打开“文本框工具”的“格式”选项卡，通过该选项卡下的各功能键可以设置出漂亮的文本框样式，如图2-98所示。

图2-98

文本框效果的设置方法与其他对象的设置方法类似，在此可参考上文讲解的艺术字格式的设置方法，不再赘述。

（2）通过对话框设置文本框效果。

除了可以通过选项卡设置文本框效果外，Word 2010还继承了以前版本通过“设置文本框格式”对话框来设置文本框效果功能，在该对话框中可以对文本框格式进行精确设置。

选中插入的文本框后，右击该文本框，从弹出的快捷菜单中执行“设置形状格式”命令，打开“设置形状格式”对话框，在该对话框中可以设置文本框的版式、填充、线条颜色、三维格式等，如图2-99所示。

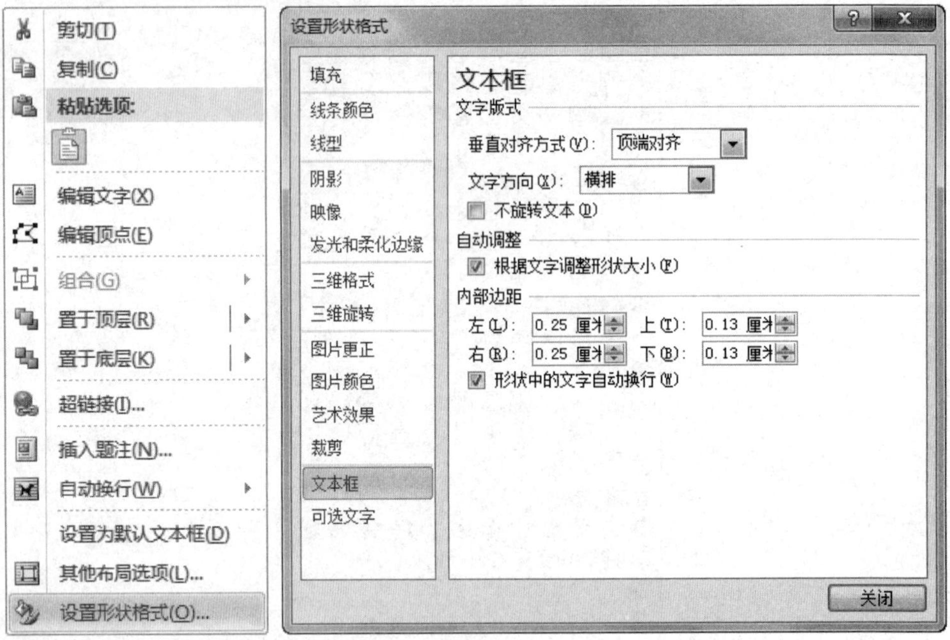


图2-99

## 2.5 文档表格的高级操作

Word 2010提供了强大、便捷的表格制作、编辑功能，不仅可以快速创建各种各样的表格，还可以方便地套用表格样式、在表格中使用公式等。

### 2.5.1 套用表格样式

Word 2010自带了98种内置的表格样式，可以根据自己的实际需要自动套用表格样式。创建表格后，可以使用“表格样式”来设置整个表格的格式。将指针停留在每个预先设置好格式的表格样式上，可以预览表格的外观。

首先单击要设置的表格，打开“表格工具”的“设计”选项卡，在“表样式”组中单击“其他”按钮，在弹出的下拉菜单中选择所需要的表格样式，即可为表格应用该样式，如图2-100所示。

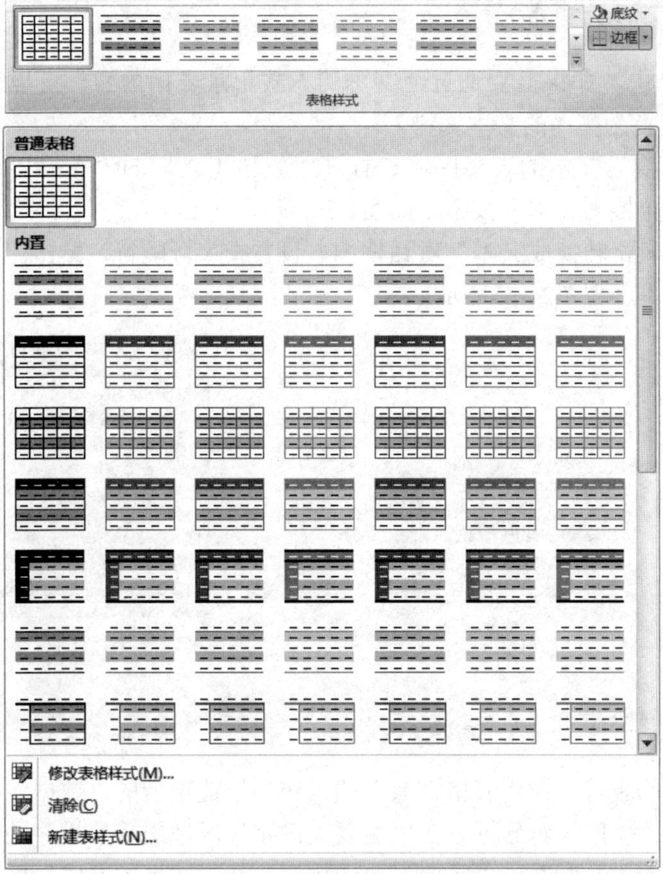

图2-100

如果在下拉菜单中执行“新建表格样式”命令，即可打开“根据格式设置创建新样式”对话框，如图2-101所示。在该对话框中可以自定义表格的样式，例如在“属性”选项区域可以设置样式的名称、类型和样式基准，在“格式”选项区域可以设置表格文本的字体、字号、颜色等格式。

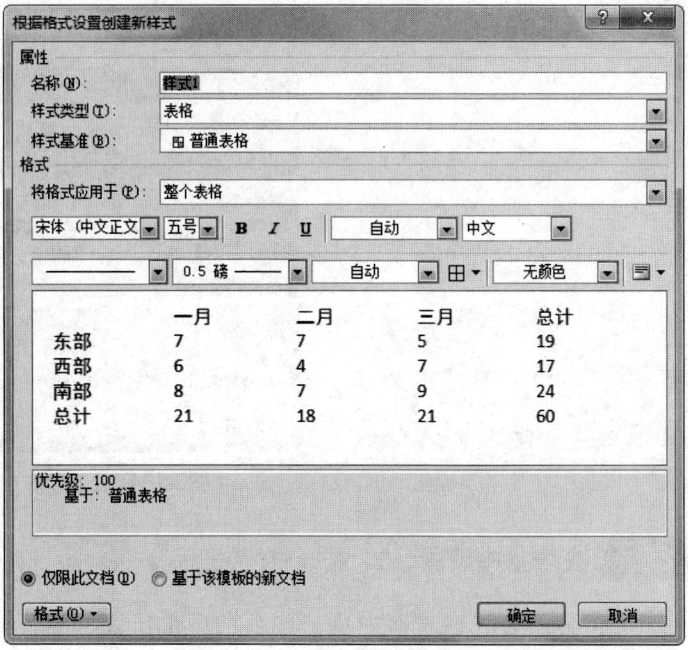


图2-101

## 2.5.2 将表格转换为文本

在Word文档中，如果需要通过纯文本的方式记录表格内容，可以通过以下方式将Word表格快速转换为整齐的文本资料。

选取需要转换为文本的表格区域，打开“表格工具”的“布局”选项卡，在“数据”组中单击“转换为文本”按钮，如图2-102所示。

在打开的“表格转换成文本”对话框中，设置文字分隔符，单击“确定”按钮即可将表格转换成文本，如图2-103所示。

图2-102

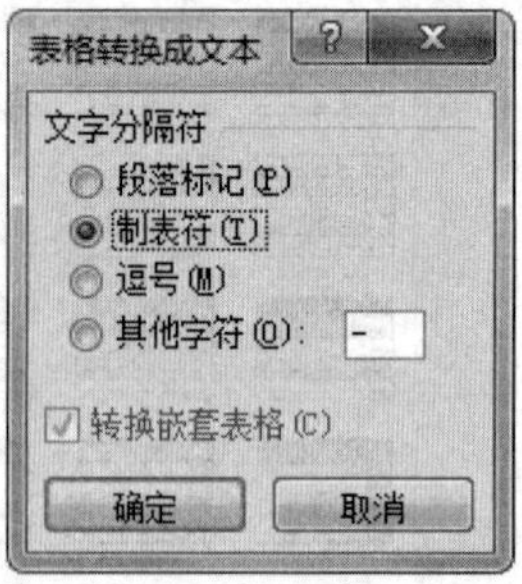


图2-103

## 2.5.3 表格数据排序

选择要排序的表格，在“表格工具”的“布局”选项卡的“数据”组中，单击“排序”按钮，打开“排序”对话框。在“主要关键字”区域选择要排序的列、排序类型和使用方式，再选中“升序”或“降序”单选按钮。在“次要关键字”区域和“第三关键字”区域使用同样的操作方法。在“列表”区域选中“有标题行”或“无标题行”单选按钮，如图2-104所示。

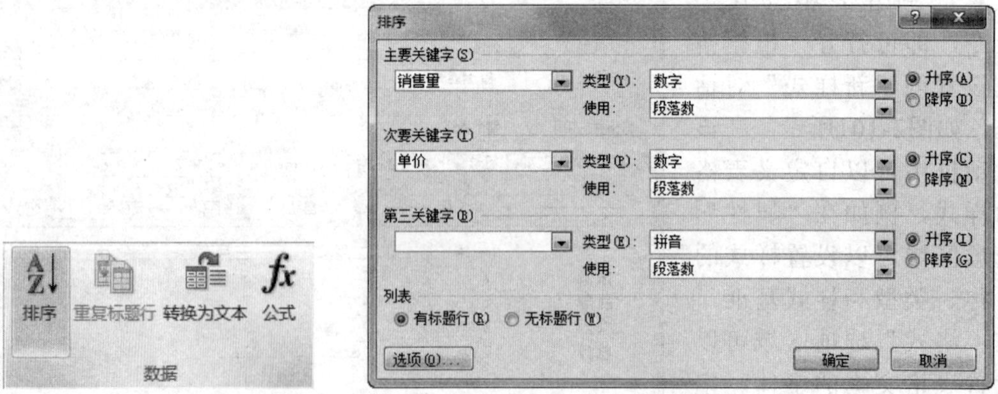


图2-104

## 2.5.4 在表格中使用公式

可以使用公式在表格中执行计算和逻辑比较，“公式”命令位于“表格工具”的“布局”选项卡的“数据”组中。

选择需要在其中放置结果的表格单元格。如果该单元格不为空，则删除其内容。在“表格工具”的“布局”选项卡的“数据”组中，单击“公式”按钮，打开“公式”对话框创建公式。在“公式”文本框中输入公式，从“编号格式”列表中选择编号格式，并使用“粘贴函数”和“粘贴书签”列表粘贴函数和书签，如图2-105所示。

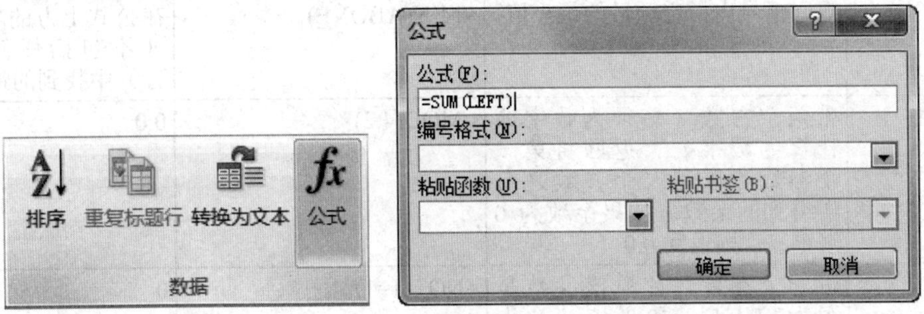


图2-105

1．可用函数

表2-2所示函数可在 Word 2010表格公式中使用。

表2-2

| 函数 | 执行的计算 | 示例 | 返回结果 |
|---|---|---|---|
| ABS() | 计算括号中值的绝对值 | =ABS(-22) | 22 |
| AND() | 计算括号中的所有参数是否均为 TRUE | =AND(SUM(LEFT)<10,SUM(ABOVE)>=5) | 如果公式左侧（同一行中）值的总和小于 10，而且公式上方（同一列中，不包括任何标题单元格）值的总和大于或等于 5，则结果为 1；否则结果为 0 |
| AVERAGE() | 计算括号中指定项目的平均值 | =AVERAGE(RIGHT) | 公式单元格右侧（同一行中）的所有值的平均值 |
| COUNT() | 计算括号中指定项目的数量 | =COUNT(LEFT) | 公式单元格左侧（同一行中）值的数量 |
| DEFINED() | 计算括号内部的参数是否已定义。如果参数已定义，且在计算时未出现错误，则返回 1；如果参数尚未定义或返回错误，则返回 0 | =DEFINED(gross_income) | 如果 gross_income 已定义，且在计算时未出现错误，则返回 1；否则返回 0 |
| FALSE | 不带参数，始终返回 0 | =FALSE | 0 |
| IF() | 计算第一个参数。如果第一个参数为TRUE，则返回第二个参数；如果第一个参数为 FALSE，则返回第三个参数 | =IF(SUM(LEFT)>=10,10,0) | 如果公式左侧值的总和大于或等于 10，则返回 10；否则返回 0 |
| INT() | 将括号内的值向下舍入到最接近的整数 | =INT(5.67) | 5 |

（续）

| 函数 | 执行的计算 | 示例 | 返回结果 |
|---|---|---|---|
| MAX() | 返回括号内指定的项目的最大值 | =MAX(ABOVE) | 在公式上方的单元格（不包括任何标题行）中找到的最大值 |
| MIN() | 返回括号内指定项目的最小值 | =MIN(ABOVE) | 在公式上方的单元格（不包括任何标题行）中找到的最小值 |
| MOD() | 带两个参数（必须为数字或计算为数字）。返回将第一个参数除以第二个参数之后所得到的余数。如果余数为 0（零），则返回 0.0 | =MOD(4,2) | 0.0 |
| NOT() | 带一个参数。计算该参数是否为TRUE。如果该参数为TRUE，则返回 0；如果该参数为FALSE，则返回 1。在 IF 公式中最常用 | =NOT(1=1) | 0 |
| OR() | 带两个参数。如果有任何一个参数为TRUE，则返回 1。如果两个参数均为FALSE，则返回 0。在 IF 公式中最常用 | =OR(1=1,1=5) | 1 |
| PRODUCT() | 计算在括号中指定项目的乘积 | =PRODUCT(LEFT) | 将公式左侧单元格中的所有值相乘所得到的乘积 |
| ROUND() | 带两个参数（第一个参数必须为数字或计算为数字；第二个参数必须为整数或计算为整数）。将第一个参数舍入到第二个参数指定的位数。如果第二个参数大于零，则将第一个参数向下舍入到指定的位数。如果第二个参数为零，则将第一个参数向下舍入到最近的整数。如果第二个参数为负数，则将第一个参数向下舍入到小数点左侧 | =ROUND(123.456, 2)<br>=ROUND(123.456, 0)<br>=ROUND(123.456, -2) | 123.46<br>123<br>100 |
| SIGN() | 带一个参数，该参数必须为数字或计算为数字。计算括号内指定的项目是大于、等于还是小于零。如果大于零，则返回 1；如果等于零，则返回 0；如果小于零，则返回 -1 | =SIGN(-11) | -1 |
| SUM() | 计算括号内指定的项目的总和 | =SUM(RIGHT) | 公式右侧单元格的值的总和 |
| TRUE() | 带一个参数。计算该参数是否为TRUE。如果该参数为TRUE，则返回 1；如果该参数为FALSE，则返回 0。在 IF 公式中最常用 | =TRUE(1=0) | 0 |

### 2．位置参数

位置参数包括LEFT、RIGHT、ABOVE、BELOW，可以使用位置参数的函数包括AVERAGE、COUNT、MAX、MIN、PRODUCT、SUM。如表2-3所示，以使用 SUM 函数和位置参数对数字进行求和为例：

表2-3

| 单元格位置 | 在“公式”框中输入的内容 |
|---|---|
| 单元格上方 | =SUM(ABOVE) |
| 单元格下方 | =SUM(BELOW) |
| 单元格上方和下方 | =SUM(ABOVE,BELOW) |
| 单元格左侧 | =SUM(LEFT) |
| 单元格右侧 | =SUM(RIGHT) |
| 单元格左侧和右侧 | =SUM(LEFT,RIGHT) |
| 单元格左侧和上方 | =SUM(LEFT,ABOVE) |
| 单元格右侧和上方 | =SUM(RIGHT,ABOVE) |
| 单元格左侧和下方 | =SUM(LEFT,BELOW) |
| 单元格右侧和下方 | =SUM(RIGHT,BELOW) |

提示：为了避免在表格中使用位置参数进行求和计算时发生错误，可以在（包括在计算中的）所有空单元格中输入零。

## 2.6　文档的保护操作

文档安全的威胁来自不当的操作、外部病毒、个人疏忽等多方面因素。可以通过设置只读文档、设置文档密码和启动强制保护3种方法对文档进行保护，以防止他人随意打开或修改文档。

### 2.6.1　设置只读文档

将文档设置为只读文档可以强制用户以只读的方式打开，这样可以有效地保护文档中的内容不被修改。设置只读文档的具体步骤为：在编辑文档的状态下，单击“文件”选项卡，在弹出的下拉列表中执行“另存为”命令。在弹出的“另存为”对话框中单击“工具”下拉按钮，然后在弹出的下拉列表中执行“常规选项”命令，如图2-106所示。

在弹出的“常规选项”对话框中，选中“建议以只读方式打开文档”复选框，然后单击“确定”按钮，如图2-107所示。即可返回至“另存为”对话框，单击“保存”按钮即可完成设置。

当用户再次打开该文档时，系统会自动弹出“Microsoft Word”对话框，如图2-108所示。此时单击 是(Y) 按钮即可以只读方式打开文档，单击 否(N) 按钮即可以正常的编辑方式打开文档。

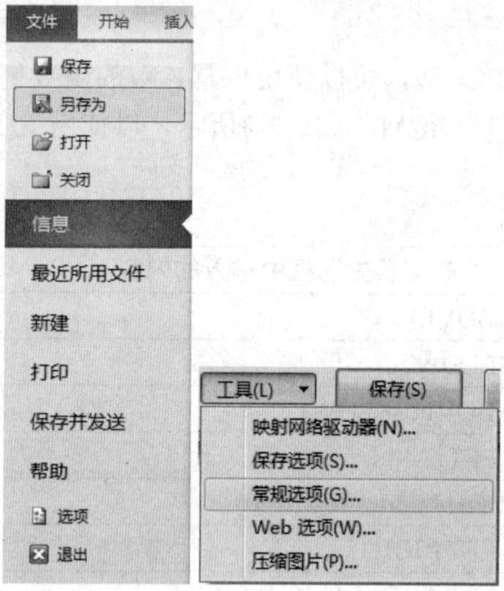


图2-106

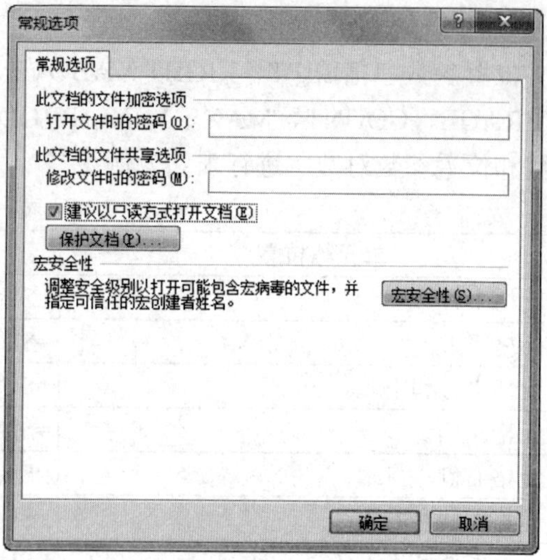


图2-107

图2-108

## 2.6.2 设置文档密码

为了保护文档免受未经授权的查看或更改，则可以为文档设置密码。在设置了文档密码之后，如果不能输入正确的密码，将无法打开或访问受密码保护的文档。设置文档密码包括设置文档的打开密码和修改密码。

以非只读方式打开需要设置密码的文档，单击“文件”选项卡，在弹出的下拉列表中执行“另存为”命令。在弹出的“另存为”对话框中单击“工具”按钮，然后在弹出的列表中执行“常规选项”命令。在弹出的“常规选项”对话框中可以分别设置文档的打开密码或修改密码。

提示：可以将打开密码和修改密码设置为相同的，也可以设置为不同的，还可以只设置其中一项的密码。

单击“确定”按钮后，会依次弹出“确认密码”对话框，分别再将打开文件密码和修改文件密码再输入一次，单击“确定”按钮即可，如图2-109所示。

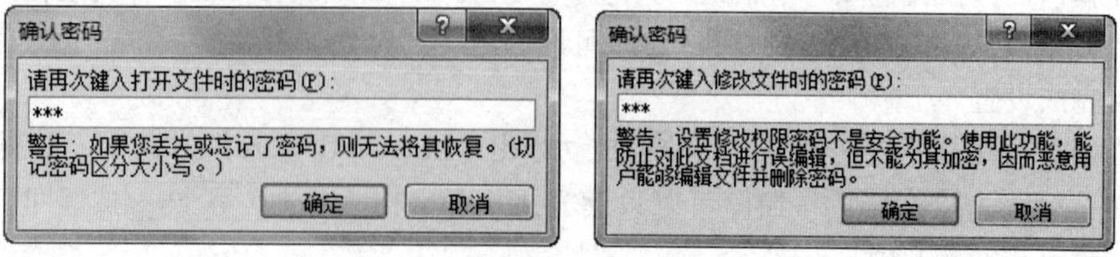


图2-109

当再次打开加密文档时，会自动弹出要求输入密码的对话框，输入正确的密码，并单击“确定”按钮，就可以打开文档了。编辑结束并执行保存操作后，文档将会自动再次加密。如果文档的密码已经泄漏，需要重新设置时，修改文档密码的操作方法与第一次设置的操作方法是相同的。

## 2.6.3 设置文档权限

还可以通过设置文档的编辑权限、启动文档的强制保护功能等方法保护文档的指定内容不被修改。在“审阅”选项卡下的“保护”组中单击“限制编辑”按钮，即可打开“限制格式和编辑”任务窗格，如图2-110所示。

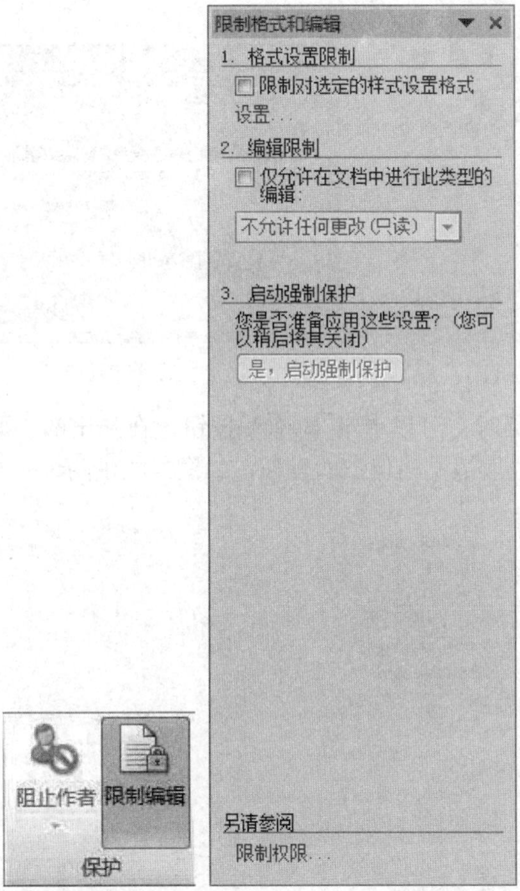


图2-110

在“限制格式和编辑”任务窗格中，选中“仅允许在文档中进行此类型的编辑”复选框，在其下方的下拉列表中选择允许项目，如修订、批注、填写窗体、不允许任何更改（只读）等，如图2-111所示。

完成以上操作后，单击“是，启动强制保护”按钮，即可弹出“启动强制保护”对话框，在“新密码”和“确认新密码”文本框中分别输入密码，最后单击“确定”按钮即可，如图2-112所示。

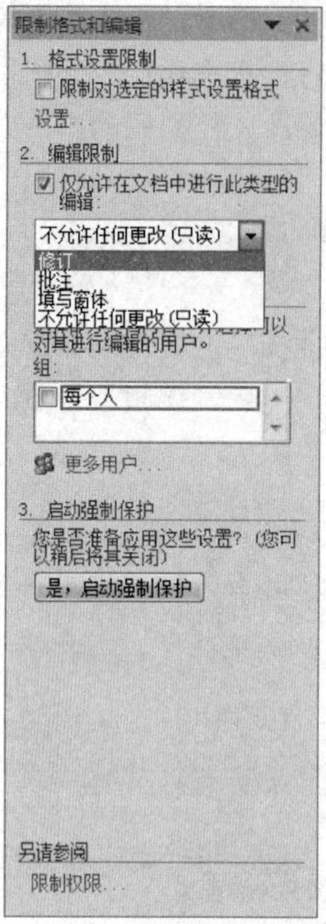


图2-111

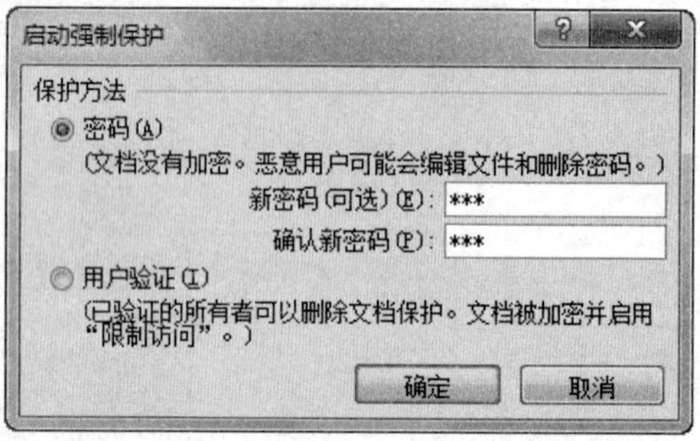


图2-112

想要继续编辑文档时，可以单击“停止保护”按钮，在弹出的“取消保护文档”对话框中输入密码，即可完成取消文档保护的操作，如图2-113所示。

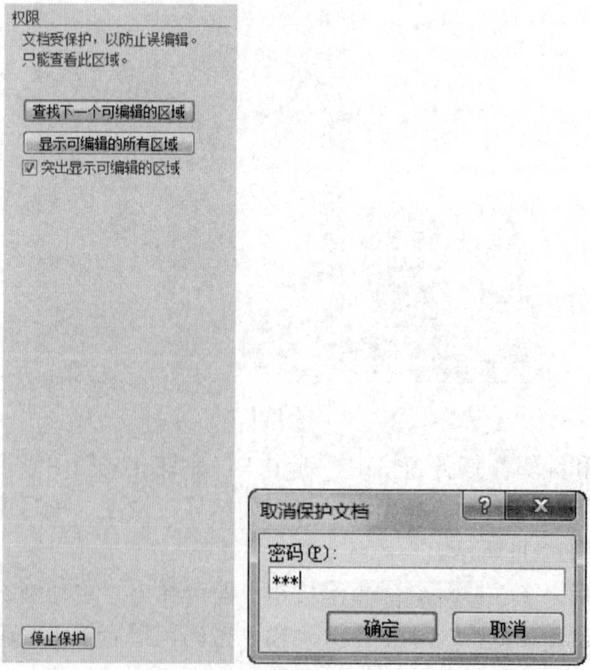


图2-113

## 2.7 样题解答

随书光盘中提供了本样题的操作视频。

执行“文件”→“打开”命令，在“查找范围”文本框中找到指定路径，选择“A2.docx”文件，单击“打开”按钮。

**1．设置文档页面格式**

第1步：将光标定位在文档中的任意位置，单击“页面布局”选项卡下“页面设置”组右下角的“对话框启动器”按钮，弹出“页面设置”对话框。单击“页边距”选项卡，在“上”、“下”文本框中选择或输入“4.2厘米”，在“左”、“右”文本框中选择或输入“3.3厘米”，如图2-114所示。切换到“版式”选项卡，在“页眉和页脚”区域的“页眉”文本框中选择或输入“2.5厘米”，如图2-115所示，单击“确定”按钮。

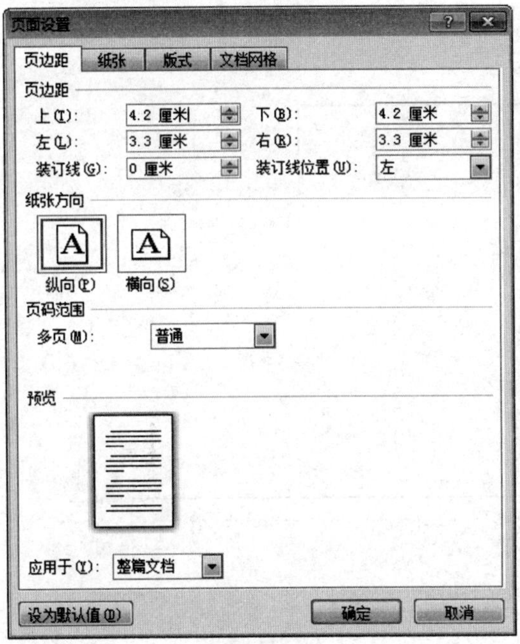


图2-114

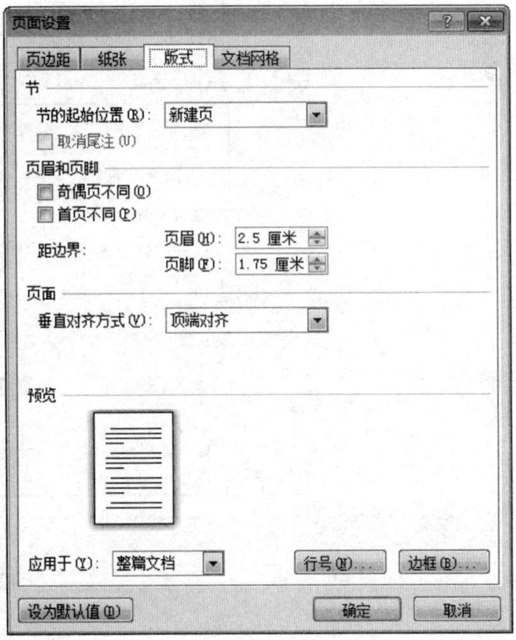


图2-115

第2步：将光标定位在文档中的任意位置，单击“插入”选项卡下“页眉和页脚”组中的“页眉”按钮，在弹出的下拉列表中选择“危险性”页眉样式，如图2-116所示。

第3步：将光标定位在页眉左侧的“键入文档标题”标题框中，输入文字“环保漫谈”。将光标定位在页眉右侧的“选取日期”框中，输入文本“第1页”，如图2-117所示。

第4步：根据样文所示，选中输入的页眉文本，在“开始”选项卡下“字体”组中的“字体”下拉列表中选择“方正姚体”，在“字号”下拉列表中选择“小四”，如图2-118所示。在“页眉和页脚工具”的“设计”选项卡下“关闭”组中单击“关闭页眉和页脚”按钮，如图2-119所示。

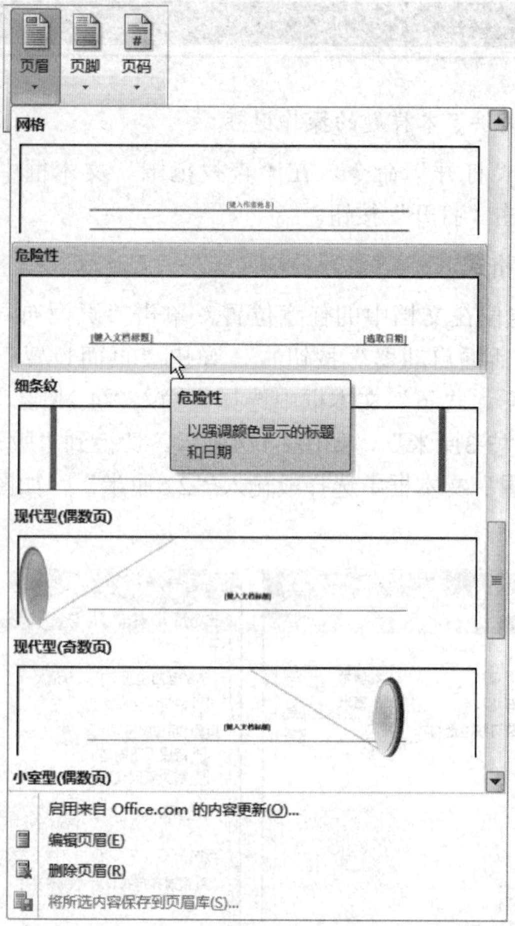


图2-116

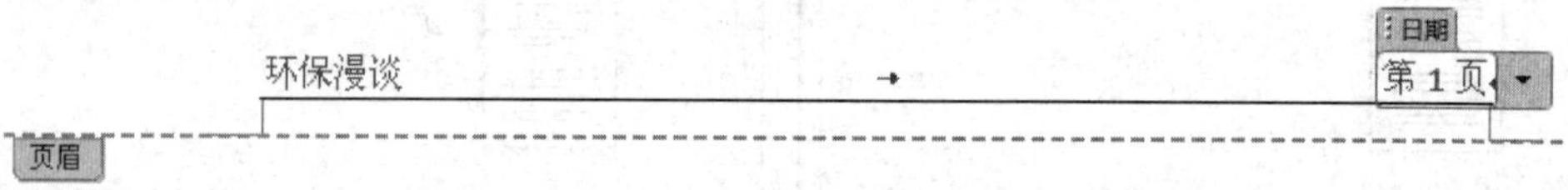


图2-117

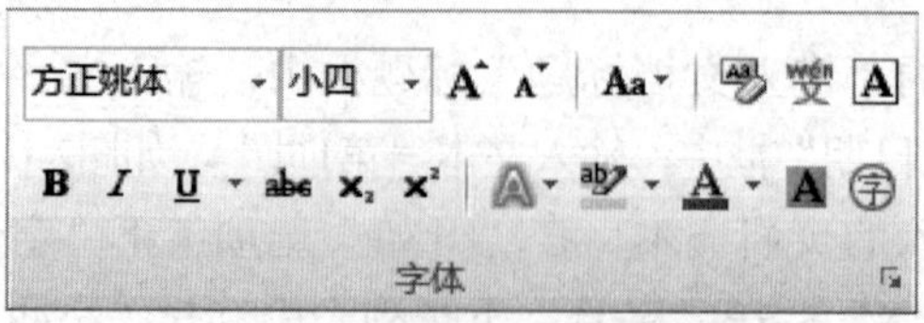


图2-118

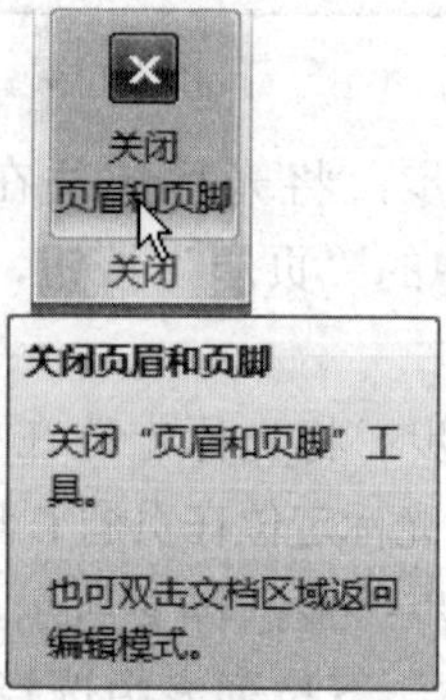


图2-119

第5步：在“页面布局”选项卡下“页面背景”组中单击“页面边框”按钮，如图

2-120所示。

第6步：在弹出的“边框和底纹”对话框的“页面边框”选项卡下，在“设置”区域选择“方框”按钮，在“样式”下拉列表中选择“双实线”，在“颜色”下拉列表中选择标准色中的“蓝色”，在“宽度”下拉列表中选择“1.5磅”，如图2-121所示。

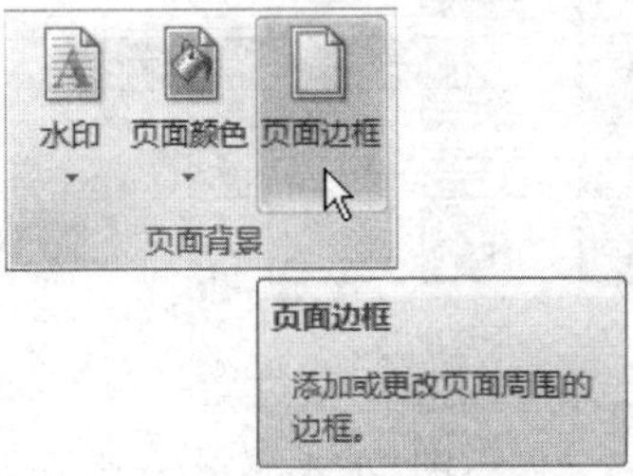


图2-120

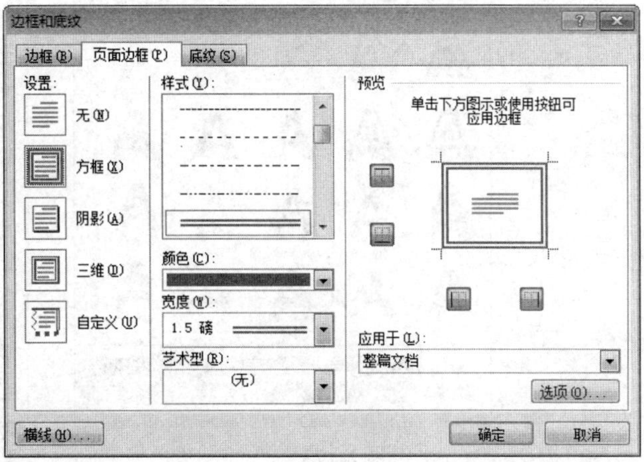


图2-121

第7步：单击预览区域下方的“选项”按钮，打开“边框和底纹选项”对话框，在“边距”区域的“测量基准”下拉列表中选择“文字”，在“上”、“下”、“左”、“右”文本框中均选择或输入“15磅”，如图2-122所示，单击“确定”按钮。返回到“边框和底纹”对话框，在“应用于”下拉列表中选择“整篇文档”选项，单击“确定”按钮。

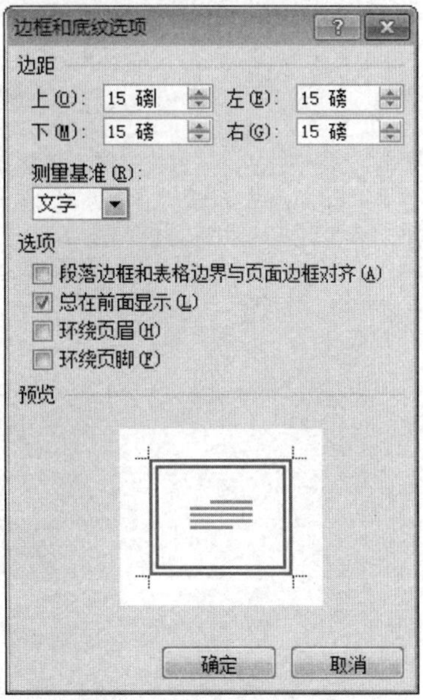


图2-122

**2．设置文档编排格式**

第8步：选中文档的标题，单击“插入”选项卡下“文本”组中的“艺术字”按钮。在弹出的库中选择“填充 - 红色，强调文字颜色2，暖色粗糙棱台”，如图2-123所示。

第9步：选中新插入的艺术字，在“开始”选项卡下“字体”组中的“字体”下拉列表中选择“华文新魏”。

第10步：在“绘图工具”的“格式”选项卡下“排列”组中单击“位置”按钮，在弹出的下拉列表中选择“文字环绕”区域下“顶端居中，四周型文字环绕”，如图2-124所示。

第11步：在“绘图工具”的“格式”选项卡下“艺术字样式”组中单击“文本效果”按钮，在弹出的下拉列表中选择“转换”选项下的“前近后远”弯曲效果，如图2-125所示。

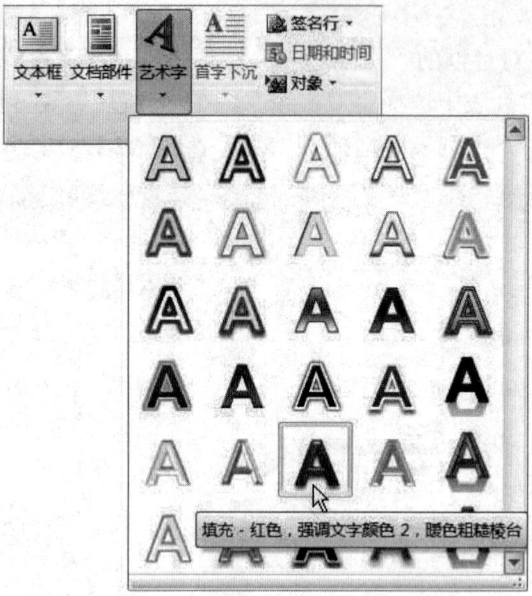


图2-123

图2-124

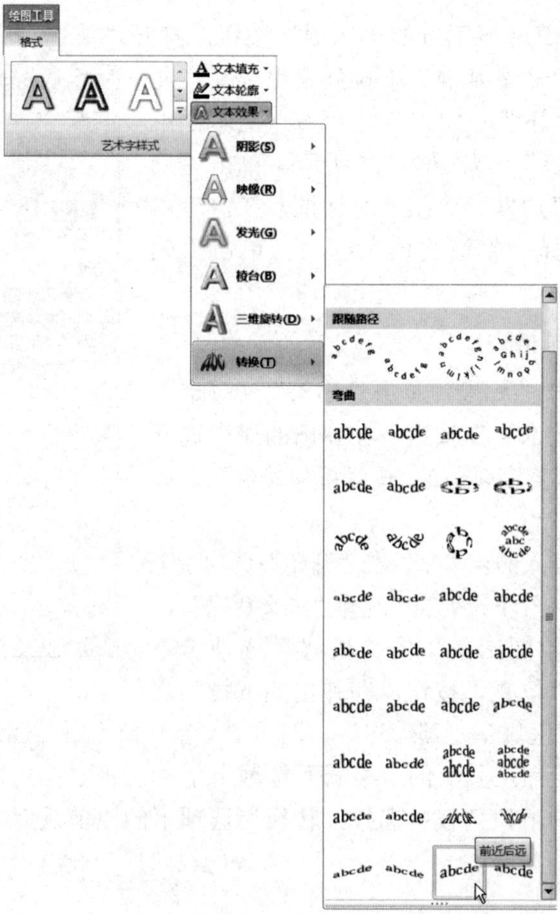


图2-125

第12步：选中正文第1段中的第1句文本“湿地是指一年中至少有一段时间……滩涂和沼泽群落等。”，单击“开始”选项卡下“字体”组右下角的“对话框启动器”按钮，弹出“字体”对话框，在“字体”选项卡下的“中文字体”下拉列表中选择“楷体_GB2312”，在“字号”下拉列表中选择“小四”，在“字形”下拉列表中选择“加粗”；在“下划线线型”下拉列表中选择波浪线下划线，在“下划线颜色”下拉列表中选择标准色中的“红色”，如图2-126所示，单击“确定”按钮。

第13步：选中正文第1段，单击“开始”选项卡下“段落”组右下角的“对话框启动器”按钮，弹出“段落”对话框。在“缩进和间距”选项卡下的“行距”下拉列表中选择“固定值”项，在“设置值”文本框中选择或输入“23磅”，如图2-127所示，单击“确定”按钮即可。

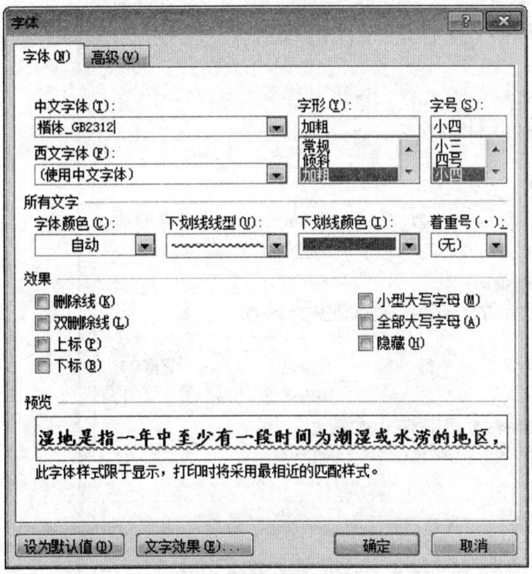


图2-126

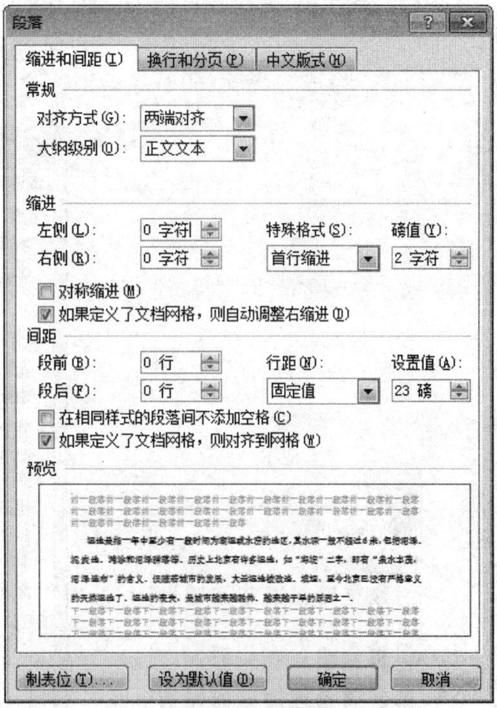


图2-127

第14步：选中正文第2、3、4段，在“开始”选项卡下“段落”组中单击“项目符号”按钮右侧的下拉箭头，在打开的列表中执行“定义新项目符号”命令，如图2-128所示。打开“定义新项目符号”对话框，单击“符号”按钮，在弹出的“符号”框中选择符号样式“S”，单击“确定”按钮，返回至“定义新项目符号”对话框，如图2-129所示，单击“确定”按钮即可。

第15步：选中正文第2、3、4段，在“开始”选项卡下“字体”组中单击“字体颜色”按钮右侧的下三角按钮，在弹出的下拉列表中选择标准色中的“蓝色”，如图2-130所示。单击“段落”组右下角的“对话框启动器”按钮，弹出“段落”对话框。在“间距”选项区域的“段前”、“段后”文本框中均选择或输入“0.5行”，如图2-131所示，单击“确定”按钮。

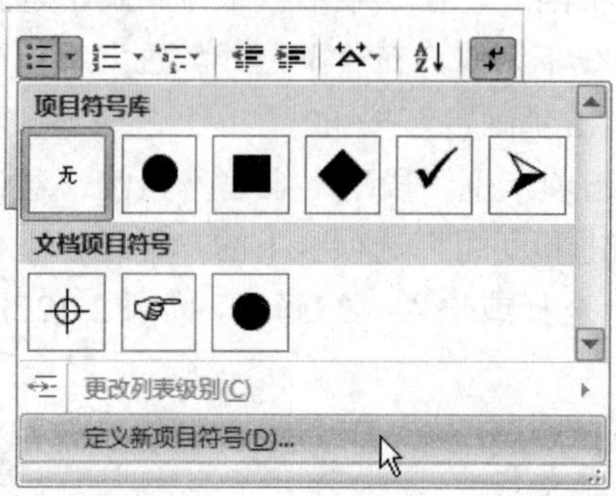


图2-128

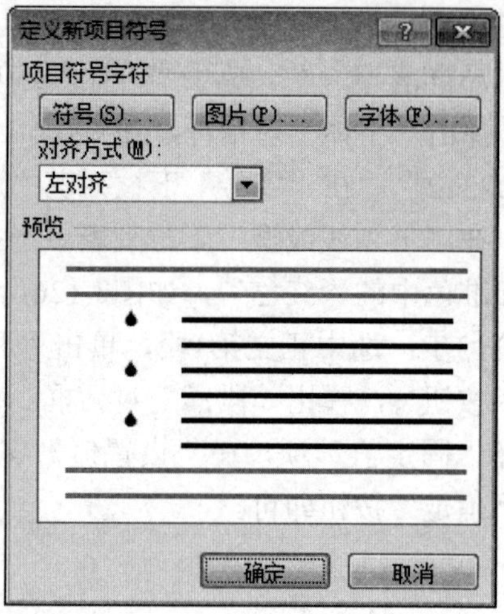


图2-129

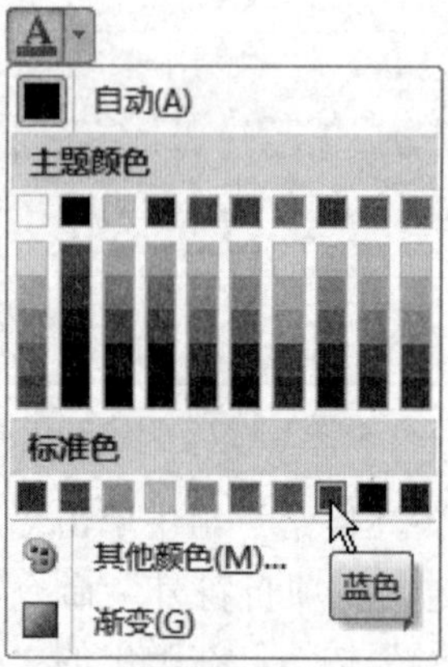


图2-130

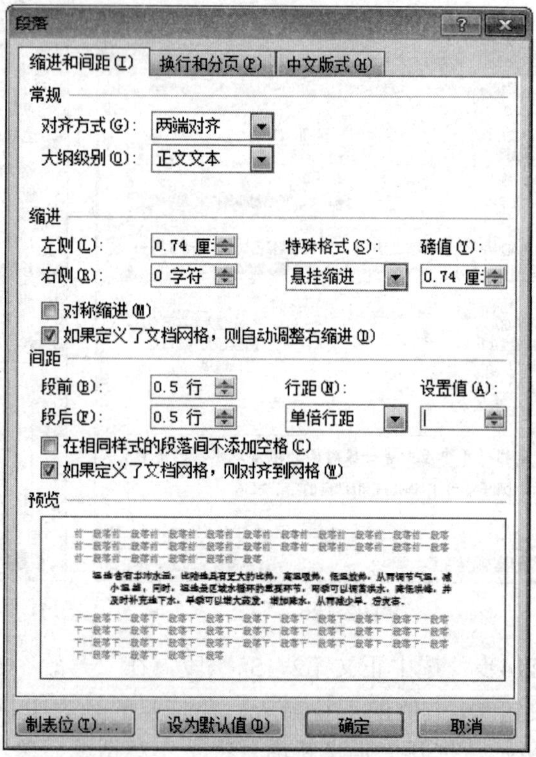


图2-131

3．文档的插入设置

第16步：将光标定位在文档任意位置处，单击“插入”选项卡下“插图”组中的“图片”按钮，如图2-132所示，打开“插入图片”对话框。在“查找范围”列表框中选择C:\Win2010GJW\KSML1文件夹，在列表框中选择KSWJ2-1A.jpg文件，单击“插入”按钮。

第17步：选中所插入的图片，在“图片工具”下的“格式”选项卡下单击“大小”组右下角的“对话框启动器”按钮，打开“布局”对话框。选择“大小”选项卡，先取消“锁定纵横比”的选中状态，在“高度”区域的“绝对值”文本框中选择或输入“4.5厘米”，在“宽度”区域的“绝对值”文本框中选择或输入“6.8厘米”，如图2-133所示，单击“确定”按钮。

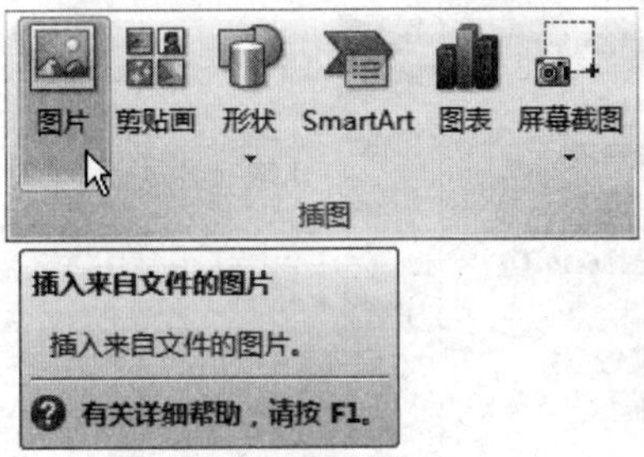


图2-132

图2-133

第18步：在“图片工具”下的“格式”选项卡下“排列”组中单击“自动换行”按钮，在下拉列表中选择“紧密型环绕”，如图2-134所示。在图片上单击鼠标右键，在打开的快捷菜单中执行“置于底层”→“置于底层”命令，如图2-135所示。

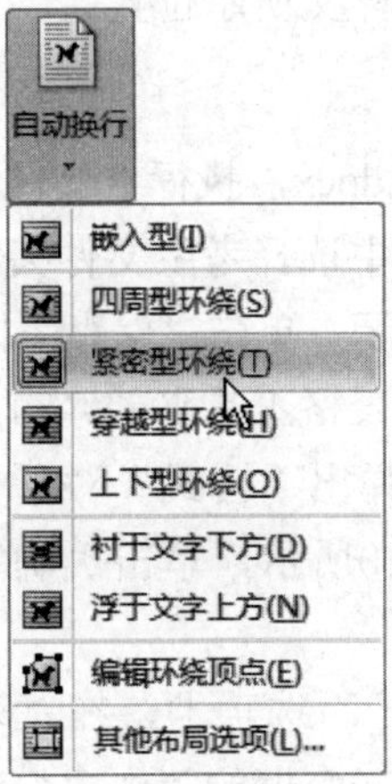


图2-134

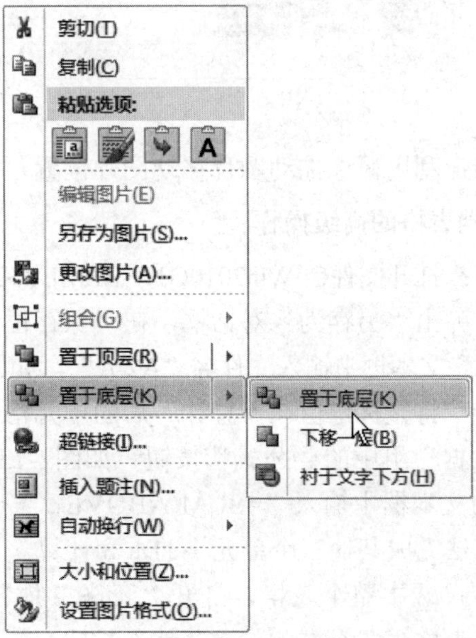


图2-135

第19步：在“图片工具”下的“格式”选项卡下“调整”组中单击“艺术效果”按钮，在弹出的下拉列表中选择“马赛克气泡”艺术效果，如图2-136所示。在“图片样式”组中单击“图片效果”按钮，在弹出的下拉列表中选择“柔化边缘”选项下的“5磅”图片效果，如图2-137所示。

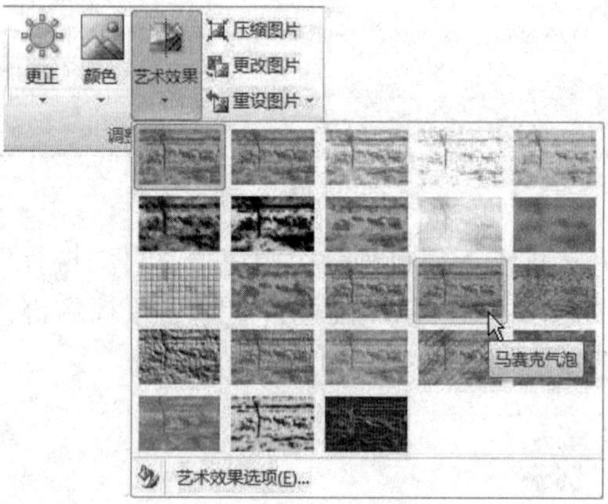


图2-136

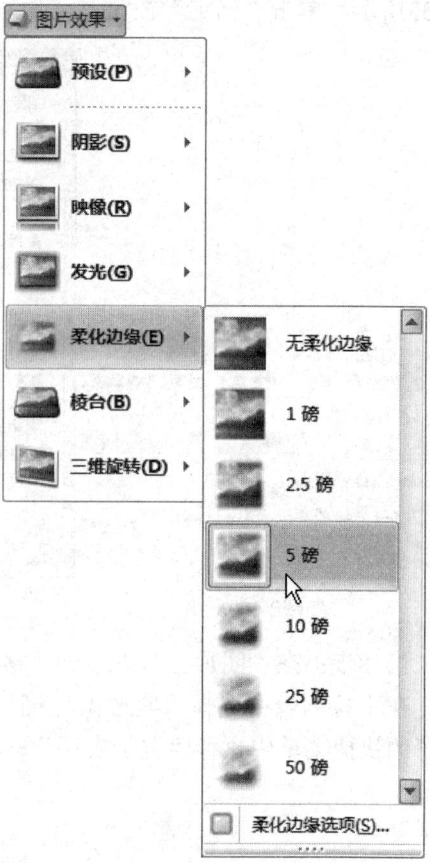


图2-137

第20步：利用鼠标拖动图片移动图片位置，使其位于样文所示位置。

4．文档表格的高级操作

第21步：打开文件C:\Win2010GJW\KSML1\KSWJ2-1B.docx，执行“文件”→“另存为”命令，弹出“另存为”对话框，在“保存位置”列表中选择考生文件夹所在位置，在“文件名”文本框中输入文件名“A2-A”，如图2-138所示，单击“保存”按钮。

第22步：将光标定位在“总计”后的单元格中，在“表格工具”的“布局”选项卡下单击“数据”组中的“公式”按钮，如图2-139所示。弹出“公式”对话框，在“公式”下面的文本框中输入“=SUM(ABOVE)”，如图2-140所示，单击“确定”按钮。使用同样方法完成其他三个单元格的求和计算。

第23步：选中整个表格，打开“表格工具”的“设计”选项卡，在“表格样式”组中单击“表格样式”右侧的“其他”按钮，在打开的列表框的“内置”区域中选择“中等深浅底纹1 - 强调文字颜色6”表格样式，如图2-141所示。

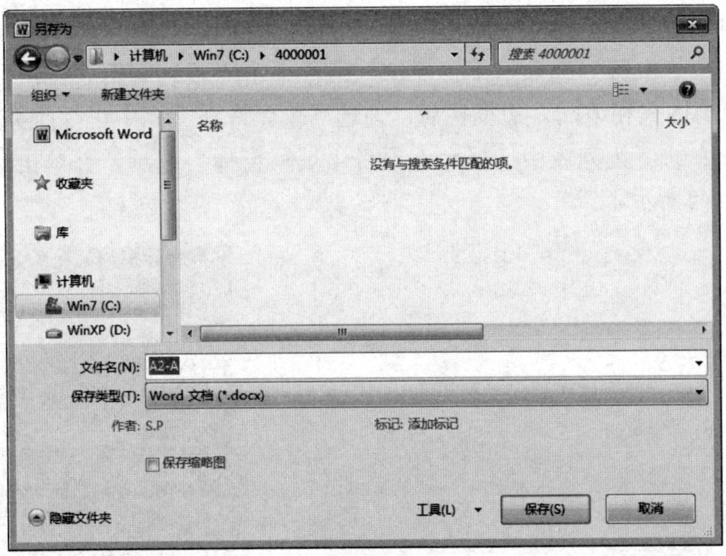


图2-138

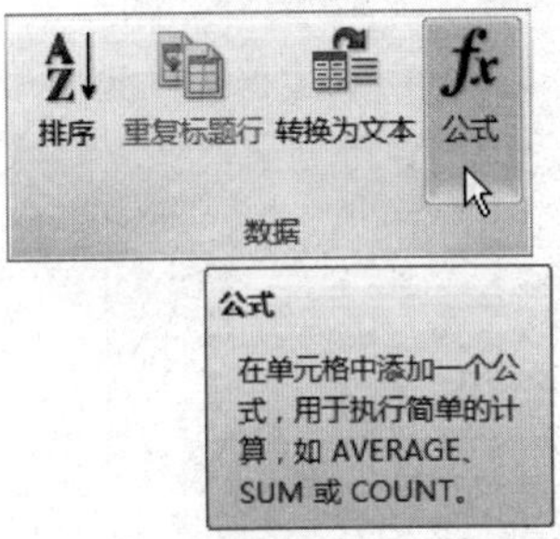


图2-139

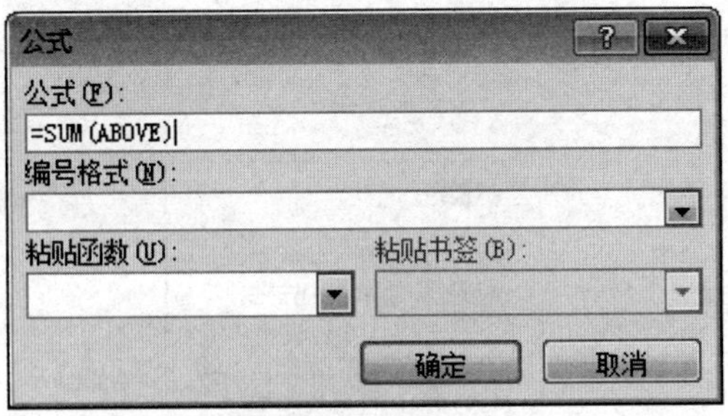


图2-140

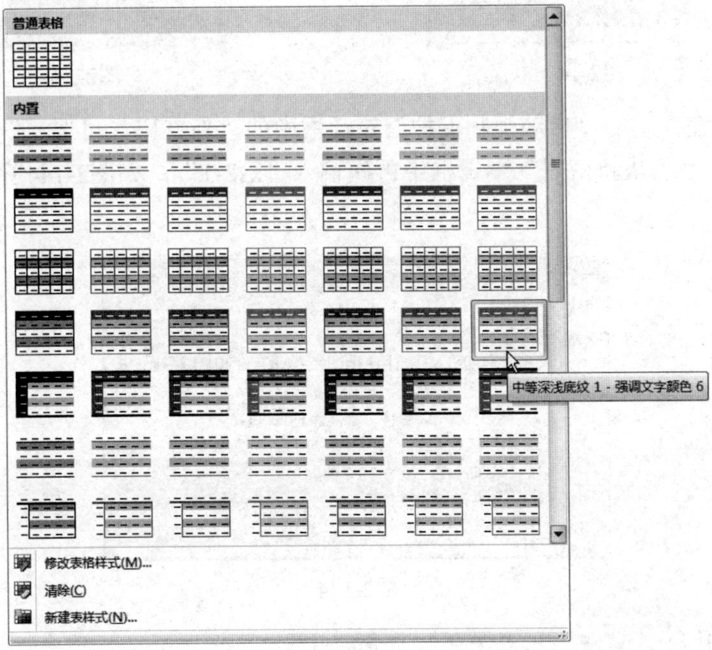


图2-141

### 5. 文档的保护操作

第24步：在“审阅”选项卡下“保护”组中单击“限制编辑”按钮，如图2-142所示。弹出“限制格式和编辑”边框栏后，勾选“仅允许在文档中进行此类型的编辑”复选框，在其下方的下拉列表中选择允许项目“填写窗体”选项，并单击[是，启动强制保护]按钮，如图2-143所示。

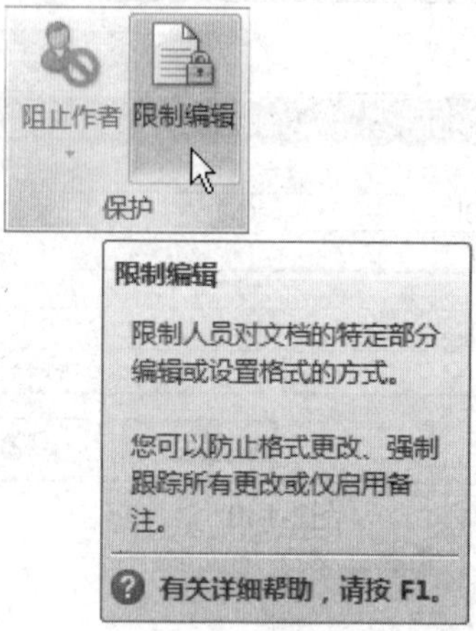


图2-142

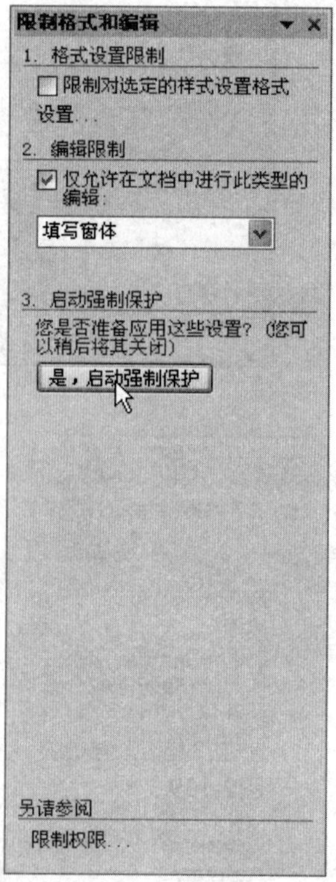


图2-143

第25步：在弹出的“启动强制保护”对话框中的“新密码（可选）”编辑框中输入“ks2-1”，在“确认新密码”编辑框中再次输入“ks2-1”，如图2-144所示，单击“确定”按钮。

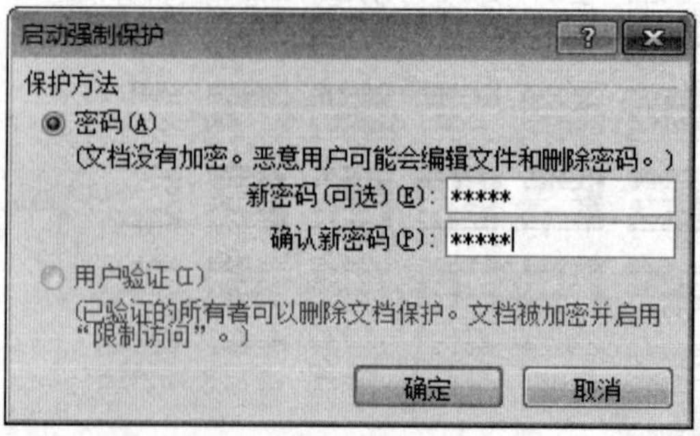


图2-144

第26步：执行“文件”→“保存”命令。

# 第三章　文档处理的综合操作

样式是文档的重要组成部分，它不仅可以快速修改文字的形状、大小和颜色等，还能快速调整文档结构，让文档段落层次更加鲜明、有序。

主控文档是一组单独文件(或子文档)的容器，包含与一系列相关子文档关联的链接。使用主控文档可以将长文档分成较小的、更易于管理的子文档，从而便于组织和维护。

如果需要编辑多封邮件或者信函，这些邮件或者信函只是收件人信息有所不同，而内容完全一样时，使用邮件合并功能可以很方便地实现，从而提高办公效率。邮件合并是将作为邮件发送的文档与由收件人信息组成的数据源合并在一起，作为完整的邮件。

**本章主要内容**

- 应用样式
- 使用主控文档
- 书签、批注和题注的应用
- 封面和目录的应用
- 邮件合并功能的应用

**评分细则**

本章有5个评分点，每题12分。

题型一：

| 序号 | 评分点 | 分值 |
|---|---|---|
| 1 | 套用现有样式 | 1 |
| 2 | 套用模板中的样式 | 3 |
| 3 | 修改样式1 | 3 |
| 4 | 修改样式2 | 3 |
| 5 | 新建样式 | 2 |

题型二：

| 序号 | 评分点 | 分值 |
|---|---|---|
| 1 | 创建主控文档、子文档 | 2 |
| 2 | 插入书签 | 2 |
| 3 | 插入批注或题注 | 2 |
| 4 | 创建封面 | 3 |
| 5 | 创建目录 | 3 |

题型三：

| 序号 | 评分点 | 分值 |
|---|---|---|
| 1 | 创建主文档 | 2 |
| 2 | 获取数据源 | 2 |
| 3 | 插入合并域 | 3 |
| 4 | 插入Word域 | 3 |
| 5 | 合并邮件 | 2 |

**本章导读**

综上所述，我们明确了本章所要求掌握的技能考核点以及对应《试题汇编》单元的评分点、分值和判分要求等。下面先在“样题示范”中展示《试题汇编》中的一道真题，然后详细讲解本章中涉及到的知识点和技能考核点，最后通过“样题解答”来讲解这道真题的详细操作步骤。

## 3.1 样题示范

**【练习目的】**

从《试题汇编》中选取样题，了解本章题目类型，掌握本章重点技能点。

**【样题来源】**

《试题汇编》第三单元3.1题（随书光盘中提供了本样题的操作视频）。

**【操作要求】**

打开文档A3.docx，按以下要求进行操作。

1．**应用样式**

- 按【样文3-1A】所示，将文档中第1行的样式设置为“文章标题”，第2行的样式设置为“标题注释”。

2．**模板的应用**

- 按【样文3-1A】所示，将正文的前三个段落套用模板文件C:\Win2010GJW\KSML1\KSDOTX3.dotx中“正文段落”的样式。

3．**修改样式**

- 按【样文3-1B】所示，以正文为样式基准，对“重点正文”样式进行修改：字体为仿宋_GB2312，字号为小四，字形为加粗；为文本填充预设颜色中“熊熊火焰”的文字效果，方向为“线性向下”；更改行距为固定值18磅，自动更新对当前样式的改动，并将该样式应用于正文第4段。
- 按照【样文3-1B】所示，对“项目符号”样式进行修改：字体为方正姚体，文字颜色为深红色，项目符号为“ÿ”，并将改动后的该样式应用于正文第5～10段。

4．**新建样式**

- 按照【样文3-1C】所示，以正文为样式基准，新建样式命名为“段落样式1”，设置字体为华文细黑，字号为小四，文字颜色为深蓝色，行距为固定值18磅，段前、段后间距均为0.5行，并将该样式应用于正文的最后两个段落。

【样文3-1A】

# 多媒体的知识

**佚名供稿**

多媒体是计算机和视频技术的结合，实际上它是两个媒体；声音和图像，或者用现在的术语：音响和电视。多媒体本身有两个方面，和所有现代技术一样它是由硬件和软件，或机器和思想混合组成。可以将多媒体技术和功能在概念上区分为控制系统和信息。多媒体之所以能够实现是依靠数字技术。多媒体代表数字控制和数字媒体的汇合，电脑是数字控制系统，而数字媒体是当今音频和视频最先进的存储和传播形式。事实上有人就简单地认为多媒体是电脑和电视的结合。电脑的能力达到实时处理电视和声音数据流的水平，这时多媒体就诞生了。

多媒体电脑需要具有比主流电脑更强的能力，多媒体电脑决定了主流电脑的发展。区别普通电脑和多媒体电脑的主要东西是声卡和只读光盘驱动器。光盘是多媒体的主要存储和交换媒体。

在计算机和通信领域，我们所指的信息的正文、图形、声音、图像、动画，都可以称为媒体。从计算机和通信设备处理信息的角度来看，我们可以将自然界和人类社会原始信息存在的形式——数据、文字、有声的语言、音响、绘画、动画、图像（静态的照片和动态的电影、电视和录像）等，归结为三种最基本的媒体：声、图、文。所谓多媒体，是指能够同时采集、处理、编辑、存储和展示两个或以上不同类型信息媒体的技术，这些信息媒体包括文字、声音、图形、图像、动画和活动影像等。

【样文3-1B】

多媒体技术有以下几个主要特点：

- 集成性：能够对信息进行多通道统一获取、存储、组织与合成。
- 控制性：多媒体技术是以计算机为中心，综合处理和控制多媒体信息，并按人的要求以多种媒体形式表现出来，同时作用于人的多种感官。
- 交互性：交互性是多媒体应用有别于传统信息交流媒体的主要特点之一。
- 非线性：多媒体技术的非线性特点将改变人们传统循序性的读写模式。
- 实时性：当用户给出操作命令时，相应的多媒体信息都能够得到实时控制。
- 方便性：用户可以按照自己意愿来使用信息，任取图、文、声等信息表现形式。

【样文3-1C】

总之，由于信息最本质的概念是客观事物属性的表面特征，其表现方式是多种多样的，因此，较为准确而全面的多媒体定义，就应该是指多种信息类型的综合。

这些媒体可以是图形、图像、声音、文字、视频、动画等信息表示形式，也可以是显示器、扬声器、电视机等信息的展示设备，传递信息的光纤、电缆、电磁波等中介媒质，还可以是存储信息的磁盘、光盘、磁带等存储实体。

## 3.2 应用样式

样式是文档的重要组成部分，不仅可以快速修改文字的形状、大小和颜色等，还能快速调整文档结构，让文档段落层次更加鲜明、有序。可以使用样式任务窗格创建、查看、修改、应用甚至删除文本中的格式，也可以应用模板对文档进行快速的格式应用。

### 3.2.1 样式的应用

样式是经过特殊打包的格式的集合，就是应用于文档中的文本、表格和列表的一套格式特征，能迅速改变文档的外观，从而大大提高工作效率。是针对文档中一组格式进行的定义，这些格式包括字体、字号、字形、段落间距、行间距等内容，作用是方便对重复的格式进行快速设置。

应用样式时主要包括应用段落样式、字符样式、表格样式、列表样式等。它们的应用特性如下：

- 段落样式：以段落为最小套用单位的样式，控制段落外观的所有方面，如文本对齐、制表符、行间距、段落间距和边框等。即使选取段落内一部分内容，套用样式时也会自动套用至整个段落。
- 字符样式：以字符为最小套用单位的样式，可以方便地套用于选取的任意文字上。套用样式可以影响选定文本的外观，如字体、字号、字形、字色等。
- 表格样式：只有选取表格内容时，才可以应用该类样式。此类样式不会显示至样式列表中，而显示在“表格工具”的“设计”选项卡下的“表样式”组中。可以为表格的边框、阴影、对齐方式和字体等提供一致的外观。
- 列表样式：只有选取的内容包含列表设置时，该选项才会可选，可以为列表应用相似的对齐方式、编号、项目符号以及字体等。

样式的相关操作包括使用内置样式、修改样式、创建新样式、删除样式等。

**1．应用内置样式**

每个文档都是基于一个特定的模板，而每个模板中都会自带一些样式，称为“内置样式”。如果需要应用的格式组合和某内置样式的定义相符，就可以直接应用该样式而不用再新建。Word 2010提供了多种内置样式，可以直接选择样式来格式化文档，具体操作方法有两种，一种是利用“样式”库进行设置，另一种是利用“样式”任务窗格进行设置，如图3-1所示。

图3-1

（1）利用“样式”库设置样式。

选择需要应用样式的段落或者将光标定位于其中，在“开始”选项卡下的“样式”

组中单击快速样式右下角的“其他”按钮，即可在打开的样式库中选择和应用需要的样式，如图3-2所示。

（2）利用“样式”任务窗格设置样式。

选择需要应用样式的段落或者将光标定位于其中，在“开始”选项卡下的“样式”组中单击右下角的“对话框启动器”按钮，弹出“样式”任务窗格，从中选择所需要的样式，即可完成内置样式的应用。在该窗格中列出了系统自带的各种样式，将鼠标指针移动到某个选项上，系统会自动显示详细的说明，如图3-3所示。

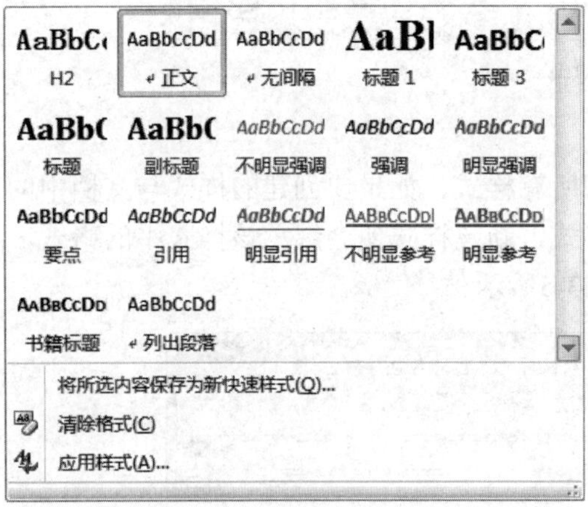


图3-2

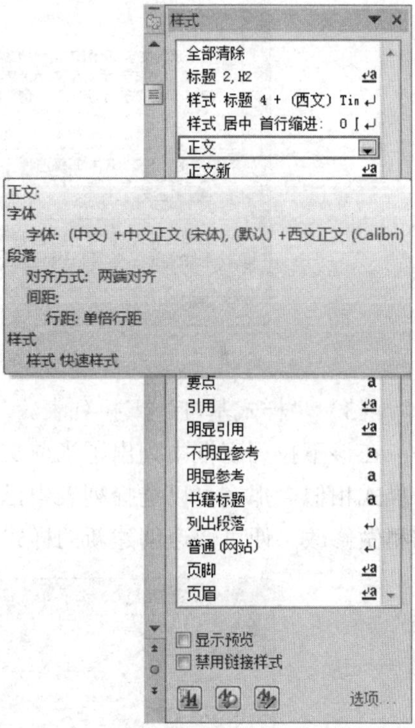


图3-3

## 2. 创建新样式

如果现有文档的内置样式与所需格式设置相差甚远时，创建一个新样式会更有效率。在创建新样式时，需要为样式起一个名称，并为样式依次设置所需要的格式。

在“开始”选项卡下的“样式”组中单击右下角的“对话框启动器”按钮，打开“样式”任务窗格，单击“新建样式”按钮，弹出“根据格式设置创建新样式”对话框，如图3-4所示。

（1）“名称”文本框。

在该文本框中输入新建样式的名称，在命名时需要注意名称的意义，以便通过名称就可以知道样式包括的格式，但是名称不能与内置的样式同名。

（2）“样式类型”下拉列表。

在该下拉列表框中包括段落、字符、链接段落和字符、表格、列表。其中字符和段落类型使用率较高。根据创建样式时设置的类型不同，其应用范围也不同。

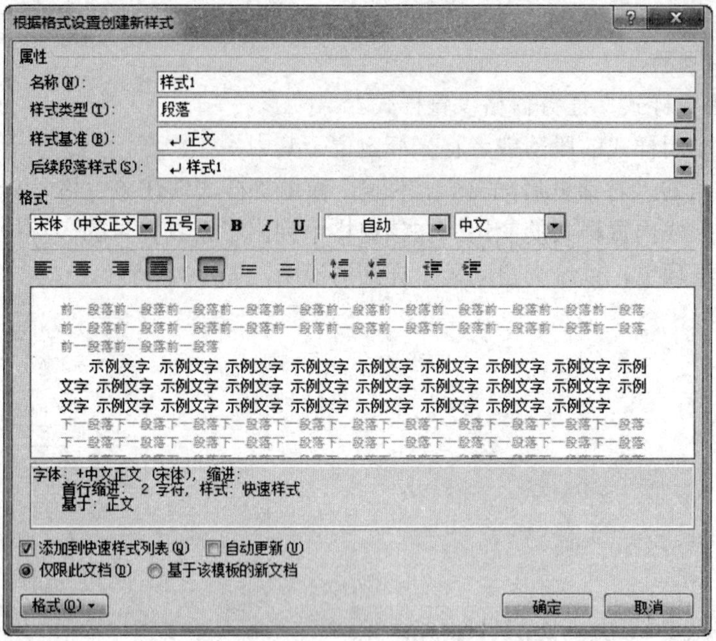


图3-4

（3）“样式基准”下拉列表。

在该下拉列表框中列出了当前文档中的所有样式，如果要创建的样式与文档中的某个样式相似，那么可以选择列表中已有的样式，新建样式便会继承该样式中的格式，只需稍做修改，便可快速创建新的样式，如图3-5所示。

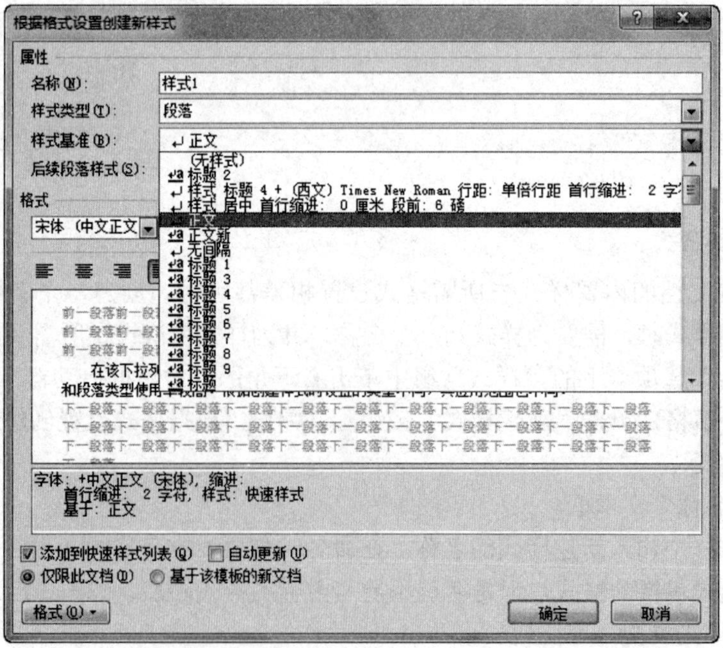


图3-5

（4）“后续段落格式”下拉列表。

在该下拉列表框中列出了当前文档中的所有样式，如图3-6所示。该选项的作用是在按Enter键后，转到下一段落时自动套用的样式，避免了每到一个段落就设置一次样式的麻烦。

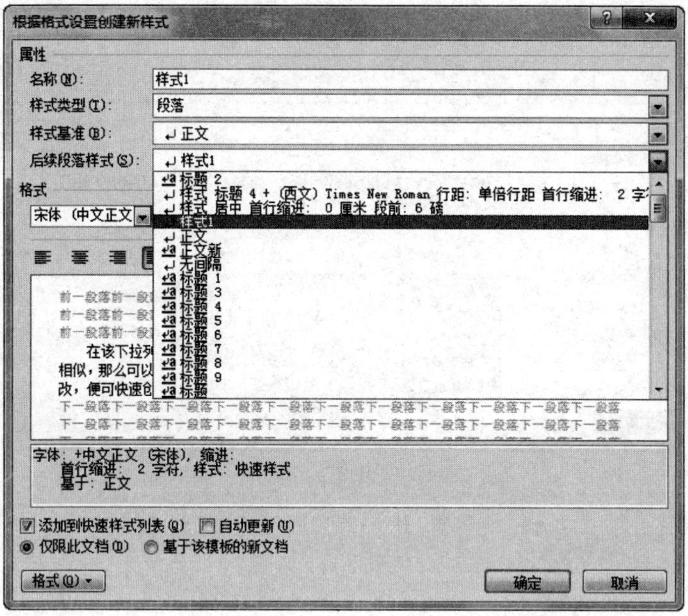


图3-6

（5）“格式”选项组。

在该选项组中可以为样式设置字体、段落的常用格式，如字体、字号、字形、字体颜色、对齐方式、行间距、段落间距、缩进量等，如图3-7所示。

图3-7

（6）“格式”下拉按钮。

单击该按钮，在弹出的下拉列表中可以选择设置对象，不仅可以对段落、字符进行更加详细的设置，还可以对边框、图文框、编号、快捷键等进行格式设置，如图3-8所示。

**3．修改样式**

在应用样式格式化文档时，如果某些内置样式无法完全满足用户格式设置的要求，或所需样式与现有样式只有稍许区别，那么可以在内置样式的基础上进行修改。

在“样式”任务窗格中，单击需要修改样式文本框后的下拉按钮或右击该样式，在弹出的快捷菜单中执行“修改”命令。弹出“修改样式”对话框，对名称、格式等进行相应的修改，如图3-9所示，单击“确定”按钮返回文档，可以看到文档中应用该样式的内容已经自动更新。

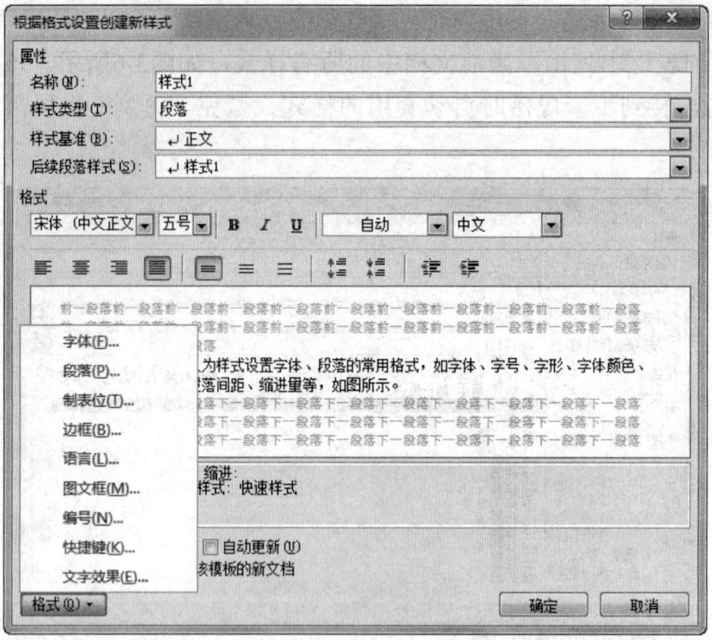


图3-8

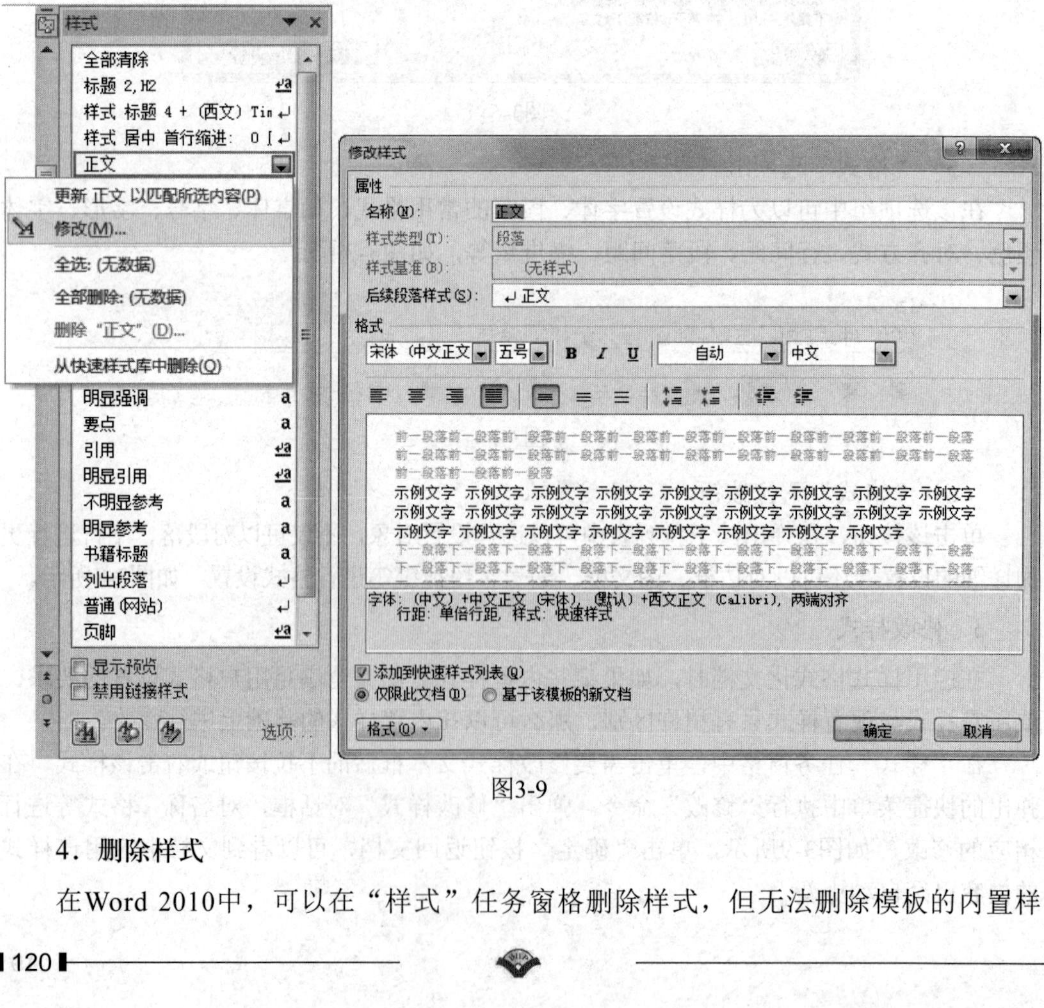


图3-9

4．删除样式

在Word 2010中，可以在“样式”任务窗格删除样式，但无法删除模板的内置样式。在“样式”任务窗格中，单击需要删除的样式文本框后的下拉按钮或右击，在弹出的快捷菜单中执行“删除”命令。弹出提示对话框，提示用户是否从文档中删除该样式，单击“是”按钮即可删除该样式，如图3-10所示。

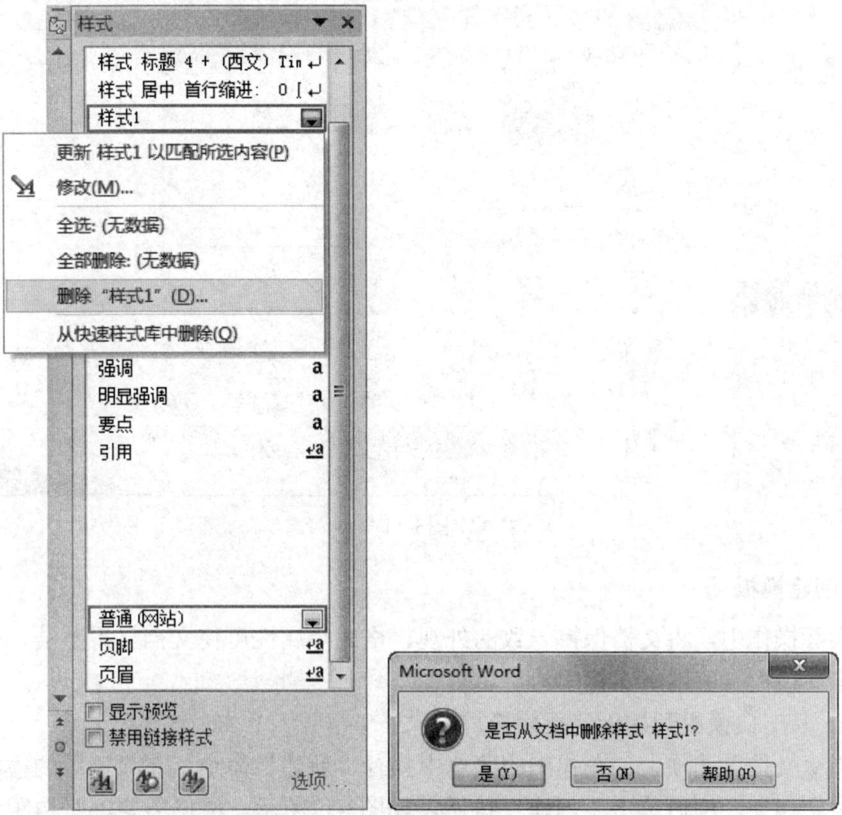


图3-10

如果删除了某样式，Word 2010将对原所有应用此样式的段落应用“正文”样式，然后从任务窗格中删除此样式的定义。

如果只对某处应用了样式的文本不再使用样式，可在选取文本后，单击“开始”选项卡下“样式”组中的“其他”按钮，在弹出的快捷菜单中执行“清除格式”命令即可。

## 3.2.2 模板的应用

在Word 2010中，任何文档都是以模板为基础的，模板实际上是“模板文件”的简称，归根结底是一种具有特殊格式的Word文档，扩展名为“.dotx”。模板决定了文档的基本结构和文档设置，是针对一篇文档中所有段落或文字格式的设置，使用模板可以统一文档的风格，加快工作速度。

### 1. 使用模板创建文档

当使用模板建立文档时，模板中的文本和样式会自动添加到新文档中，而模板中的自动图文集和宏则不添加到新文档中，但可以被新文档使用。

单击“文件”选项卡，在弹出的菜单中执行“新建”命令。在“可用的模板”中选择所需的模板，然后单击“创建”按钮，即可打开一个应用了所选模板的新文档，如图3-11所示。

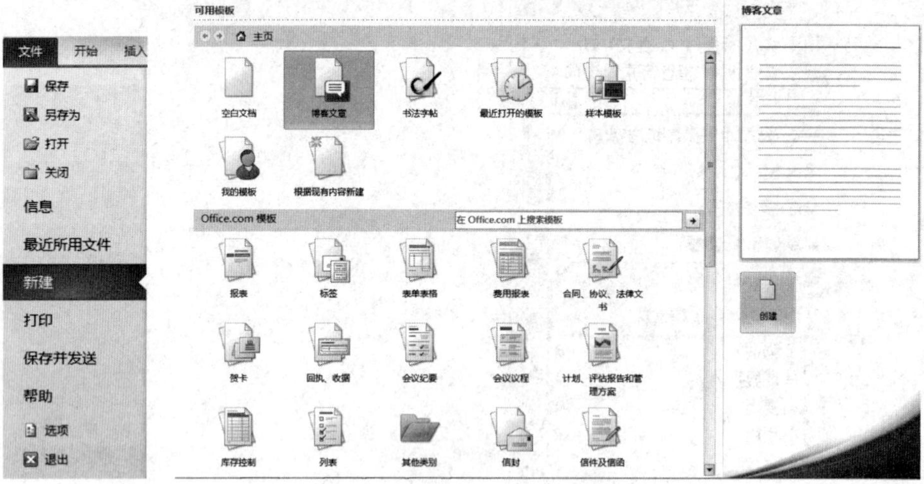


图3-11

2．创建模板

在实际操作中，将文档保持一致的外观、格式等属性可使文档显得整洁、美观，可创建自定义模板并应用于文档中。

（1）从空白模板开始创建新模板。

选择“文件”选项卡，在弹出的菜单中执行“新建”命令。在“可用的模板”中选择“空白文档”，然后单击“创建”按钮，如图3-12所示。根据需要，对边距设置、页面大小和方向、样式以及其他格式进行更改。

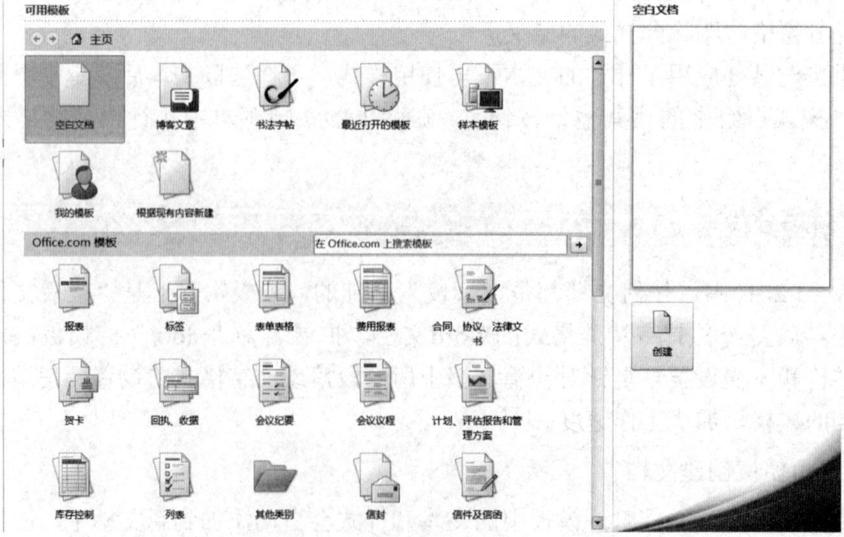


图3-12

选择“文件”选项卡，在弹出的菜单中执行“另存为”命令。在“另存为”对话框中，指定新模板的文件名，在“保存类型”列表中选择“Word 模板”选项，然后单击“保存”按钮，如图3-13所示。

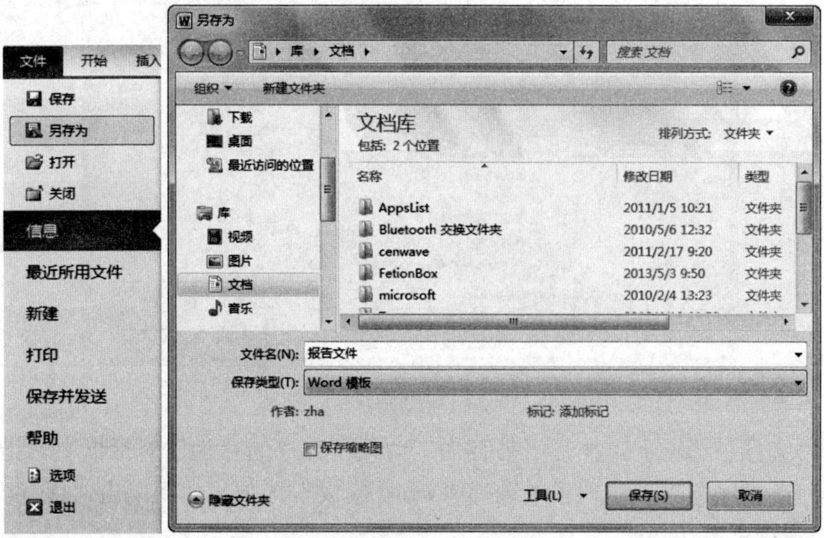


图3-13

（2）基于现有模板或文档创建新模板。

选择“文件”选项卡，在弹出的菜单中执行“新建”命令。在“可用模板”中执行“根据现有内容新建”命令，如图3-14所示。打开“根据现有文档新建”对话框，单击与要创建的模板相似的模板，然后单击“新建”按钮，如图3-15所示。根据需要，对边距设置、页面大小和方向、样式以及其他格式进行更改。

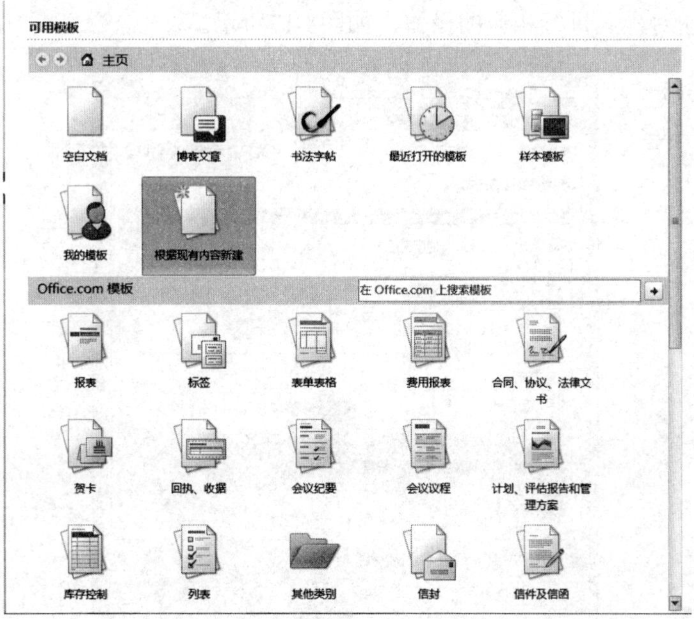


图3-14

图3-15

选择“文件”选项卡，执行“另存为”命令。在“另存为”对话框中，指定新模板的文件名，在“保存类型”列表中选择“Word 模板”选项，然后单击“保存”按钮。

**3．应用模板中的样式**

如果想在当前文档中套用其他模板中的样式，此时就会涉及对模板中样式的管理了。

选中要应用模板中样式的文本，在“开始”选项卡下的“样式”组中单击右下角的“对话框启动器”按钮，弹出“样式”任务窗格，单击“管理样式”按钮。

在弹出的“管理样式”对话框中，单击“导入/导出”按钮，如图3-16所示。弹出“管理器”对话框，可以通过单击“关闭文件”和“打开文件”按钮，在打开的窗口中选择模板或文档。在左侧和右侧的两个列表框中选择样式，通过“复制”、“删除”、“重命名”按钮对样式进行相应的操作，如图3-17所示。

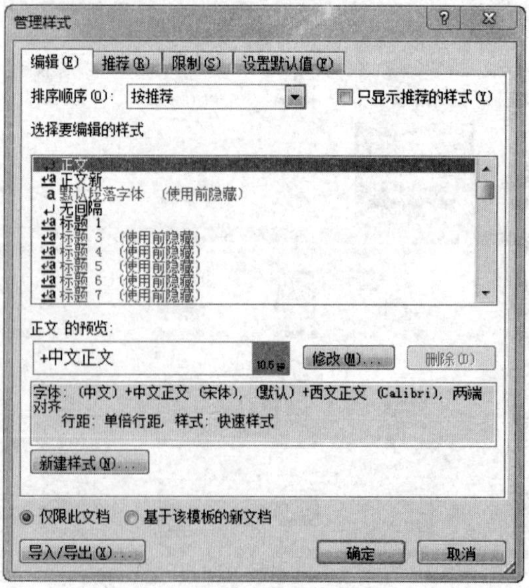


图3-16

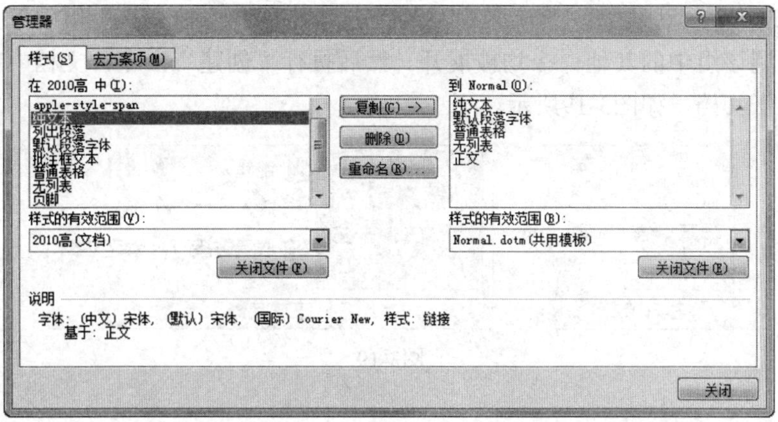


图3-17

提示：在管理器中不仅能完成模板与模板之间样式的复制操作，还可以完成模板与文档之间、文档与文档之间样式的复制操作。

## 3.3　使用主控文档

主控文档是一组单独文件（或子文档）的容器，包含与一系列相关子文档关联的链接。使用主控文档可以将长文档分成较小的、更易于管理的子文档，从而便于组织和维护，例如，包含几章内容的一本书。

如果要创建主控文档，需要从大纲着手，然后将大纲中的标题指定为子文档。也可以将当前文档添加到主控文档，使其成为子文档。

### 3.3.1　创建主控文档、子文档

**1．创建主控文档、子文档**

将光标定位在文档任意位置处，在“视图”选项卡的“文档视图”组中单击“大纲视图”按钮。然后在“大纲”选项卡下“大纲工具”组中的“显示级别”下拉列表中选择所需级别，如图3-18所示。

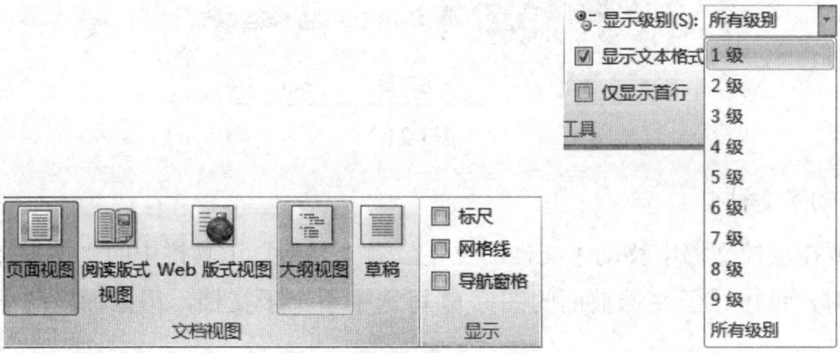


图3-18

将光标定位在标题之后，然后在“大纲”选项卡的“主控文档”组中单击“显示文档”按钮，则该组中的其他命令均被展开。然后执行“创建”命令，文档中就会显示出主控文档、子文档，如图3-19所示。

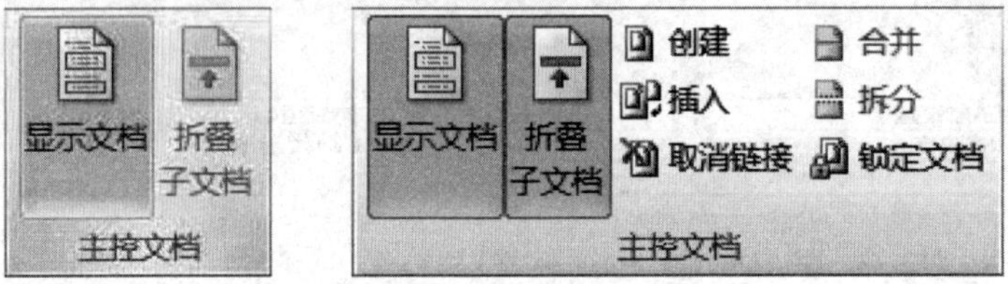


图3-19

提示：子文档不能嵌入正文内部，且必须嵌入在标题之后。Word 用一个方框来标识子文档，以区别主文档中的内容和其他子文档。

2．保存主控文档、子文档

如果要以当前文档的名称保存主控文档，只需在“大纲”选项卡下“关闭”组中单击“关闭大纲视图”按钮，如图3-20所示。

图3-20

如果要以新名称保存主控文档，在“文件”选项卡下执行“另存为”命令，打开“另存为”对话框，选择保存位置，在“文件名”文本框中输入新的名称，单击“保存”按钮。

## 3.3.2 编辑主控文档、子文档

1．展开、折叠子文档

在一个主控文档中，子文档和子文档之间是用分节符隔开的，默认情况下，每个子文档都处于折叠状态，并且以超级链接的形式显示文档的名称。这时子文档的正文是看不到的。

在“大纲”工具栏中单击“展开子文档”按钮，可以展开或折叠所有的子文档，如图3-21所示。

图3-21

2．移动子文档

如果要在主控文档中移动子文档的位置，当“大纲”工具栏中的“显示文档”处于按下状态时，单击该子文档前面的图标 可选中整个子文档，用鼠标拖动子文档到新的位置即可。

# 3.4　书签、批注和题注的应用

## 3.4.1　书签的应用

书签用于标识有指定和标识的位置或选定文本，以供将来引用。例如，可以用书签来标识需要在以后进行修订的文本。使用“书签”对话框可以直接定位到相应文本，不需要在文档中上下滚动。

**1.添加书签**

选择要为其指定书签的文本或项目，或者单击要插入书签的位置。在“插入”选项卡的“链接”组中单击“书签”按钮。打开“书签”对话框，在“书签名”下，输入或选择书签名，单击“添加”按钮，如图3-22所示。

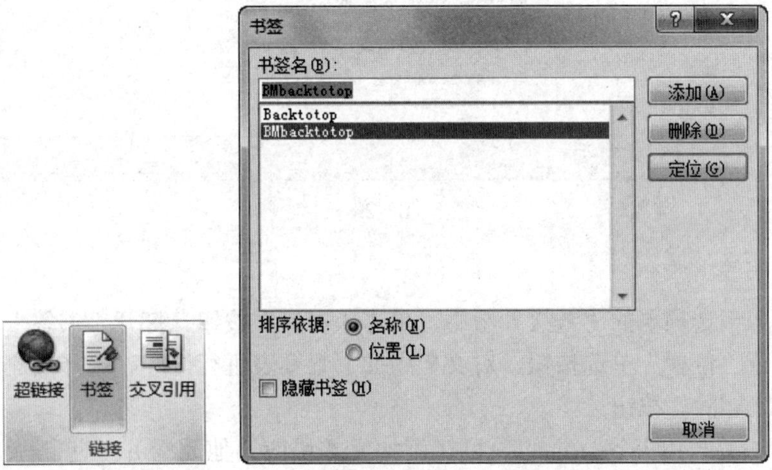


图3-22

提示：书签名必须以字母和文字开头，可包含数字但不能有空格。

**2.定位到特定书签**

在“插入”选项卡的“链接”组中单击“书签”按钮。打开“书签”对话框，选中“名称”或“位置”单选按钮，对文档中的书签列表进行排序。选择要定位的书签的名称，单击“定位”按钮。

**3.显示书签指示器**

如果指定了文本块或某一项的书签，该书签将以方括号([…])的形式出现在屏幕上。如果指定了某个位置的书签，该书签将以I形标记的形式出现。方括号和I形标记均不会被打印。

选择“文件”选项卡，然后执行“选项”命令。打开“Word选项”对话框，选择“高级”选项卡，然后在“显示文档内容”区域选中“显示书签”复选框，单击“确定”按钮，如图3-23所示。

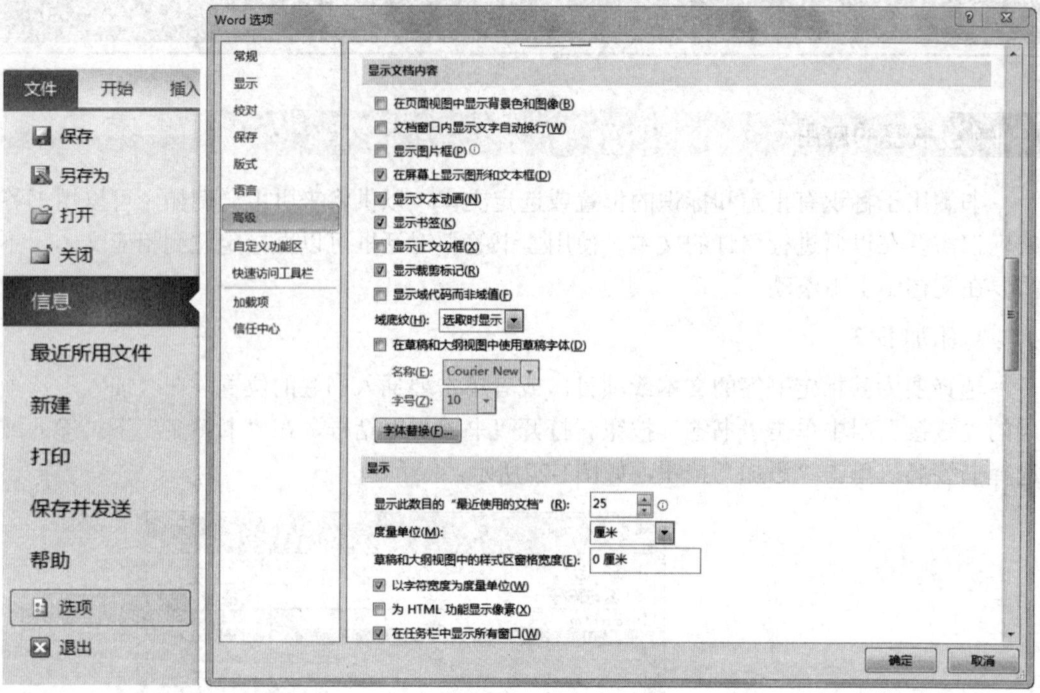


图3-23

4.删除书签

在“插入”选项卡的“链接”组中，单击“书签”按钮。打开“书签”对话框，选中“名称”或“位置”单选按钮，对文档中的书签列表进行排序。选择要删除的书签的名称，单击“删除”按钮。

若要将书签与用书签标记的项目（例如文本块或其他元素）一起删除，选择该项目，再按 Delete键。

## 3.4.2 批注的应用

可以在文档页边距内出现的批注框中插入批注，也可隐藏视图中的批注。

1.插入批注

选择要对其进行批注的文本或项目，或单击文本的末尾处。在“审阅”选项卡的“批注”组中单击“新建批注”按钮。在批注框输入批注文本，如图3-24所示。

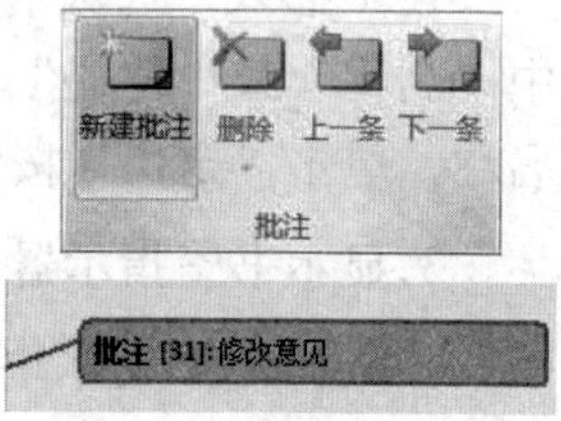


图3-24

2. 更改批注

如果批注在屏幕上不可见，可以在“审阅”选项卡的“修订”组中单击“显示标记”下拉按钮，在其下拉列表中选中“批注”复选框，如图3-25所示。

要更改批注，只需单击要编辑的批注框的内部，然后进行所需的更改。

3．删除批注

如果不希望在审阅文档时显示批注，必须通过删除文档中的批注来清除。

要快速删除单个批注，只需右击该批注，然后执行“删除批注”命令即可。

要快速删除文档中的所有批注，单击文档中的一个批注，在“审阅”选项卡的“批注”组中，单击“删除”下拉按钮，在其下拉列表中执行“删除文档中的所有批注”命令，如图3-26所示。

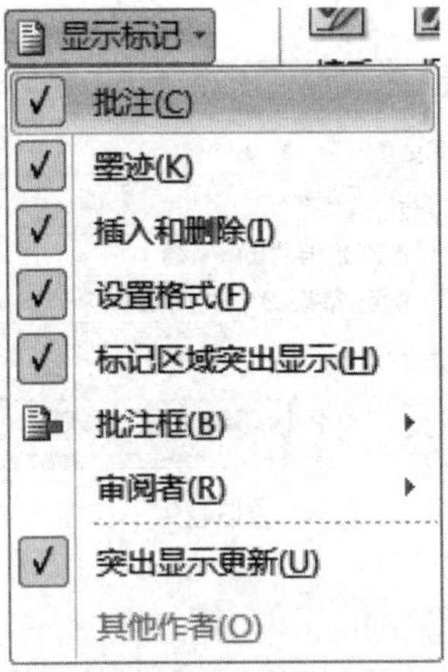


图3-25

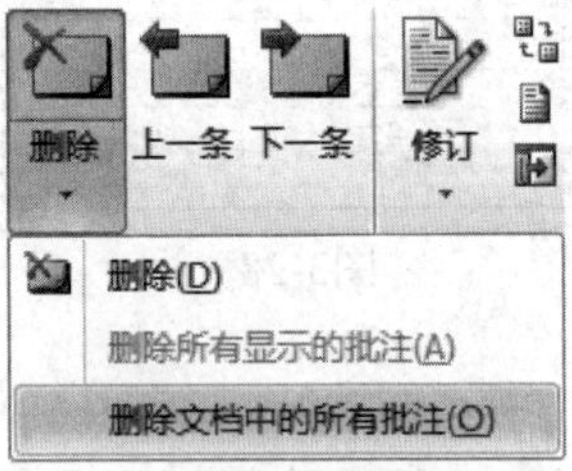


图3-26

## 3.4.3 题注的应用

题注是添加到图形、表格、图表或其他对象上的编号标签，是在对象下方显示的一行文字，用来描述该对象。

1．插入题注

选中要添加题注的对象，在“引用”选项卡的“题注”组中单击“插入题注”按钮。打开“题注”对话框，在“题注”文本框中输入题注名称，在“选项”区域可以选择“标签”类型和题注“位置”，如想要题注中不包含标签，就选中“题注中不包含标签”复选框，如图3-27所示。

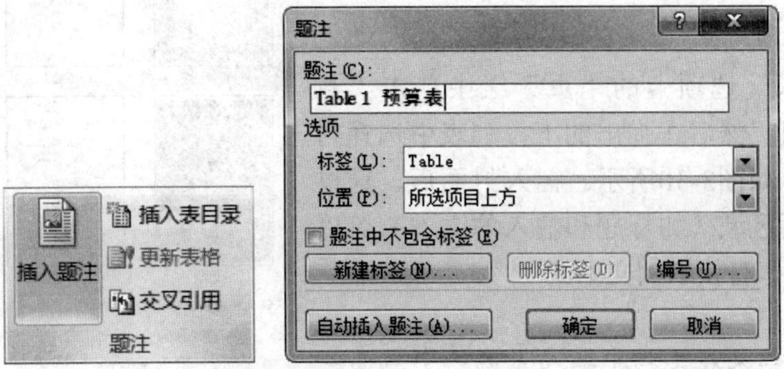


图3-27

在“题注”对话框中，若“标签”列表中没有符合要求的标签，还可以新建标签。单击“新建标签”按钮，打开“新建标签”对话框，在“标签”文本框中输入新标签名称，如图3-28所示。

还可以设置标签编号，在“题注”对话框中，单击“编号”按钮，打开“题注编号”对话框，在“格式”的下拉列表中选择合适的编号格式。如果选中“包含章节号”复选框，可以设置“章节起始样式”和“使用分隔符”，如图3-29所示，则题注中会出现章节号。

图3-28

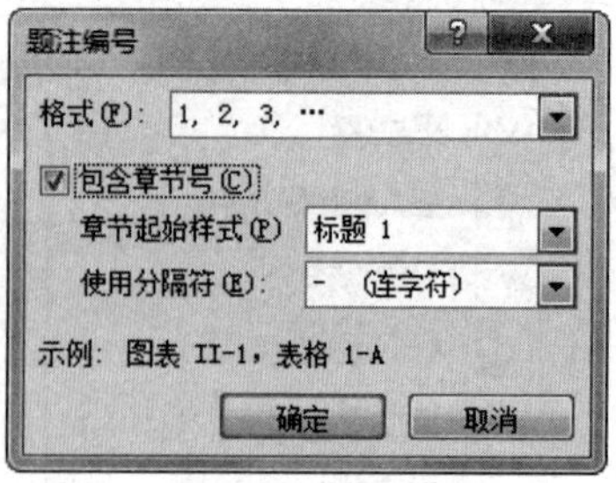


图3-29

**2.删除题注**

如要删除题注，只需选择要删除的题注，在“引用”选项卡的“题注”组中单击“插入题注”按钮。打开“题注”对话框，单击“删除标签”按钮。

## 3.5 封面和目录的应用

### 3.5.1 封面的应用

Microsoft Word 提供了一个封面库，其中包含预先设计的各种封面，使用起来很方便。选择一种封面，并用自己的文本替换示例文本。不管光标显示在文档中的什么位置，总是在文档的开始处插入封面。

**1.添加封面**

在“插入”选项卡的“页”组中单击“封面”下拉按钮，然后在弹出的下拉列表中选择封面布局即可，如图3-30所示。插入封面后，通过单击选择封面区域（如标题和输入的文本）可以使用自己的文本替换示例文本。

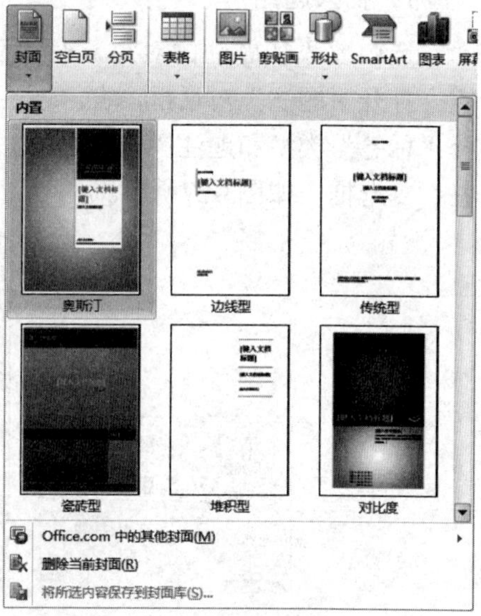


图3-30

提示：如果在文档中插入了另一个封面，则新的封面将替换插入的第一个封面。

**2. 删除封面**

若要删除使用 Word 插入的封面，选择“插入”选项卡，在“页”组中单击“封面”下拉按钮，然后在弹出的下拉列表中执行“删除当前封面”命令。

## 3.5.2 目录的应用

目录的功能就是列出文档中的各级标题以及各级标题所在的页码，通过目录可以对文章的大致内容有所了解。而且，只要单击目录中的页码，就可以跳转到该页码对应的标题。

**1. 创建目录**

单击要插入目录的位置，通常在文档的开始处。在“引用”选项卡的“目录”组中单击“目录”下拉按钮，然后在弹出的下拉列表中选择所需的目录样式，如图3-31所示。

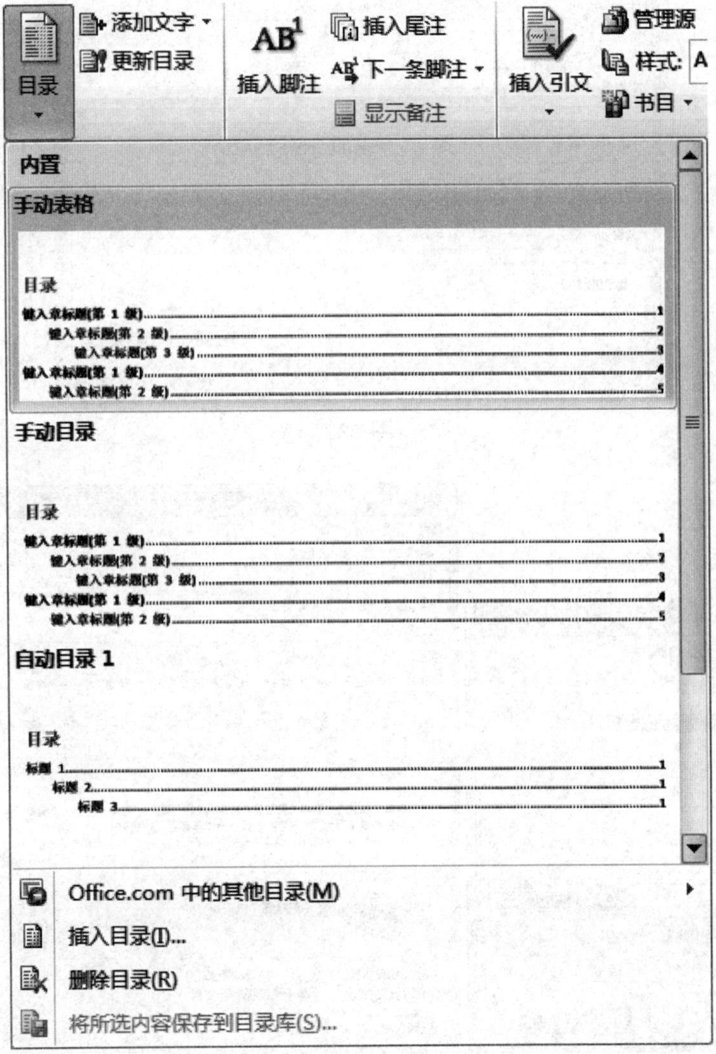


图3-31

也可以创建自定义目录。在“引用”选项卡的“目录”组中单击“目录”下拉按钮，然后在弹出的下拉列表中执行“插入目录”命令。

打开“目录”对话框，选择“目录”选项卡，在“打印预览”区域，可以选中“显示页码”和“页码右对齐”复选框，单击“制表符前导符”文本框后的下拉按钮，在其下拉列表中选择输入文本和页码间显示的行的类型；在“常规”区域，单击“格式”文本框后的下拉按钮，在其下拉列表中选择目录的外观，在“显示级别”微调框中输入在目录中显示的标题级别数目，如图3-32所示。

要更改在目录中显示标题级别的方式，可以单击“修改”按钮。在弹出的“样式”对话框中，单击要更改的级别，然后单击“修改”按钮。在打开的“修改样式”对话框中，可以更改字体、字号和缩进量，如图3-33所示。

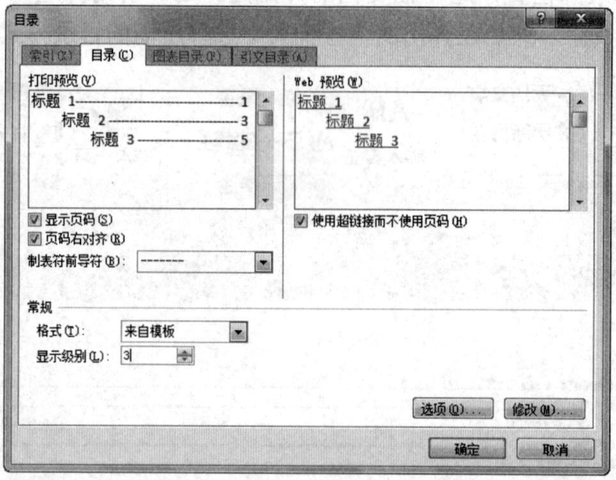


图3-32

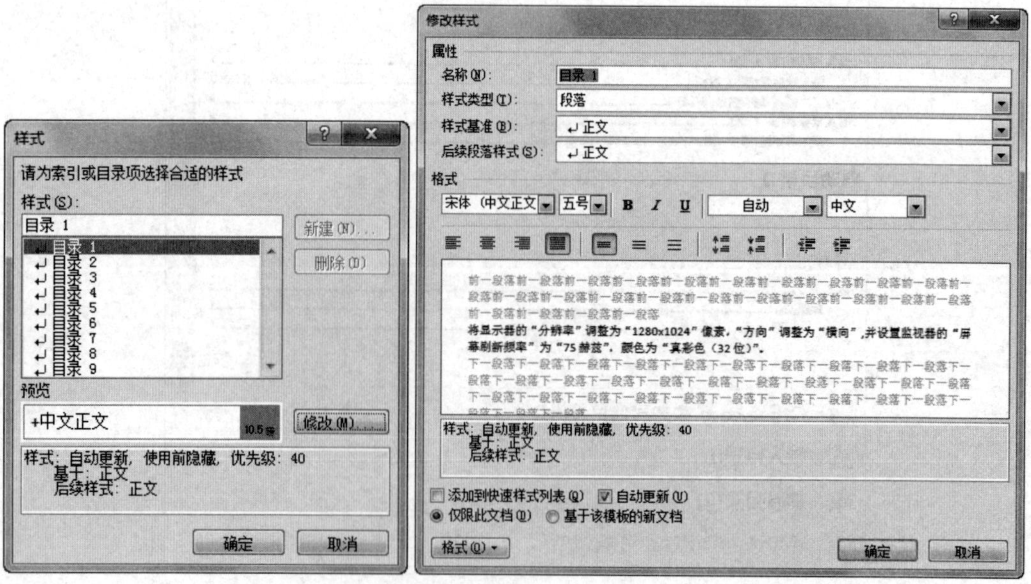


图3-33

2.更新目录

如果添加或删除了文档中的标题或其他目录项，可以快速更新目录。

在“引用”选项卡的“目录”组中单击“更新目录”按钮。打开“更新目录”对话框，选中“只更新页码”或“更新整个目录”单选按钮，如图3-34所示。

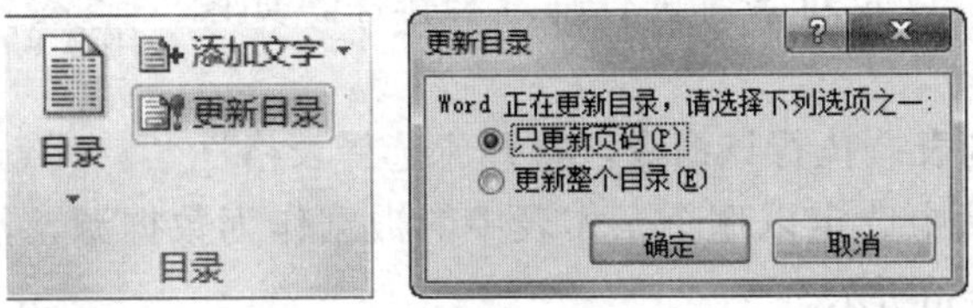


图3-34

3.删除目录

在“引用”选项卡的“目录”组中，单击“目录”下拉按钮，在其下拉列表中执行“删除目录”命令。

## 3.6　邮件合并功能的应用

如果需要编辑多封邮件或者信函，这些邮件或者信函只是收件人信息有所不同，而内容完全一样时，使用邮件合并功能可以很方便地实现，从而提高办公效率。

邮件合并是将作为邮件发送的文档与由收件人信息组成的数据源合并在一起，作为完整的邮件，其操作的主要过程包括创建主文档、制作和处理数据源、合并数据等。邮件合并操作在Word 2010中有两种方法，一种是通过功能区的按钮完成，另一种是通过邮件合并向导完成。

### 3.6.1　利用功能区按钮完成邮件合并操作

1. 创建主文档

合并的邮件由两部分组成，一部分是合并过程中保持不变的主文档，另一部分是包含多种信息的数据源。因此进行邮件合并时，首先应该创建主文档。在“邮件”选项卡的“开始邮件合并”组中单击“开始邮件合并”按钮，在打开的下拉列表中选择文档类型，如信函、电子邮件、信封、标签和目录等，这样就可创建一个主文档了，如图3-35所示。

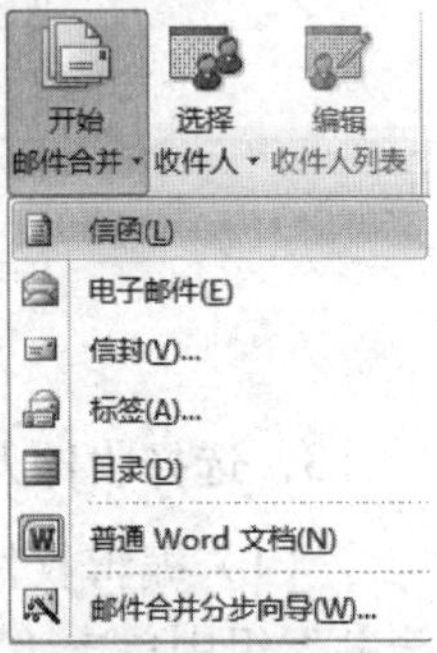


图3-35

选择“信函”或“电子邮件”可以制作一组内容类似的邮件正文，选择“信封”或“标签”可以制作带地址的信封或标签。

2. 选择数据源

数据源是指要合并到文档中的信息文件，如果要在邮件合并中使用名称和地址列表等，主文档必须要连接到数据源，才能使用数据源中的信息。在“邮件”选项卡的“开始邮件合并”组中单击“选择收件人”下拉按钮，在打开的下拉列表中选择数据源，如图3-36所示。

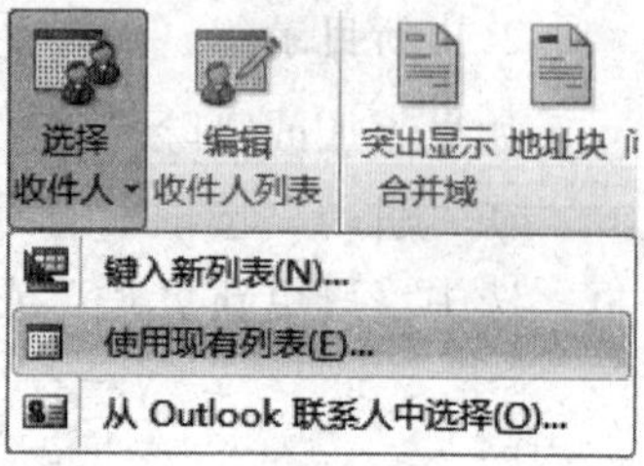


图3-36

- 键入新列表：执行该命令，将打开“新建地址列表”对话框，在其中可以新建条目、删除条目、查找条目，以及对条目进行筛选和排序，如图3-37所示。
- 使用现有列表：执行该命令，打开“选择表格”对话框，从中选定以哪个工作表中的数据作为数据源，然后单击“确定”按钮，如图3-38所示。

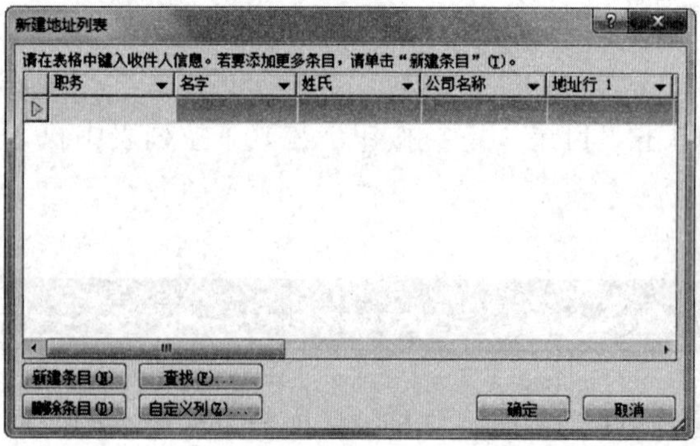


图3-37

图3-38

- 从Outlook联系人中选择：执行该命令，打开“选择联系人”对话框，从中选定以哪组联系人作为数据源，然后单击“确定”按钮，如图3-39所示。

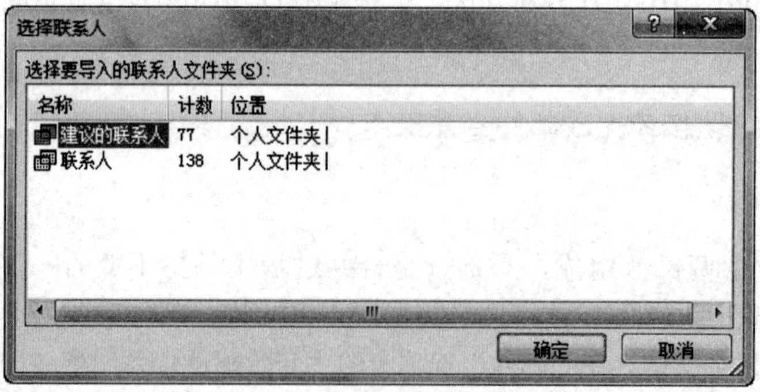


图3-39

### 3. 选择收件人

（1）编辑收件人列表，在“邮件”选项卡的“开始邮件合并”组中单击“编辑收件人列表”按钮，如图3-40所示。

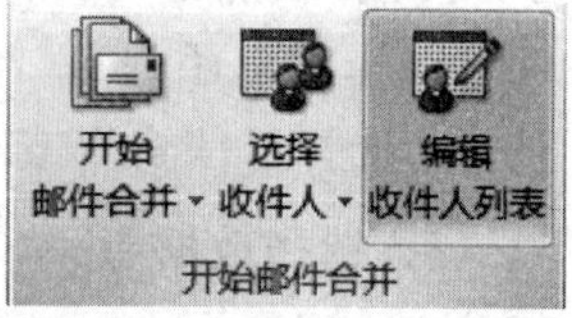


图3-40

（2）在打开的“邮件合并收件人”对话框中，通过复选框可以选择添加或删除合并的收件人，也可以对列表中的收件人信息进行排序或筛选等操作，如图3-41所示。

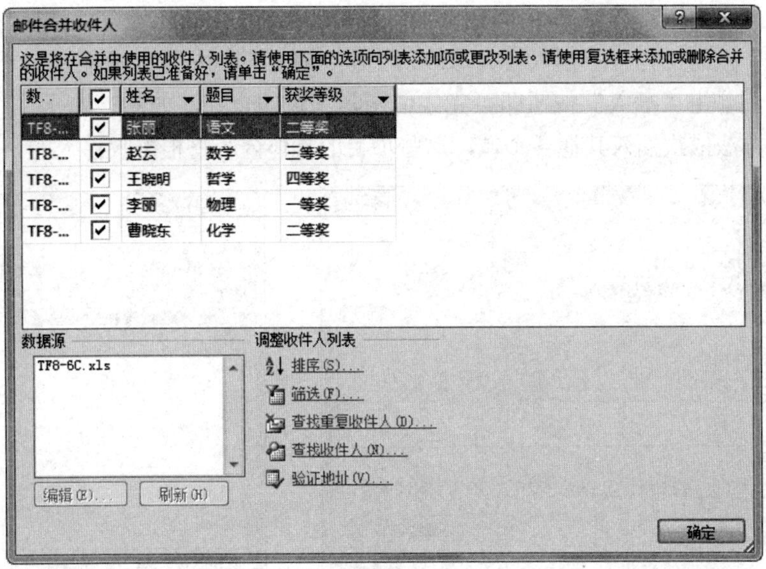


图3-41

### 4．编辑主文档

创建完数据源后就可以编辑主文档了，在编辑主文档的过程中，需要插入各种域。只有在插入域后，Word文档才成为真正的主文档。在“邮件”选项卡的“编写和插入域”组中，可以在文档编辑区中根据每个收信人的不同内容添加相应的域，如图3-42所示。

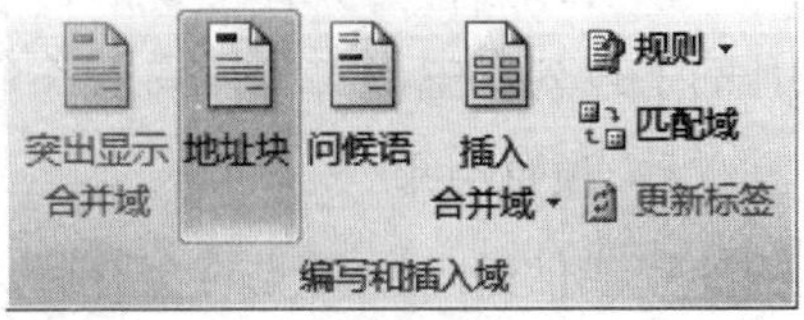


图3-42

- 地址块：单击“地址块”按钮，打开“插入地址块”对话框，可以在其中设置地址块的格式和内容，例如收件人名称、公司名称和通信地址等，如图3-43所示。地址块插入文档后，实际应用时会根据收件人的不同而显示不同的内容。

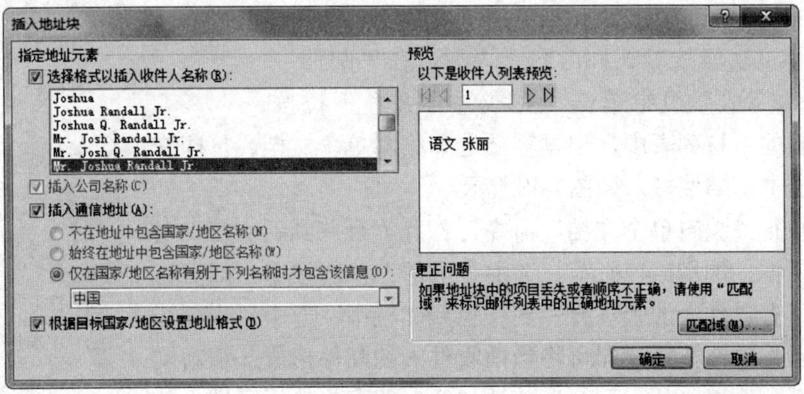


图3-43

- 问候语：单击“问候语”按钮，打开“插入问候语”对话框，在其中可以设置文档中要使用的问候语，也可以自定义称呼、姓名格式等，如图3-44所示。

- 插入合并域：在文档中将光标定位在需要插入某一域的位置处，单击“插入合并域”按钮，打开“插入合并域”对话框，在该对话框中选择要插入到信函中的项目，单击“插入”按钮即可完成信函与项目的合并，如图3-45所示。然后按照这个方法依次插入其他各个域，这些项目的具体内容将根据收件人的不同而改变。

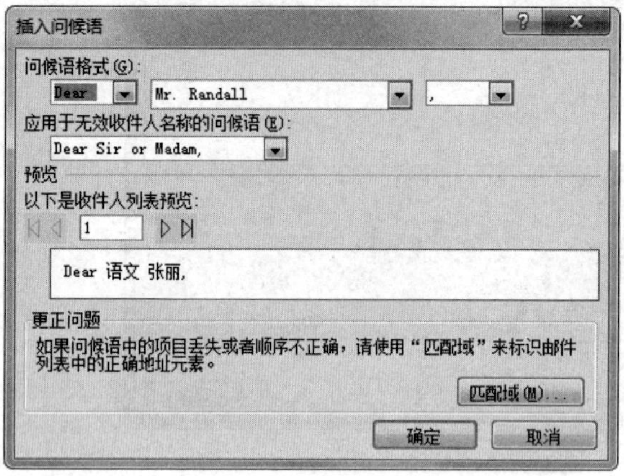


图3-44

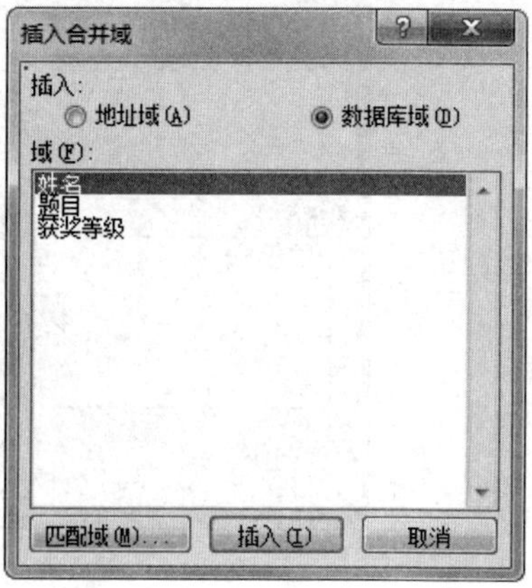


图3-45

也可以定位好光标位置后，单击“插入合并域”下拉按钮，在打开的下拉列表中依次选择插入各个域，如图3-46所示。

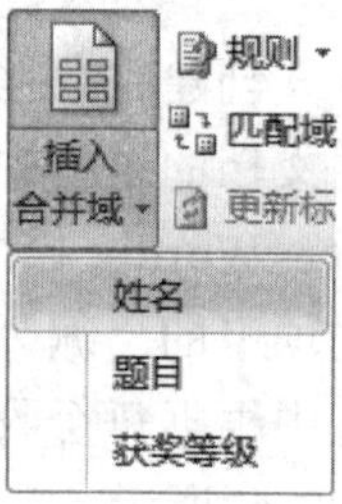


图3-46

## 5．预览结果

完成信函与数据源的合并后，在“邮件”选项卡的“预览结果”组中单击“预览结果”按钮，文档编辑区中将显示信函正文，其中收件人信息使用的是收件人列表中第一个收件人的信息。若希望看到其他收件人的信函，可以单击按钮◀和▶浏览“上一记录”和“下一记录”，单击按钮⏮和⏭浏览“首记录”和“尾记录”，如图3-47所示。

图3-47

## 6．完成合并

通过预览功能核对邮件内容无误后，在“邮件”选项卡的“完成”组中单击“完成并合并”下拉按钮，在弹出的下拉列表中，根据需要选择编辑单个文档、打印文档或是发送电子邮件等，如图3-48所示。

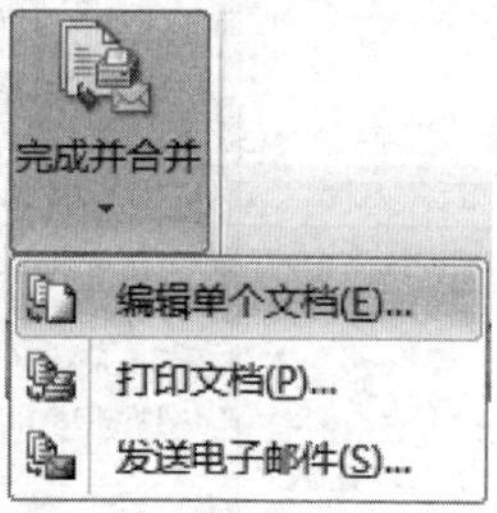


图3-48

- 执行“编辑单个文档”命令，打开“合并到新文档”对话框，如图3-49所示。选中“全部”单选按钮，即可将所有收件人的邮件合并到一篇新文档中；选中“当前记录”单选按钮，即可将当前收件人的邮件形成一篇新文档；选中“从　到　”单选按钮，即可将选择区域内的收件人的邮件形成一篇新文档。
- 执行“打印文档”命令，打开“合并到打印机”对话框，如图3-50所示。选中“全部”单选按钮，即可打印所有收件人的邮件；选中“当前记录”单选按钮，即可打印当前收件人的邮件；选中“从　到　”单选按钮，即可打印选择区域内的所有收件人的邮件。

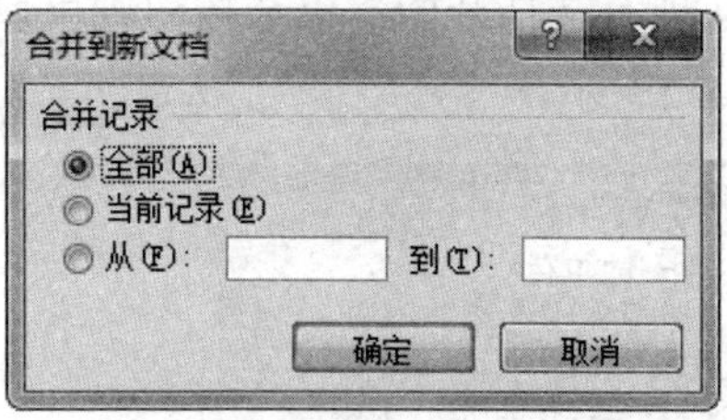


图3-49

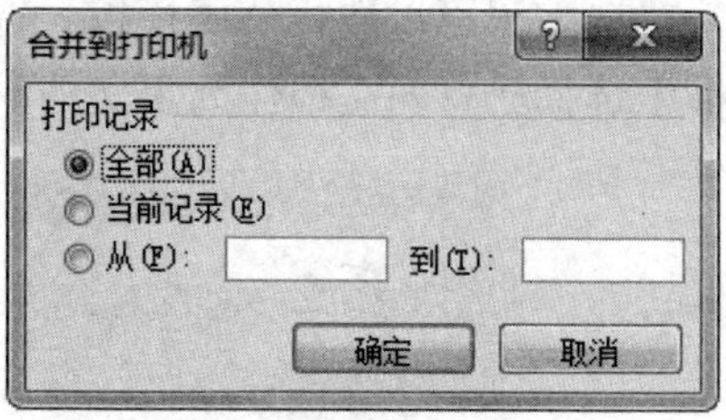


图3-50

- 执行“发送电子邮件”命令，打开“合并到电子邮件”对话框，如图3-51所示。“收件人”下拉列表中的选项是与数据源列表保持一致的；在“主题行”文本框中可以输入邮件的主题内容；在“邮件格式”下拉列表框中可以选择以“附件”、“纯文本”或“HTML”格式发送邮件；在“发送记录”选项区域，可以设置是发送全部记录、当前记录，还是发送指定区域内的记录。

如果将完成邮件合并的主文档恢复为常规文档，只需要在“邮件”选项卡的“开始邮件合并”组中单击“开始邮件合并”下拉按钮，在弹出的下拉列表中执行“普通Word 文档”命令即可，如图3-52所示。

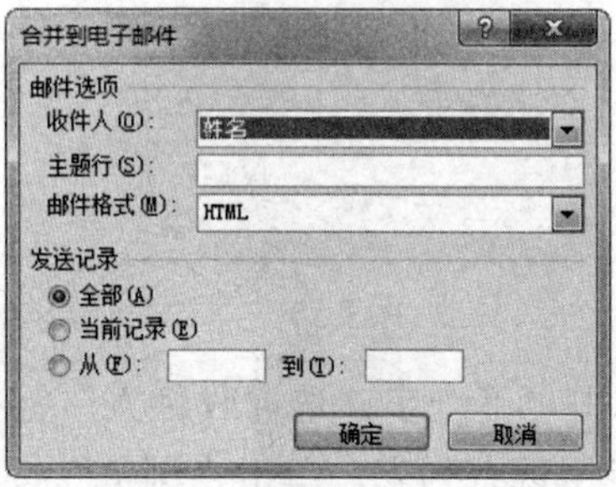


图3-51

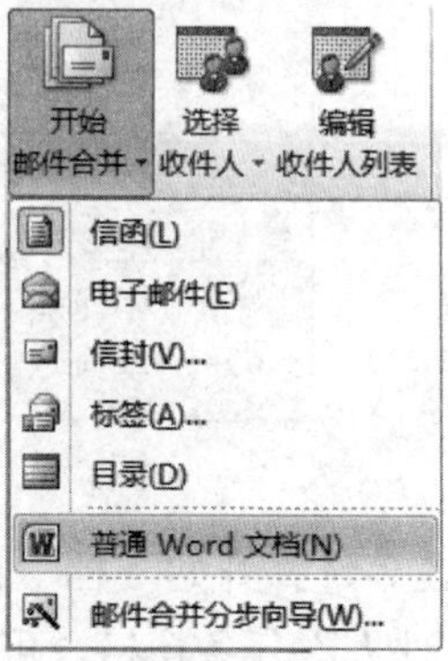


图3-52

## 3.6.2 利用邮件合并向导完成邮件合并操作

利用邮件合并向导完成邮件合并操作方法如下：

（1）在“邮件”选项卡的“开始邮件合并”组中单击“开始邮件合并”下拉按钮，在弹出的下拉列表中执行“邮件合并分步向导”命令，如图3-53所示，即可打开“邮件合并”任务窗格。

（2）在“邮件合并”任务窗格中，首先选择需要的文档类型。选择“信函”或“电子邮件”可以制作一组内容类似的邮件正文，选择“信封”或“标签”可以制作带地址的信封或标签，如图3-54所示。

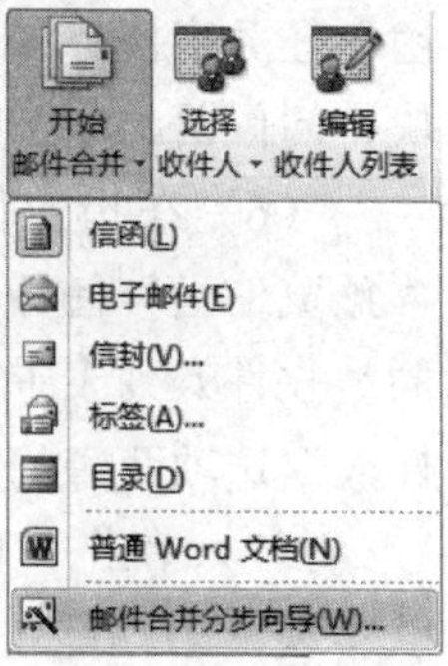


图3-53

（3）单击“下一步：正在启动文档”链接，在打开的“选择开始文档”任务窗格中选中“使用当前文档”单选按钮可以在当前活动窗口中创建并编辑信函；选中“从模板开始”单选按钮可以选择信函模板；选中“从现有文档开始”单选按钮则可以在弹出的对话框中选择已有的文档作为主文档，如图3-55所示。

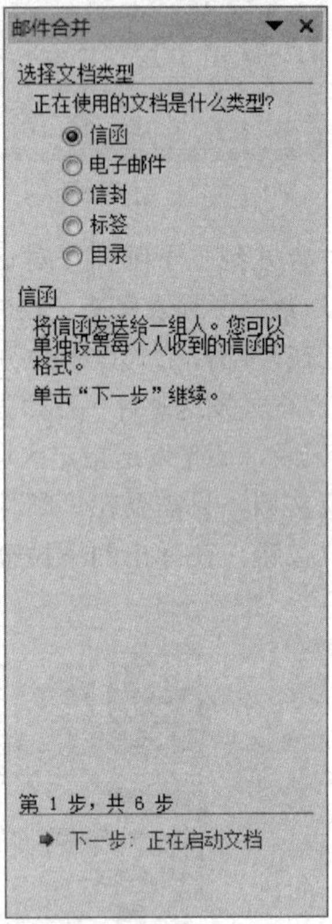


图3-54

图3-55

（4）在“选择开始文档”任务窗格中单击“下一步：选取收件人”链接，即可显示“选择收件人”任务窗格，可以从中选择使用现有列表，单击“浏览”按钮，选择数据源，打开的“邮件合并收件人”对话框，通过复选框可以选择添加或删除合并的收件人。也可以选择Outlook联系人作为收件人列表或键入新列表，如图3-56所示。

（5）正确选择数据源后，单击“下一步：撰写信函”链接，即可显示“撰写信函”任务窗格，可以在文档编辑区中根据每个收信人的不同内容添加相应的域，如地址块、问候语、电子邮政以及其他项目等，如图3-57所示。

（6）在指定位置插入相应的域后，单击“下一步：预览信函”链接，即可显示“预览信函”任务窗格。此时，在文档编辑区中将显示信函正文，其中收件人信息使用的是收件人列表中第一个收件人的信息，若希望看到其他收件人的信息，可以单击“收件人”选项两旁的按钮<<和>>进行浏览，如图3-58所示。

（7）单击“下一步：完成合并”链接，显示“完成合并”任务窗格，在此区域可以实现两个功能：合并到打印机和合并到新文档，可以根据需要进行选择，如图3-59所示。

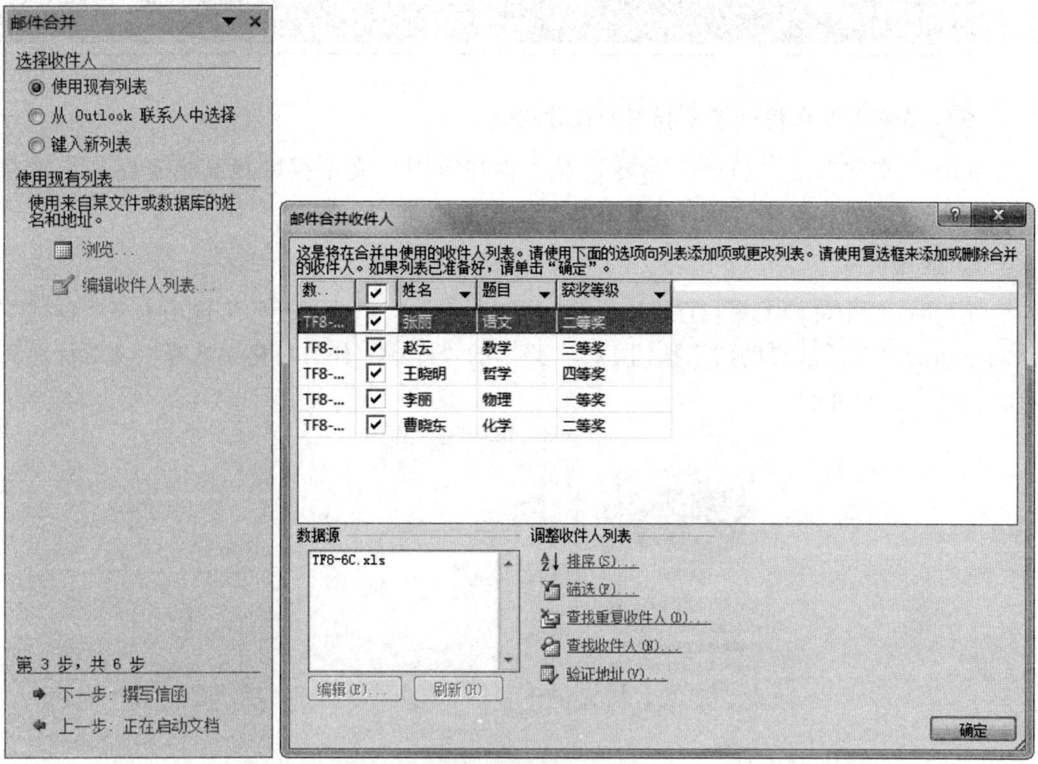


图3-56

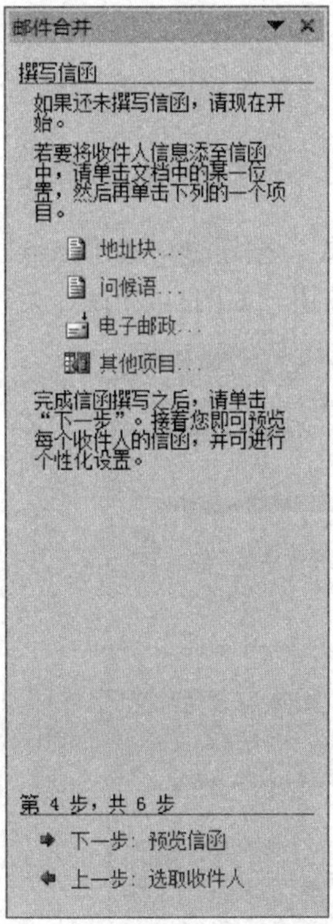


图3-57

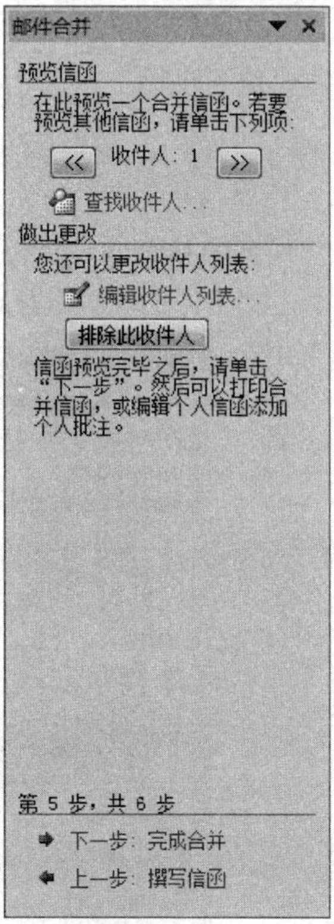


图3-58

图3-59

## 3.7 样题解答

随书光盘中提供了本样题的操作视频。

执行“文件”→“打开”命令，在“查找范围”文本框中找到指定路径，选择“A3.docx”文件，单击“打开”按钮。

### 1．应用样式

第1步：选中文档的第1行文本“多媒体的知识”，单击“开始”选项卡下“样式”组右下角的“对话框启动器”按钮，在弹出的“样式”任务窗格中选择“文章标题”样式，如图3-60所示。

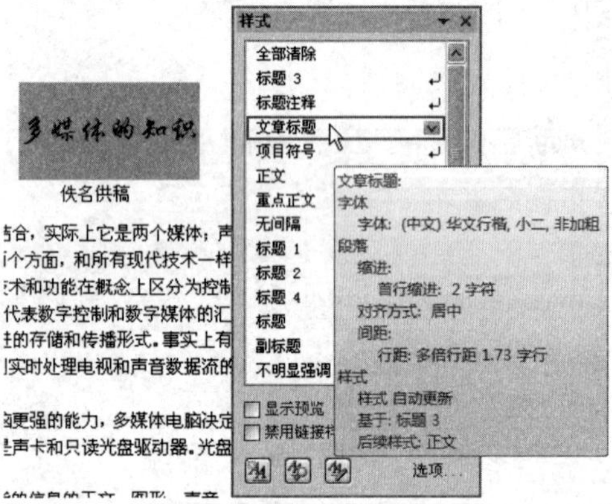

图3-60

第2步：选中文档的第2行文本“佚名供稿”，在“样式”任务窗格中选择“标题注释”样式。

### 2．模板的应用

第3步：在已打开的“样式”任务窗格中单击“管理样式”按钮，如图3-61所示，弹出“管理样式”对话框，单击其下方的“导入/导出”按钮，如图3-62所示。

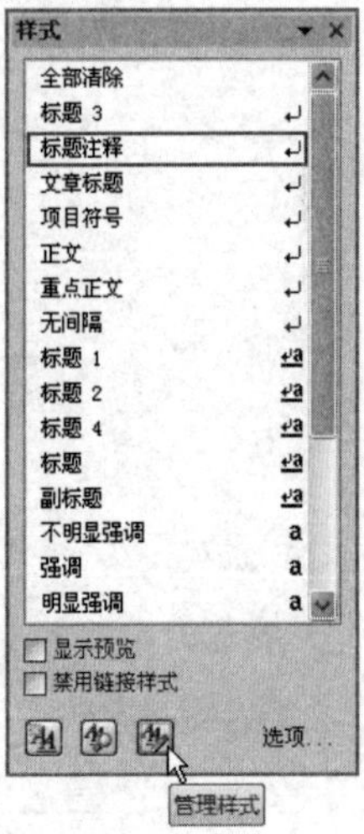

图3-61

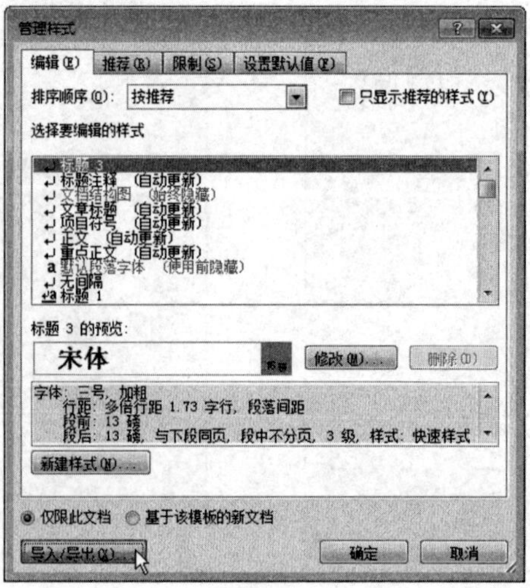

图3-62

第4步：在弹出的“管理器”对话框的“样式”选项卡下，单击右侧“在Normal.dotm中”列表下方的“关闭文件”按钮，如图3-63所示。

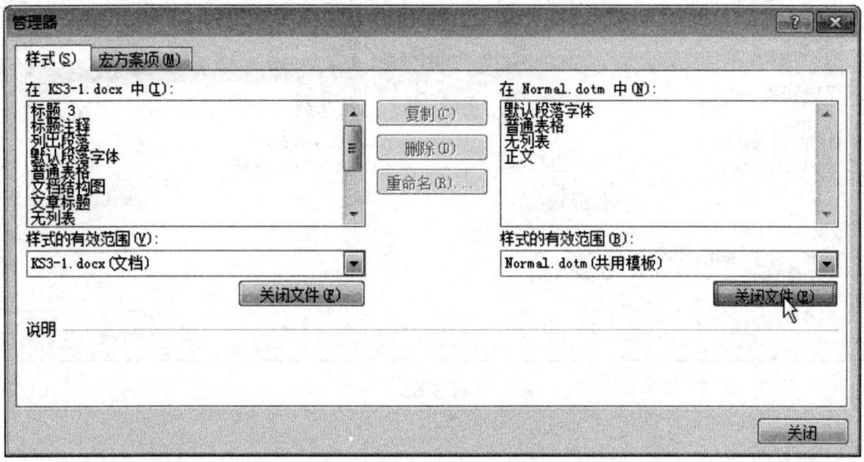


图3-63

第5步：当“关闭文件”按钮变为“打开文件”按钮时，单击该按钮，弹出“打开”对话框，在指定目录（C:\Win2010GJW\KSML1文件夹）中选择KSDOTX3.dotx文件，如图3-64所示，单击“打开”按钮。

图3-64

第6步：返回到“管理器”对话框之后，在右侧列表中选择“正文段落”样式，单击“复制”按钮，如图3-65所示，即可将模板中的样式复制到左侧的列表中。最后，单击“关闭”按钮。

第7步：选中正文第1～3段，在已打开的“样式”任务窗格中选择“正文段落”样式，即可将该样式应用于所选文本。

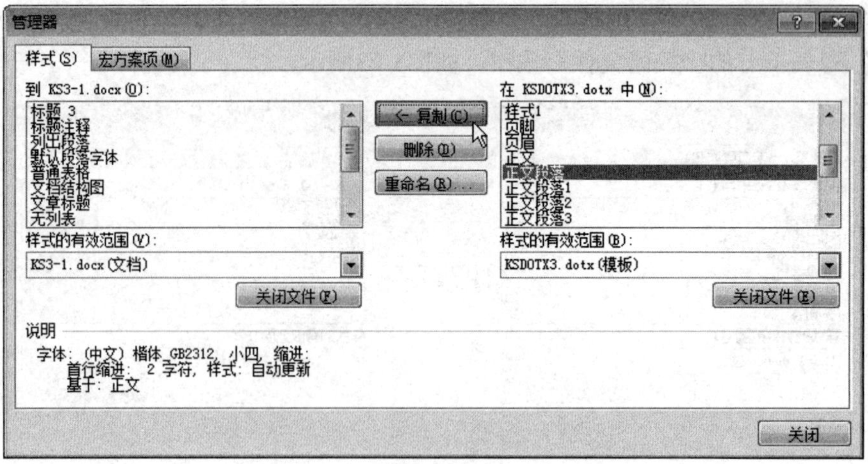


图3-65

### 3．修改样式

第8步：单击“开始”选项卡下“样式”组右下角的“对话框启动器”按钮，打开“样式”任务窗格，单击“重点正文”样式下拉列表旁的箭头按钮，在打开的快捷菜单中执行“修改”命令，如图3-66所示，弹出“修改样式”对话框。

第9步：在“修改样式”对话框中的“样式基准”下拉列表中选择“正文”，再单击下方的“格式”按钮，在弹出的快捷菜单中执行“字体”命令，如图3-67所示，打开“字体”对话框。

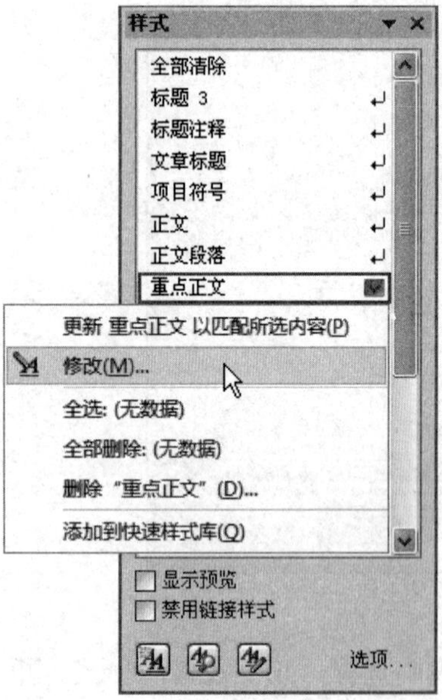


图3-66

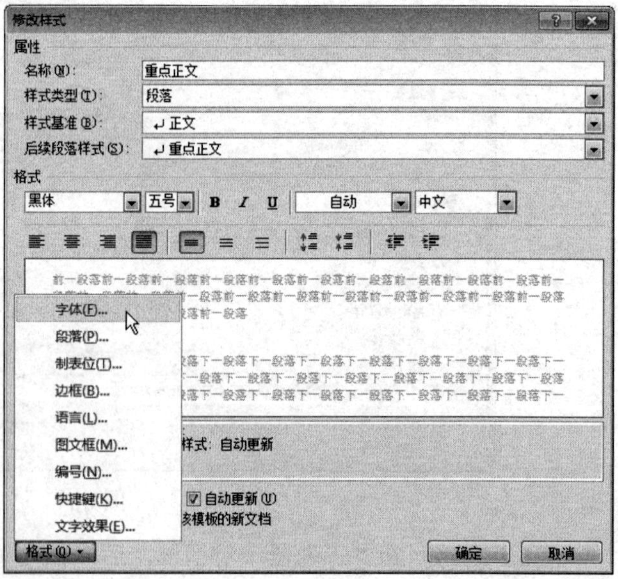


图3-67

第10步：在“字体”对话框的“字体”选项卡下，从“中文字体”下拉列表中选择“仿宋_GB2312”，在“字形”下拉列表中选择“加粗”，在“字号”下拉列表中选择“小四”，如图3-68所示，单击“确定”按钮，返回至“修改样式”对话框。

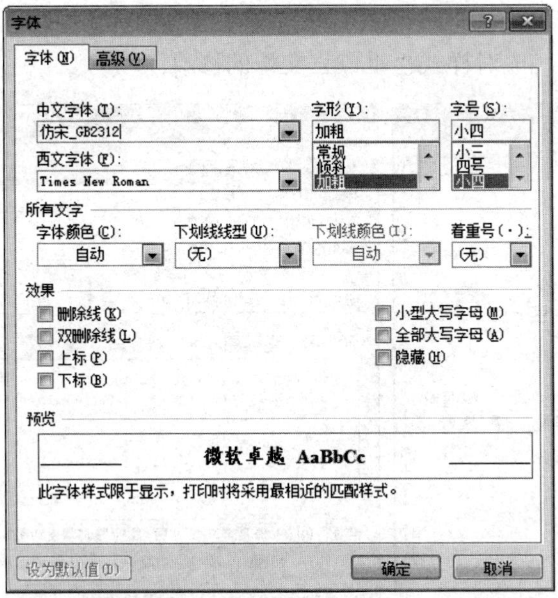


图3-68

第11步：再次单击“修改样式”对话框下方的“格式”按钮，在弹出的快捷菜单中执行“文字效果”命令，打开“设置文本效果格式”对话框。在该对话框的左栏中单击“文本填充”选项，在右侧设置栏中点选“渐变填充”单选按钮，单击“预设颜色”按钮，在弹出的库中选择“熊熊火焰”文本效果，如图3-69所示。单击“方向”按钮，在弹出的下拉列表中选择“线性向下”，如图3-70所示，单击“关闭”按钮返回至“修改样式”对话框。

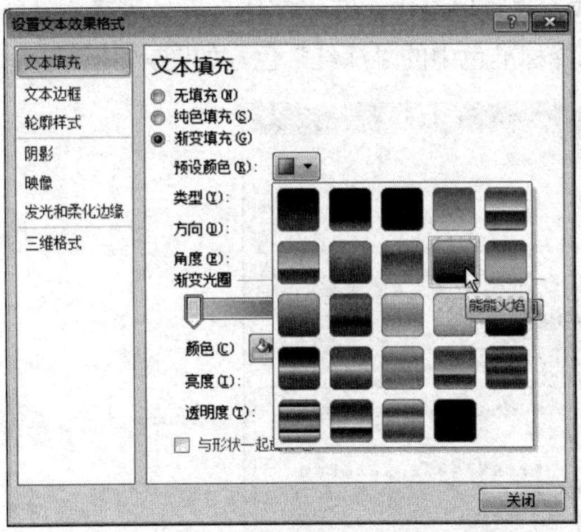


图3-69

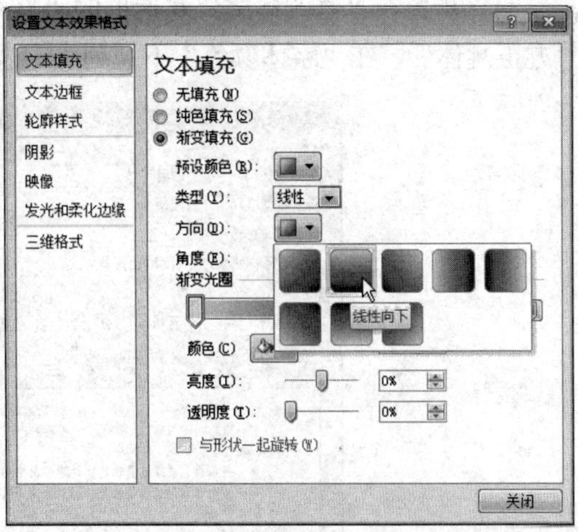


图3-70

第12步：单击“修改样式”对话框下方的“格式”按钮，在弹出的快捷菜单中执行“段落”命令，打开“段落”对话框。在该对话框中的“缩进和间距”选项卡下，在“行距”下拉列表中选择“固定值”，在“设置值”文本框中选择或输入“18磅”，如图3-71所示，单击“确定”按钮返回至“修改样式”对话框。

第13步：在“修改样式”对话框下方勾选“自动更新”复选框，如图3-72所示，单击“确定”按钮即可完成对样式“重点正文”的修改。

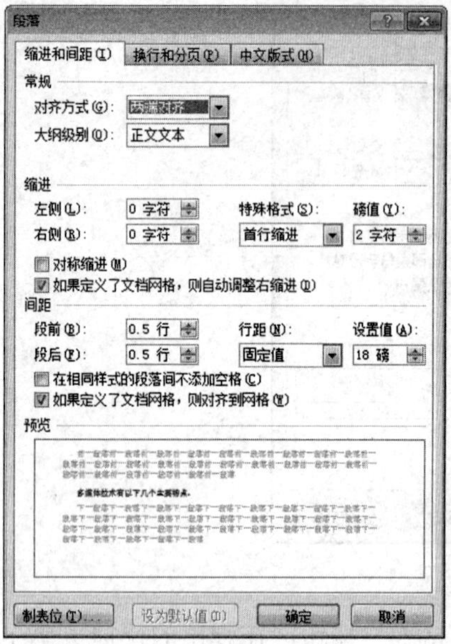


图3-71

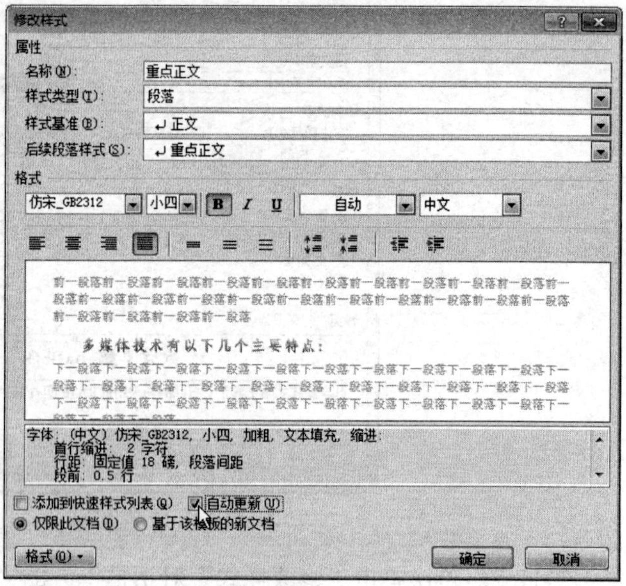


图3-72

第14步：选中正文第4段，在“样式”任务窗格中选择“重点正文”样式，即可完成对该样式的应用。

第15步：在“样式”任务窗格中单击“项目符号”样式下拉列表旁的箭头按钮，在打开的快捷菜单中执行“修改”命令，弹出“修改样式”对话框。

第16步：在“修改样式”对话框的“格式”选项区域中，在“字体”下拉列表中选择“方正姚体”，在“字体颜色”下拉列表中选择标准色中的“深红”色，如图3-73所示。

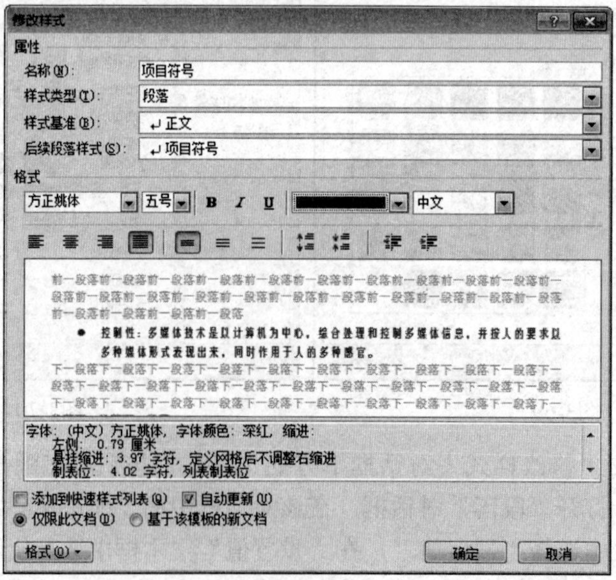


图3-73

第17步：单击“修改样式”对话框下方的“格式”按钮，在弹出的快捷菜单中执行“编号”命令，打开“编号和项目符号”对话框；在“项目符号”选项卡下单击“定义新项目符号”按钮，如图3-74所示，弹出“定义新项目符号”对话框。

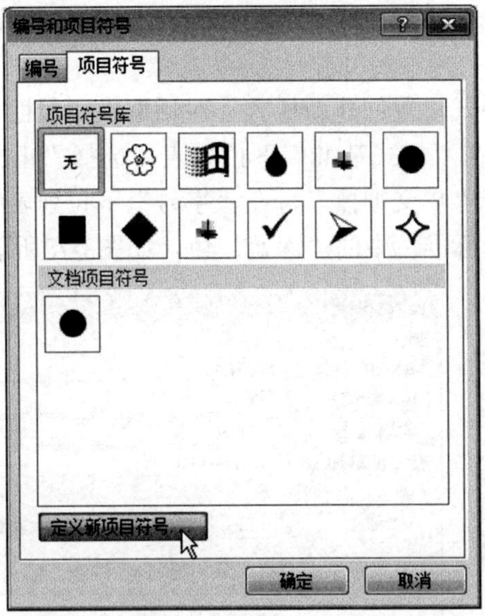


图3-74

第18步：在“定义新项目符号”对话框中单击“符号”按钮，如图3-75所示，打开“符号”选择对话框，从中选择需要应用的符号“ÿ”，单击“确定”按钮返回至“定义新项目符号”对话框，如图3-76所示，单击“确定”按钮返回至“编号和项目符号”对话框，再单击“确定”按钮返回至“修改样式”对话框，最后单击“确定”按钮完成对该样式的修改。

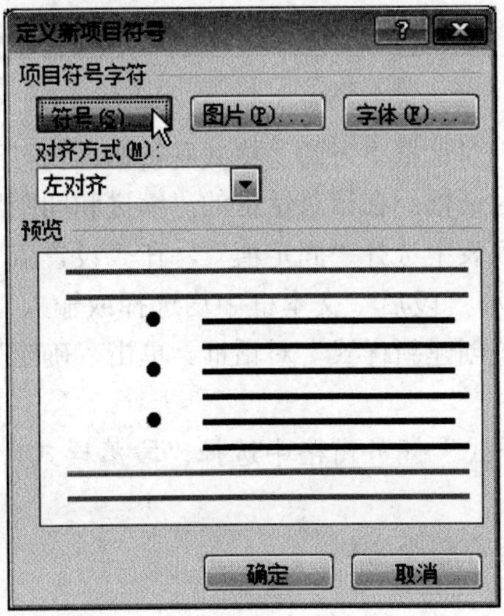


图3-75

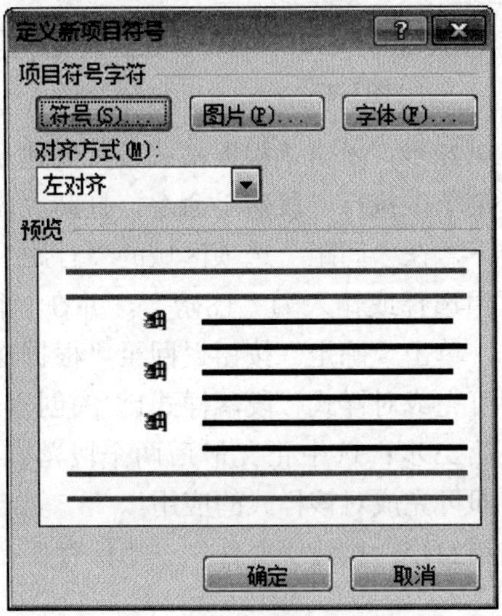


图3-76

第19步：选中正文第5～10段，在“样式”任务窗格中选择“项目符号”样式，即可完成对该样式的应用。

4. 新建样式

第20步：单击“开始”选项卡下“样式”组右下角的“对话框启动器”按钮，打开“样式”任务窗格，单击“新建样式”按钮，如图3-77所示，弹出“根据格式设置创建新样式”对话框。

第21步：在“根据格式设置创建新样式”对话框中“属性”区域的“名称”文本框中输入“段落样式1”，在“样式基准”下拉列表中选择“正文”；在“格式”区域的“字体”下拉列表中选择“华文细黑”，在“字号”下拉列表中选择“小四”，在“字体颜色”下拉列表中选择标准色中的“深蓝”色，如图3-78所示。

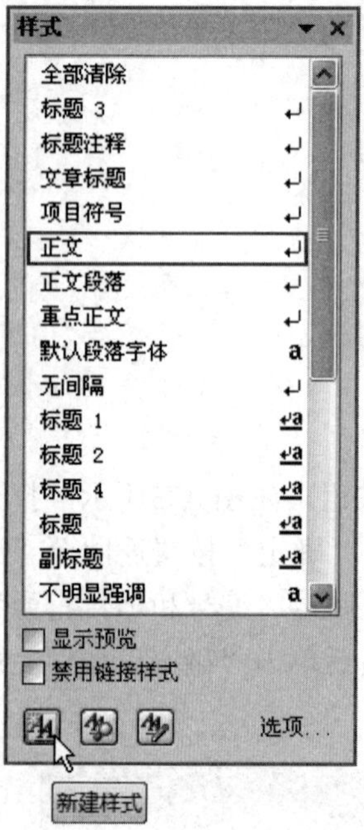


图3-77

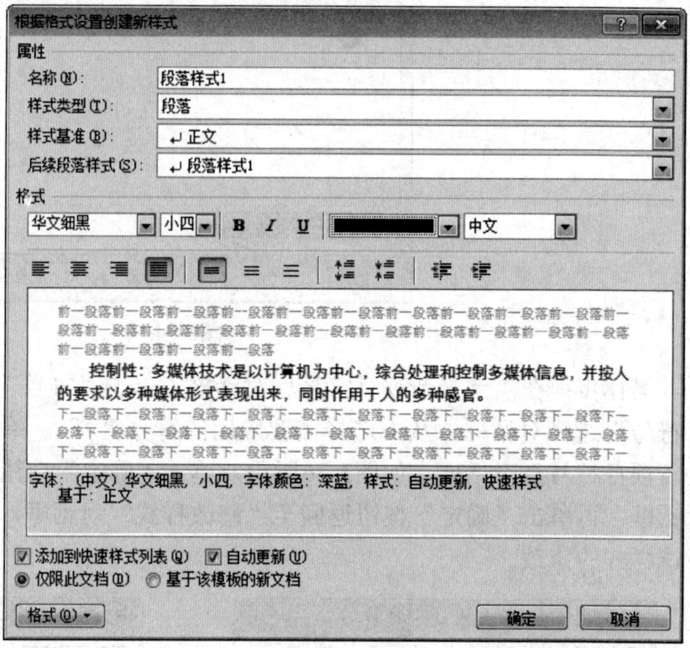


图3-78

第22步：单击“根据格式设置创建新样式”对话框下方的“格式”按钮，在打开的快捷菜单中执行“段落”命令，打开“段落”对话框。在该对话框的“缩进和间距”选项卡下，在“间距”选项区域的“行距”下拉列表中选择“固定值”，在“设置值”文本框中选择或输入为“18磅”，并在“段前”和“段后”文本框中均选择或输入“0.5行”，单击“确定”按钮返回至“根据格式设置创建新样式”对话框。单击“确定”按钮即可完成对样式“段落样式1”的创建。

第23步：选中正文最后两个段落，在“样式”任务窗格中选择“段落样式1”样式，即可完成对该样式的应用。

第24步：执行“文件”→“保存”命令，保存整个文档。

# 第四章　数据表格处理的基本操作

在创建工作表并输入基本的数据后，为了使工作表中的数据便于阅读并使工作表更加美观，可以对工作表进行设置。

Excel 2010提供了多种方法对数据进行分析和管理，可以查找和替换数据，也可以对数据进行排序和筛选，使用合并计算来汇总数据。

要防止用户意外或故意更改、移动或删除重要数据，可以用密码来保护工作表或工作簿元素。Excel 密码可以是字母、数字、空格和符号，在设置和输入密码时，必须键入正确的大小写字母。

**本章主要内容**

- 表格环境的设置与修改
- 表格格式的编排与修改
- 数据的管理与分析
- 数据文档的修订与保护

**评分细则**

本章有7个评分点，每题16分。

| 序号 | 评分点 | 分值 |
|---|---|---|
| 1 | 行、列和单元格的设置 | 1 |
| 2 | 定义单元格或重命名工作表 | 1 |
| 3 | 单元格格式设置 | 2 |
| 4 | 文本、数字格式设置 | 2 |
| 5 | 数据的管理与分析 | 6 |
| 6 | 图表的运用 | 3 |
| 7 | 文档的修订与保护 | 1 |

**本章导读**

综上所述，我们明确了本章所要求掌握的技能考核点以及对应《试题汇编》单元的评分点、分值和判分要求等。下面先在“样题示范”中展示《试题汇编》中的一道真题，然后详细讲解本章中涉及到的知识点和技能考核点，最后通过“样题解答”来讲解这道真题的详细操作步骤。

## 4.1 样题示范

**【练习目的】**

从《试题汇编》中选取样题，了解本章题目类型，掌握本章重点技能点。

**【样题来源】**

《试题汇编》第四单元4.1题（随书光盘中提供了本样题的操作视频）。

**【操作要求】**

在电子表格软件中打开文档A4.xlsx，进行如下操作。

**1．表格环境的设置与修改**

- 按【样文4-1A】所示，在Sheet1工作表中表格标题行的下方插入一空行，在表格A列的左侧插入一空列。
- 按【样文4-1A】所示，将单元格区域B1:F2的名称定义为“统计表标题”。

**2．表格格式的编排与修改**

- 按【样文4-1A】所示，将表格中标题区域B1:F2设置为“合并后居中”格式，将其字体设置为华文行楷，字号为18磅；将表头行（B3:F3单元格区域）的字体设置为隶书、16磅、蓝色。
- 按【样文4-1A】所示，为表格的标题行填充浅绿色（RGB：200，250，220）底纹，为表格中“分店名称”和“地理位置”两列填充浅黄色（RGB：255，255，153）底纹，为另外三列填充淡紫色（RGB：255，204，255）底纹，为整个表格添加如样文所示线型的边框，边框颜色设置为蓝色。
- 按【样文4-1A】，自动调整表格的列宽为最适合列宽，将表格中数据区域设置为水平居中格式。

**3．数据的管理与分析**

- 按【样文4-1B】所示，在Sheet2工作表表格中，筛选出“服装类”大于60000、“百货类”大于或等于65000的值。
- 按【样文4-1B】所示，在Sheet2工作表表格中，利用条件格式将介于60000到90000之间的数据以“绿填充色深绿色文本”突出显示出来。
- 按【样文4-1B】所示，在Sheet2工作表表格中，利用每一行的数据，在最后一个单元格中插入折线图迷你图。

**4．图表的运用**

- 按【样文4-1C】所示，利用Sheet3工作表中相应的数据，在该工作表中创建一个三维簇状条形图。在底部显示图例，调整图表的大小为高11厘米、宽15厘米，并录入图表标题文字。

**5．数据文档的修订与保护**

- 保护A4.xlsx工作簿的结构，密码为“gjks4-1”。

【样文4-1A】

| 某商场各分店销售情况统计表 | | | | |
|---|---|---|---|---|
| 分店名称 | 地理位置 | 家电类 | 百货类 | 服装类 |
| 旗舰店 | 人民路 | 99000 | 94400 | 96700 |
| 一分店 | 新华街 | 56000 | 90000 | 95000 |
| 二分店 | 花园路 | 65000 | 68000 | 65000 |
| 三分店 | 前进路 | 45000 | 65000 | 62000 |
| 四分店 | 平安路 | 57000 | 87000 | 40000 |
| 五分店 | 健康路 | 45000 | 98000 | 54000 |
| 六分店 | 安民路 | 65000 | 65000 | 64000 |
| 七分店 | 永乐路 | 57000 | 55000 | 66000 |

【样文4-1B】

| 某商场各分店销售情况统计表 | | | | | |
|---|---|---|---|---|---|
| 分店名称 | 地理位置 | 家电类 | 百货类 | 服装类 | |
| 旗舰店 | 人民路 | 99000 | 94400 | 96700 | |
| 一分店 | 新华街 | 56000 | 90000 | 95000 | |
| 二分店 | 花园路 | 65000 | 68000 | 65000 | |
| 三分店 | 前进路 | 45000 | 65000 | 62000 | |
| 六分店 | 安民路 | 65000 | 65000 | 64000 | |

【样文4-1C】

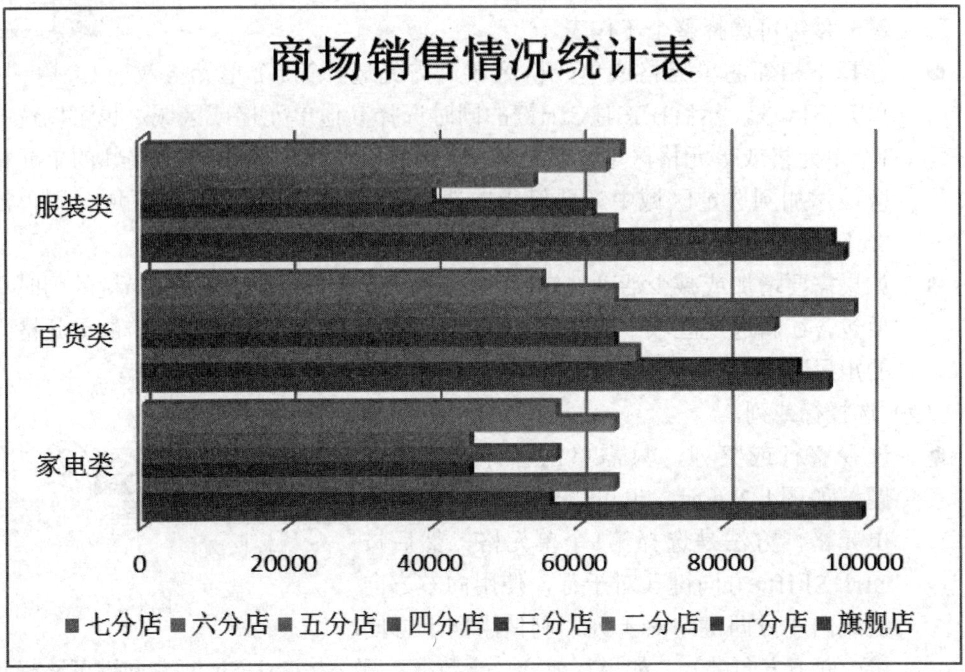

## 4.2 表格环境的设置与修改

在创建工作表并输入基本的数据后，为了使工作表中的数据便于阅读并使工作表更加美观，可以对工作表进行设置。

### 4.2.1 设置工作表行和列

工作表是显示在工作簿窗口中的表格。Excel 2010默认一个工作簿有3个工作表，可以根据需要添加工作表。每个工作表有一个名字，工作表名显示在工作表标签上。工作表标签显示了系统默认的前3个工作表名：Sheet1、Sheet2、Sheet3。其中白色的工作表标签表示活动工作表。单击某个工作表标签，可以选择该工作表为活动工作表。

**1．选择单元格、区域、行或列**

要想设置工作表，首先要掌握选择单元格、区域、行或列的方法。

（1）选择单元格或单元格区域。

- 选择一个单元格，可单击该单元格或按方向键移至该单元格。
- 选择单元格区域，可单击该区域中的第1个单元格，然后拖至最后一个单元格，或者在按住Shift键的同时按方向键以扩展选定区域。也可以选择该区域中的第1个单元格，然后按F8键，使用方向键扩展选定区域。要停止扩展选定区域，再次按F8键。
- 选择工作表中的所有单元格，单击“全选”按钮，如图4-1所示。要选择整个工作表，还可以按Ctrl+A组合键。如果工作表包含数据，按Ctrl+A组合键可选择当前区域。按住Ctrl+A组合键一秒钟可选择整个工作表。

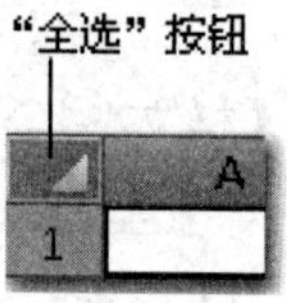

图4-1

- 选择不相邻的单元格或单元格区域，需先选择第1个单元格或单元格区域，然后在按住Ctrl键的同时选择其他单元格或区域。也可以选择第1个单元格或单元格区域，然后按Shift+F8组合键将另一个不相邻的单元格或区域添加到选定区域中。要停止向选定区域中添加单元格或区域，则再次按Shift+F8组合键。
- 如果需要增加或减少活动选定区域中的单元格，只要在按住Shift键的同时单击要包含在新选定区域中的最后一个单元格。活动单元格和所单击的单元格之间的矩形区域将成为新的选定区域。

（2）选择行或列。

- 选择整行或整列，只需单击行标题或列标题，如图4-2所示。也可以选择行或列中的单元格，方法是选择第1个单元格，然后按Ctrl+Shift+方向键（对于行，使用向右方向键或向左方向键。对于列，则使用向上方向键或向下方向键）。如果行或列包含数据，那么按Ctrl+Shift+方向键可选择到行

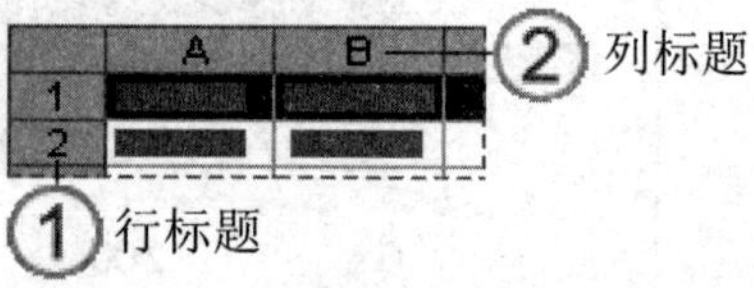

图4-2

或列中最后一个已使用单元格之前的部分。按Ctrl+Shift+方向键一秒钟可选择整行或整列。

- 选择相邻行或列，只需在行标题或列标题间拖拽鼠标。或者选择第1行或第1列，然后在按住Shift键的同时选择最后一行或最后一列。
- 选择不相邻的行或列，需要单击选定区域中第1行的行标题或第1列的列标题，然后在按住Ctrl键的同时单击要添加到选定区域中的其他行的行标题或其他列的列标题。

**2．插入单元格、行或列**

可以在工作表中活动单元格的上方或左侧插入空白单元格，同时将同一列中的其他单元格下移或将同一行中的其他单元格右移。同样，也可以在一行的上方插入多行和在一列的左边插入多列，还可以删除单元格、行和列。

（1）插入单元格。

选取要插入的单元格，选取的单元格数量应与要插入的单元格数量相同。例如，要插入5个空白单元格，需要选取5个单元格。在“开始”选项卡的“单元格”组中，单击“插入”下拉按钮，在弹出的下拉列表中执行“插入单元格”命令。在打开的“插入”对话框中，选取周围单元格移动的方向，如图4-3所示。

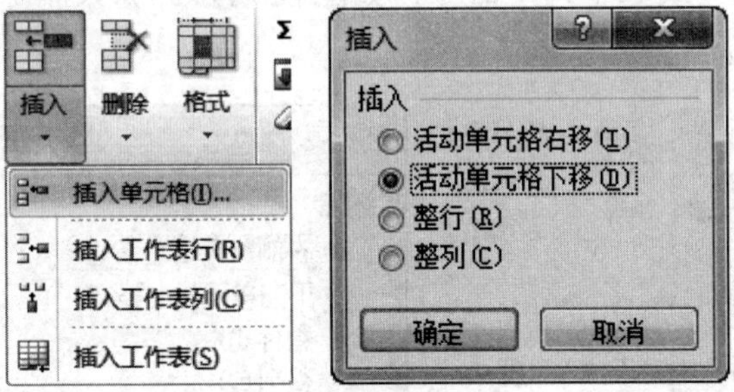


图4-3

（2）插入行或列。

要在工作表中插入行，需先执行下列操作之一：

- 要插入一行，则选择要在其上方插入新行的行或该行中的一个单元格。例如，要在第5行上方插入一个新行，则单击第5行中的一个单元格。
- 要插入多行，则选择要在其上方插入新行的那些行。所选的行数应与要插入的行数相同。例如，要插入3个新行，需要选择3行。
- 要插入不相邻的行，可在按住Ctrl键的同时选择不相邻的行。

在“开始”选项卡的“单元格”组中，单击“插入”下拉按钮，在弹出的下拉列表中执行“插入工作表行”命令。插入列的方法和插入行的方法是相同的。

**3．移动、复制、删除行和列**

（1）移动或复制行和列。

选择要移动或复制的行或列，在“开始”选项卡的“剪贴板”组中，单击“剪切”按钮或“复制”按钮。然后右击将所选内容移动或复制到所选位置下方或右侧的行或列，执行“插入剪切的单元格”或“插入复制的单元格”命令，如图4-4所示。

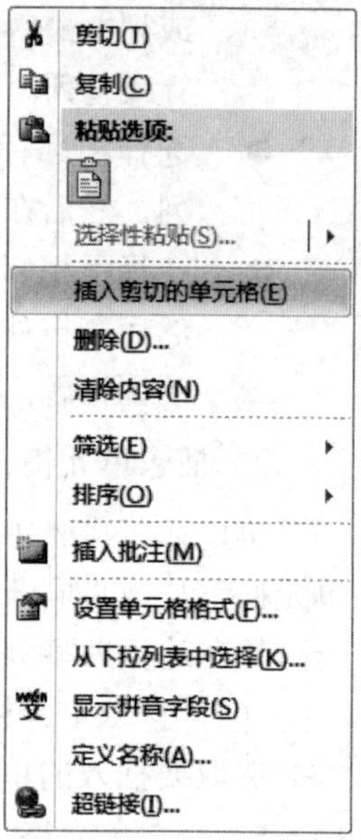

图4-4

提示：如果单击“开始”选项卡的“剪贴板”组中的“粘贴”按钮或按Ctrl+V组合键，而不是执行快捷菜单上的命令，则替换目标单元格中的现有内容。

（2）删除单元格、行或列。

选择要删除的单元格、行或列，在“开始”选项卡的“单元格”组中，执行下列操作之一：

- 要删除所选的单元格，单击“删除”下拉按钮，在其下拉列表中执行“删除单元格”命令。
- 若要删除所选的行，单击“删除”下拉按钮，在其下拉列表中执行“删除工作表行”命令。
- 若要删除所选的列，单击“删除”下拉按钮，在其下拉列表中执行“删除工作表列”命令。

如果要删除单元格，则在“删除”对话框中，执行“右侧单元格左移”、“下方单元格上移”、“整行”或“整列”命令，如图4-5所示。如果删除行或列，其他的行或列会自动上移或左移。

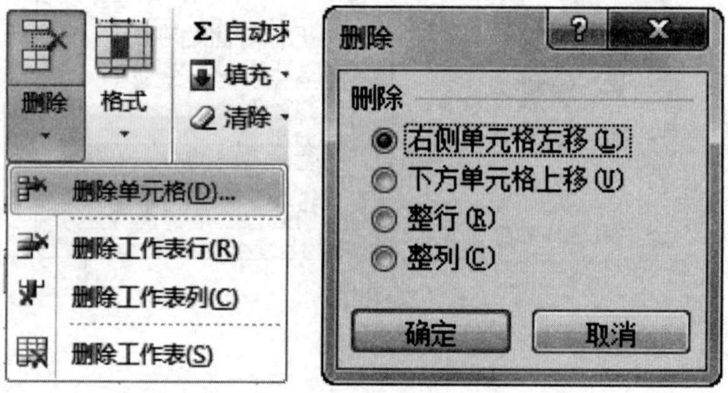

图4-5

提示：按Delete键只删除所选单元格的内容，而不会删除单元格本身。

## 4．合并与拆分单元格

在Excel 2010中，可以合并两个或多个相邻的水平或垂直单元格，这些单元格就成为一个跨多列或多行显示的大单元格。其中一个单元格的内容出现在合并的单元格的中心，如图4-6所示。当然，也可以将合并的单元格重新拆分成多个单元格，但是不能拆分未合并过的单元格。

（1）合并相邻单元格。

选择两个或更多要合并的相邻单元格，在“开始”选项卡的“对齐方式”组中单击“合并后居中”按钮。这些单元格将在一个行或列中合并，并且单元格内容将在合并单元格中居中显示。要合并单元格而不居中显示内容，则单击“合并后居中”下拉按钮，在其下拉列表中执行“跨越合并”或“合并单元格”命令，如图4-7所示。

图4-6

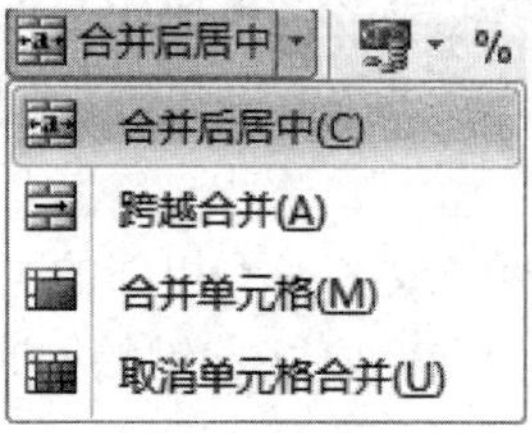


图4-7

提示：需确保在合并单元格中显示的数据位于所选区域的左上角单元格中，只有左上角单元格中的数据会保留在合并的单元格中，所选区域中所有其他单元格中的数据都将被删除。

（2）拆分合并的单元格。

要拆分合并的单元格，首先要选择合并的单元格。此时，“合并后居中”按钮在“开始”选项卡“对齐方式”组中也显示为选中状态。单击“合并后居中”按钮，合并单元格的内容将出现在拆分单元格区域左上角的单元格中。

**5. 定义单元格**

在Excel 2010中，可以自定义单元格名称。只需选中需要重新命名的单元格，在单元格名称栏显示该单元格的名称。直接在单元格名称栏中输入新定义的单元格名称，然后按Enter键即可，如图4-8所示。

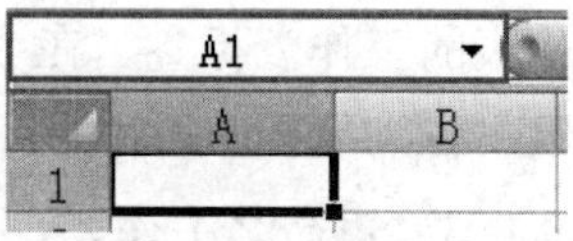


图4-8

## 4.2.2 操作工作表

在Excel中用于存储和处理数据的主要文档叫做工作表，也称为电子表格。工作表由排列成行或列的单元格组成。工作表总是存储在工作簿中。默认情况下，Excel 2010在一个工作簿中提供3个工作表，也可以根据需要插入其他工作表或删除它们。工作表的名称（或标题）出现在屏幕底部的工作表标签上。默认情况下，名称是Sheet1、Sheet2等，也可以为任何工作表指定一个更恰当的名称。

**1. 选择工作表**

通过单击窗口底部的工作表标签，可以快速选择不同的工作表。如果要同时在几个工作表中输入或编辑数据，可以通过选择多个工作表组合工作表。还可以同时对选中的多个工作表进行格式设置或打印。

选择一张工作表，只需单击该工作表的标签，如图4-9所示。

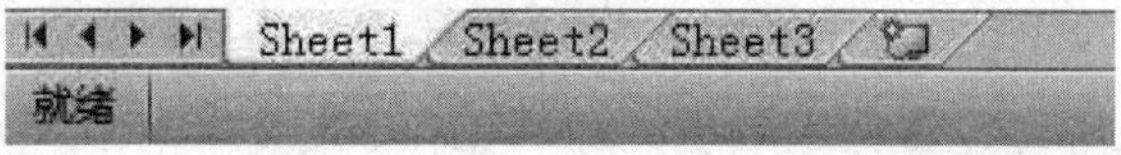


图4-9

如果看不到所需标签，则单击标签滚动按钮以显示所需标签，然后单击该标签。

若要选择两张或多张相邻的工作表，首先要单击第一张工作表的标签，然后在按住Shift键的同时单击要选择的最后一张工作表的标签。

若要选择两张或多张不相邻的工作表，首先单击第一张工作表的标签，然后在按住Ctrl键的同时单击要选择的其他工作表的标签。

若要选择工作簿中的所有工作表，只需右击某一工作表的标签，然后在其快捷菜单上执行“选定全部工作表”命令，如图4-10所示。

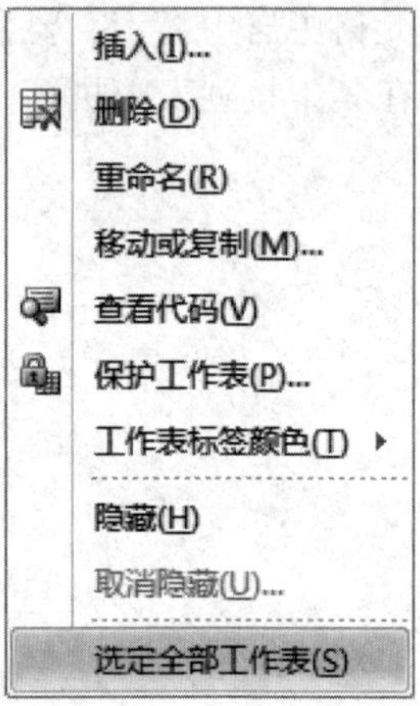


图4-10

2．插入工作表

若要在现有工作表的末尾快速插入新工作表，只需单击屏幕底部的“插入工作表”按钮即可。

若要在现有工作表之前插入新工作表，先选择该工作表，在“开始”选项卡“单元格”组中，单击“插入”下拉按钮，在其下拉列表中执行“插入工作表”命令即可。

若要一次性插入多个工作表，需要按住Shift键，然后在打开的工作簿中选择与要插入的工作表数目相同的现有工作表标签。例如，要添加3个新工作表，则选择3个现有工作表的工作表标签。在“开始”选项卡的“单元格”组中，单击“插入”下拉按钮，在其下拉列表中执行“插入工作表”命令。

3．重命名工作表

在“工作表标签”栏上，右击要重命名的工作表标签，在其下拉列表中执行“重命名”命令，如图4-11所示。选中当前的名称，然后输入新名称。

或者在要重命名的工作表标签上双击，也可以对工作表进行重命名，如图4-12所示。

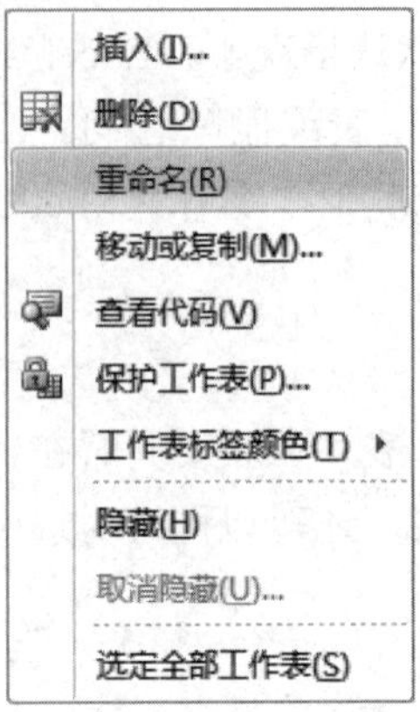


图4-11

图4-12

还可以为工作表标签设置标签颜色。在“工作表标签”栏上，右击要设置颜色的工作表标签，在其下拉列表中执行“工作表标签颜色”命令，在弹出的列表中选择所需的颜色，如图4-13所示。

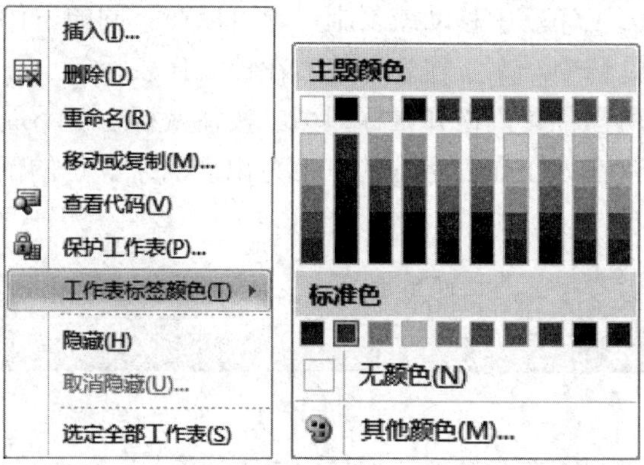


图4-13

4．隐藏和取消隐藏工作表

如果不想被人查看某些工作表，可以使用Excel 2010的隐藏工作表功能。当一个工作表被隐藏时，它的标签也同时被隐藏。

要隐藏工作表，首先选择该工作表，在“开始”选项卡的“单元格”组中单击“格式”下拉按钮。执行“可见性”→“隐藏和取消隐藏”→“隐藏工作表”命令，如图4-14所示。

如果要显示隐藏的工作表，只要在“开始”选项卡的“单元格”组中单击“格式”下拉按钮。执行“可见性”→“隐藏和取消隐藏”→“取消隐藏工作表”命令，在弹出的“取消隐藏”对话框中，选中要显示的已隐藏工作表的名称，单击“确定”按钮，如图4-15所示。

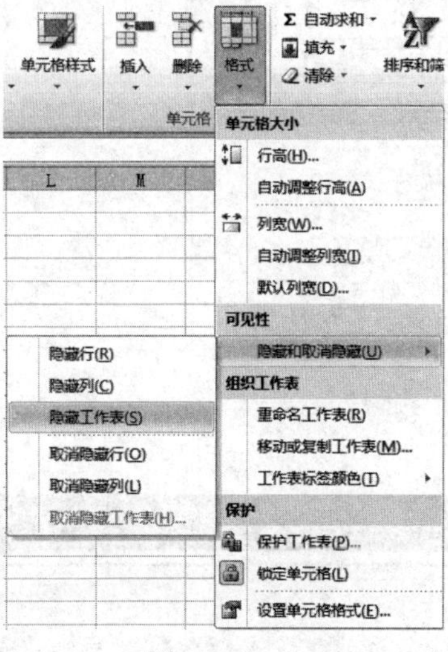


图4-14

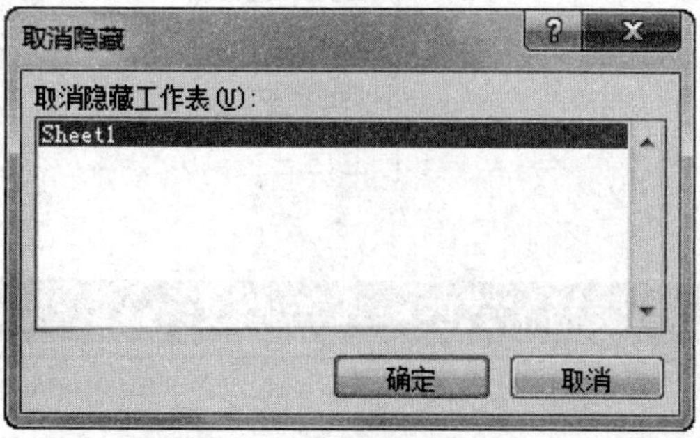


图4-15

提示：每次只能取消隐藏一个工作表。

**5．移动或复制工作表**

工作表可以在同一工作簿中移动或复制，也可以在不同的工作簿中移动或复制。

最简单的方法就是选中一个工作表标签，在该工作表标签上按住鼠标左键，在工作表标签间移动指针到所需位置，松开鼠标即可。按住鼠标左键不放时，指针位置会出现一个“白板”图标，且在该工作表标签的左上方出现一个黑色的倒三角标志，如图4-16所示。

图4-16

如果是复制操作，则需要在拖拽时按住Ctrl键。

**6．删除工作表**

选择要删除的工作表，在“开始”选项卡的“单元格”组中单击“删除”下拉按钮，在其下拉列表中执行“删除工作表”命令，如图4-17所示。

或者右击要删除的工作表的工作表标签，在其下拉列表中执行“删除”命令，如图4-18所示。

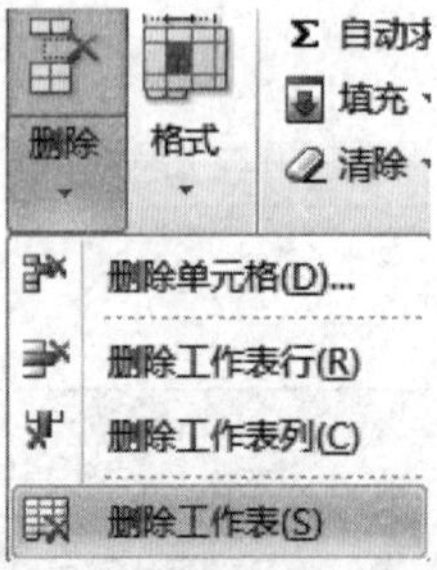


图4-17

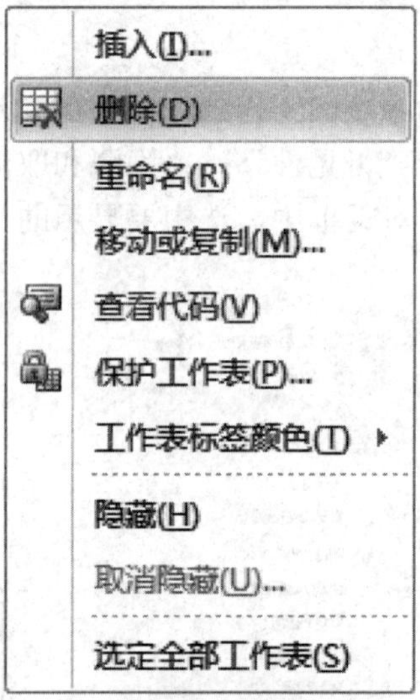


图4-18

## 4.3 表格格式的编排与修改

### 4.3.1 设置单元格格式

在Excel 2010中，为了美化工作表，提高工作表的可阅读性，可以对工作表中的数据进行字体格式设置，例如设置字体、字号、字形等基本格式，以及单元格边框、底纹、对齐方式等效果。

**1．设置字体格式**

Excel 2010默认的字体为宋体、11号、黑色。设置文本的字体包括设置文本的字体、字号、字形以及字体颜色等。设置字体的方法有3种：通过“字体”组设置、通过“设置单元格格式”对话框设置、通过浮动工具栏设置。

（1）通过“字体”组设置字体。

在Excel 2010中，选择要设置格式的单元格、单元格区域、文本或字符，在“开始”选项卡“字体”组中汇集了设置字体格式的各种命令，如图4-19所示。

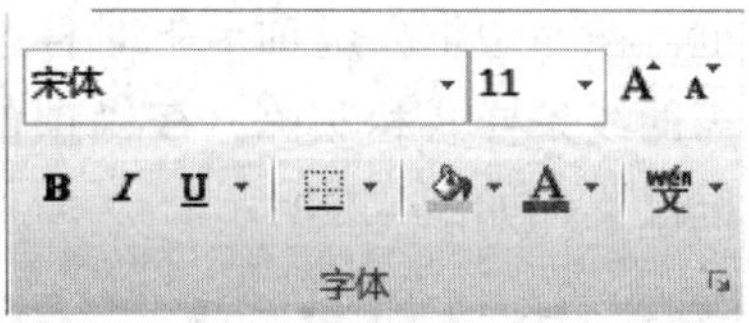

图4-19

（2）通过“设置单元格格式”对话框设置字体。

在Excel 2010中，选择要设置格式的单元格、单元格区域、文本或字符，单击“开始”选项卡中的“字体”组右下方的“对话框启动器”按钮，弹出“设置单元格格式”对话框，在“字体”选项卡下对字体进行设置，如图4-20所示。

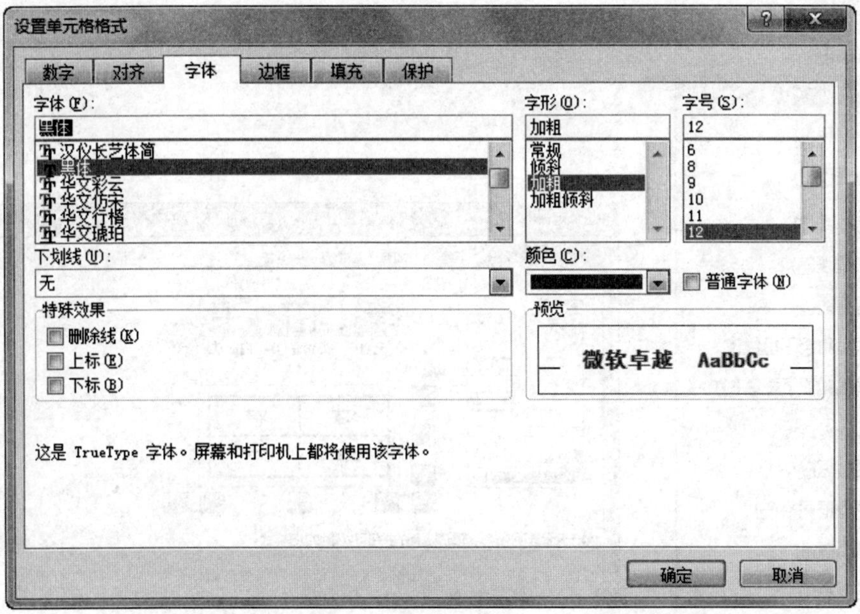

图4-20

（3）通过浮动工具栏设置字体。

在Excel 2010中，右击要设置格式的单元格、单元格区域、文本或字符，在页面中会浮现出字体设置的浮动工具栏，如图4-21所示。在该工具栏中也可以对字体进行相应的设置，各选项按钮的作用与“字体”组中各选项是相同的。

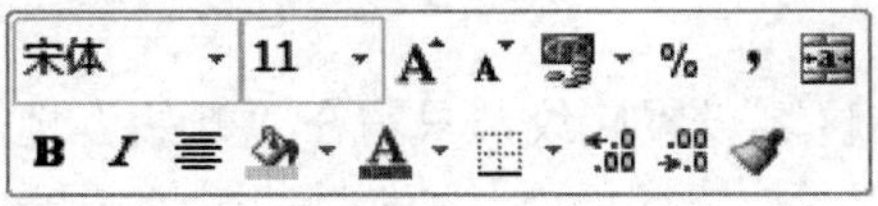

图4-21

2．设置边框和底纹

（1）设置边框。

选择要为其添加边框的单元格或单元格区域，在“开始”选项卡的“字体”组中单击“框线”按钮右侧的下拉按钮，可以在弹出的下拉列表中选择所需要的边框选项，如图4-22所示。

也可以在弹出的下拉列表中执行“其他边框”命令，打开“设置单元格格式”对话框，在“边框”选项卡下对各选项进行设置。在“样式”和“颜色”选项区域，选择所需的线条样式和颜色。在“预置”和“边框”选项区域，单击一个或多个按钮以指明边框位置，如图4-23所示。

图4-22

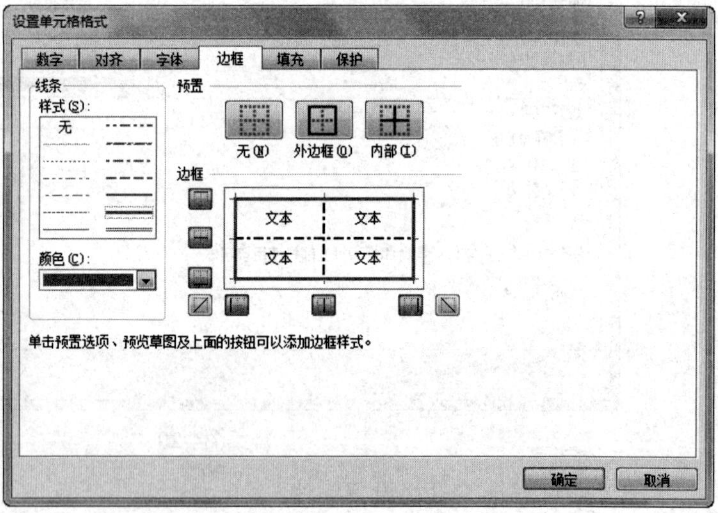


图4-23

在工作表中，要删除单元格或单元格区域的边框，可以在“开始”选项卡的“字体”组中，单击“边框”按钮右侧的下拉按钮，然后执行“无框线”命令。

（2）设置底纹。

要为单元格或单元格区域设置底纹，只需在“开始”选项卡的“字体”组中单击“填充颜色”按钮右侧的下拉按钮，在弹出的下拉列表中选择所要填充的颜色，如图4-24所示。

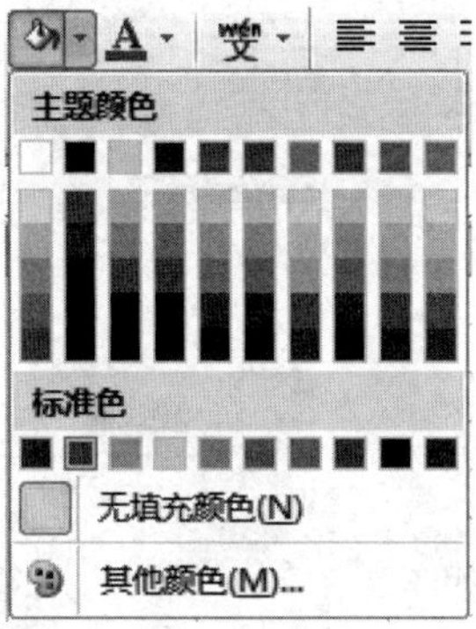


图4-24

也可以在“设置单元格格式”对话框中的“填充”选项卡进行设置。在该选项卡中可以对底纹的填充颜色、图案样式、图案颜色进行设置，如图4-25所示。

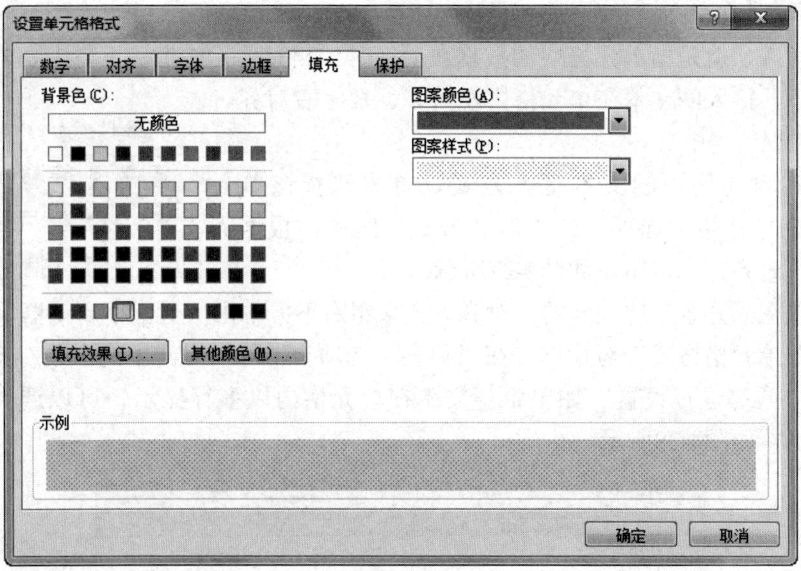


图4-25

在“背景色”区域中，选择所需的颜色。如果调色板上的颜色无法满足需求，则可以单击“其他颜色”按钮。还可以在颜色模式中选择一种模式，然后输入RGB（红色、绿色和蓝色）或HSL（色调、饱和度和亮度）数字，使其与所需的颜色底纹完全一致。若要使用包含两种颜色的图案，可在“图案颜色”下拉列表中选择另一种颜色，然后在“图案样式”文本框中选择一种图案样式。若要使用具有特殊效果的图案，可单击“填充效果”按钮，在打开的“填充效果”对话框中设置所需的选项，如图4-26所示。

在工作表中，要删除单元格或单元格区域的底纹，可以在“开始”选项卡的“字体”组中，单击“填充颜色”按钮右侧的下拉按钮，然后执行“无填充颜色”命令。

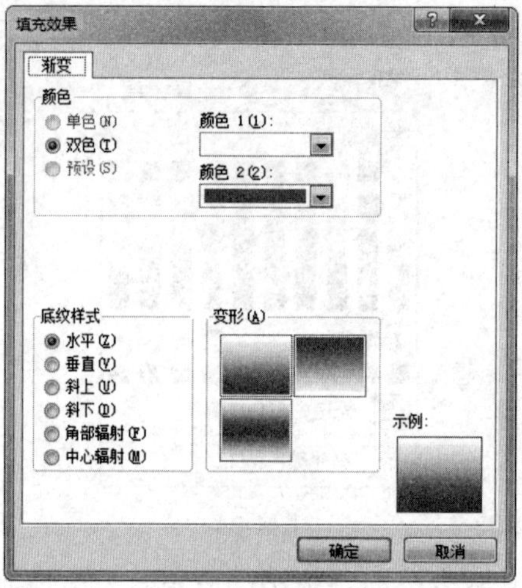


图4-26

### 3．设置对齐方式

所谓对齐，就是指单元格中的数据在显示时，相对单元格上、下、左、右的位置。默认情况下，输入的文本在单元格内左对齐、数字右对齐、逻辑值和错误值居中对齐。

要更改单元格中的文本对齐方式，首先选择该单元格，然后在“开始”选项卡的“对齐方式”组中，根据需要单击任一对齐方式按钮，如图4-27所示。

图4-27

也可以在“开始”选项卡的“对齐方式”组右下方单击“对话框启动器”按钮，弹出“设置单元格格式”对话框，在“对齐”选项卡中可以对文本的水平对齐、垂直对齐、文字方向等进行设置。如果希望文本在单元格内以多行显示，可以选中“自动换行”复选框，如图4-28所示。

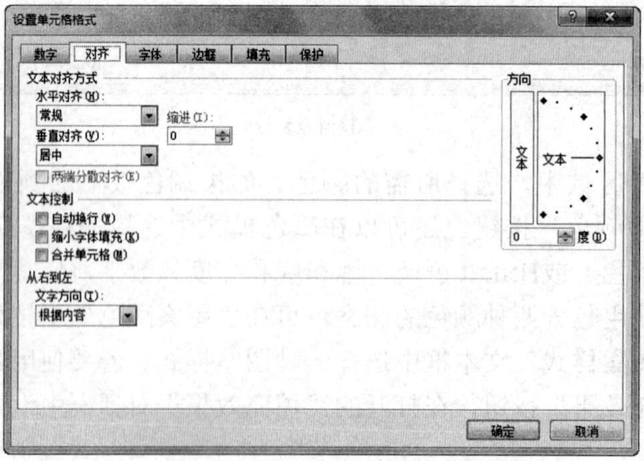


图4-28

### 4．设置单元格样式

单击要设置样式的单元格，在“开始”选项卡下的“样式”组中单击“单元格样式”下拉按钮，在弹出的库中选择所需要的样式，如图4-29所示。

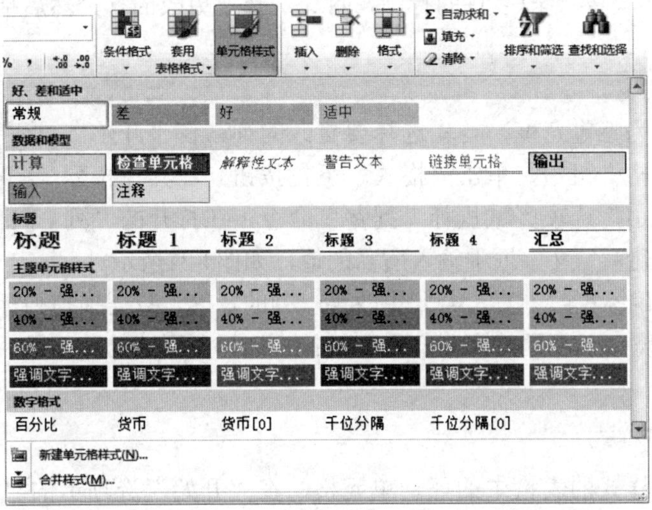

图4-29

## 4.3.2 设置表格格式

### 1．调整行高和列宽

（1）调整行高。

要将行设置为指定高度，首先选择要更改的行，在“开始”选项卡的“单元格”组中，单击“格式”下拉按钮，在其下拉列表中“单元格大小”选项区域执行“行高”命令。在打开的“行高”对话框的“行高”文本框中，输入所需的值，如图4-30所示。

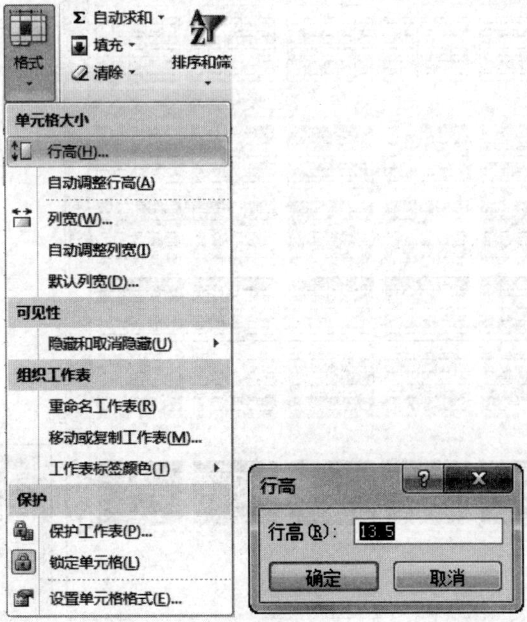

图4-30

也可以使用鼠标更改行高，若要更改某一行的行高，则拖拽行标题下面的边界，直到达到所需行高。若要更改多行的行高，首先选择要更改的行，然后拖拽所选行任一标题下面的边界。

（2）调整列宽。

要将列设置为特定宽度，首先选择要更改的列，在“开始”选项卡的“单元格”组中，单击“格式”下拉按钮。在其下拉列表中“单元格大小”选项区域执行“列宽”命令。在打开的“列宽”对话框的“列宽”文本框中输入所需的值，如图4-31所示。

图4-31

也可以使用鼠标更改列宽，若要更改某一列的宽度，只需拖拽列标题的右侧边界，直到达到所需列宽。若要更改多列的宽度，首先选择要更改的列，然后拖拽所选列标题的右侧边界。

**2．设置表格样式**

单击要设置样式的表格中的任一单元格，在“开始”选项卡的“样式”组中单击“套用表格格式”下拉按钮，在弹出的库中选择所需要的样式。然后在弹出的“套用表格式”对话框中选择表数据的来源，单击“确定”按钮，如图4-32所示。

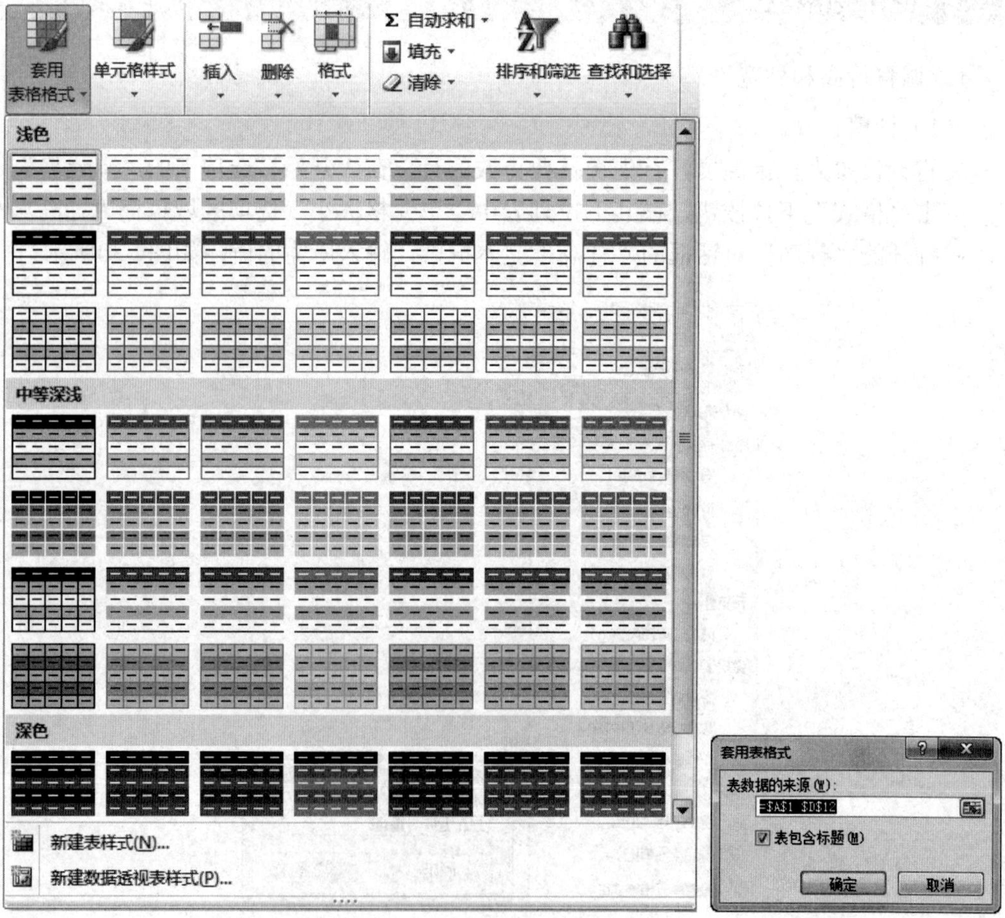


图4-32

### 3．设置工作表背景

要为工作表设置背景，只需在“页面布局”选项卡下“页面设置”组中单击“背景”按钮，在打开的“工作表背景”对话框中选择需要的图片，单击“插入”按钮即可将图片插入到工作表中，如图4-33所示。

图4-33

如果要删除工作表背景，只需在“页面布局”选项卡的“页面设置”组中单击“删除背景”按钮即可，如图4-34所示。

图4-34

## 4.4　数据的管理与分析

Excel 2010提供了多种方法对数据进行分析和管理，可以查找和替换数据，也可以对数据进行排序和筛选，使用合并计算来汇总数据。

### 4.4.1　数据排序

对数据进行排序是数据分析不可缺少的组成部分，对数据进行排序有助于更直观地显示和理解数据，组织并查找所需数据，帮助用户最终做出更有效的决策。

在“数据”选项卡的“排序和筛选”组中，可以执行数据排序的操作，如图4-35所示。

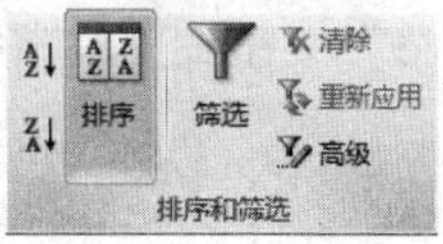


图4-35

### 1．使用排序按钮快速排序

在排序时，可以使用两个排序按钮和进行快速排序。

- 表示数据按递增顺序排列，使最小值位于列的顶端。
- 表示数据按递减顺序排列，使最大值位于列的顶端。

选择要排序的列中的单个单元格，在“数据”选项卡的“排序和筛选”组中，根据需要单击排序按钮。

### 2．使用“排序”对话框进行排序

利用排序按钮排序虽然快捷方便，但是只能按某一字段名的内容进行排序，如果要按照两个或两个以上字段名进行排序，可以在“排序”对话框中进行。

选择要排序的单元格区域中的任一单元格，在“数据”选项卡的“排序和筛选”组中单击“排序”按钮，打开“排序”对话框，如图4-36所示。

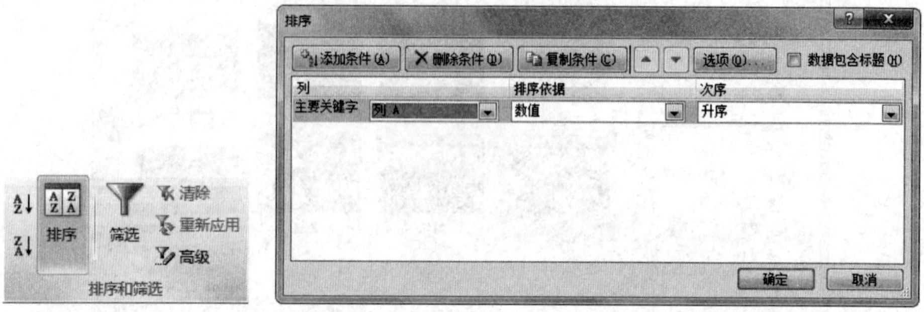


图4-36

（1）在“列”区域，选择要排序的列。

（2）在“排序依据”区域，选择排序类型。若按文本、数值或日期和时间进行排序，则执行“数值”命令；若按格式进行排序，则执行“单元格颜色”、“字体颜色”或“单元格图标”命令。

（3）在“次序”区域，选择排序方式：

- 对于文本值、数值或日期和时间值，执行“升序”或“降序”命令。
- 若基于自定义序列进行排序，则执行“自定义序列”命令。
- 对于单元格颜色、字体颜色或单元格图标，执行“在顶端”或“在底端”命令。如果是按行进行排序，则执行“在左侧”或“在右侧”命令。

（4）若添加作为排序依据的另一列，则单击“添加条件”按钮，然后重复步骤（1）~（3）。

（5）若复制作为排序依据的列，先选中该条目，然后单击“复制条件”按钮。

（6）若删除作为排序依据的列，先选中该条目，然后单击“删除条件”按钮。

（7）若更改列的排序顺序，先选中一个条目，然后单击“上移”按钮或“下移”按钮更改顺序。

提示：列表中位置较高的条目在列表中位置较低的条目之前排序。

（8）若排序时保留字段名称行，则选中“数据包含标题”复选框。

（9）单击“选项”按钮，打开“排序选项”对话框，可以选择“区分大小写”以及排序的方向、方法，如图4-37所示。

（10）设置好后，单击“确定”按钮，即可得到排序结果。

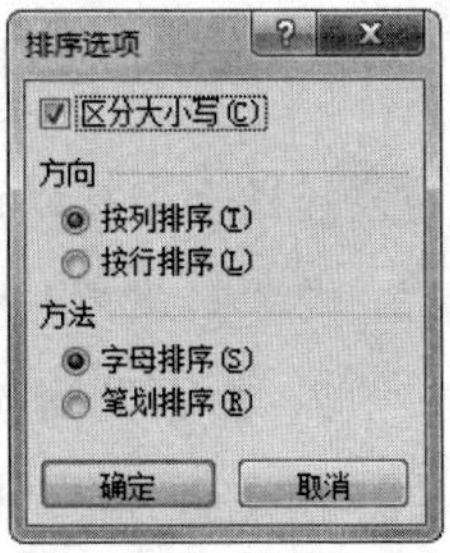


图4-37

## 4.4.2 数据筛选

使用自动筛选来筛选数据，可以快速又方便地查找和使用单元格区域或表中数据的子集。筛选过的数据仅显示那些满足指定条件的行，并隐藏那些不希望显示的行。筛选数据之后，对于筛选过的数据的子集，不需要重新排列或移动就可以复制、查找、编辑、设置格式、制作图表和打印。

### 1．自动筛选

自动筛选是利用Excel 2010提供的预定方式对数据进行筛选，“自动筛选”操作简单，可满足大部分使用的需要。使用“自动筛选”可以创建3种筛选类型：按值列表、按格式或按条件。对于每个单元格区域或列表来说，这3种筛选类型是互斥的。具体操作步骤如下：

（1）选择要进行数据筛选的单元格区域或表，在“数据”选项卡的“排序和筛选”组中，单击“筛选”按钮，如图4-38所示。

（2）单击列标题中的下拉按钮▾。

（3）在弹出的下拉列表中选择或清除一个或多个要作为筛选依据的值。值列表最多可以达到10000。如果值列表很大，则取消选中“（全选）”复选框，然后选择要作为筛选依据的值，如图4-39所示。

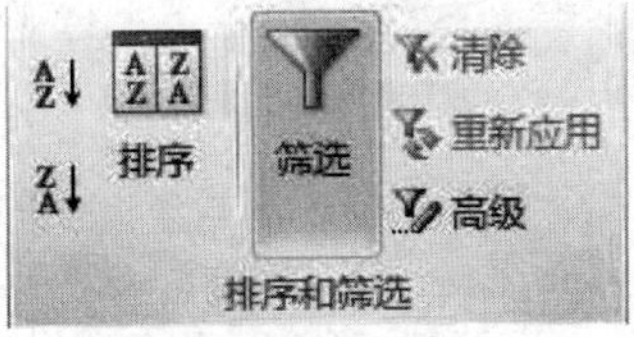


图4-38

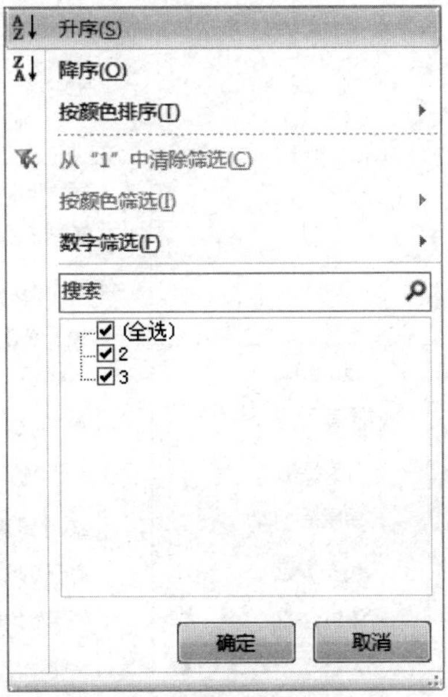


图4-39

（4）单击“确定”按钮完成筛选。

提示：可以按多个列进行筛选。筛选器是累加的，这意味着每个追加的筛选器都基于当前筛选器，从而减少了数据的子集。

### 2. 自定义筛选

在使用“自动筛选”命令筛选数据时，还可以利用“自定义筛选”功能来限定一个或多个筛选条件，以便于将更接近条件的数据显示出来。

（1）选择要进行数据筛选的单元格区域或表，在“数据”选项卡的“排序和筛选”组中单击“筛选”按钮。

（2）单击列标题中的下拉按钮。

（3）在其下拉列表中选择“文本筛选”（或“数字筛选”、“日期筛选”）选项，然后在其子列表中选择一个比较运算符命令或“自定义筛选”选项，如图4-40所示。

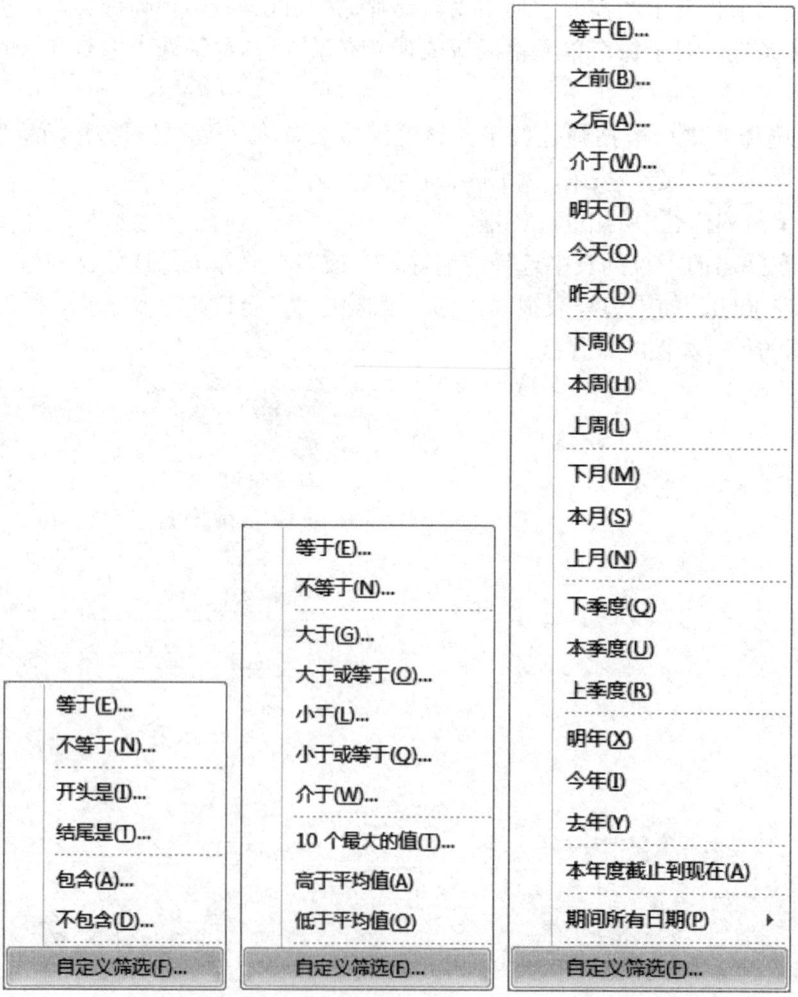


图4-40

（4）在打开的“自定义自动筛选方式”对话框中，在左侧框中选择比较运算符，在右侧框中输入文本、数字、日期、时间或从列表中选择相应的文本或值，如图4-41所示。

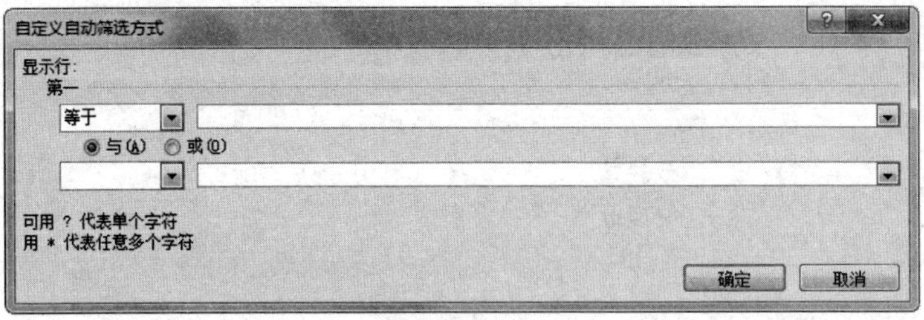


图4-41

如果需要查找某些字符相同但其他字符不同的值，则使用通配符，如表4-1所示。

表4-1

| 请使用 | 若要查找 |
|---|---|
| ?（问号） | 任意单个字符<br>例如，sm?th可找到smith和smyth |
| *（星号） | 任意数量的字符<br>例如，*east可找到Northeast和Southeast |
| ~（波形符）后跟?、*或~ | 问号、星号或波形符<br>例如，“fy06~?”可找到“fy06?” |

（5）若要按多个条件进行筛选，可选中“与”或“或”单选按钮，然后在第2个条目中的左侧框选择比较运算符，在右侧框中输入或从列表中选择相应的文本或值。

- 若要对表列或选定内容进行筛选，两个条件都必须为True，则选中“与”单选按钮。
- 若要筛选表列或选择内容，两个条件中的任意一个或者两个都可以为True，则选中“或”单选按钮。

**3．按单元格颜色、字体颜色或图标集进行筛选**

如果已手动或有条件地按单元格颜色或字体颜色设置了单元格区域的格式，那么可以按这些颜色进行筛选，还可以按通过条件格式所创建的图标集进行筛选。

（1）选择一个包含按单元格颜色、字体颜色或图标集设置格式的单元格区域，在“数据”选项卡的“排序和筛选”组中单击“筛选”按钮。

提示：确保该表列中包含按单元格颜色、字体颜色或图标集设置格式的数据（不需要选择）。

（2）单击列标题中的下拉按钮。

（3）在其下拉列表中选择“按颜色筛选”选项，在其下拉列表中根据格式类型执行“按单元格颜色筛选”、“按字体颜色筛选”或“按单元格图标筛选”命令。在弹出的相应窗口中根据格式的类型，选择单元格颜色、字体颜色或单元格图标，如图4-42所示。

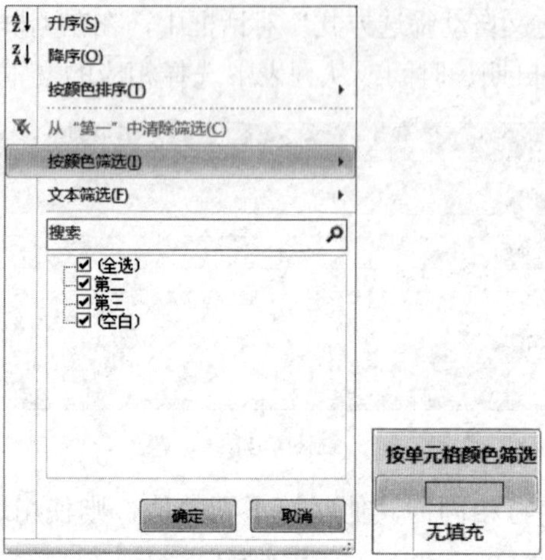


图4-42

### 4．按选定内容筛选

按选定内容筛选可以用等于活动单元格内容的条件快速筛选数据。

在单元格区域或表列中，右击包含要作为筛选依据的值、颜色、字体颜色或图标的单元格，在其下拉列表中执行"筛选"命令，如图4-43所示，然后执行下列操作之一。

- 若按文本、数字、日期或时间进行筛选，则执行"按所选单元格的值筛选"命令。
- 若按单元格颜色进行筛选，则执行"按所选单元格的颜色筛选"命令。
- 若按字体颜色进行筛选，则执行"按所选单元格的字体颜色筛选"命令。
- 若按图标进行筛选，则执行"按所选单元格的图标筛选"命令。

### 5．清除筛选

若在多列单元格区域或表中清除对某一列的筛选，可以单击该列标题上的筛选按钮，在其下拉列表中执行"从 <Column Name> 中清除筛选"命令，如图4-44所示。

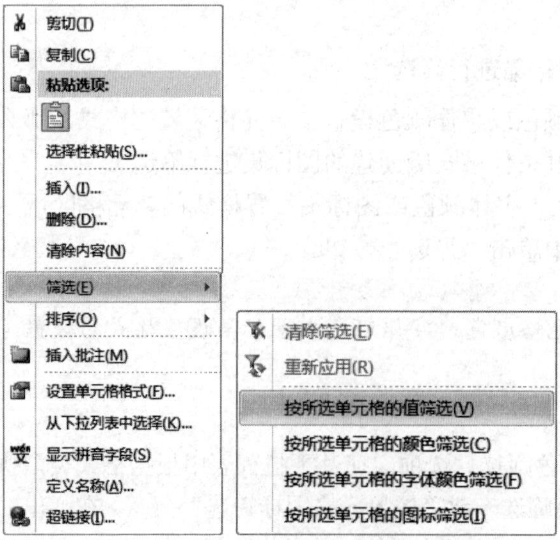


图4-43

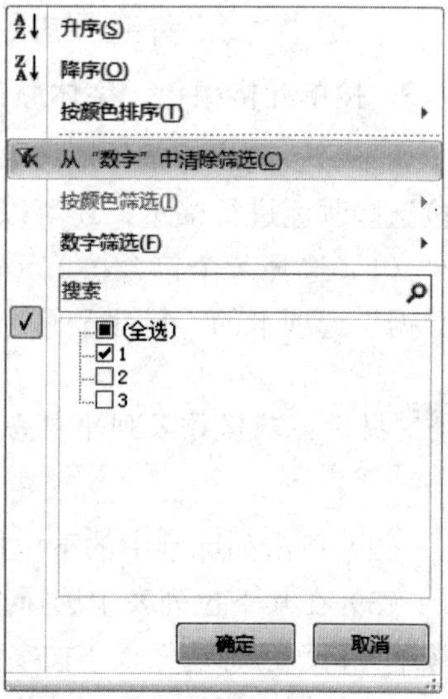


图4-44

若清除工作表中的所有筛选并重新显示所有行，只需在“数据”选项卡的“排序和筛选”组中，单击“清除”按钮。

## 4.4.3 合并计算

所谓合并计算，就是用来汇总一个或多个源区域中的数据的方法。合并计算可以将每个单独工作表中的数据合并到一个工作表（或主工作表）中。所合并的工作表可以与主工作表位于同一工作簿中，也可以位于其他工作簿中。对数据进行合并计算能够更容易地对数据进行定期或不定期的更新和汇总。例如，有一个用于每个部门收支数据的工作表，可使用合并计算将这些收支数据合并到公司的收支工作表中，这个主工作表中可以包含整个企业的销售总额和平均值、当前的库存水平和销售额最高的产品。

**1．按位置进行合并计算**

当多个源区域中的数据是按照相同的顺序排列并使用相同的行和列标签时，可以按位置进行合并计算。

按位置进行合并计算前，要确保每个数据区域都采用列表格式：每列的第1行都有一个标签，列中包含相应的数据，并且列表中没有空白的行或列。将每个区域分别置于单独的工作表中，不要将任何区域放在需要放置合并的工作表中，并且确保每个区域都具有相同的布局。

按位置进行合并计算的具体操作步骤如下：

（1）在主工作表中，在要显示合并数据的单元格区域中，单击左上方的单元格。在“数据”选项卡下的“数据工具”组中，单击“合并计算”按钮，如图4-45所示。

（2）打开“合并计算”对话框，在“函数”下拉列表框中，选择用来对数据进行合并计算的汇总函数，如图4-46所示。

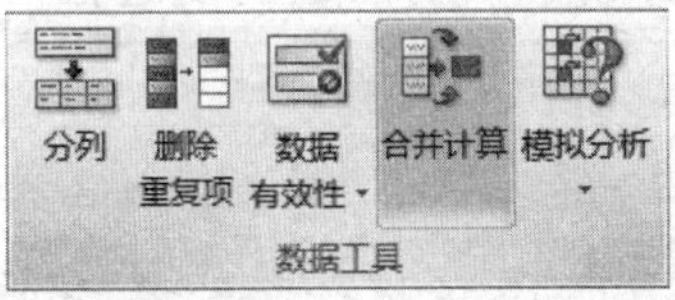


图4-45

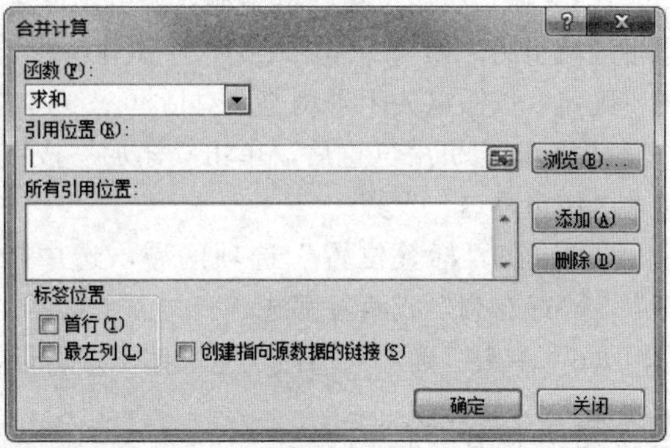


图4-46

（3）在“引用位置”文本框中输入源引用位置，或单击“折叠对话框”按钮进行单元格区域引用，如图4-47所示。如果工作表在另一个工作簿中，则单击“浏览”按钮找到文件，然后单击“确定”按钮以关闭“浏览”对话框。

（4）选定引用位置后，单击“添加”按钮，将位置添加到“所有引用位置”，如图4-48所示。对每个区域重复这一步骤。

图4-47

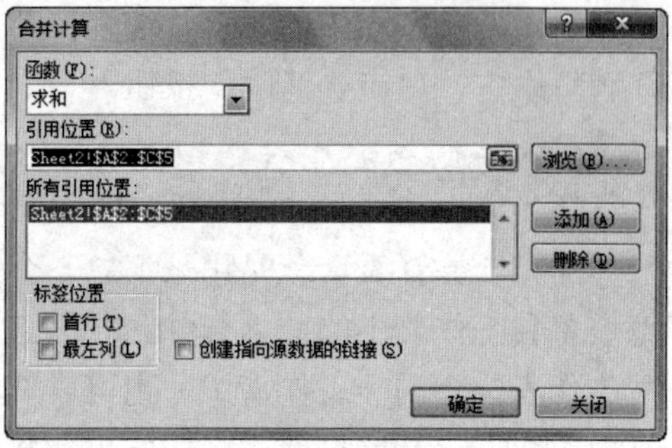

图4-48

（5）单击“确定”按钮，完成按位置进行合并计算。

**2．按分类进行合并计算**

当多个源区域中的数据以不同的方式排列，但却使用相同的行和列标签时，可以按分类进行合并计算。

按分类进行合并计算前，要确保每个数据区域都采用列表格式：每列的第1行都有一个标签，列中包含相应的数据，并且列表中没有空白的行或列。将每个区域分别置于单独的工作表中，不要将任何区域放在需要放置合并的工作表中。确保每个区域都具有相同的布局。

按分类进行合并计算的具体操作步骤如下：

（1）在主工作表中，在要显示合并数据的单元格区域中，单击左上方的单元格。在“数据”选项卡的“数据工具”组中，单击“合并计算”按钮。

（2）打开“合并计算”对话框，在“函数”下拉列表框中，选择用来对数据进行合并计算的汇总函数。

（3）在“引用位置”框中输入源引用位置，或单击“折叠对话框”按钮进行单元格区域引用。如果工作表在另一个工作簿中，则单击“浏览”按钮找到文件，然后单击“确定”按钮以关闭“浏览”对话框。

（4）选定引用位置后，单击“添加”按钮，将位置添加到“所有引用位置”。对每个区域重复这一步骤。

（5）在“标签位置”选项区域，选中指示标签在源区域中位置的复选框“首行”、“最左列”或两者都选。

（6）单击“确定”按钮，完成按位置进行合并计算。

## 4.4.4 数据分类汇总

在Excel 2010中，通过在“数据”选项卡的“分级显示”组中执行“分类汇总”命令，可以自动计算列的列表中的分类汇总和总计。分类汇总的方式有求和、平均值、最大值、最小值、偏差、方差等十多种，最常用的是对分类数据求和或求平均值。

分类汇总是通过使用SUBTOTAL函数与汇总函数（例如，“求和”或“平均值”）一起计算得到的。可以为每列显示多个汇总函数类型。“分类汇总”命令可以分级显示列表，以便显示和隐藏每个分类汇总的明细行。

总计是从明细数据派生的，而不是从分类汇总中的值派生的。例如，使用“平均值”汇总函数，则总计行将显示列表中所有明细行的平均值，而不是分类汇总行中的值的平均值。

**1．插入分类汇总**

要在工作表上的数据列表中插入分类汇总，首先要确保数据区域中要对其进行分类汇总计算的每个列的第1行都具有一个标签，每个列中都包含类似的数据，并且该区域不包含任何空白行或空白列。

（1）选择该区域中的任一单元格。

（2）若要对包含用作分组依据的数据的列进行排序，选择该列，然后在“数据”选项卡的“排序和筛选”组中，单击“升序”或“降序”按钮。

（3）在“数据”选项卡的“分级显示”组中，单击“分类汇总”按钮，如图4-49所示，打开“分类汇总”对话框。可以为一组数据插入一个分类汇总级别。

（4）在“分类字段”下拉列表中，选择要计算分类汇总的列。在“汇总方式”下拉列表中，选择要用来计算分类汇总的汇总函数。在“选定汇总项”列表中，对于包含要计算分类汇总的值的每个列，选中其复选框。如果想按每个分类汇总自动分页，需选中“每组数据分页”复选框。若要指定汇总行位于明细行的上面，需取消选中“汇总结果显示在数据下方”复选框。若要指定汇总行位于明细行的下面，需选中“汇总结果显示在数据下方”复选框，如图4-50所示。

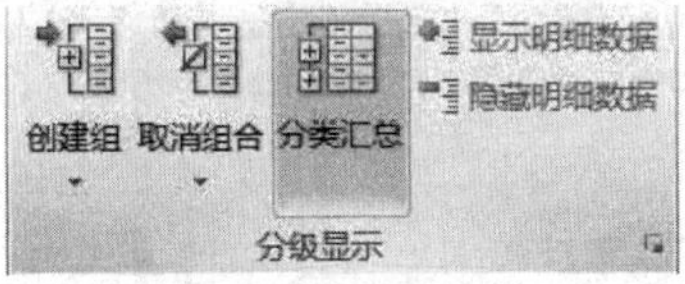


图4-49

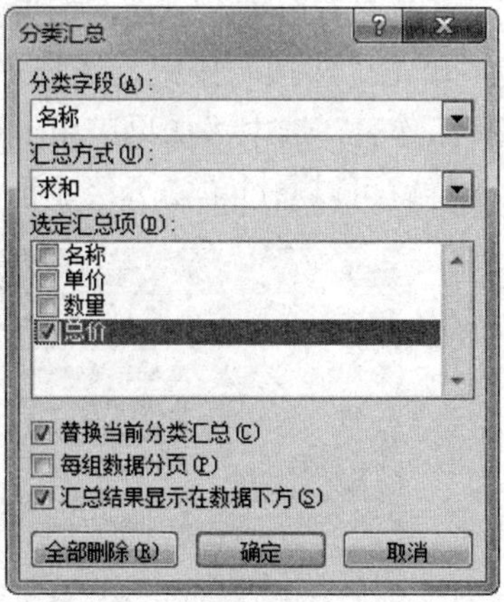


图4-50

（5）重复以上步骤可以再次执行“分类汇总”命令，以便使用不同汇总函数添加更多分类汇总。若要避免覆盖现有分类汇总，需取消选中“替换当前分类汇总”复选框。

*提示：若只显示分类汇总和总计的汇总，则单击行编号旁边的分级显示符号 1 2 3。使用+和−分级显示符号可以显示或隐藏单个分类汇总的明细行。*

**2．删除分类汇总**

删除分类汇总时，Excel 2010还将删除与分类汇总一起插入列表中的分级显示和任何分页符。

单击包含分类汇总的区域中的某个单元格，在“数据”选项卡的“分级显示”组中，单击“分类汇总”按钮，打开“分类汇总”对话框，单击“全部删除”按钮。

**3．分级显示数据列表**

对工作表中的数据进行分类汇总后，将会使原来的工作表显得庞大，此时如果单独查看汇总数据或明细数据，最简单的方法就是利用Excel 2010提供的分级显示功能。

分级显示工作表数据，其中明细数据行或列进行了分组，以便能够创建汇总报表。在分级显示中，分级最多为8个级别，每组一级。每个内部级别显示前一外部级别的明细数据，其中内部级别由分级显示符号中的较大数字表示，外部级别由分级显示符号中的较小数字表示。使用分级显示可以汇总整个工作表或其中的一部分，可以快速显示摘要行或摘要列，或者显示每组的明细数据。

图4-51显示了一个按地理区域和月份分组的销售数据分级显示行，此分级显示行有多个摘要行和明细数据行。要显示某一级别的行，可单击分级显示符号123。其中，第1级包含所有明细数据行的总销售额，第2级包含每个区域中每个月的总销售额，第3级包含明细数据行（当前仅显示第11个到第13个明细数据行）。要展开或折叠分级显示中的明细数据，可以单击+和−分级显示符号。

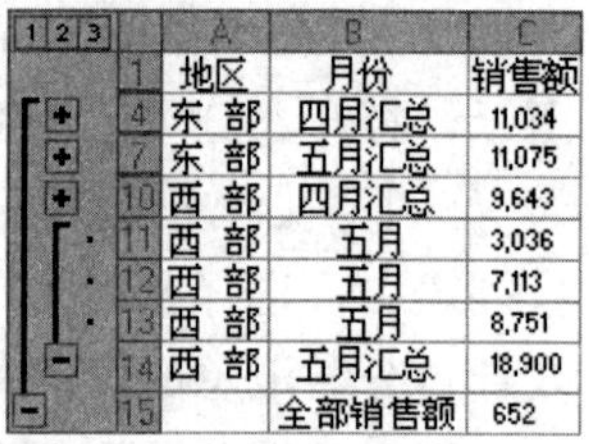


图4-51

（1）显示或隐藏分级显示。

在对数据进行分类汇总后，如果没有看到分级显示符号123、+和−，则在“文件”选项卡中单击“选项”按钮，选择“高级”选项卡，然后在“此工作表的显示选项”部分，选择工作表，选中“如果应用了分级显示，则显示分级显示符号”复选框，如图4-52所示。这样就可以通过单击分级显示符号123中的最大数字来显示所有数据。

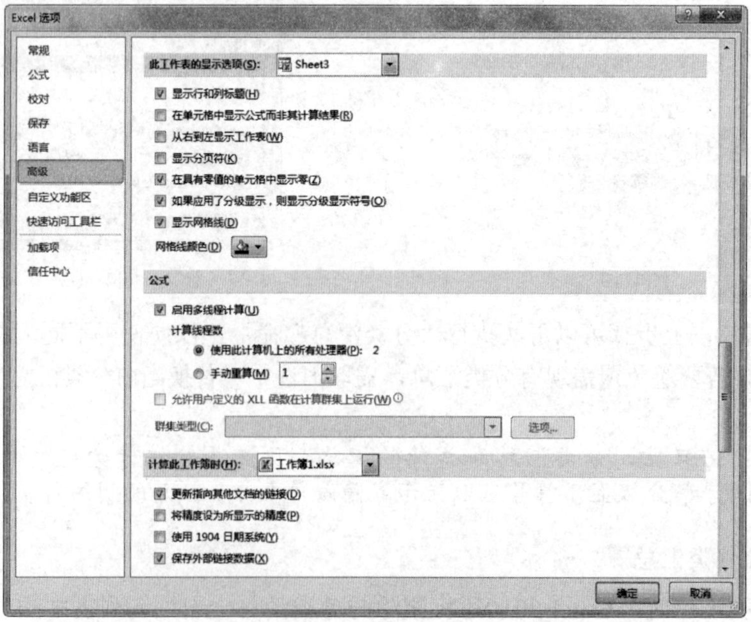


图4-52

如果想要隐藏分级显示，只需重复以上的步骤，然后取消选中“如果应用了分级显示，则显示分级显示符号”复选框。

（2）删除分级显示。

单击工作表，在“数据”选项卡的“分级显示”组中，单击“取消组合”下拉按钮，在其下拉列表中执行“清除分级显示”命令，如图4-53所示。

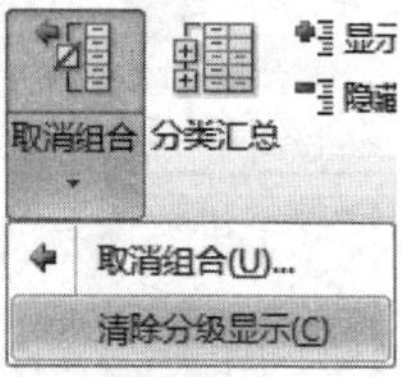

图4-53

如果行或列仍然处于隐藏状态，则拖拽隐藏的行和列两侧的可见行标题或列标题，在“开始”选项卡的“单元格”组中的“格式”下拉列表中执行“隐藏和取消隐藏”命令，然后执行“取消隐藏行”或“取消隐藏列”命令。

## 4.4.5 使用条件格式

Excel 2010提供条件格式帮助用户直观地查看和分析数据、发现关键问题以及识别模式和趋势。对单元格区域、Excel 表格或数据透视表应用条件格式，易于达到以下效果：突出显示所关注的单元格或单元格区域；强调异常值；使用数据条、色阶和图标集来直观地显示数据。条件格式基于条件更改单元格区域的外观，使用条件格式可以更方便地查找单元格区域中的特定单元格，例如，在一个按类别排序的库存工作表中，可以用黄色突出显示现有量少于10个的产品。

**1．对文本、数字或日期等进行快速格式化**

选择区域、表或数据透视表中的一个或多个单元格，在“开始”选项卡的“样式”组中，单击“条件格式”下拉按钮，在弹出的下拉列表中执行“突出显示单元格规则”命令。然后，在其子列表中执行所需的命令，如“介于”、“文本包含”或“发生日期”等。在打开的相应对话框中输入要使用的值，并选择格式，如图4-54所示。

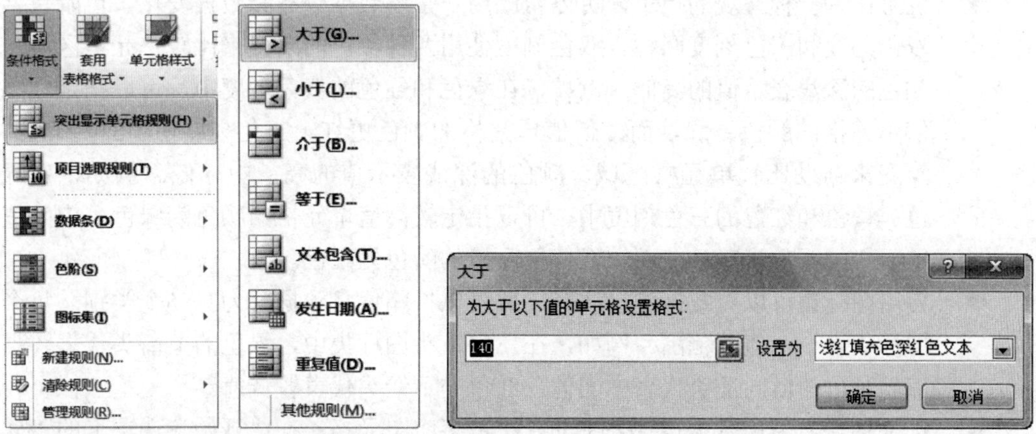

图4-54

也可以使用“条件格式”下拉列表中的“项目选取规则”查找指定的数值。选择区域、表或数据透视表中的一个或多个单元格，在“开始”选项卡的“样式”组中，单击“条件格式”下拉按钮，在弹出的下拉列表中执行“项目选取规则”命令。然后，在其子列表中执行所需的命令，如“值最大的10项”、“值最小的10%项”或“高于平均值”等。在打开的相应对话框中输入要使用的值，并选择格式，如图4-55所示。

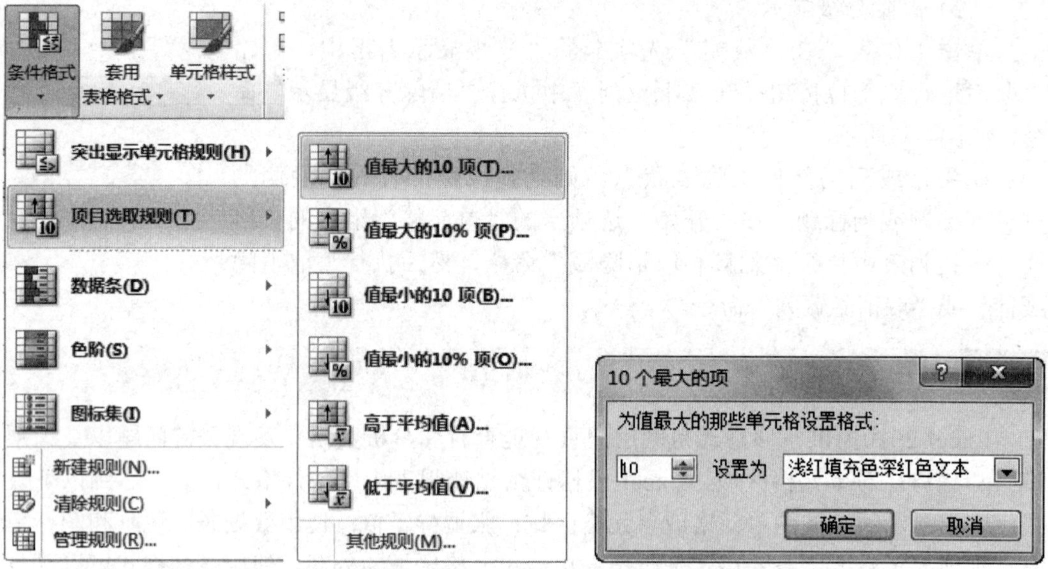


图4-55

### 2．使用数据条、色阶和图标集设置格式

在Excel 2010中可以使用数据条、色阶和图标集为单元格设置条件格式：

- 数据条可帮助用户查看某个单元格相对于其他单元格的值。数据条的长度代表单元格中的值。数据条越长，表示值越高；数据条越短，表示值越低。在观察大量数据（如节假日销售报表中最畅销和最滞销的玩具）中的较高值和较低值时，数据条尤其有用。
- 色阶作为一种直观的指示，可以帮助用户了解数据分布和数据变化。色阶包括双色刻度和三色刻度两种。双色刻度使用两种颜色的渐变来比较单元格区域。颜色的深浅表示值的高低。例如，在绿色和红色的双色刻度中，可以指定较高值单元格的颜色更绿，而较低值单元格的颜色更红。三色刻度使用3种颜色的渐变来帮助比较单元格区域。颜色的深浅表示值的高、中、低。例如，在绿色、黄色和红色的三色刻度中，可以指定较高值单元格的颜色为绿色，中间值单元格的颜色为黄色，而较低值单元格的颜色为红色。
- 使用图标集可以对数据进行注释，并可以按阈值将数据分为3～5个类别。每个图标代表一个值的范围。例如，在三向箭头图标集中，绿色的上箭头代表较高值，黄色的横向箭头代表中间值，红色的下箭头代表较低值。
- 选择区域、表或数据透视表中的一个或多个单元格。在“开始”选项卡的“样式”组中，单击“条件格式”下拉按钮，在弹出的下拉列表中执行“数据条”、“色阶”或“图标集”命令，在其子列表中选择需要的条件格式，如图4-56所示。

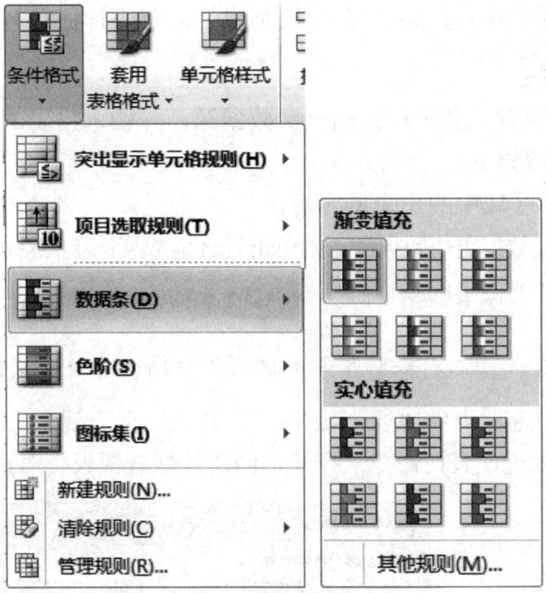


图4-56

### 3．清除条件格式

选择要清除条件格式的单元格区域、表或数据透视表，在“开始”选项卡的“样式”组中，单击“条件格式”下拉按钮，在弹出的下拉列表中执行“清除规则”命令。在其子列表中根据选择的内容，选择需要清除的规则，如图4-57所示。

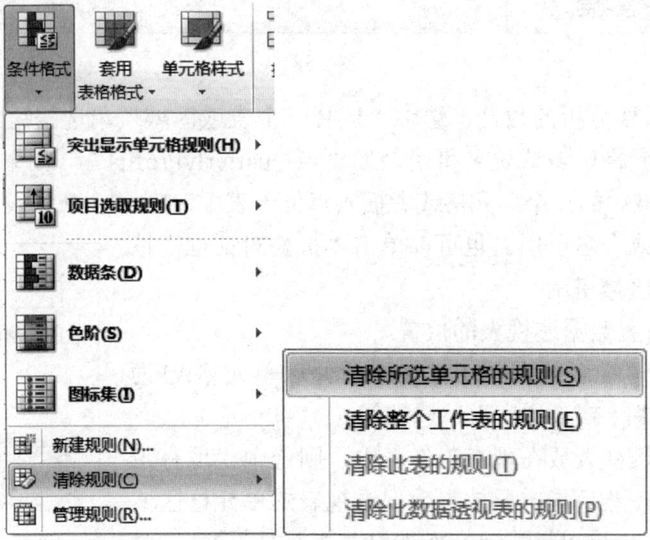


图4-57

## 4.4.6 数据透视表

数据透视表是一种可以快速汇总大量数据的交互式方法。使用数据透视表可以汇总、分析、浏览和提供汇总数据，以便简捷、生动、全面地对数据进行处理与分析。在数据透视表中，源数据中的每列或每个字段都成为汇总多行信息的数据透视表字段。

1．创建数据透视表

若要创建数据透视表，必须连接到一个数据源，并输入报表的位置。创建一个数据透视表的具体操作步骤如下：

（1）单击单元格区域中的一个单元格。

- 若要将工作表数据用作数据源，则单击包含该数据的单元格区域内的一个单元格。
- 若要将Excel表格中的数据用作数据源，则单击该Excel表格中的一个单元格。

提示：确保该区域具有列标题或表中显示了标题，并且该区域或表中没有空行。

（2）在“插入”选项卡的“表”组中，单击“数据透视表”下拉按钮，在弹出的下拉列表中执行“数据透视表”命令，打开“创建数据透视表”对话框，如图4-58所示。

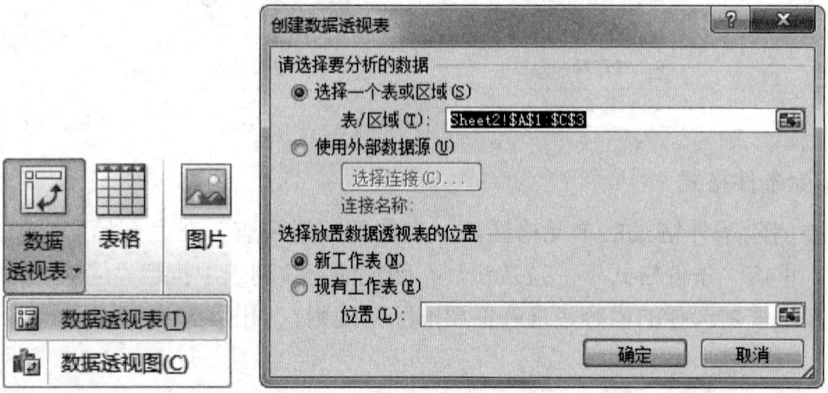


图4-58

（3）选择需要分析的数据，选中“选择一个表或区域”单选按钮，在“表/区域”文本框中输入单元格区域或表名引用，如“==QuarterlyProfits”。如果在启动向导之前选定了单元格区域中的一个单元格或者插入点位于表中，Excel会在“表/区域”文本框中显示单元格区域或表名引用。也可以单击“折叠对话框”按钮进行单元格区域引用。

（4）选择放置数据透视表的位置。

若要将数据透视表放在新工作表中，并以单元格A1为起始位置，则选中“新工作表”单选按钮。

若要将数据透视表放在现有工作表中，则选中“现有工作表”单选按钮，然后指定要放置数据透视表的单元格区域的第1个单元格。也可以单击“压缩对话框”按钮进行单元格区域引用。

（5）单击“确定”按钮，Excel会将空的数据透视表添加至指定位置并显示数据透视表字段列表，可以从中添加字段、创建布局以及自定义数据透视表，如图4-59所示。

图4-59

### 2．创建字段布局

创建数据透视表后，可以使用数据透视表字段列表来添加字段。如果要更改数据透视表，可以使用该字段列表来重新排列和删除字段。默认情况下，数据透视表字段列表显示两部分：上方的字段部分用于添加和删除字段，下方的布局部分用于重新排列和重新定位字段。可以将数据透视表字段列表停靠在窗口的任意一侧，然后沿水平方向调整其大小；也可以取消停靠数据透视表字段列表，此时既可以沿垂直方向也可以沿水平方向调整其大小，如图4-60和表4-2所示。

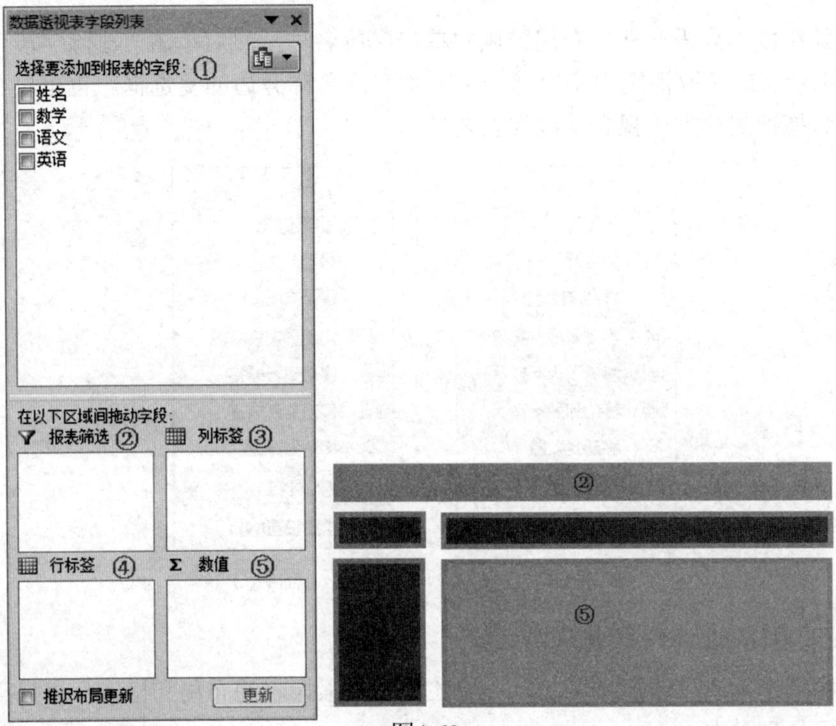


图4-60

表4-2

| 数据透视表 | 说　明 |
|---|---|
| 报表筛选 | 用于基于报表筛选中的选定项来筛选整个报表 |
| 数值 | 用于显示汇总数值数据 |
| 行标签 | 用于将字段显示为报表侧面的行，位置较低的行嵌套在紧靠其上方的另一行中 |
| 列标签 | 用于将字段显示为报表顶部的列，位置较低的列嵌套在紧靠其上方的另一列中 |

（1）添加字段。

要将字段添加到报表，只需右击字段名称，在弹出的快捷菜单中选择相应的选项：“添加到报表筛选”、“添加到行标签”、“添加到列标签”和“添加到值”，以将该字段放置在布局部分中的某个特定区域中，如图4-61所示。或者单击并按住字段名，然后在字段与布局部分之间以及不同的区域之间移动该字段。

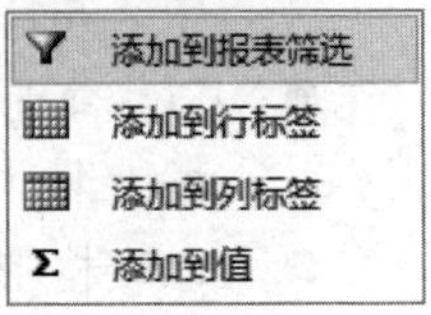


图4-61

若在字段部分选中各字段名称旁边的复选框，字段则放置在布局部分的默认区域中，也可在需要时重新排列这些字段。默认情况下，非数值字段会被添加到“行标签”区域，数值字段会被添加到“数值”区域，而OLAP日期和时间层次会被添加到“列标签”区域。

（2）重新排列字段。

可以通过使用布局部分底部的4个区域之一来重新排列现有字段或重新放置那些字段，单击区域之一中的字段名，然后从图4-62所示的快捷菜单中执行相应的命令。也可以单击并按住字段名，然后在字段与布局部分之间以及不同的区域之间移动该字段。

（3）删除字段。

要删除字段，只需在任一布局区域中单击字段名称，然后单击“删除字段”按钮，如图4-63所示；或者取消选中字段部分中各个字段名称旁边的复选框。也可以在布局部分将字段名拖拽到数据透视表字段列表之外。

图4-62

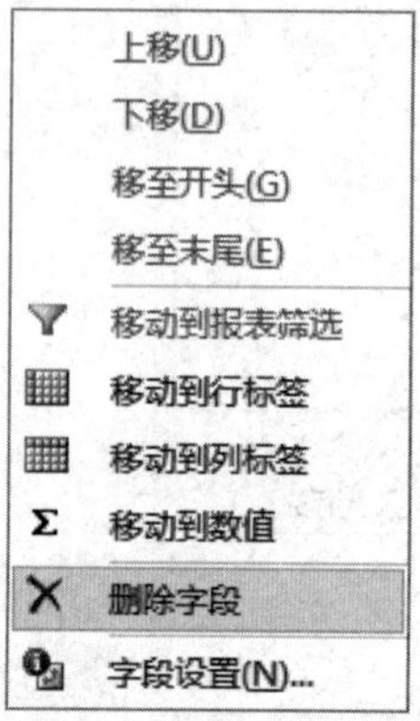


图4-63

3．**更改窗体布局和字段排列**

创建数据透视表，添加字段后，可能还需要增强报表的布局和格式，以提高可读性并且使其更具吸引力。

若要对报表的布局和格式进行重大更改，可以将整个报表组织为压缩、大纲或表格3种形式，也可以添加、重新组织和删除字段，以获得所需的最终结果。

（1）更改数据透视表形式。

数据透视表的形式有压缩、大纲或表格3种。要更改数据透视表的形式，首先选择数据透视表，然后在“设计”选项卡的“布局”组中，单击“报表布局”下拉按钮，弹出如图4-64所示的菜单。

- 以压缩形式显示：用于使有关数据在屏幕上水平折叠并帮助最小化滚动。侧面的开始字段包含在一个列中，并且缩进以显示嵌套的列关系。
- 以大纲形式显示：用于以经典数据透视表样式显示数据大纲。
- 以表格形式显示：用于以传统的表格格式查看所有数据并且方便地将单元格复制到其他工作表。

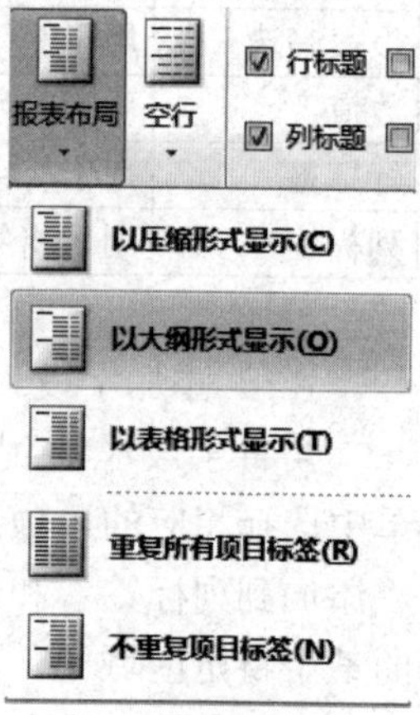


图4-64

（2）更改字段形式。

字段的形式也是压缩、大纲或表格3种。要更改字段的形式，首先选择行字段，然后在“选项”选项卡的“活动字段”组中，单击“字段设置”按钮，打开“字段设置”对话框，如图4-65所示。

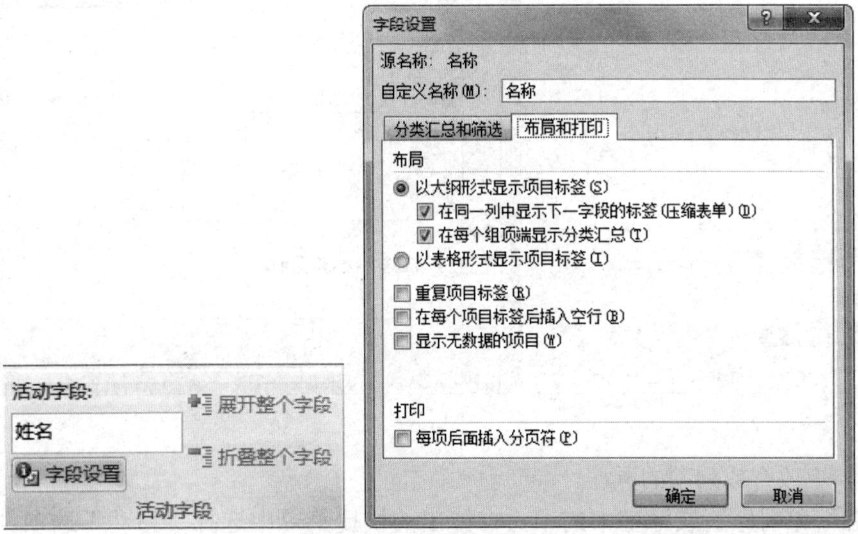


图4-65

在“布局和打印”选项卡的“布局”区域下，若以大纲形式显示字段项，则选中“以大纲形式显示项目标签”单选按钮；若以压缩形式显示或隐藏同一列中下一字段的标签，先选中“以大纲形式显示项目标签”单选按钮，然后选中“在同一列中显示下一字段的标签(压缩表单)”复选框；若以类似于表格的形式显示字段项，则选中“以表格形式显示项目标签”单选按钮。

**4．更改列、行和分类汇总的布局**

若要进一步优化数据透视表的布局，可以执行影响列、行和分类汇总的更改，如在行上方显示分类汇总或关闭列标题，也可以重新排列一行或一列中的各项。

（1）打开或关闭列和行字段标题。

选择数据透视表，若要在显示和隐藏字段标题之间切换，可在“选项”选项卡的“显示”组中，单击“字段标题”按钮，如图4-66所示。

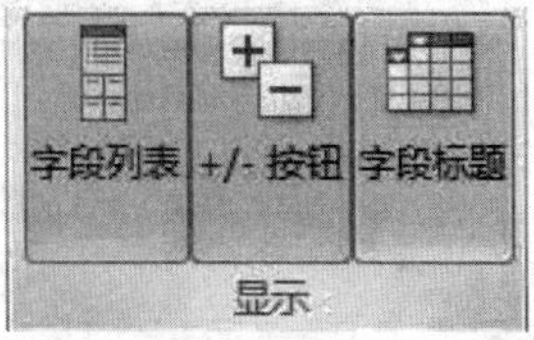


图4-66

（2）在行的上方或下方显示分类汇总。

选择行字段，然后在“选项”选项卡的“活动字段”组中，单击“字段设置”按钮，打开“字段设置”对话框。在“分类汇总和筛选”选项卡的“分类汇总”区域，选中“自动”或“自定义”单选按钮，如图4-67所示。

在“布局和打印”选项卡的“布局”区域，选中“以大纲形式显示项目标签”单选按钮。若要在已分类汇总的行上方显示分类汇总，需选中“在每个组顶端显示分类汇总”复选框，如图4-68所示；若要在已分类汇总的行下方显示分类汇总，则取消选中该复选框。

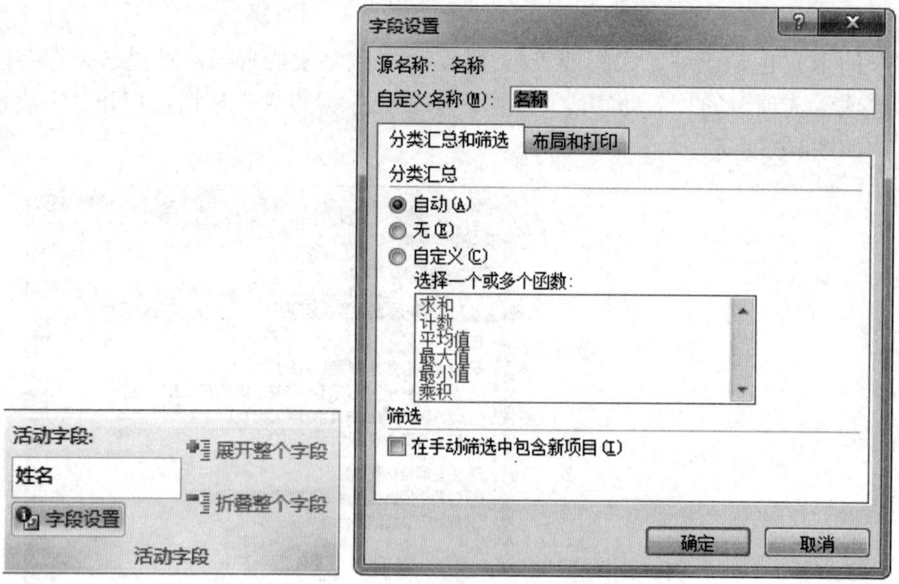


图4-67

（3）更改行或列项的顺序。

右击行和列标签或标签中的项，在弹出的快捷菜单中选择“移动”选项，然后在其子菜单中执行所需命令移动该项。执行“将 <字段名称> 移至行”或“将 <字段名称> 移至列”命令，可以将列移动到行标签区域中，或将行移动到列标签区域中，如图4-69所示。

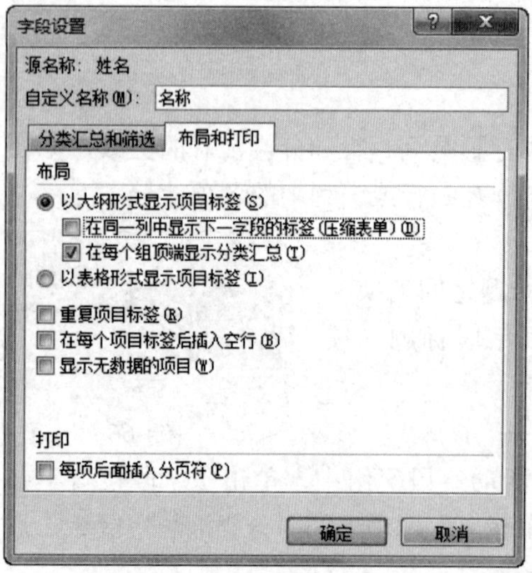


图4-68

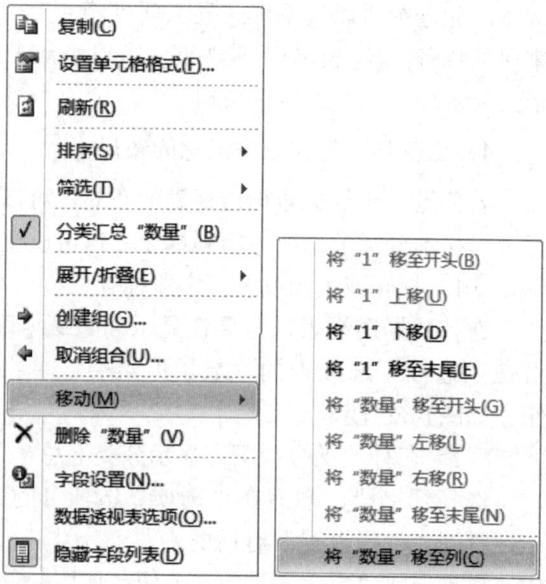


图4-69

也可以选择行或列标签项，然后指向单元格的底部边框。当指针变为箭头时，将该项目移动到新位置，如图4-70所示。

图4-70

（4）合并或取消合并外部行和列项的单元格。

在数据透视表中，可以合并行和列项的单元格，以便将项水平和垂直居中；也可以取消合并单元格，以便向左调整项目组顶部的外部行和列字段中的项。

选择数据透视表，在“选项”选项卡的“数据透视表”组中，单击“选项”按钮，打开“数据透视表选项”对话框，如图4-71所示。

若要合并或取消合并外部行和列项的单元格，只需在“布局和格式”选项卡的“布局”选项区域，选中或取消选中“合并且居中排列带标签的单元格”复选框即可。

提示：不能在数据透视表中使用“对齐”选项卡的“合并单元格”复选框。

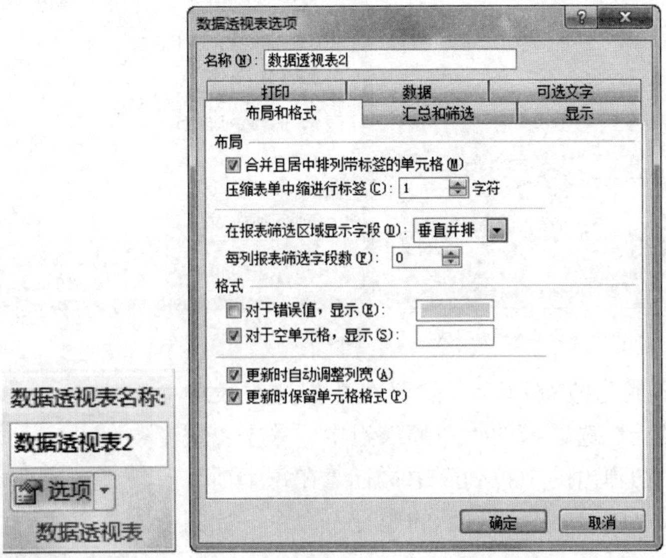


图4-71

**5．更改空单元格、空白行和错误的显示方式**

有时，数据中可能含有空单元格、空白行或错误，可以调整报表的默认行为。

（1）更改错误和空单元格的显示方式。

选择数据透视表，在“选项”选项卡的“数据透视表”组中，单击“选项”按钮，打开“数据透视表选项”对话框。

在“布局和格式”选项卡的“格式”选项区域下：

- 更改错误显示：选中“对于错误值，显示”复选框，然后在其后的文本框中，输入要替代错误显示的值。若将错误显示为空单元格，则删除文本框中的所有字符。
- 更改空单元格显示：选中“对于空单元格，显示”复选框，然后在其后的文本框中，输入要在空单元格中显示的值。若显示空白单元格，则删除文本框中的所有字符。若显示零，则取消选中该复选框。

（2）显示或隐藏空白行。

在数据透视表里，可以在行或项后显示或隐藏空白行。

在行后显示或隐藏空白行，需要选择行字段，然后在“选项”选项卡的“活动字段”组中，单击“字段设置”按钮，打开“字段设置”对话框。要添加或删除空白行，在“布局和打印”选项卡的“布局”选项区域下，选中或取消选中“在每个项目标签后插入空行”复选框即可，如图4-72所示。

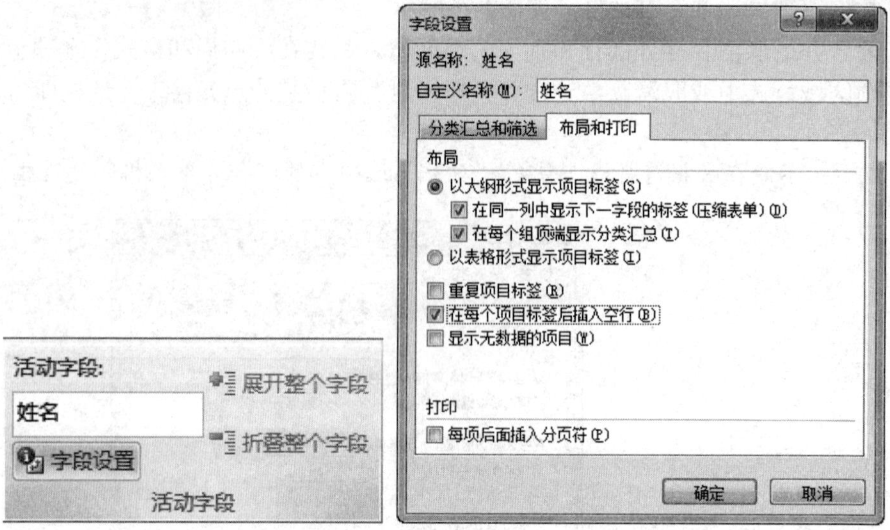


图4-72

在项后显示或隐藏空白行，需要在数据透视表中选择项，在“设计”选项卡的“布局”组中，单击“空行”下拉按钮，在弹出的下拉列表中执行“在每个项目后插入空行”或“删除每个项目后的空行”命令，如图4-73所示。

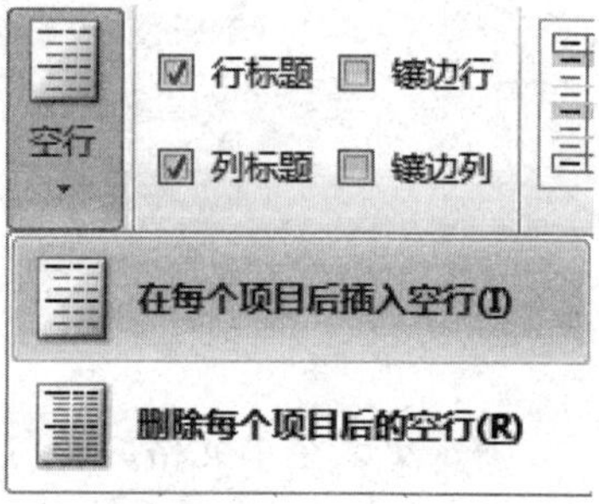


图4-73

6．更改数据透视表的格式样式

Excel 2010提供了大量可以用于快速设置数据透视表格式的预定义表样式，通过使用样式库可以轻松更改数据透视表的样式。

（1）更改数据透视表的格式样式。

选择数据透视表，在“设计”选项卡的“数据透视表样式”组中，单击“可见样式”按钮浏览样式库。若要查看所有可用样式，可单击滚动条底部的“其他”按钮，如图4-74所示。

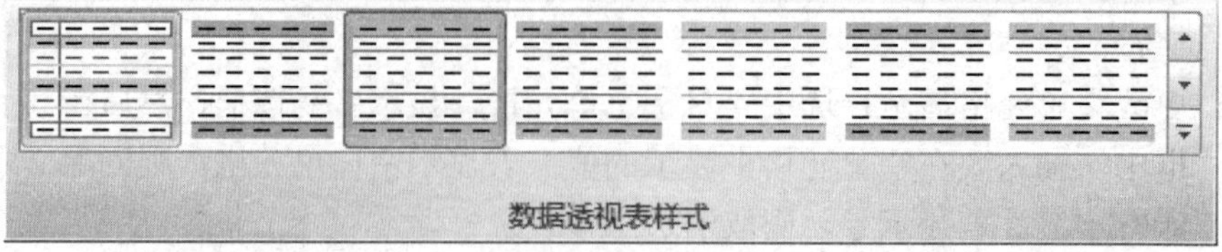


图4-74

如果已经显示了所有可用样式并且希望创建自己的数据透视表样式，可以单击库底部的“新建数据透视表样式”按钮，如图4-75所示，打开“新建数据透视表快速样式”对话框进行相应设置，如图4-76所示。单击库底部的“清除”按钮，可以删除数据透视表中的所有格式设置。

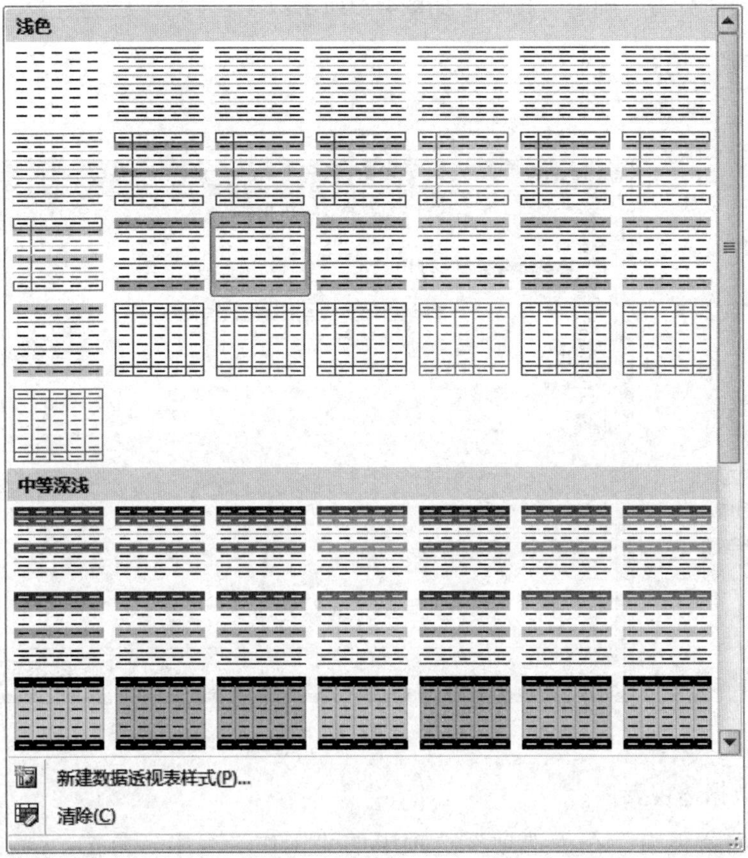


图4-75

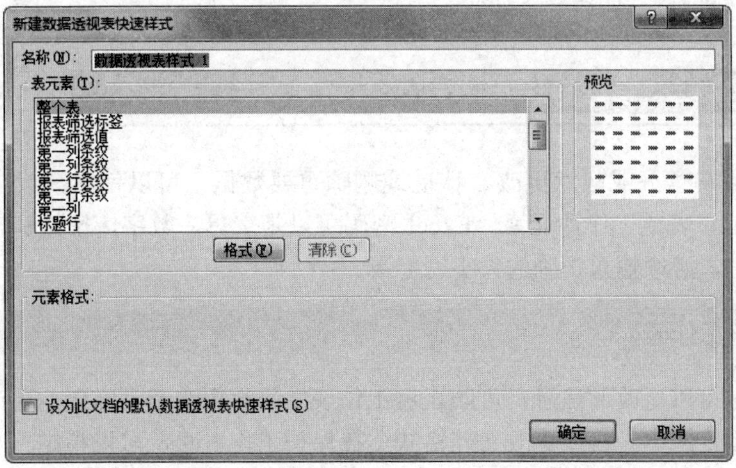


图4-76

（2）更改字段的数字格式。

在数据透视表中，选择指定字段。在“开始”选项卡的“单元格”组中，单击“格式”下拉按钮，在弹出的下拉列表中执行“设置单元格格式”命令。打开“设置单元格格式”对话框，在“数字”选项卡下的“分类”列表中，单击指定的格式类别，选择所需的格式选项，单击“确定”按钮，如图4-77所示。

图4-77

**7.删除数据透视表**

选择数据透视表，在“选项”选项卡的“操作”组中，单击“选择”下拉按钮，在其下拉列表中选择“整个数据透视表”选项，然后按Delete键，如图4-78所示。

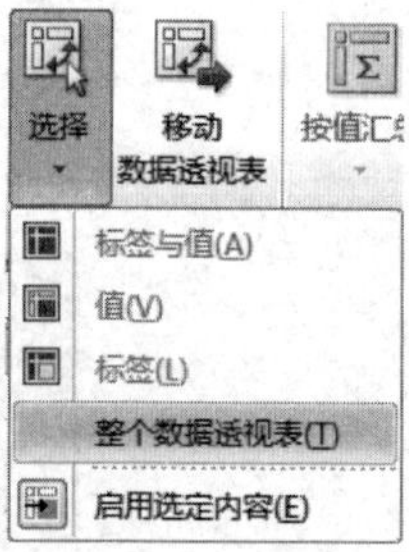


图4-78

## 4.5 数据文档的修订与保护

要防止用户意外或故意更改、移动或删除重要数据，可以使用密码来保护工作表或工作簿元素。Excel 密码可以是字母、数字、空格和符号，在设置和输入密码时，必须输入正确的大小写字母。

### 4.5.1 保护工作表

通过指定可以更改的信息，可防止对工作表中的数据进行不需要的更改。例如，可以防止编辑锁定的单元格或更改文档格式。在保护工作表时，可以指定一个密码，输入此密码可取消对工作表的保护，并允许进行上述修改。

选择要保护的工作表，在“审阅”选项卡的“更改”组中，单击“保护工作表”按钮，如图4-79所示。

图4-79

打开“保护工作表”对话框，在“允许此工作表的所有用户进行”列表中，选择允许用户更改的元素。在“取消工作表保护时使用的密码”文本框中，为工作表输入密码，单击“确定”按钮，然后重新输入密码以进行确认，如图4-80所示。

提示：此密码是可选的。如果不提供密码，则任何用户都可以取消对工作表的保护并更改受保护的元素。请确保所选密码易于记忆，因为如果丢失密码，则无法访问工作表上受保护的元素。

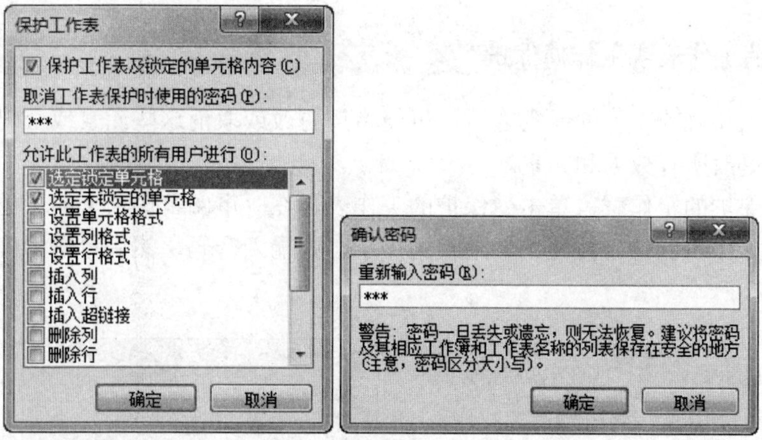


图4-80

## 4.5.2 保护工作簿

可以保护工作簿的结构，防止对工作簿的结构进行不需要的更改，如移动、删除或添加工作表，还可以保护工作簿中的窗口，防止更改这些窗口的大小和位置。在保护工作簿时，可以指定一个密码，输入此密码可取消对工作簿的保护，并允许进行上述修改。

要保护工作簿元素，在“审阅”选项卡的“更改”组中，单击“保护工作簿”按钮。打开“保护结构和窗口”对话框，要保护工作簿的结构，则选中“结构”复选框；要使工作簿窗口在每次打开工作簿时大小和位置都相同，则选中“窗口”复选框。要防止其他用户删除工作簿保护，可在“密码（可选）”文本框中，输入密码，单击“确定”按钮，然后重新输入密码以进行确认，如图4-81所示。

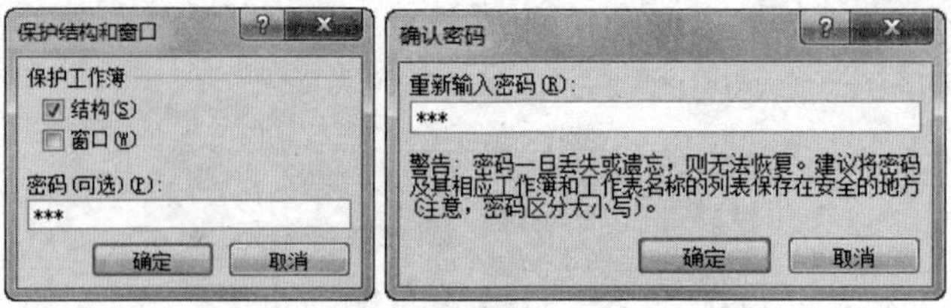


图4-81

选中“结构”复选框，可以防止用户查看已隐藏的工作表；移动、删除、隐藏或更改工作表的名称；插入新工作表或图表工作表；将工作表移动或复制到另一工作簿中；录制新宏等。

选中“窗口”复选框，可以防止用户打开工作簿时，更改工作簿窗口的大小和位置；移动窗口、调整窗口大小或关闭窗口等。

*提示：密码是可选的。如果不提供密码，则任何用户都可以取消对工作表的保护并更改受保护的元素。请确保所选密码易于记忆，因为如果丢失密码，则无法访问工作表上受保护的元素。*

## 4.5.3 取消工作表或工作簿保护

在保护工作表或工作簿元素之后，可能希望更改或取消这些元素或密码，以便可以不受限制地更改所有数据和元素。

更改要保护的工作表，单击受保护的工作表，在“审阅”选项卡的“更改”组中，单击“撤消工作表保护”按钮。如果收到提示，则输入密码，然后单击“确定”按钮，如图4-82所示。

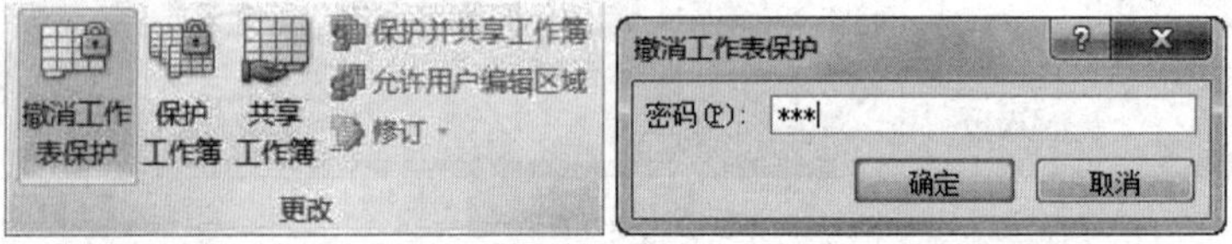


图4-82

更改要保护的工作簿，打开受保护的工作簿，在“审阅”选项卡的“更改”组中，单击“工作簿保护”按钮。如果收到提示，则输入密码，然后单击“确定”按钮。

# 4.6 样题解答

*随书光盘中提供了本样题的操作视频。*

执行“文件”→“打开”命令，在“查找范围”文本框中找到指定路径，选择“A4.xlsx”文件，单击“打开”按钮。

**1．表格环境的设置与修改**

第1步：选中Sheet1工作表中标题行的下一行，右击，在打开的快捷菜单中执行

“插入”命令，如图4-83所示。

第2步：选中表格的第1列，右击，在打开的快捷菜单中执行“插入”命令。

第3步：在Sheet1工作表中，选中单元格区域B1:F2，在上方的“名称框”编辑栏内输入“统计表标题”，按Enter键，如图4-84所示。

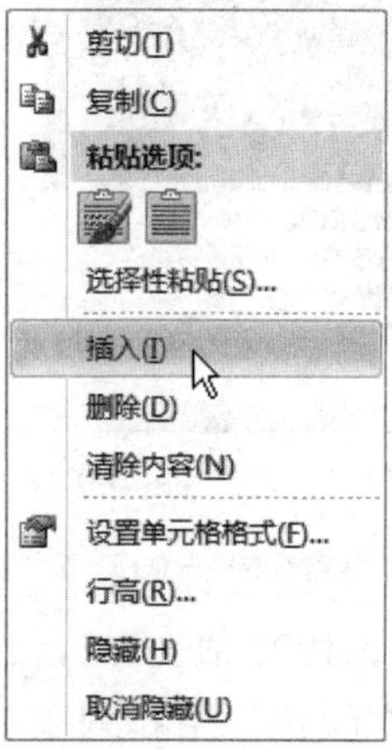


图4-83

图4-84

2．表格格式的编排与修改

第4步：在Sheet1工作表中，选中单元格区域B1:F2，单击“开始”选项卡下“对齐方式”组中的“合并后居中”按钮，如图4-85所示。

第5步：在“开始”选项卡下“字体”组中的“字体”下拉列表中选择“华文行楷”，在“字号”下拉列表中选择“18”磅，如图4-86所示。

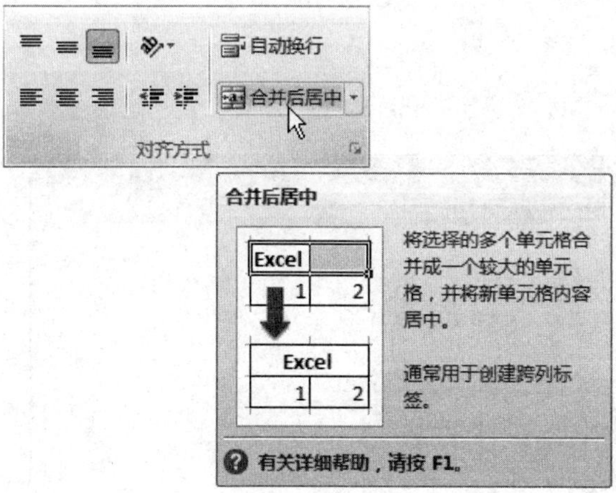


图4-85

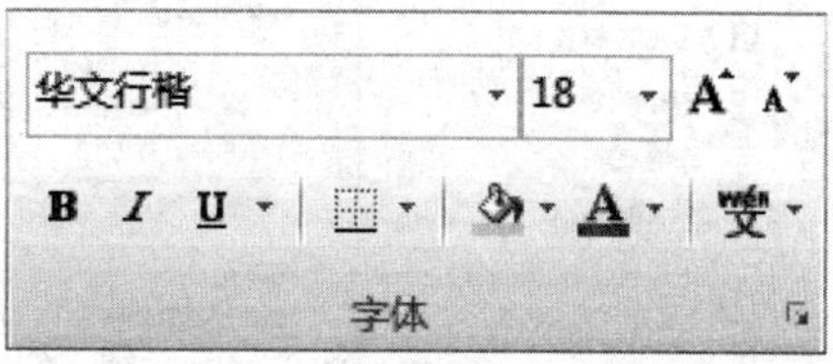


图4-86

第6步：选中单元格区域B3:F3，在“开始”选项卡下“字体”组中的“字体”下拉列表中选择“隶书”，在“字号”下拉列表中选择“16”磅，在“颜色”下拉列表中选择标准色中的“蓝色”，如图4-87所示。

第7步：选中表格的标题行（单元格区域B1:F2），在“填充颜色”下拉列表中执行“其他颜色”命令，如图4-88所示。打开“颜色”对话框，在“自定义”选项卡下输入

RGB值（200，250，220），如图4-89所示，单击“确定”按钮。

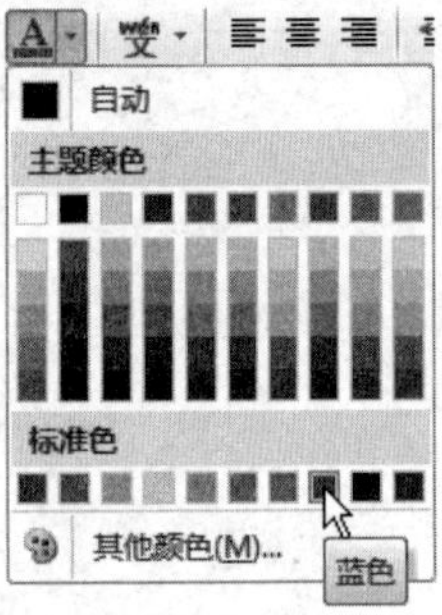


图4-87

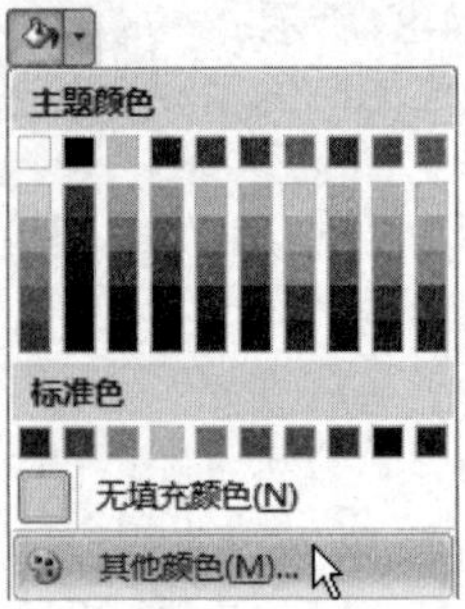


图4-88

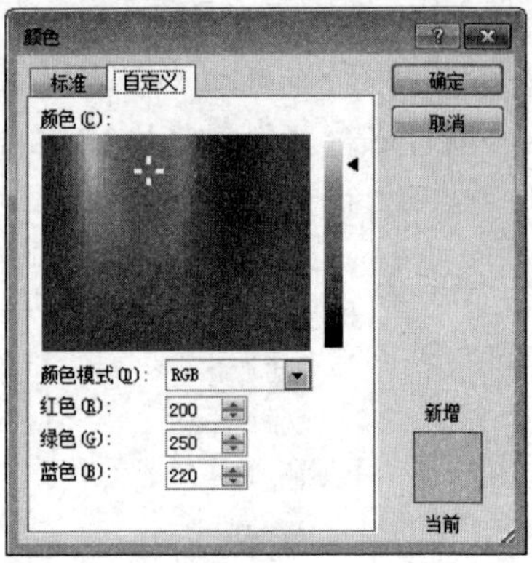


图4-89

第8步：选中单元格区域B3:C11，在“填充颜色”下拉列表中执行“其他颜色”命令，打开“颜色”对话框，在“自定义”选项卡下输入RGB值（255，255，153），单击“确定”按钮。选中单元格区域D3:F11，在“填充颜色”下拉列表中执行“其他颜色”命令，打开“颜色”对话框，在“自定义”选项卡下输入RGB值（255，204，255），单击“确定”按钮。

第9步：选中单元格区域B1:F11，单击“开始”选项卡下“字体”组中的“框线”按钮右侧的下三角按钮，在弹出的下拉列表中执行“其他边框”命令，如图4-90所示。

第10步：打开“设置单元格格式”对话框，在“边框”选项卡的“样式”列表中选择第2列第2行的样式，在“颜色”下拉列表中选择标准色中的“蓝色”，在“预置”区域中分别单击“外边框”按钮和“内部”按钮，如图4-91所示，单击“确定”按钮。

图4-90

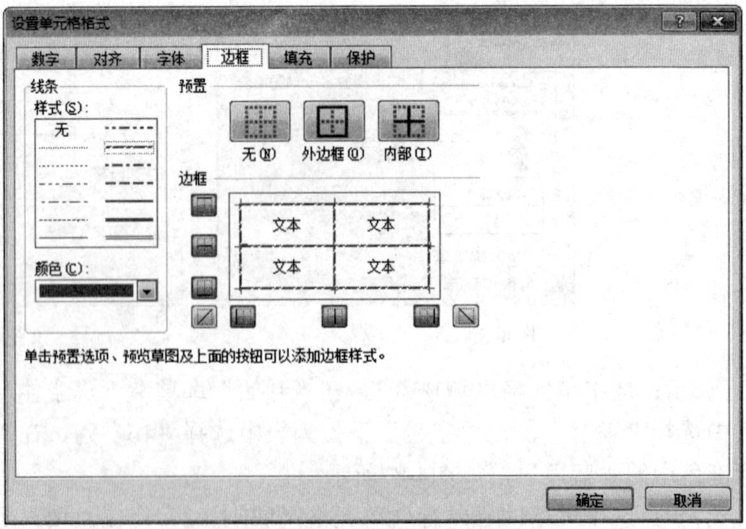


图4-91

第11步：选中单元格区域B3:F11，单击“开始”选项卡下“单元格”组中的“格式”下拉按钮，在弹出的下拉列表中执行“单元格大小”选项下的“自动调整列宽”命令，如图4-92所示。选中单元格区域D4:F11，单击“开始”选项卡下“对齐方式”组中的“居中”按钮。

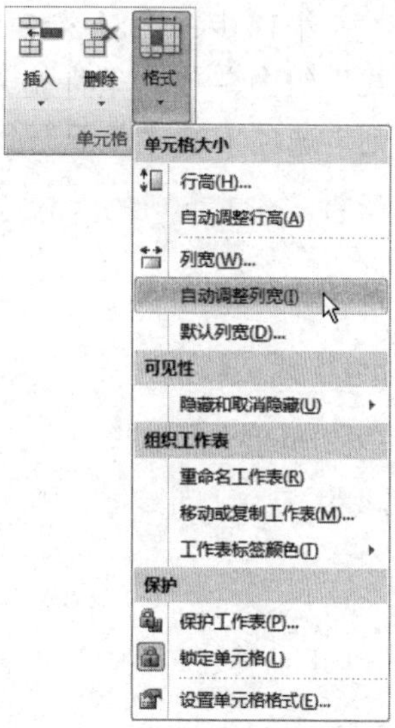


图4-92

3．数据的管理与分析

第12步：在Sheet2工作表中选定表格中的任意单元格，单击“开始”选项卡下“编辑”组中的“排序和筛选”按钮，在弹出的下拉列表中执行“筛选”命令，如图4-93所示，即可在每个列字段后出现一个向下的三角箭头。单击“服装类”后的下三角箭头，在弹出的下拉列表中执行“数字筛选”选项下的“大于”命令，如图4-94所示。

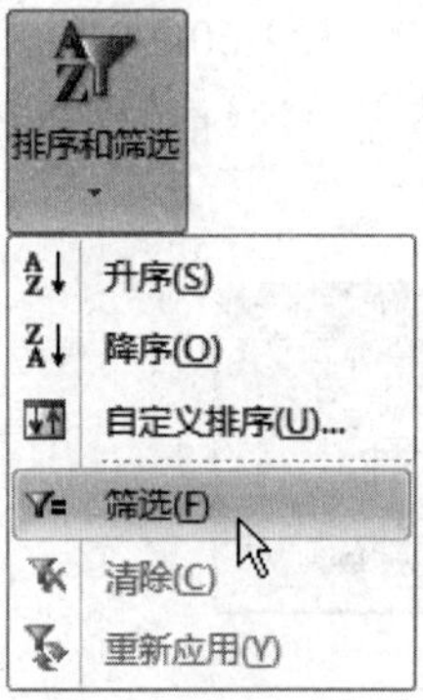


图4-93

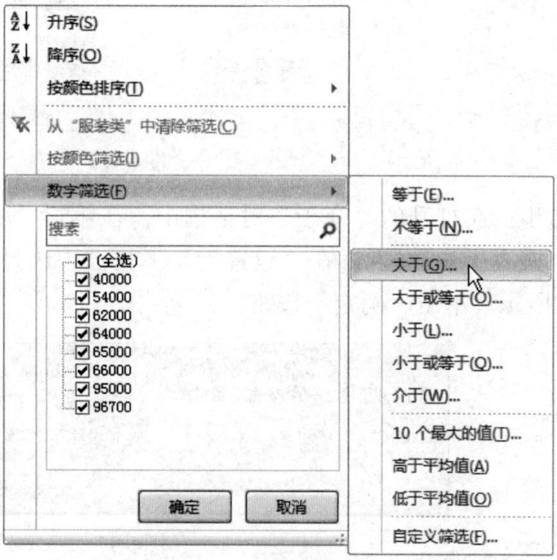


图4-94

第13步：打开“自定义自动筛选方式”对话框，在右侧的文本框中输入“60000”，如图4-95所示，单击“确定”按钮即可。使用相同方法将“百货类”大于或等于65000的记录筛选出来。

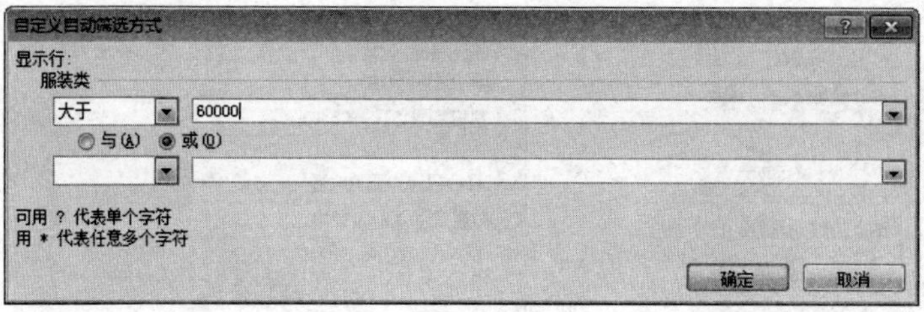


图4-95

第14步：在Sheet2工作表中，选中单元格区域C3:E9，在“开始”选项卡下“样式”组中单击“条件格式”下拉按钮，在弹出的下拉列表中执行“突出显示单元格规则”选项下的“介于”命令，如图4-96所示。

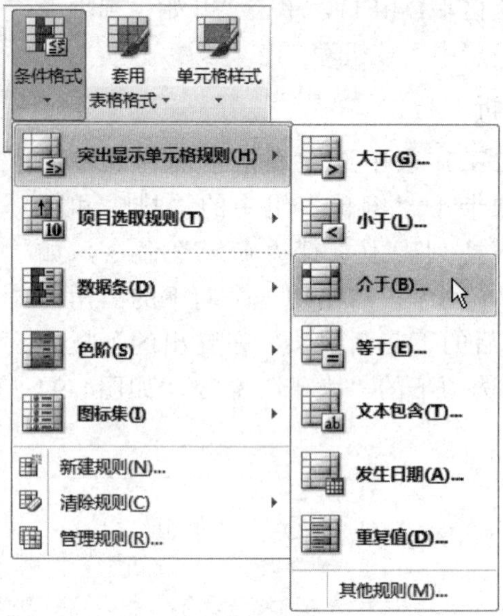


图4-96

第15步：在打开的“介于”对话框中，在第1个编辑框中输入“60000”，在第2个编辑框中输入“90000”，在“设置为”下拉框中选择“绿填充色深绿色文本”选项，如图4-97所示，单击“确定”按钮。

图4-97

第16步：选中F3单元格，单击“插入”选项卡下“迷你图”组中的“折线图”按钮，如图4-98所示。

第17步：在打开的“创建迷你图”对话框中，在“数据范围”文本框中输入“C3:E3”，在“位置范围”文本框中输入“$F$3”，如图4-99所示，单击“确定”按钮。

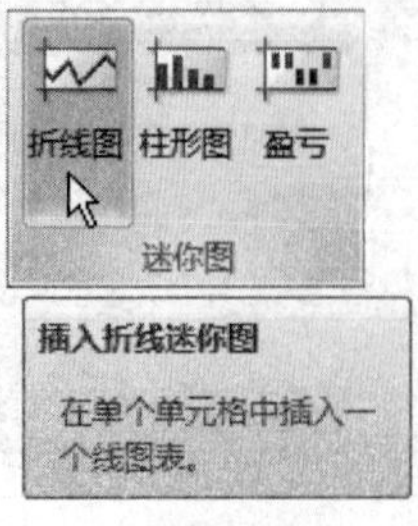


图4-98

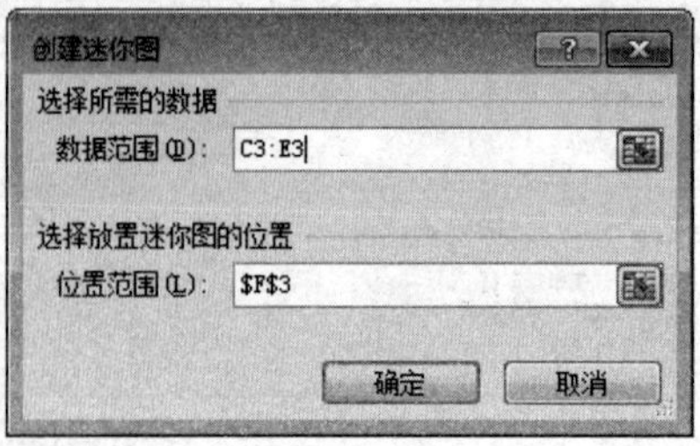


图4-99

第18步：将鼠标置于F3单元格的右下角处，当指针变为✚形状时，按住鼠标左键不放拖拽至F9单元格处，释放鼠标左键，即可完成F3:F9单元格迷你图的复制填充操作，如图4-100所示。

| | A | B | C | D | E | F |
|---|---|---|---|---|---|---|
| 1 | 某商场各分店销售情况统计表 | | | | | |
| 2 | 分店名称 | 地理位置 | 家电类 | 百货类 | 服装类 | |
| 3 | 旗舰店 | 人民路 | 99000 | 94400 | 96700 | |
| 4 | 一分店 | 新华街 | 56000 | 90000 | 95000 | |
| 5 | 二分店 | 花园路 | 65000 | 68000 | 65000 | |
| 6 | 三分店 | 前进路 | 45000 | 65000 | 62000 | |
| 9 | 六分店 | 安民路 | 65000 | 65000 | 64000 | |

图4-100

4．图表的运用

第19步：在Sheet3工作表中，选中单元格区域A2:A10，按住Ctrl键，同时选中单元格区域C2:E10，在“插入”选项卡下“图表”组中单击“条形图”下拉按钮，在弹出的下拉列表中选择“三维条形图”中的“三维簇状条形图”，生成基本图表，如图4-101所示。

第20步：选中新插入的图表，在“图表工具”的“设计”选项卡下“数据”组中单击“切换行/列”按钮，将图表调整为样文中所示格式，如图4-102所示。

第21步：单击“图表工具”的“布局”选项卡下“标签”组中的“图例”按钮，在弹出的下拉列表中选择“在底部显示图例”选项，如图4-103所示。

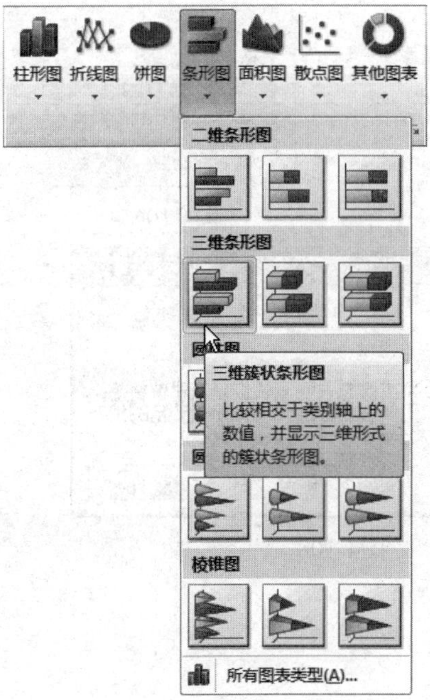


图4-101

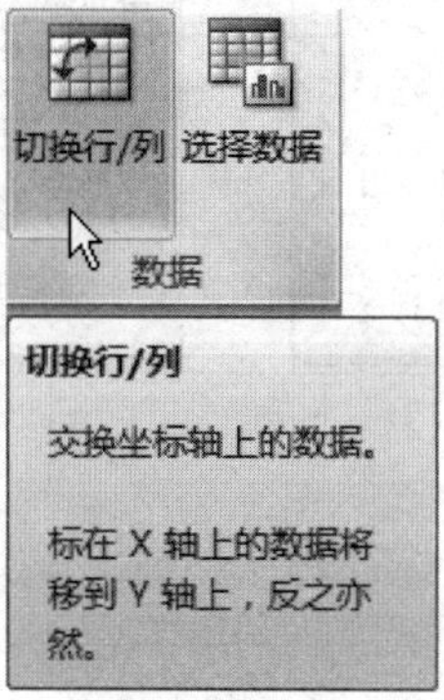


图4-102

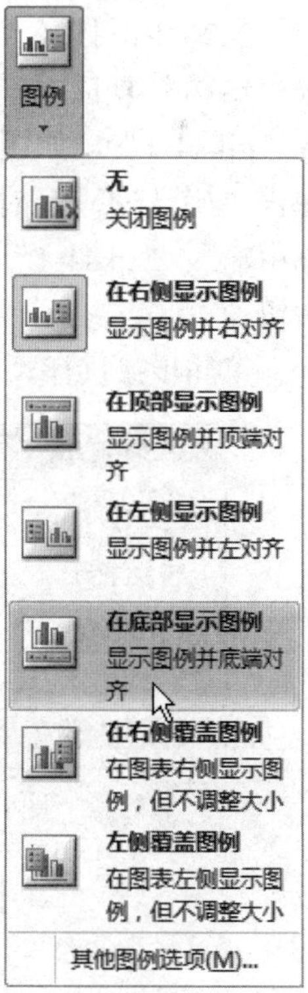


图4-103

第22步：在“图表工具”的“格式”选项卡下的“大小”组中，在“高度”文本框中微调或输入“11厘米”，在“宽度”文本框中微调或输入“15厘米”，如图4-104所示。

第23步：在“图表工具”的“布局”选项卡下“标签”组中单击“图表标题”按钮，在弹出的下拉列表中选择“图表上方”选项，如图4-105所示，在图表标题中输入“商场销售情况统计表”。

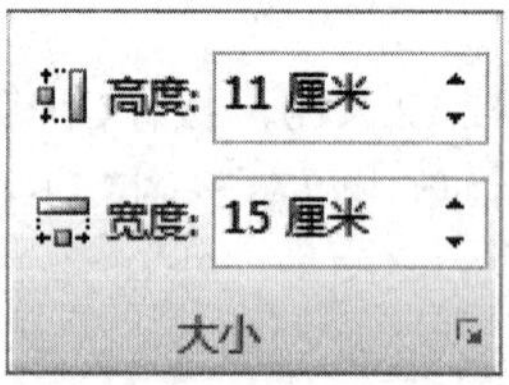


图4-104

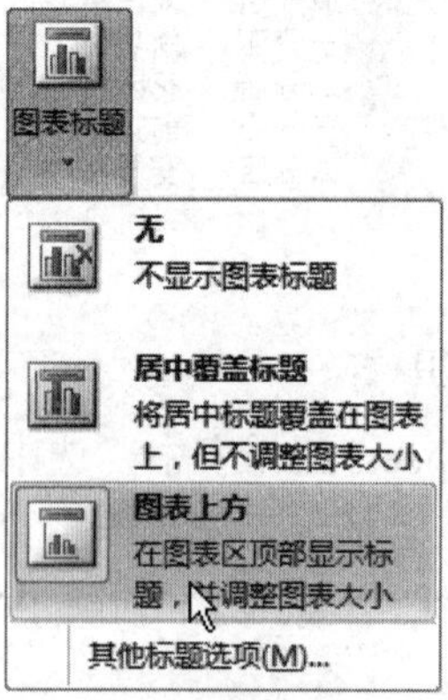


图4-105

5. **数据文档的修订与保护**

第24步：单击“审阅”选项卡下“更改”组中的“保护工作簿”按钮，如图4-106所示。

第25步：打开“保护结构和窗口”对话框，仅勾选“结构”复选框，在“密码（可选）”编辑框中输入“gjks4-1”，如图4-107所示，单击“确定”按钮。弹出“确认密码”对话框，在“重新输入密码”编辑框中输入“gjks4-1”，如图4-108所示，单击“确定”按钮。

第26步：执行“文件”→“保存”命令。

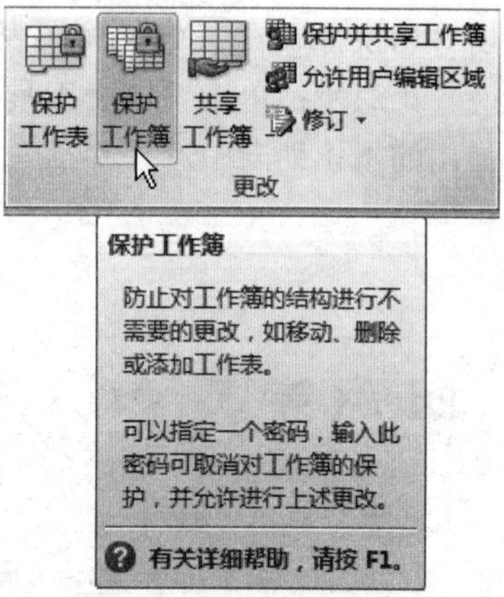


图4-106

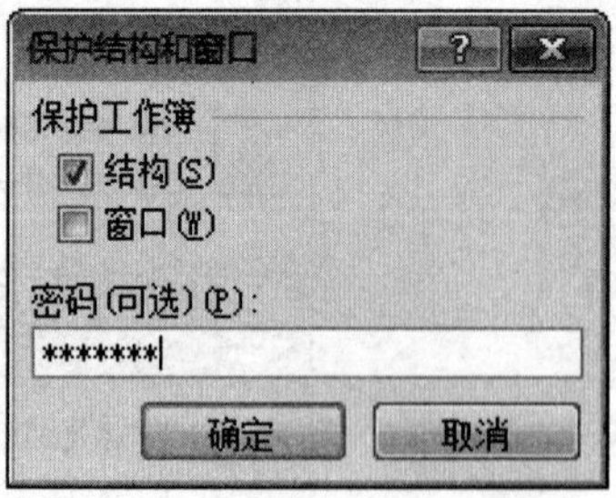


图4-107

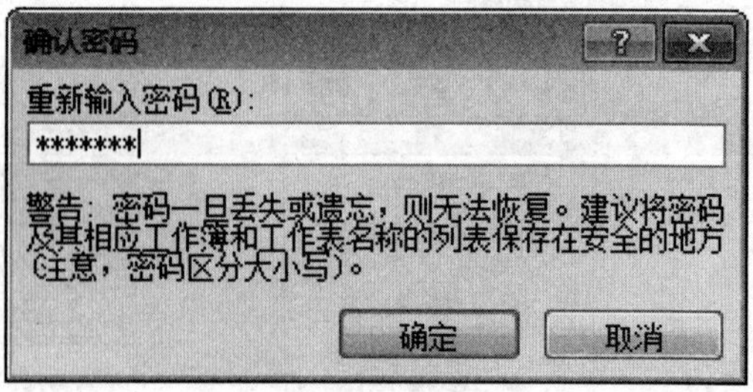


图4-108

# 第五章　数据表处理的综合操作

在Excel 2010中，只需在功能区上选择图表类型、图表布局和图表样式，便可很轻松地创建具有专业外观的图表。

公式是单元格中的一系列值、单元格引用、名称或运算符的组合，可生成新的值，是对工作表中的值执行计算的等式。公式始终以等号（=）开头。

模拟分析是在单元格中更改值以查看这些更改将如何影响工作表中公式结果的过程。Excel 2010附带了三种模拟分析工具：方案管理器、单变量求解和模拟运算表。

**本章主要内容**

- 图表的使用
- 公式的使用
- 模拟分析

**评分细则**

本章有3或4个评分点，每题10分。

题型一：

| 序号 | 评分点 | 分值 |
|---|---|---|
| 1 | 创建图表 | 2 |
| 2 | 设定图表的格式 | 4 |
| 3 | 修改图表中的数据 | 2 |
| 4 | 为图表添加外部数据 | 2 |

题型二：

| 序号 | 评分点 | 分值 |
|---|---|---|
| 1 | 模板调用 | 2 |
| 2 | 工作簿间数据的复制 | 3 |
| 3 | 数据格式设置 | 3 |
| 4 | 工作簿的共享 | 2 |

题型三：

| 序号 | 评分点 | 分值 |
|---|---|---|
| 1 | 公式的运用 | 4 |
| 2 | 双变量分析 | 4 |
| 3 | 数据格式设置 | 2 |

题型四：

| 序号 | 评分点 | 分值 |
|---|---|---|
| 1 | 数据格式设置 | 2 |
| 2 | 单变量分析 | 4 |
| 3 | 创建、编辑、总结方案 | 4 |

题型五：

| 序号 | 评分点 | 分值 |
|---|---|---|
| 1 | 定义单元格名称 | 2 |
| 2 | 工作簿的链接 | 4 |
| 3 | 创建图表 | 3 |
| 4 | 添加趋势线 | 1 |

**本章导读**

综上所述，我们明确了本章所要求掌握的技能考核点以及对应《试题汇编》单元的评分点、分值和判分要求等。下面先在“样题示范”中展示《试题汇编》中的一道真题，然后详细讲解本章中涉及到的知识点和技能考核点，最后通过“样题解答”来讲解这道真题的详细操作步骤。

## 5.1 样题示范

**【练习目的】**

从《试题汇编》中选取样题，了解本章题目类型，掌握本章重点技能点。

**【样题来源】**

《试题汇编》第五单元5.1题（随书光盘中提供了本样题的操作视频）。

**【操作要求】**

在电子表格软件中打开文档A5.xlsx，按下列要求操作。

**1．创建图表**

- 按【样文5-1】所示，选取Sheet1工作表中适当的数据，在该工作表中创建一个簇状圆柱图。

**2．设定图表的格式**

- 按【样文5-1】所示，将图表区的布局设置为“布局5”，图表样式设置为“样式31”，调整图表的大小为高11厘米、宽19厘米，并为图表区套用“彩色轮廓 - 水绿色，强调颜色5”的形状样式。
- 按【样文5-1】所示，将图表标题的字体设置为华文行楷、24磅、深蓝色；将模拟运算表区域中文字的字体设置为华文细黑、10磅，并应用“中等线 - 强调颜色1”的形状样式。
- 按【样文5-1】所示，将坐标轴主要刻度单位设置为固定值2000。

**3．修改图表中的数据**

- 按【样文5-1】所示，将工作表中11月份“烟酒”销售量的数据更改为“6000”，从而改变图表中的数据，并在图表中以红色、14磅字体在相应位置显示出来。

**4．为图表添加外部数据**

- 按【样文5-1】所示，从Sheet2工作表中添加“乳制品”和“玩具”的销售量至图表中。

**【样文5-1】**

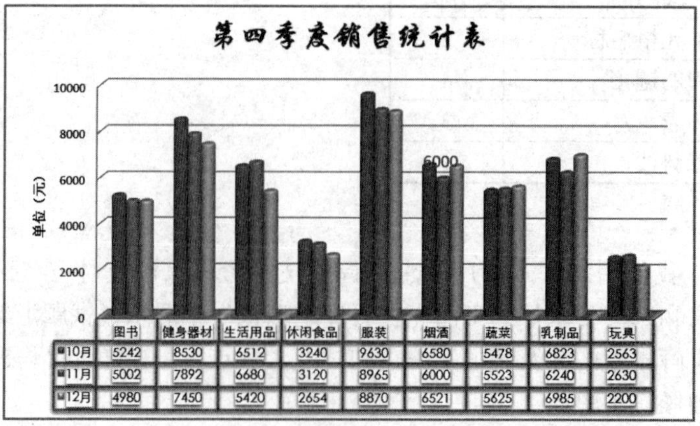

## 5.2 图表的使用

在Excel 2010中，只需在功能区上选择图表类型、图表布局和图表样式，便可很轻松地创建具有专业外观的图表。如果将喜欢的图表作为图表模板保存，之后无论何时新建图表，都可以轻松应用该模板，创建图表就更加容易了。

### 5.2.1 创建图表

Excel 2010支持多种类型的图表，可根据需要选择图表类型来显示数据。创建图表或更改现有图表时，可以从许多图表类型及其子类型中进行选择。也可以通过在图表中使用多种图表类型来创建组合图。

要在Excel中创建可在以后进行修改并设置格式的基本图表，首先要在工作表中输入该图表的数据，然后选择该数据并在“插入”选项卡的“图表”组中选择要使用的图表类型即可。对于多数图表（如柱形图和条形图），可以将工作表的行或列中排列的数据绘制在图表中。但某些图表类型（如饼图和气泡图）则需要特定的数据排列方式。

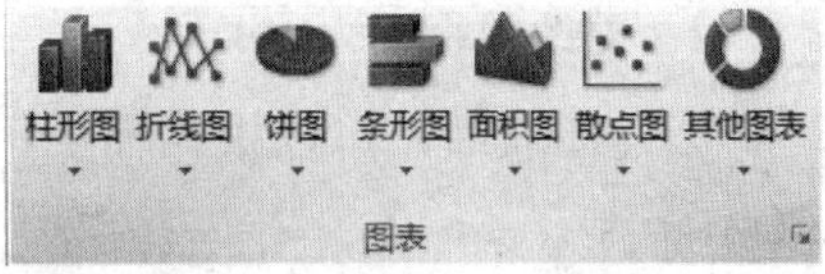


图5-1

**1．创建图表**

在“插入”选项卡的“图表”组中，可以执行创建图表的操作，如图5-1所示。

创建图表的具体操作步骤如下：

（1）选择包含要用于图表的数据的单元格。

如果只选择一个单元格，则Excel自动将紧邻该单元格的包含数据的所有单元绘制在图表中。如果要绘制在图表中的单元格不在连续的区域中，那么只要选择的区域为矩形，便可以选择不相邻的单元格或区域。还可以隐藏不想绘制在图表中的行或列。如果要取消选择的单元格区域，单击工作表中的任意单元格即可。

（2）在“插入”选项卡的“图表”组中选择图表类型，然后选择要使用的图表子类型，如图5-2所示，图表将作为嵌入图表出现在工作表上。

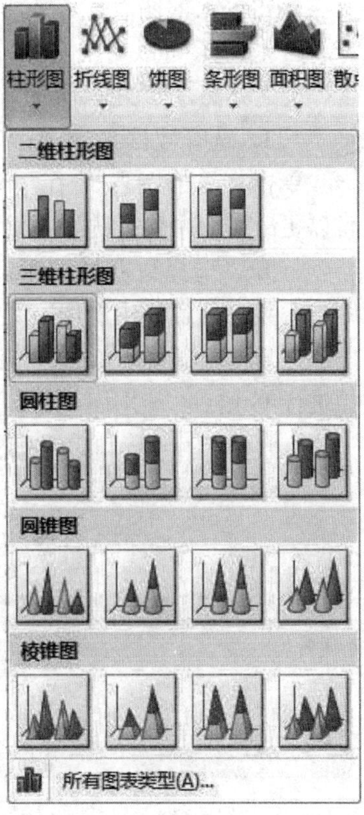


图5-2

如果要查看所有可用图表类型，先选择图表类型，然后执行“所有图表类型”命令，弹出“插入图表”对话框，选择要使用的图表类型，如图5-3所示。

提示：当指针停留在任何图表类型或图表子类型上时，屏幕提示将显示图表类型的名称。

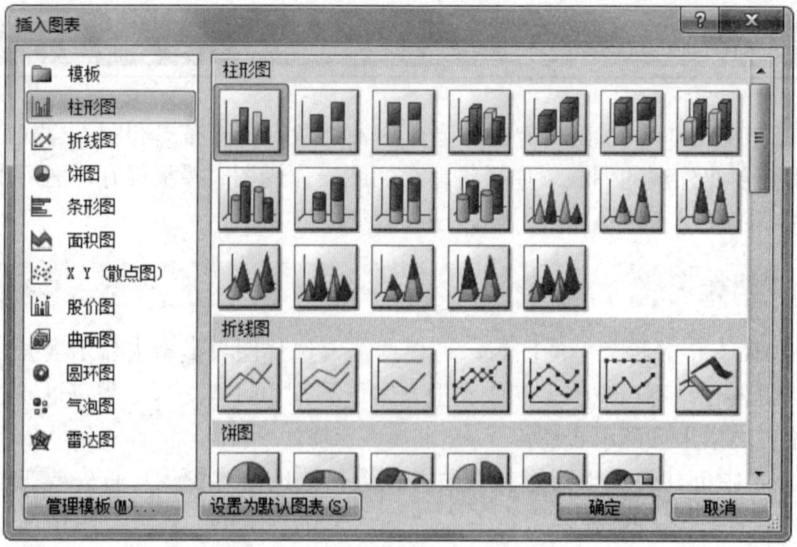


图5-3

## 2．更改数据

创建图表后，可以根据需要用“设计”选项卡的“数据”组的功能调整图表中的数据。

（1）切换行/列。

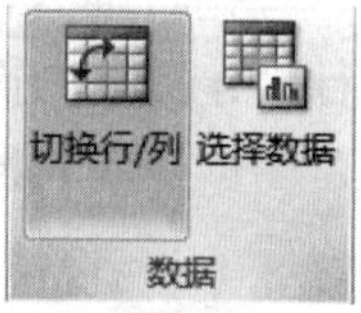


图5-4

单击嵌入的图表，在“设计”选项卡的“数据”组中单击“切换行/列”按钮，可以交换坐标轴上的数据，标在X轴上的数据将移到Y轴上，反之亦然，如图5-4所示。

（2）选择数据。

单击嵌入的图表，在“设计”选项卡的“数据”组中，单击“选择数据”按钮，可以更改图表中包含的数据区域。

打开“选择数据源”对话框，在“图表数据区域”框中可以重新选择数据区域，则将替换系列窗格中的所有系列。在“图例项（系列）”区域可以添加、编辑和删除图例，打开“编辑数据系列”对话框更改图例的名称和值，单击右侧的“折叠对话框”按钮进行单元格区域引用。另外，还可以用移动按钮调整图例的位置，如图5-5所示。

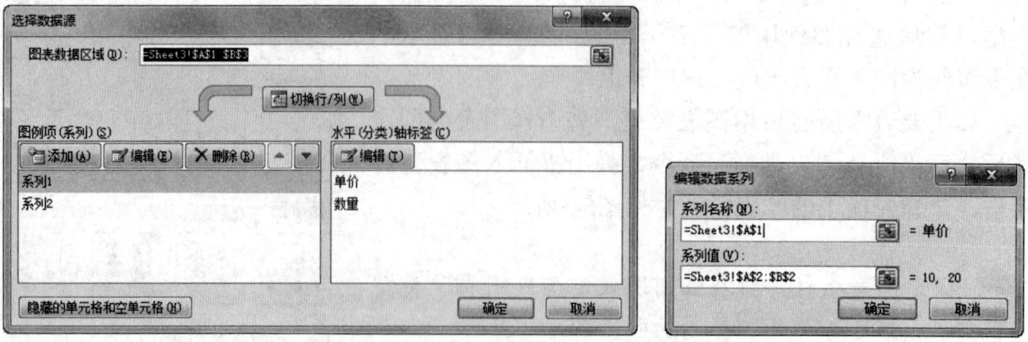


图5-5

在“水平（分类）轴标签”区域可以编辑水平轴标签区域。打开“轴标签”对话框修改轴标签，单击右侧的“折叠对话框”按钮进行单元格区域引用，如图5-6所示。

图5-6

3．移动图表

创建完图表后，如果要将图表放在单独的图表工作表中，则可以更改其位置。单击嵌入图表或图表工作表以选中该图表并显示图表工具。在“设计”选项卡的“位置”组中，单击“移动图表”按钮，打开“移动图表”对话框，如图5-7所示。

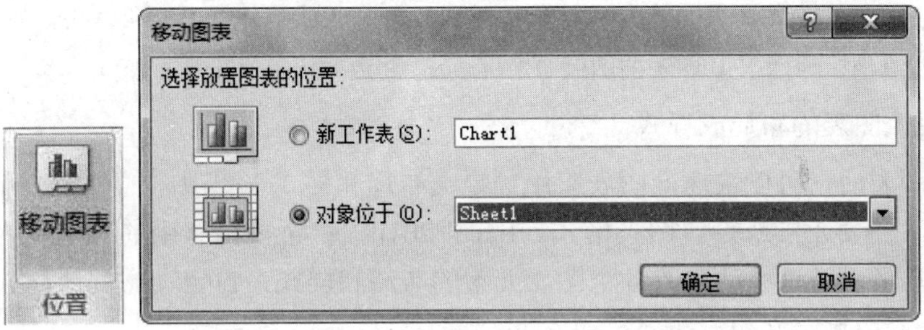


图5-7

在“选择放置图表的位置”区域，若要将图表显示在图表工作表中，则选中“新工作表”单选按钮，如果要替换图表的建议名称，则可以在“新工作表”文本框中输入新的名称。若要将图表显示为工作表中的嵌入图表，则选中“对象位于”单选按钮，然后在“对象位于”文本框中选择工作表。

## 5.2.2 编辑图表

创建图表后，图表工具变为可用状态，显示“设计”、“布局”和“格式”选项卡。可以使用这些选项卡的命令修改图表，以使图表按照所需的方式表示数据。例如，可以使用“设计”选项卡按行或列显示数据系列、更改图表的源数据、更改图表的位置、更改图表类型、将图表保存为模板或选择预定义布局和格式选项。可以使用“布局”选项卡更改图表元素（如图表标题和数据标签）的显示，使用绘图工具或在图表上添加文本框和图片。可以使用“格式”选项卡添加填充颜色、更改线型或应用特殊效果。

1．图表元素

图表中包含许多元素，如图5-8所示。默认情况下会显示其中一部分元素，而其他元素可以根据需要添加。通过将图表元素移到图表中的其他位置、调整图表元素的大小或者更改格式，可以更改图表元素的显示，还可以删除不希望显示的图表元素。

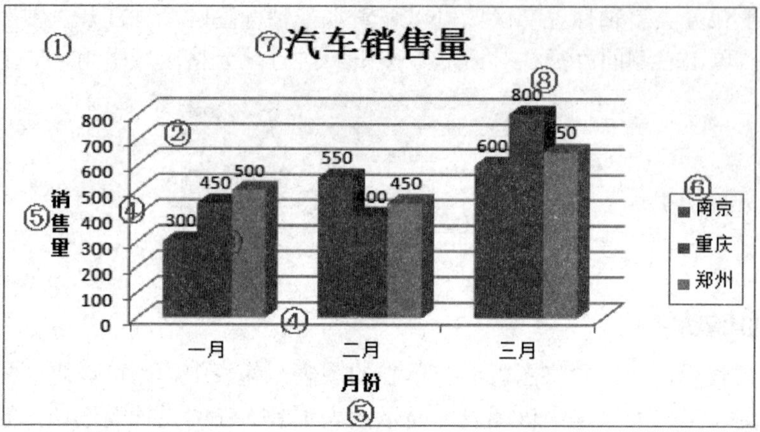


图5-8

①图表的图表区 ②图表的绘图区 ③数据系列的数据点 ④横（分类）和纵（分类）坐标轴 ⑤横和纵坐标轴标题 ⑥图表的图例 ⑦图表标题 ⑧数据标签

**2．更改图表的布局或样式**

创建图表后，可以快速向图表应用预定义布局和样式来更改它的外观，而无需手动添加或更改图表元素或设置图表格式。Excel 2010提供了多种有用的预定义布局和样式供选择，也可以通过手动更改各个图表元素的布局和样式来自定义布局或样式。

（1）应用预定义图表布局。

单击要使用预定义图表布局来设置其格式的图表，在“设计”选项卡的“图表布局”组中，选择要使用的图表布局。若要查看所有可用的布局，单击“其他”按钮即可，如图5-9所示。

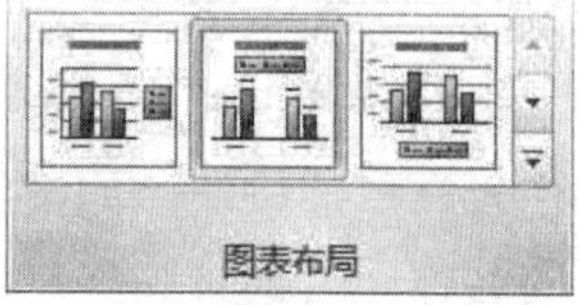


图5-9

（2）应用预定义图表样式。

单击要使用预定义图表样式来设置其格式的图表，在“设计”选项卡的“图表样式”组中，选择要使用的图表样式。若要查看所有预定义图表样式，单击“其他”按钮即可，如图5-10所示。

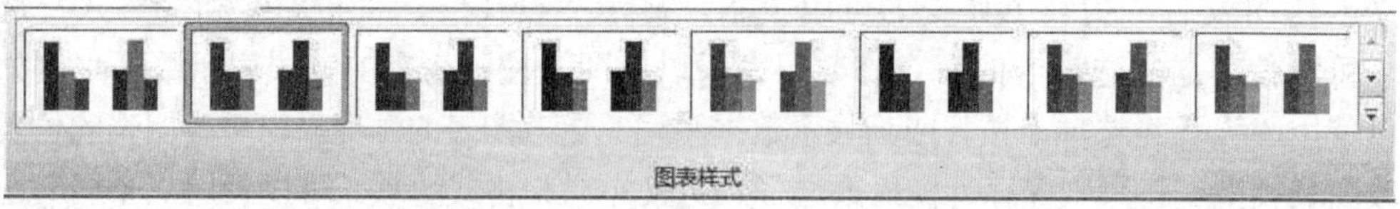


图5-10

（3）手动更改图表元素的布局。

单击要更改其布局的图表或图表元素，或者单击图表内的任意位置以显示“图表工具”，在“格式”选项卡的“当前所选内容”组中，单击“图表元素”文本框右侧的下拉按钮，在弹出的下拉列表中选择所需的图表元素，如图5-11所示。

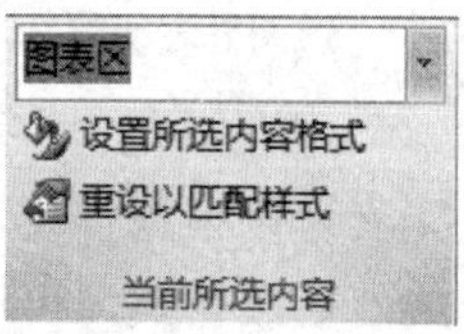


图5-11

在“布局”选项卡的“标签”、“坐标轴”或“背景”组中，单击要更改的图表元素按钮，并从其下拉列表中选择所需的布局选项，如图5-12所示。

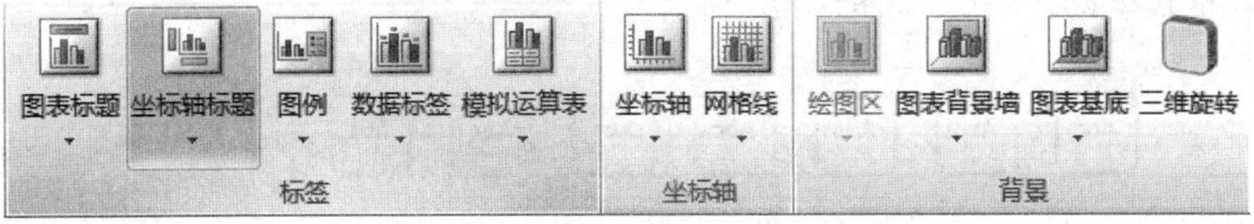


图5-12

提示：选择的布局选项会应用到已经选定的图表元素。例如，选定整个图表，数据标签将应用到所有数据系列。如果选定单个数据点，则数据标签将只应用于选定的数据系列或数据点。

（4）手动更改图表元素的格式。

单击要更改其布局的图表或图表元素，或者单击图表内的任意位置以显示“图表工具”，在“格式”选项卡的“当前所选内容”组中，单击“图表元素”文本框右侧的下拉按钮，并从其下拉列表中选择所需的图表元素。更改图表元素的格式既可以使用设置格式的对话框，也可以使用功能区上的设置按钮。

方法1：若要为选择的任意图表元素设置格式，可在“当前所选内容”组中执行“设置所选内容格式”命令，然后选择需要的格式选项。

例如，执行“水平（类别）轴”→“设置所选内容格式”命令，打开“设置坐标轴格式”对话框，可设置坐标轴的数字、填充、线条颜色、线型、阴影、发光和柔化边缘、三维格式、对齐方式等，如图5-13所示。

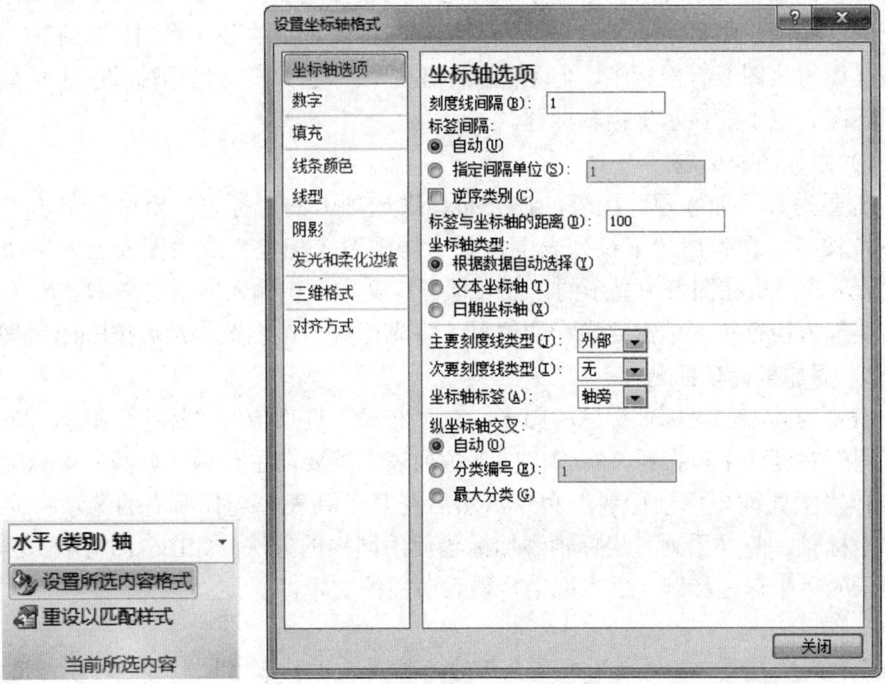


图5-13

方法2：在“格式”选项卡的“形状样式”组和“艺术字样式”组中设置图表元素的形状格式和文本格式，如图5-14所示。

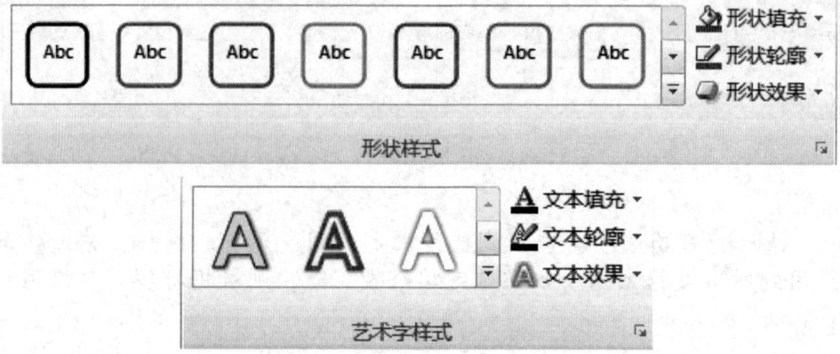


图5-14

提示：在应用艺术字样式后，则无法删除艺术字格式。如果不需要已经应用的艺术字样式，可以选择另一种艺术字样式，也可以在“快速访问工具栏”上执行“撤消”命令以恢复原来的文本格式。

方法3：若要使用常规文本格式为图表元素中的文本设置格式，可以右击或选择该文本，然后在“浮动工具栏”上选择需要的格式选项。也可以使用“开始”选项卡的“字体”组上的格式设置按钮。

**3．添加或删除标题**

为了使图表更易于理解，可以添加标题、图表标题和坐标轴标题。坐标轴标题通常可用于能够在图表中显示的所有坐标轴，包括三维图表中的竖（系列）坐标轴。有些图表类型（如雷达图）有坐标轴，但不能显示坐标轴标题。没有坐标轴的图表类型（如饼图和圆环图）也不能显示坐标轴标题。

（1）添加图表标题。

单击要为其添加标题的图表，在“布局”选项卡的“标签”组中，单击“图表标题”下拉按钮，在弹出的下拉列表中执行“居中覆盖标题”或“图表上方”命令，如图5-15所示。然后在图表中显示的“图表标题”文本框中输入所需的文本。

若要插入换行符，单击要换行的位置，将光标置于该位置，然后按Enter键即可。

（2）添加坐标轴标题。

单击要为其添加坐标轴标题的图表，在“布局”选项卡的“标签”组中，单击“坐标轴标题”右侧的下拉按钮，在弹出的下拉列表中若要向主要横（分类）坐标轴添加标题，执行“主要横坐标轴标题”命令，然后在其子列表中选择所需的选项；向主要纵（值）坐标轴、竖（系列）坐标轴添加标题使用同样的方法，如图5-16所示。然后在图表中显示的“坐标轴标题”文本框中，输入所需的文本。

提示：此选项仅在所选图表是真正的三维图表（如三维柱形图）时才可用。

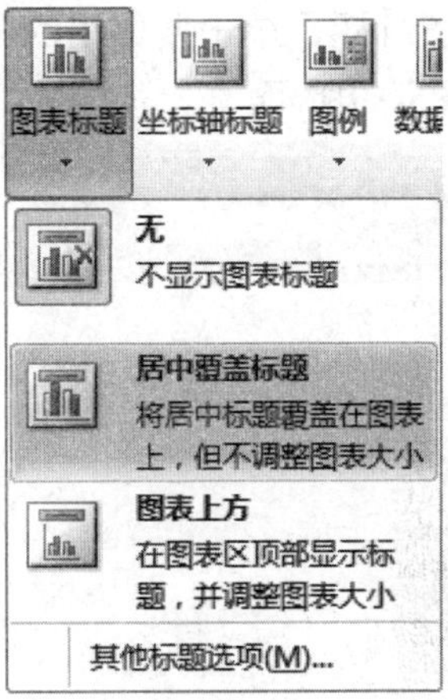


图5-15

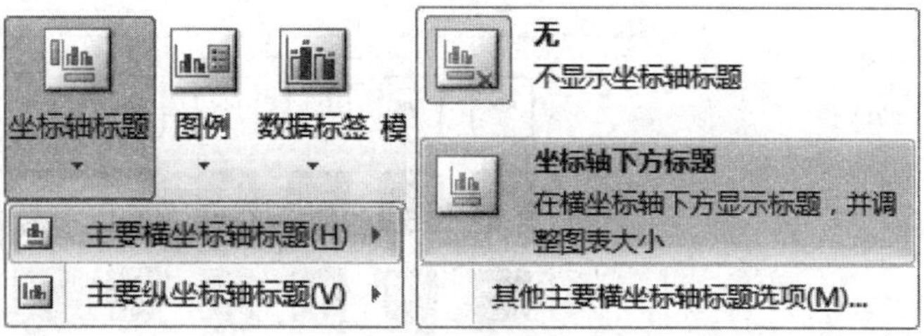


图5-16

（3）设置标题。

为图表添加完标题后，若要设置文本的格式，先选择文本，然后在“浮动工具栏”上选择所需的格式选项，如图5-17所示。也可以使用“开始”选项卡的“字体”组上的格式设置按钮。

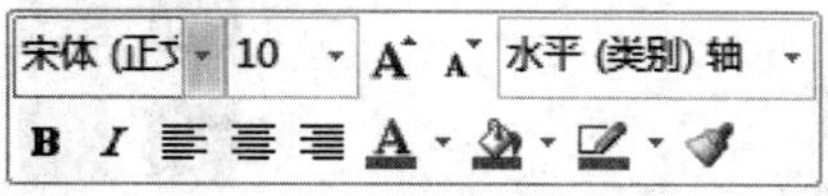


图5-17

若要设置整个标题的格式，可以右击该标题，执行“设置图表标题格式”命令，打开“设置图表标题格式”对话框，可以为图表标题设置填充、边框颜色、边框样式、阴影、发光和柔化边缘、三维格式以及对齐方式，如图5-18所示。

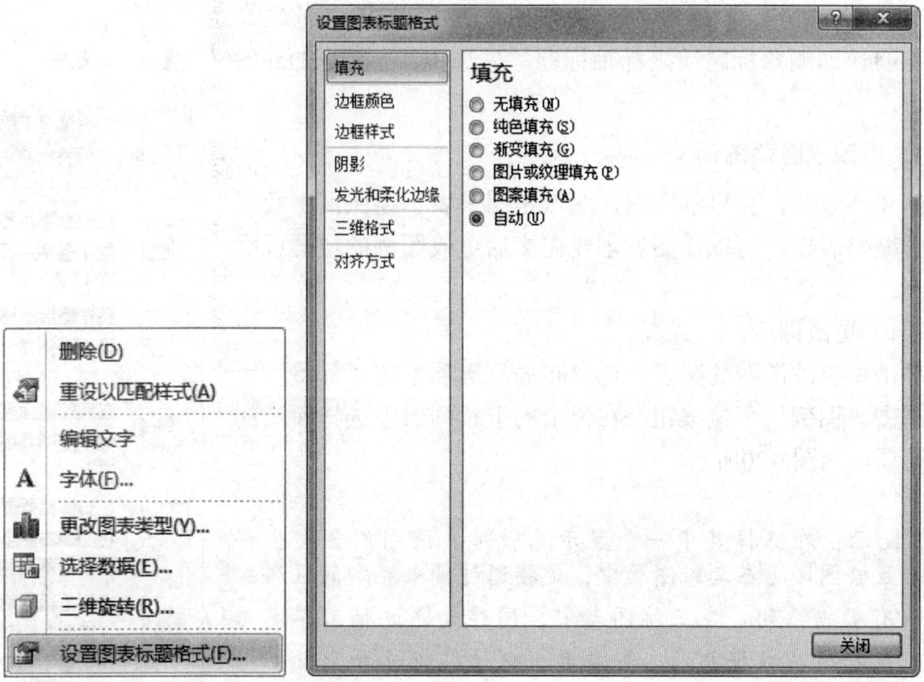


图5-18

也可以使用“格式”选项卡的“形状样式”组中的样式设置标题，单击要使用的图表样式。若要查看所有的形状样式，单击“其他”按钮，如图5-19所示。

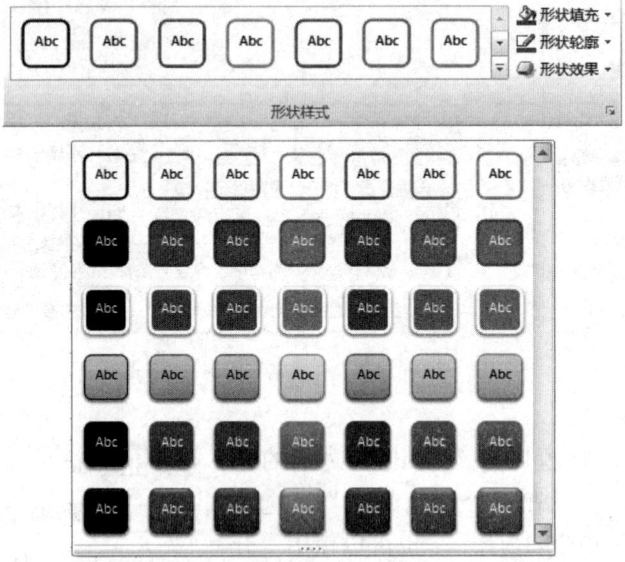


图5-19

坐标轴标题的设置方法与图表标题的设置方法相同。

（4）删除标题。

单击图表，在“布局”选项卡的“标签”组中，单击“图表标题”或“坐标轴标题”下拉按钮，然后执行“无”命令。若要快速删除标题或坐标轴标题，先选中，然后按Delete键即可。

**4．更改或隐藏图例**

创建图表时，会显示图例，图例是用来表示绘图区中数据系列的缩略表现。可以在图表创建完毕后更改图例的位置或隐藏图例。

（1）更改图例。

单击要更改图例的图表，在“布局”选项卡的“标签”组中，单击“图例”下拉按钮，在弹出的下拉列表中选择所需的显示选项，如图5-20所示。

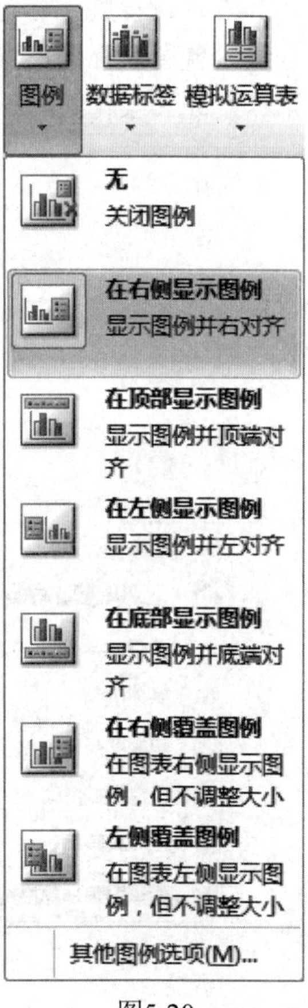


图5-20

提示：在选择其中一个显示选项时，该图例会发生移动，而且绘图区（在二维图表中，是指通过轴来界定的区域，包括所有数据系列。在三维图表中，同样是通过轴来界定的区域，包括所有数据系列、分类名、刻度线标志和坐标轴标题。）会自动调整，以便为该图例腾出空间。如果是移动图例并设置其大小，则不会自动调整绘图区。

（2）设置图例。

设置图例文本的方法与设置图表标题文本的方法相同。若要设置图例文本的格式，则选择文本，然后在“浮动工具栏”上单击所需的格式选项，如图5-21所示。也可以使用“开始”选项卡的“字体”组的格式设置按钮。

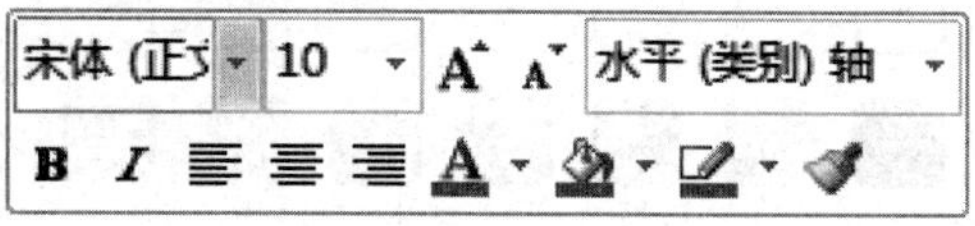


图5-21

若要设置整个图例的格式，可以右击该图例，执行“设置图例格式”命令，打开“设置图例格式”对话框，可以为图例设置位置、填充、边框颜色、边框样式、阴影、发光和柔化边缘，如图5-22所示。

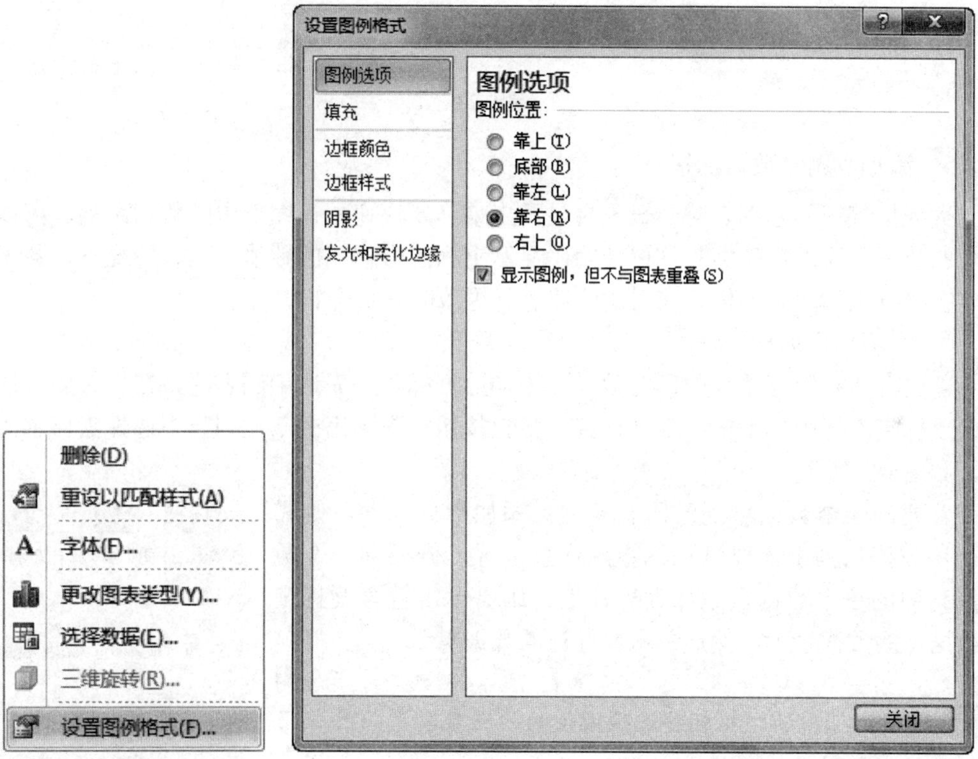


图5-22

也可以使用“格式”选项卡的“形状样式”组中的样式设置图例，选择要使用的图表样式。若要查看所有的形状样式，则单击“其他”按钮，如图5-23所示。

（3）隐藏图例。

单击图表，在“布局”选项卡的“标签”组中，单击“图例”下拉按钮，在弹出的下拉列表中执行“无”命令。若要快速删除某个图例或图例项，可以选中该图例或图例项，然后按Delete键。

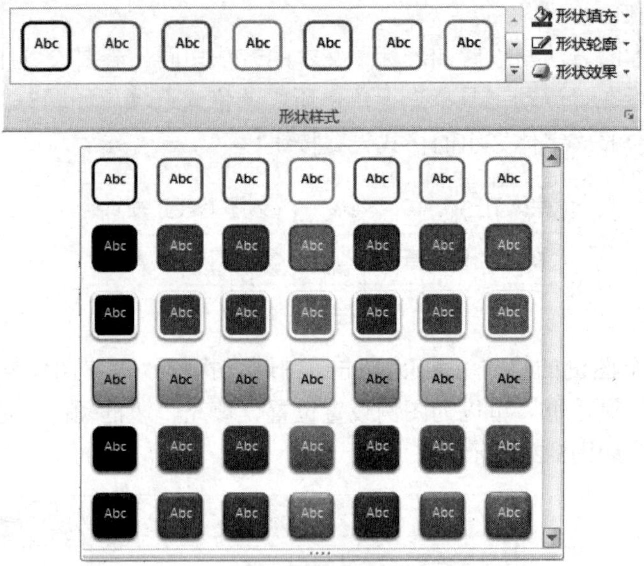


图5-23

5．**添加或删除数据标签**

数据标签在创建图表时一般不会显示出来，要快速标识图表中的数据系列，可以向图表的数据点添加数据标签，以便明确显示出相应数据列的数值。默认情况下，数据标签将链接到工作表中的值，在对这些值进行更改时它们会自动更新。

（1）添加数据标签。

若要向所有数据系列的所有数据点添加数据标签，先选中图表区，在“布局”选项卡的“标签”组中，单击“数据标签”下拉按钮，在弹出的下拉列表中选择需显示的选项，如图5-24所示。

若要向一个数据系列的所有数据点添加数据标签，则需单击该数据系列中需要添加标签的任意位置。若要向一个数据系列中的单个数据点添加数据标签，则需单击包含要标记的数据点的数据系列，然后单击要标记的数据点。

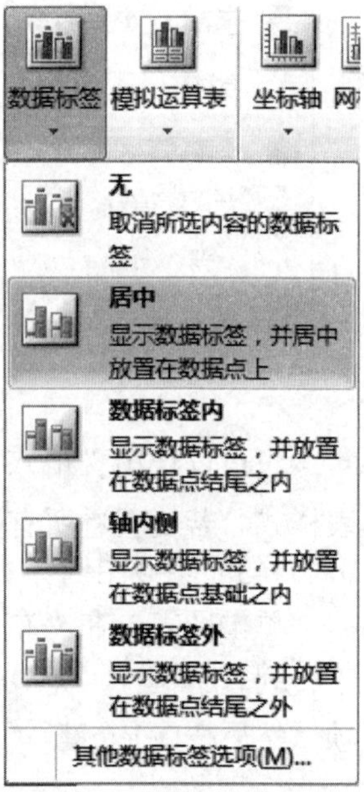


图5-24

提示：可用的数据标签选项因使用的图表类型而异。

（2）设置数据标签。

添加数据标签后，若要设置数据标签文本的格式，则选择文本，然后在“浮动工具栏”上选择所需的格式选项。也可以使用“开始”选项卡下的“字体”组上的格式设置按钮。

若要设置整个数据标签的格式，可以右击该标签，在其快捷菜单中执行“设置数据标签格式”命令，打开“设置数据标签格式”对话框，可以为数据标签设置标签选项、数字、填充、边框颜色、边框样式、阴影、发光和柔化边缘、三维格式以及对齐方式，如图5-25所示。

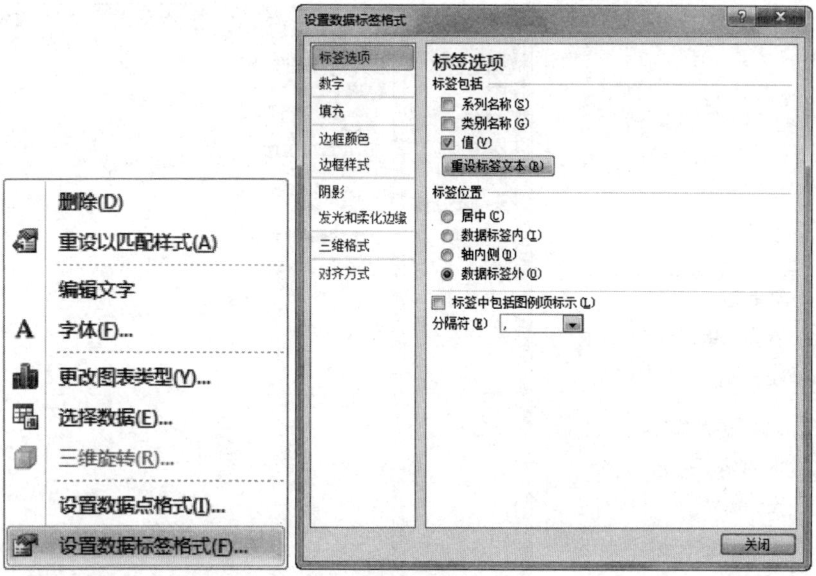


图5-25

也可以使用“格式”选项卡下的“形状样式”组中的样式设置数据标签，单击要使用的图表样式。若要查看所有的形状样式，则单击“其他”按钮。

（3）删除数据标签。

单击图表，在“布局”选项卡的“标签”组中，单击“数据标签”下拉按钮，在弹出的下拉列表中执行“无”命令。若要快速删除标题或数据标签，先选中，然后按Delete键。

**6．添加或删除模拟运算表**

模拟运算表也是用来弥补数据系列表示数值不明显的状况。创建图表后，模拟运算表默认不显示，但可以根据图表中的数据在图表下方添加模拟运算表。

（1）添加模拟运算表。

单击要添加模拟运算表的图表，在“布局”选项卡下的“标签”组中，单击“模拟运算表”下拉按钮，在弹出的下拉列表中选择所需的显示选项，如图5-26所示。

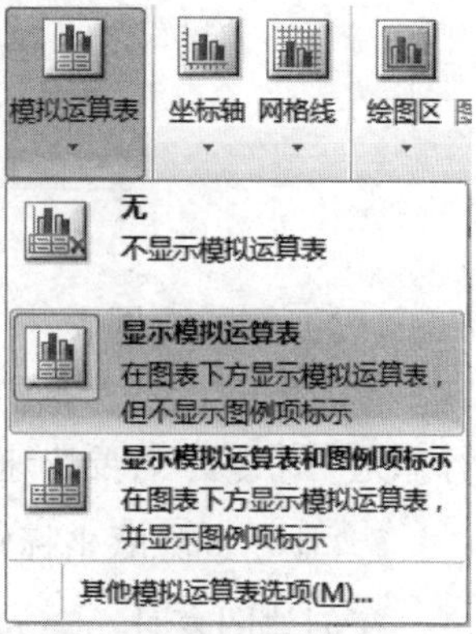


图5-26

（2）设置模拟运算表。

添加模拟运算表后，若要设置模拟运算表中文本的格式，则单击模拟运算表，然后在“浮动工具栏”上单击所需的格式选项。也可以使用“开始”选项卡下的“字体”组上的格式设置按钮。

若要设置整个模拟运算表的格式，可以右击该表，在其快捷菜单中执行“设置模拟运算表格式”命令，打开“设置模拟运算表格式”对话框，可以为模拟运算表设置模拟运算表选项、填充、边框颜色、边框样式、阴影、发光和柔化边缘以及三维格式，如图5-27所示。

也可以使用“格式”选项卡的“形状样式”组中的样式设置模拟运算表，单击要使用的形状样式。若要查看所有的形状样式，则单击“其他”按钮，如图5-28所示。

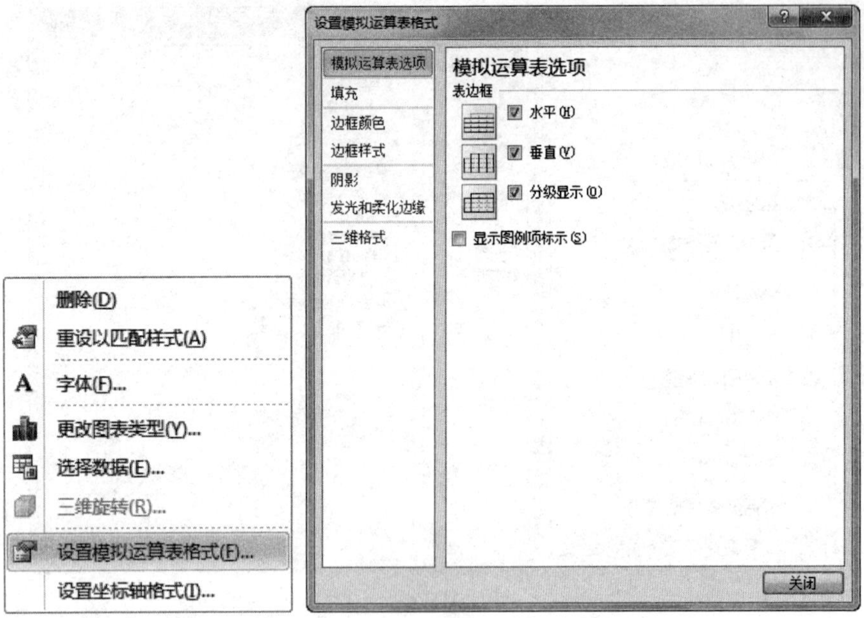


图5-27

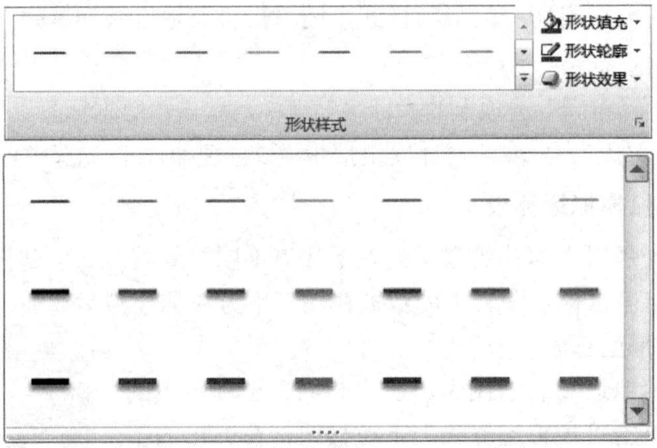


图5-28

（3）删除数据表。

单击图表，在“布局”选项卡的“标签”组中，单击“模拟运算表”按钮，然后执行“无”命令。若要快速删除模拟运算表，先选中，然后按Delete键。

**7．显示或隐藏坐标轴**

在创建图表时，会为大多数图表类型显示主要坐标轴。可以根据需要启用或禁用主要坐标轴。横（分类）坐标轴是用来放置不同的类别的坐标轴，纵（值）坐标轴是用来设置相应的数值大小的坐标轴。添加坐标轴时，可以指定想让坐标轴显示的信息的详细程度。创建三维图表时会显示竖坐标轴。

（1）显示坐标轴。

单击要显示其坐标轴的图表，在“布局”选项卡的“坐标轴”组中，单击“坐标轴”下拉按钮，在弹出的下拉列表中执行“主要横坐标轴”、“主要纵坐标轴”或“竖坐标轴”（在三维图表中）命令，然后在相应子列表中选择所需的坐标轴显示选项，如图5-29所示。

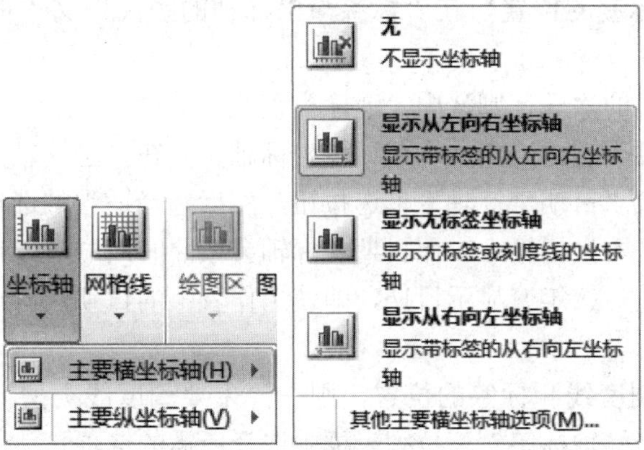


图5-29

（2）设置坐标轴。

添加坐标轴后，若要设置坐标轴中文本的格式，先选中文本，然后在“浮动工具栏”上选所需的格式选项。也可以使用功能区“开始”选项卡的“字体”组上的格式设置按钮。

若要设置整个坐标轴的格式，可以右击该坐标轴，执行“设置坐标轴格式”命令，打开“设置坐标轴格式”对话框，可以为坐标轴设置坐标轴选项、数字、填充、线条颜色、线型、阴影、发光和柔化边缘、三维格式以及对齐方式，如图5-30所示。

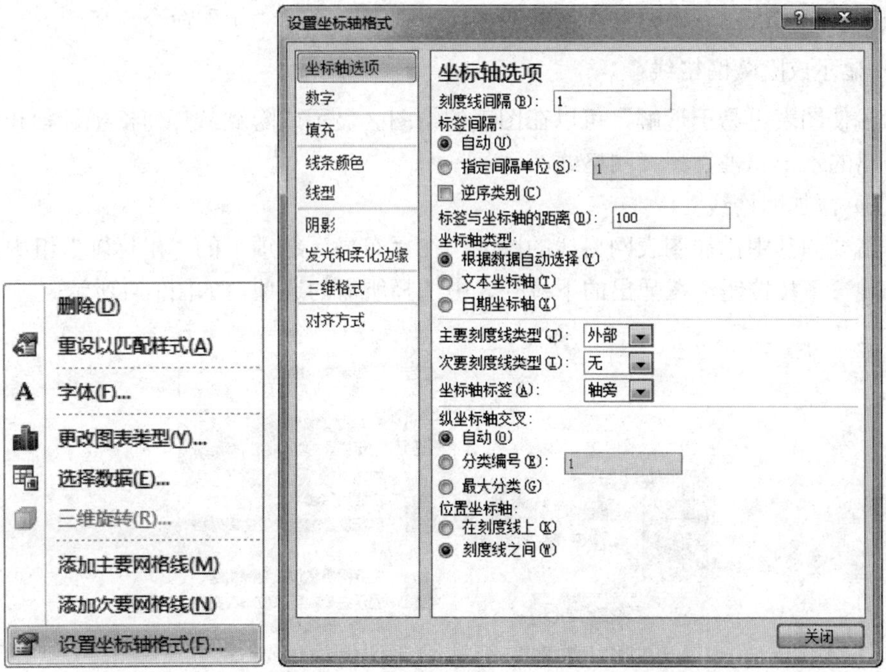


图5-30

- 要更改刻度线之间的间隔，在“刻度线间隔”文本框中输入所需的数字即可。
- 要更改轴标签之间的间隔，在“标签间隔”下选中“指定间隔单位”单选按钮，然后在文本框中输入所需的数字。
- 要更改轴标签的位置，在“标签与坐标轴的距离”文本框中输入所需的数字即可。
- 要颠倒分类的次序，则选中“逆序类别”复选框。
- 要将坐标轴类型更改为文本或日期坐标轴，先在“坐标轴类型”下选中“文本坐标轴”或“日期坐标轴”单选按钮，然后选择适当的选项。文本和数据点均匀分布在文本坐标轴上。而日期坐标轴会按照时间顺序以特定的间隔或基本单位（如日、月、年）显示日期，即使工作表上的日期没有按顺序或者相同的基本单位显示。
- 要更改轴刻度线和标签的位置，则在“主要刻度线类型”、“次要刻度线类型”和“坐标轴标签”下拉列表框中选择所需的选项。
- 要更改垂直（数值）轴与水平（类别）轴的交叉位置，先在“纵坐标轴交叉”下选中“分类编号”单选按钮，然后在文本框中输入所需的数字，或选中“最大分类”单选按钮来指定在X轴上最后分类之后垂直（数值）轴与水平（类别）轴交叉。

也可以使用“格式”选项卡的“形状样式”组中的样式设置坐标轴，单击要使用的形状样式。若要查看所有的形状样式，则单击“其他”按钮。

（3）隐藏坐标轴。

单击要隐藏其坐标轴的图表，在“布局”选项卡的“坐标轴”组中，单击“坐标轴”下拉按钮，在弹出的下拉列表中执行“主要横坐标轴”、“主要纵坐标轴”或“竖坐标轴”（在三维图表中）命令，并在相应子列表中执行“无”命令。

**8．显示或隐藏网格线**

为了使图表更易于理解，可以在图表的绘图区显示或隐藏从任何横坐标轴和纵坐标轴延伸出的水平和垂直图表网格线。

（1）添加网格线。

单击要向其中添加图表网格线的图表，在“布局”选项卡的“坐标轴”组中，单击“网格线”下拉按钮，在弹出的下拉列表中选择所需的选项，如图5-31所示。

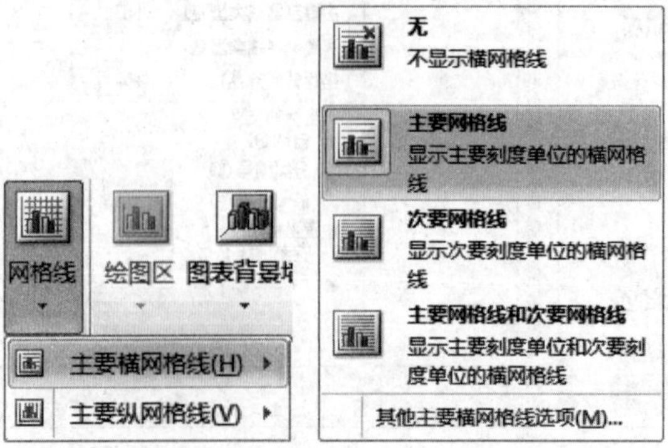


图5-31

（2）设置网格线。

添加网格线后，若要设置网格线中文本的格式，先选中文本，然后在“浮动工具栏”上选择所需的格式选项。也可以使用“开始”选项卡下的“字体”组上的格式设置按钮。

若要设置整个网格线的格式，可以右击该网格线，在其快捷菜单中执行“设置网格线格式”命令，打开“设置主要网格线格式”或“设置次要网格线格式”对话框，可以为网格线设置线条颜色、线型、阴影、发光和柔化边缘，如图5-32所示。

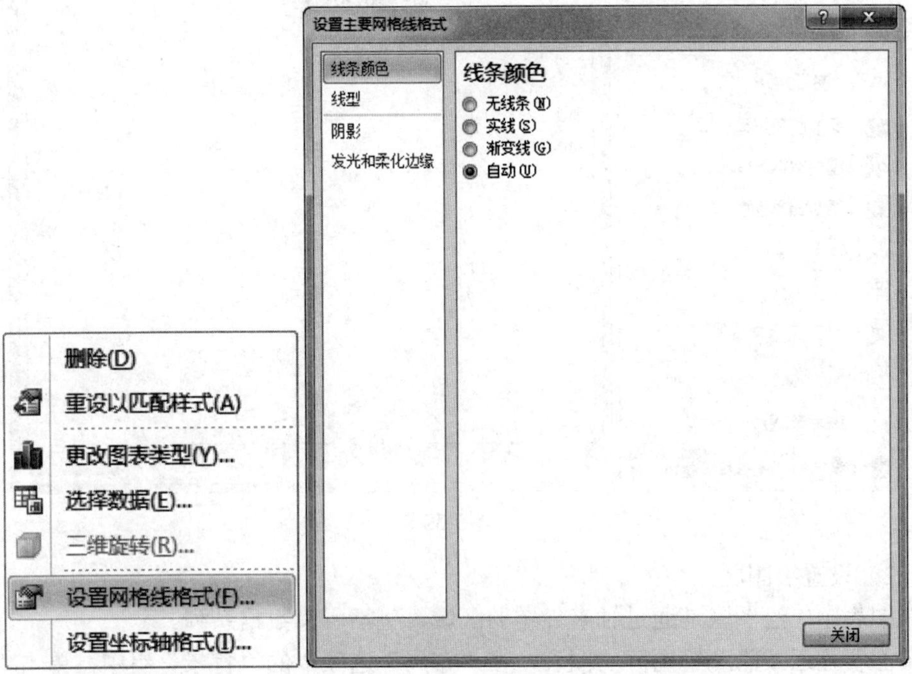


图5-32

也可以使用“格式”选项卡的“形状样式”组中的样式设置网格线，单击要使用的形状样式。若要查看所有的形状样式，则单击“其他”按钮。

（3）隐藏网格线。

单击要隐藏图表网格线的图表，在“布局”选项卡的“坐标轴”组中，单击“网格线”下拉按钮，在弹出的下拉列表中执行“主要横网格线”、“主要纵网格线”或“竖网格线”（三维图表上）命令，然后在相应子列表中执行“无”命令。若要快速删除图表网格线，先选中，然后按Delete键。

**9.设置图表背景**

创编图表后，可以设置图表的图表区和绘图区。图表区是构成一切图表要素的基础，没有图表区就没有其他任何的构成要素。绘图区是用相应的图形表示数据的直观表现。如果创建的是三维图表，还可以设置图表的背景墙与基底。

（1）设置图表区。

右击要设置图表区的图表，在弹出的快捷菜单中执行“设置图表区域格式”命令，打开“设置图表区格式”对话框，可以为图表区域设置填充、边框颜色、边框样式、阴影、发光和柔化边缘、三维格式、大小、属性以及可选文字，如图5-33所示。如果是三维图表，还可以设置三维旋转。

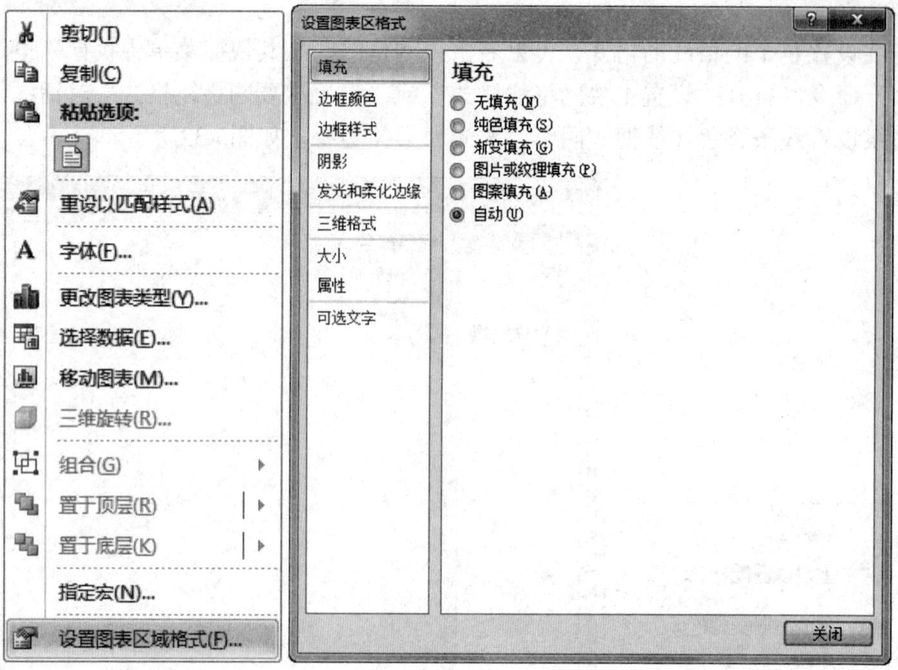


图5-33

（2）设置绘图区。

在图表中，绘图区是通过轴来界定的区域，包括所有数据系列。

单击要显示或隐藏绘图区的图表，在“布局”选项卡的“背景”组中，单击“绘图区”下拉按钮，在弹出的下拉列表中选择所需显示选项，如图5-34所示。

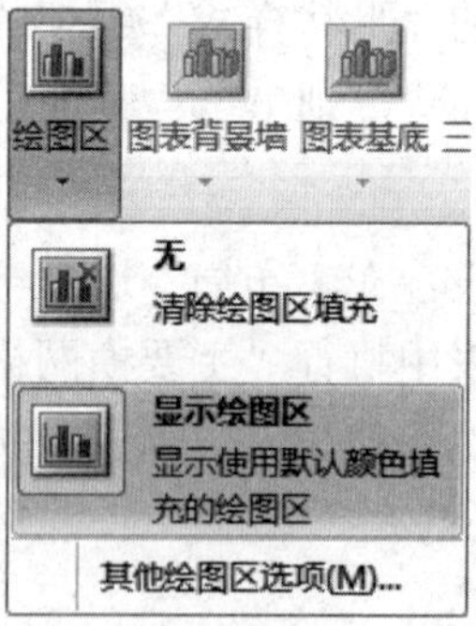


图5-34

如果要设置绘图区格式，可以右击绘图区，在其快捷菜单中执行“设置绘图区格式”命令，打开“设置绘图区格式”对话框，可以为绘图区设置填充、边框颜色、边框样式、阴影、发光和柔化边缘、三维格式，如图5-35所示。

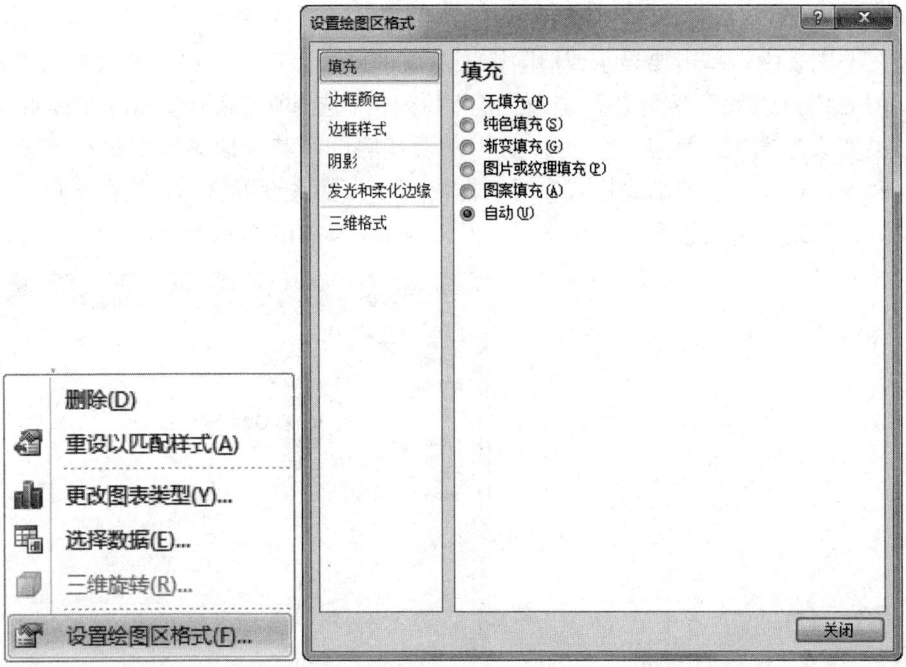


图5-35

（3）设置图表背景墙。

在三维图表中，单击要显示或清除背景墙的图表，在“布局”选项卡的“背景”组中，单击“图表背景墙”下拉按钮，在弹出的下拉列表中选择所需显示选项，如图5-36所示。

如果要设置背景墙格式，可以右击背景墙，在其快捷菜单中执行“设置背景墙格式”命令，打开“设置背景墙格式”对话框，可以为背景墙设置填充、边框颜色、边框样式、阴影、发光和柔化边缘、三维格式以及三维旋转，如图5-37所示。

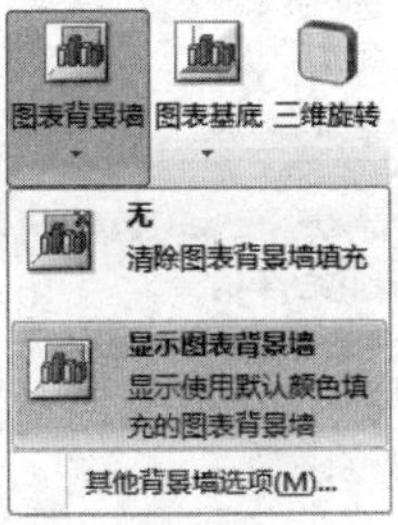


图5-36

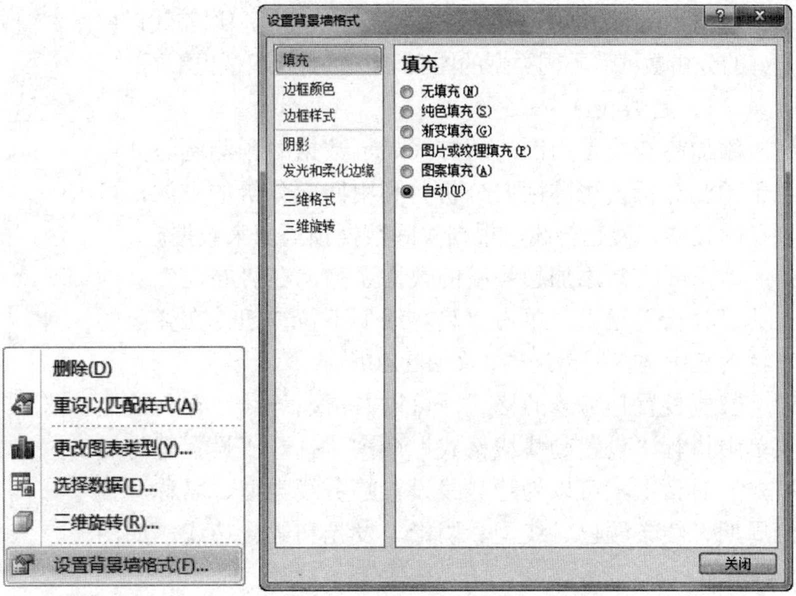


图5-37

（4）设置图表基底。

在三维图表中，单击要显示或清除图表基底的图表，在“布局”选项卡的“背景”组中，单击“图表基底”下拉按钮，在弹出的下拉列表中选择所需显示选项，如图5-38所示。

如果要设置图表基底格式，可以右击图表基底，在其快捷菜单中执行“设置地板格式”命令，打开“设置基底格式”对话框，可以为基底设置填充、边框颜色、边框样式、阴影、发光和柔化边缘、三维格式以及三维旋转，如图5-39所示。

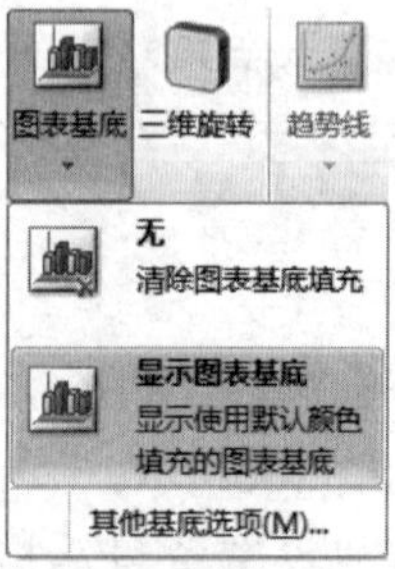


图5-38

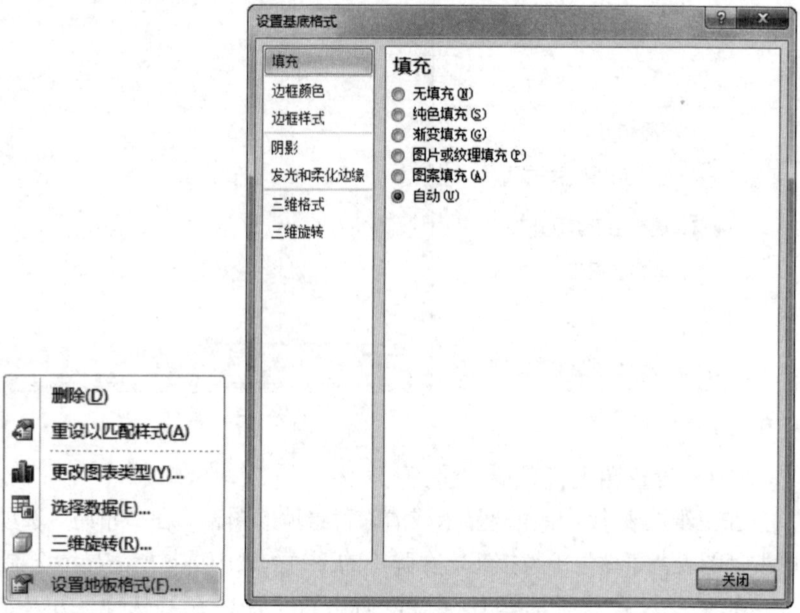


图5-39

## 10．添加数据分析线

可以为图表添加趋势线、折线、涨/跌柱线和误差线以便更好的分析数据。不同类型的图表可以添加的线型也不同。

（1）趋势线。

添加趋势线是用图形的方式显示数据的预测趋势并可用于预测分析，也称回归分析。利用回归分析的方法，可以在图表中扩展趋势线，根据实际数据预测未来数据。

单击要为其添加趋势线的数据系列，在“布局”选项卡的“分析”组中，单击“趋势线”下拉按钮，在弹出的下拉列表中选择所需选项，如图5-40所示。

若要设置趋势线的格式，可以右击趋势线，在其快捷菜单中执行“设置趋势线格式”命令，打开“设置趋势线格式”对话框，可以为趋势线设置趋势线类型、名称、预测周期、线条颜色、线型、阴影、发光和柔化边缘，如图5-41所示。

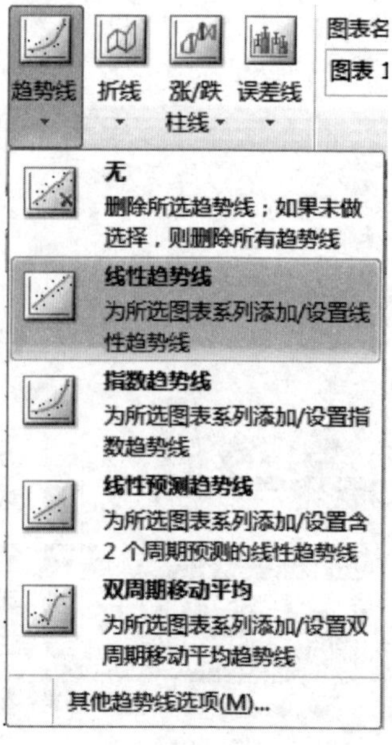


图5-40

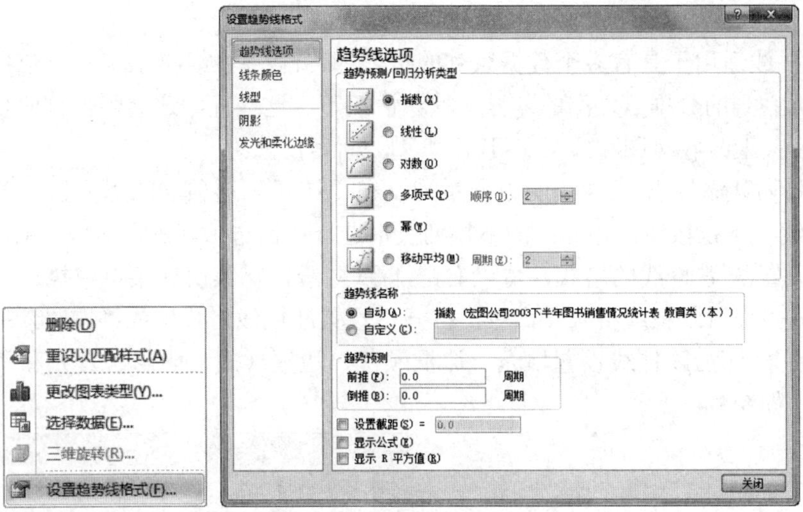


图5-41

（2）折线。

也可以为图表添加一些折线，垂直线主要出现在二维和三维区域及折线图中，这些线条从数据点延伸至水平（分类）轴，可以帮助识别一个数据标记的终点以及下一个数据标记的起点。高低点连线主要出现在二维折线图中并默认显示在股价图中，高低点连线从每个分类的最高值延伸至最低值。

单击要为其添加折线的图表，在“布局”选项卡的“分析”组中，单击“折线”下拉按钮，在弹出的下拉列表中选择所需选项，如图5-42所示。

若要设置垂直线或高低点连线的格式，可以右击垂直线或高低点连线，在其快捷菜单中执行“设置垂直线格式”或 “设置高低点连线格式”命令，打开“设置垂直线格式”或“设置高低点连线格式”对话框，可以为垂直线或高低点连线设置线条颜色、线型、阴影、发光和柔化边缘，如图5-43所示。

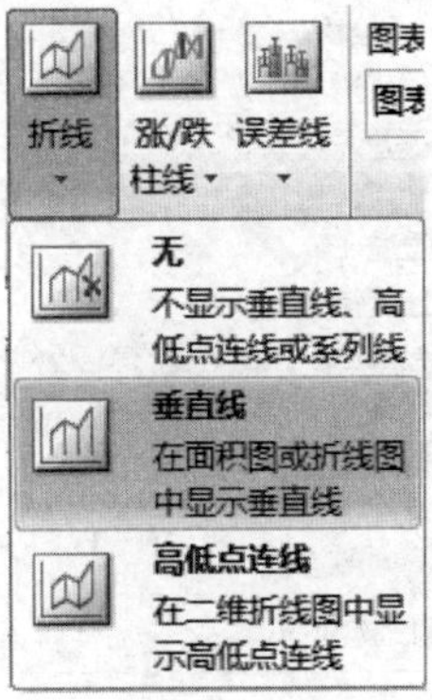


图5-42

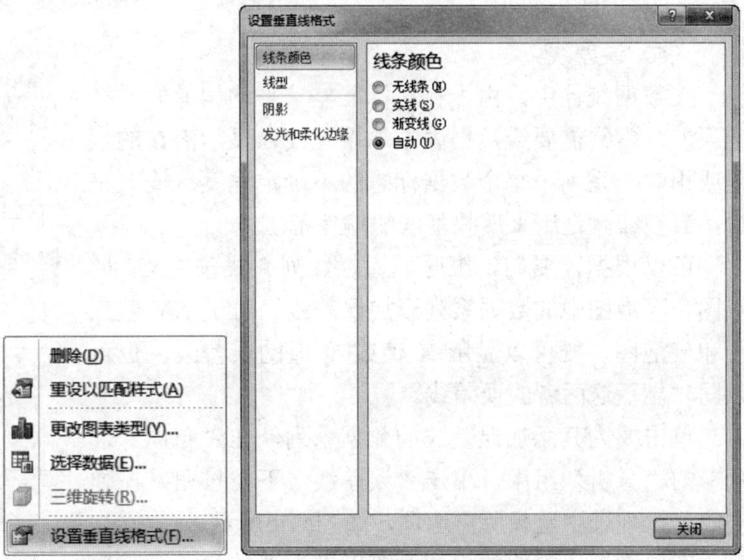


图5-43

（3）涨/跌柱线。

涨/跌柱线适用于具有多个数据系列的折线图，涨/跌柱线指示第一个数据系列与最后一个数据系列的数据点之间的差异。默认情况下，这些柱线还会添加到股价图中，例如开盘-盘高-盘低-收盘图和成交量-开盘-盘高-盘低-收盘图。

单击要为其添加涨/跌柱线的数据系列，在“布局”选项卡的“分析”组中，单击“涨/跌柱线”下拉按钮，在弹出的下拉列表中选择所需选项，如图5-44所示。

若要设置涨/跌柱线的格式，可以右击涨/跌柱线，在其快捷菜单中执行“设置涨柱线格式”或“设置跌柱线格式”命令，打开“设置涨柱线格式”或“设置跌柱线格式”对话框，可以为涨/跌柱线设置填充、边框颜色、边框样式、阴影、发光和柔化边缘、三维格式，如图5-45所示。

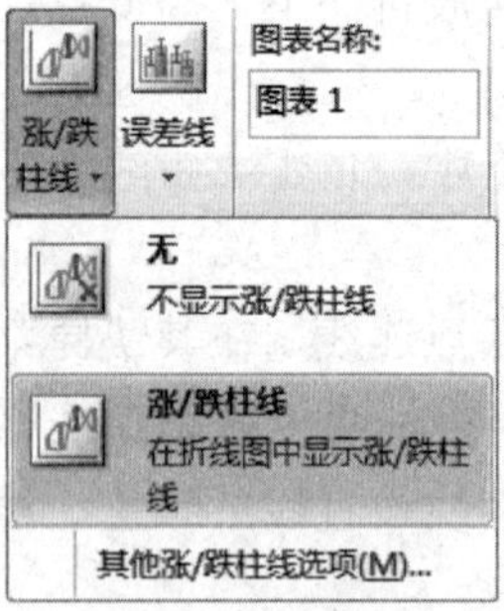


图5-44

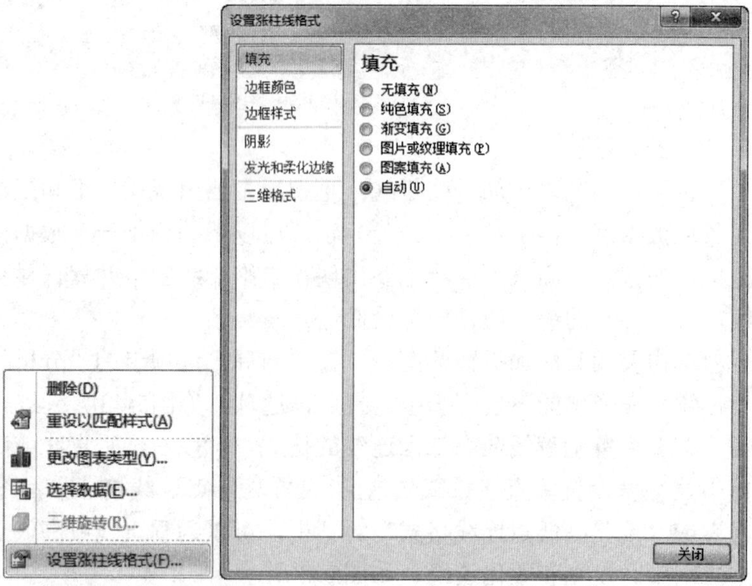


图5-45

（4）误差线。

在数据统计中，由于存在标准差（平均偏差）或标准误差，常常需要给数据表添加误差线以显示潜在的误差或相对于系列中每个数据标志的不确定程度。简单来说，误差线就是用来反映基线的偏差范围。

可以根据需要向二维区域、栏、列、线条、XY 散点图和气泡图中的数据系列添加误差线。对于 XY 散点图和气泡图，既可以显示 X 值或 Y 值的误差线，也可以同时显示这两者的误差线。

单击要为其添加误差线的数据系列，在“布局”选项卡的“分析”组中，单击“误差线”下拉按钮，在弹出的下拉列表中选择所需选项，如图5-46所示。

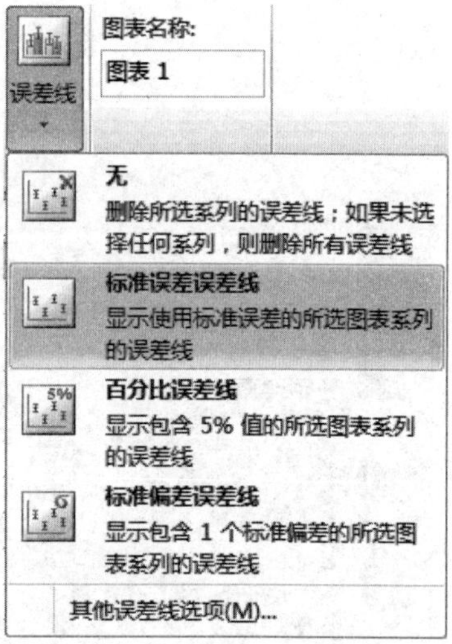


图5-46

若要设置误差线的格式，可以右击误差线，在其快捷菜单中执行“设置错误栏格式”命令，打开“设置误差线格式”对话框，可以为误差线设置误差线方向、误差值、线条颜色、线型、阴影、发光和柔化边缘，如图5-47所示。

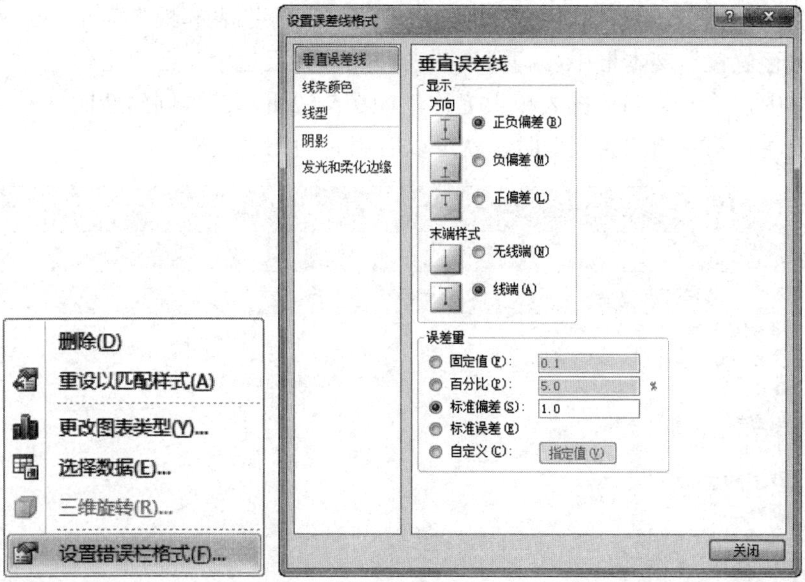


图5-47

11．调整图表的大小

单击图表，然后拖拽尺寸控制点，将其调整为所需大小。也可以在“格式”选项卡下“大小”组中的“高度”和“宽度”微调框中输入大小，如图5-48所示。

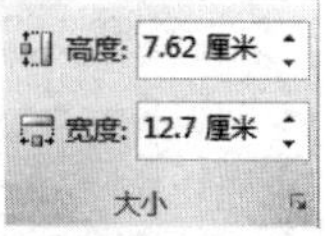


图5-48

若要获得更多调整大小的选项，可在“格式”选项卡的“大小”组中单击对话框启动器按钮。在“设置图表区格式”对话框的“大小”选项卡下，可以选择用来调整图表大小、旋转或缩放图表的选项，如图5-49所示。在“属性”选项卡下，可以指定所希望的图表与工作表上的单元格一同移动或调整大小的方式，如图5-50所示。

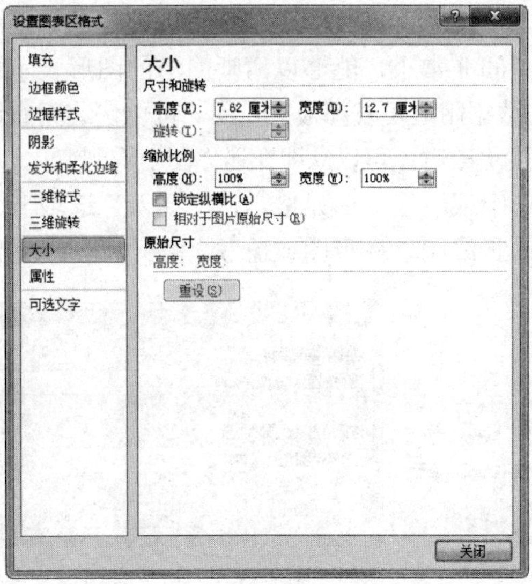


图5-49

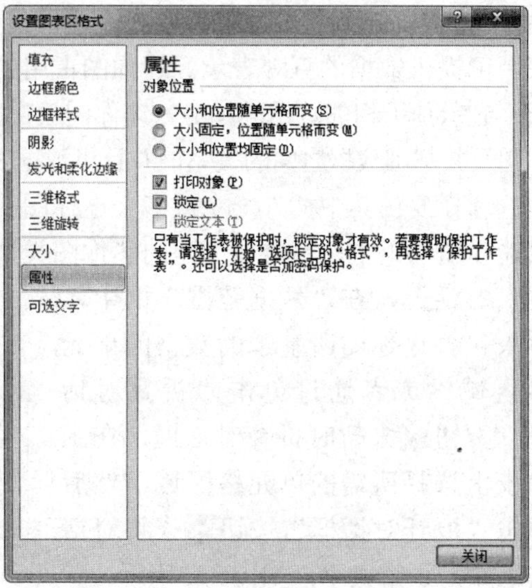


图5-50

### 12．将图表另存为图表模板

单击要另存为模板的图表。在“设计”选项卡的“类型”组中，单击“另存为模板”按钮，如图5-51所示。打开“另存图表模板”对话框，在“保存位置”文本框中，确保“图表”文件夹已选中。在“文件名”文本框中，输入适当的图表模板名称，如图5-52所示。再创建新图表或要更改现有图表的图表类型时，就可以应用新的图表模板。

图5-51

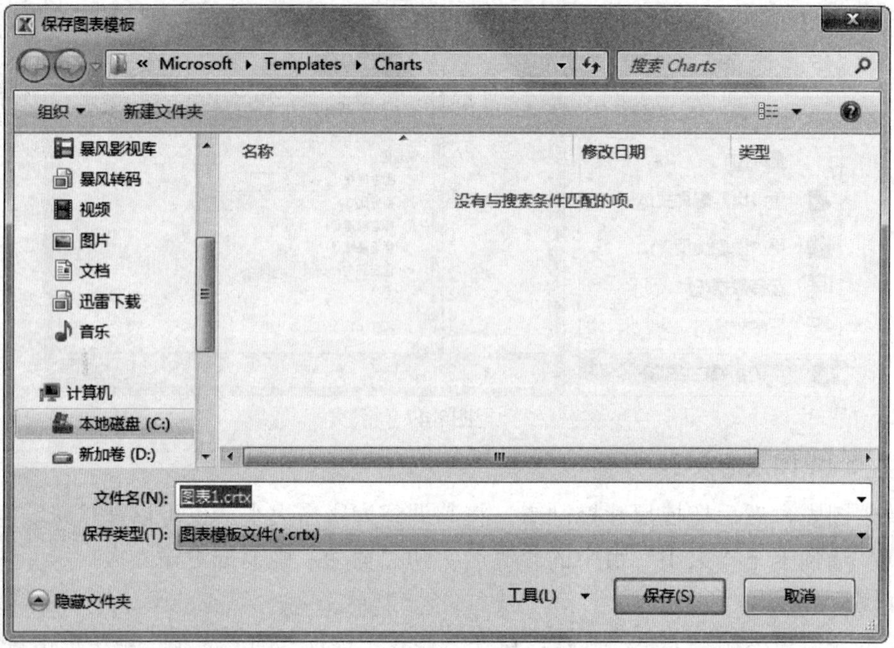

图5-52

## 5.2.3 创建迷你图

作为 Microsoft Excel 2010 中的新增功能，迷你图是一个嵌入工作表单元格中的微型图表，可提供数据的直观表示。迷你图占用的空间非常小，能够以清晰简洁的图形表示形式，显示基于相邻数据的趋势。迷你图放在其数据附近可发挥最大作用，可以快速查看迷你图及其基础数据之间的关系，并且当数据发生更改时，可以立即在迷你图中看到变化。

选择要在其中插入一个或多个迷你图的一个或一组空单元格，在“插入”选项卡的“迷你图”组中，单击要创建的迷你图类型：折线图、柱形图或盈亏。打开“创建迷你图”对话框，在“数据范围”框中，输入包含迷你图所基于的数据的单元格区域，或者通过单击“折叠对话框”按钮来暂时折叠对话框，在工作表上选择所需的单元格区域，然后单击“展开对话框”按钮来将对话框还原为正常大小，如图5-53所示。

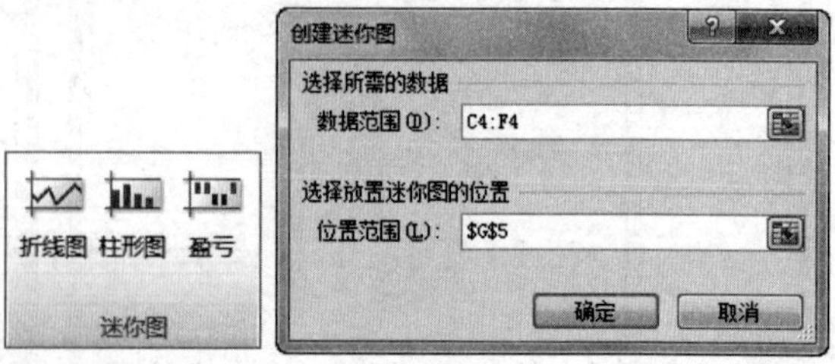

图5-53

## 5.2.4 编辑迷你图

选中一个或多个迷你图时，将出现“迷你图工具”，显示在“设计”选项卡。在“设计”选项卡中，可以更改其类型、设置其格式、显示或隐藏折线迷你图上的数据点或设置迷你图组中的纵坐标轴格式。

### 1．更改迷你图的样式

选择一个迷你图或一个迷你图组，使用预定义样式，在“设计”选项卡的“样式”组中，选择要使用的样式。若要查看所有预定义样式，单击“其他”按钮即可，如图5-54所示。

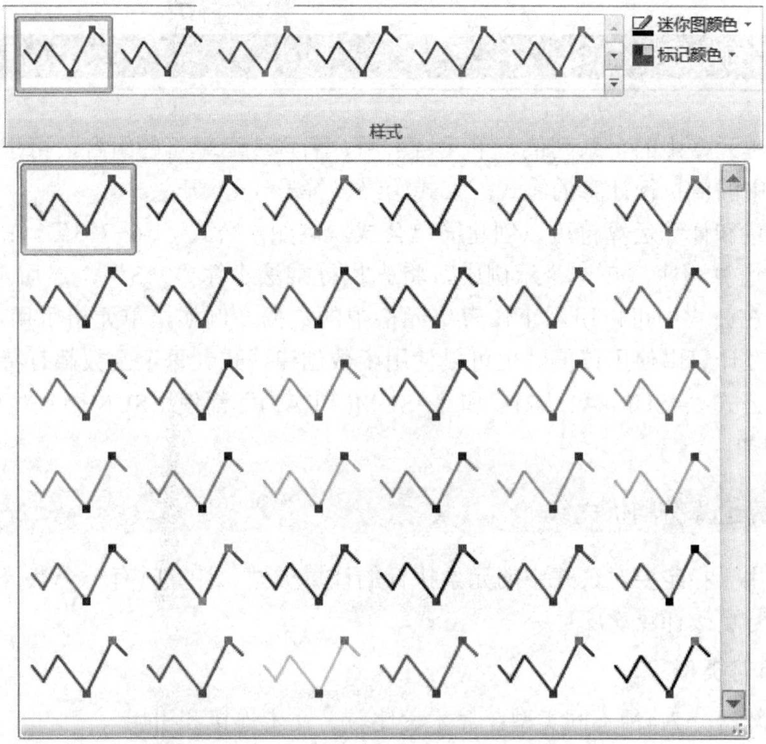


图5-54

### 2．显示或隐藏数据标记

可以通过使用一些或所有标记可见来突出显示折线迷你图中的各个数据标记（值）。在“设计”选项卡的“显示”组中，选中所要显示的值点的复选框，如图5-55所示。

- 要显示所有值，则选中“标记”复选框。
- 要显示负值，则选中“负点”复选框。
- 要显示最高值或最低值，则分别选中“高点”或“低点”复选框。
- 要显示第一个值或最后一个值，则分别选中“首点”或“尾点”复选框。

还可以为迷你图中的标记设置颜色，在“设计”选项卡的“样式”组中，单击“标记颜色”下拉按钮，在弹出的下拉列表中选择要设置的标记，在相应子列表中选择所需的颜色，如图5-56所示。

图5-55

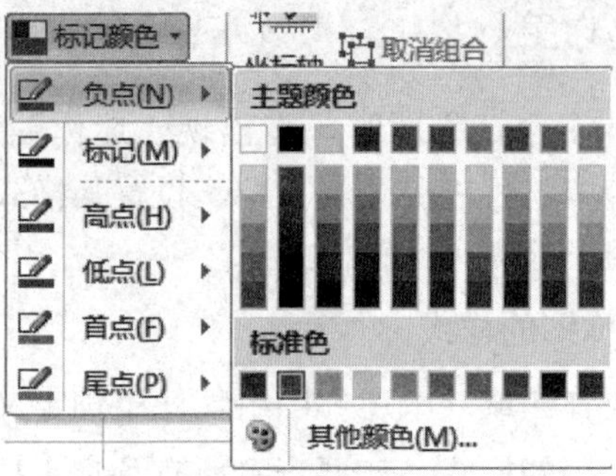


图5-56

## 5.3 公式的使用

公式是单元格中的一系列值、单元格引用、名称或运算符的组合，可生成新的值。是对工作表中的值执行计算的等式。公式始终以等号（=）开头。

使用常量和计算运算符可以创建简单公式。例如，公式“=6+7*3”，Excel 2010遵循标准数学运算顺序，在这个示例中，将先执行乘法运算“7*3”，然后再将6添加到其结果中。在公式中可以引用工作表单元格中的数据，例如，单元格引用A5返回该单元格的值或在计算中使用该值。也可以使用函数创建公式。每个函数都有特定的参数语法。例如，公式“=SUM(A1:A2)”和“=SUM(A1,A2)”都使用SUM函数将单元格A1和A2中的值相加。

### 5.3.1 计算运算符和优先级

运算符用于指定要对公式中的元素执行的计算类型。计算时有一个默认的次序，但可以使用括号更改计算次序。

**1．运算符类型**

计算运算符分为4种不同类型：算术、比较、文本连接和引用。

（1）算术运算符。

若要完成基本的数学运算（如加减乘除）、合并数字以及生成数值结果，则使用如表5-1所示的算术运算符。

表5-1

| 算术运算符 | 含义 | 示例 |
|---|---|---|
| +（加号） | 加法 | 3+3 |
| –（减号） | 减法<br>负数 | 3–1<br>–1 |
| *（星号） | 乘法 | 3*3 |
| /（正斜杠） | 除法 | 3/3 |
| %（百分号） | 百分比 | 20% |
| ^（脱字号） | 乘方 | 3^2 |

（2）比较运算符。

可以使用如表5-2所示的运算符比较两个值。当用运算符比较两个值时，结果为逻辑值TRUE或FALSE。

表5-2

| 比较运算符 | 含义 | 示例 |
|---|---|---|
| =（等号） | 等于 | A1=B1 |
| >（大于号） | 大于 | A1>B1 |
| <（小于号） | 小于 | A1<B1 |
| >=（大于等于号） | 大于等于 | A1>=B1 |
| <=（小于等于号） | 小于等于 | A1<=B1 |
| <>（不等号） | 不等于 | A1<>B1 |

（3）文本连接运算符。

可以使用与号（&）连接一个或多个文本字符串，以生成一段文本，如表5-3所示。

表5-3

| 文本运算符 | 含义 | 示例 |
|---|---|---|
| &（与号） | 将两个文本值连接或串起来产生一个连续的文本值 | (“/n”&”/n”) |

（4）引用运算符。

可以使用如表5-4所示的运算符对单元格区域进行合并计算。

表5-4

| 引用运算符 | 含义 | 示例 |
|---|---|---|
| :（冒号） | 区域运算符，生成对两个引用之间的所有单元格的引用，包括这两个引用 | B5:B15 |
| ,（逗号） | 联合运算符，将多个引用合并为一个引用 | SUM(B5:B15,D5:D15) |
| （空格） | 交叉运算符，生成对两个引用共同的单元格的引用 | B7:D7 C6:C8 |

**2．公式运算的次序**

在某些情况中，执行计算的次序会影响公式的返回值。因此，了解如何确定计算次序以及如何更改次序以获得所需结果非常重要。

（1）计算次序。

公式按特定次序计算值。Excel中的公式始终以等号（=）开头，这个等号告诉Excel随后的字符组成一个公式。等号后面是要计算的元素（即操作数），各操作数之间由运算符分隔。Excel按照公式中每个运算符的特定次序从左到右计算公式。

（2）运算符优先级。

如果一个公式中有若干个运算符，Excel将按照表5-5中的次序进行计算。如果一个公式中的若干个运算符具有相同的优先顺序（例如，一个公式中既有乘号又有除号），Excel将从左到右进行计算。

表5-5

| 运算符 | 说明 |
|---|---|
| :（冒号）<br>（单个空格）<br>,（逗号） | 引用运算符 |
| – | 负数（如–1） |
| % | 百分比 |
| ^ | 乘方 |
| *和/ | 乘和除 |
| +和– | 加和减 |
| & | 连接两个文本字符串（串连） |
| =<br><><br><=<br>>=<br><> | 比较运算符 |

（3）使用括号。

若要更改求值的顺序，要将公式中先计算的部分用括号括起来。例如，“=6+7*3”，这个公式的结果是27，因为Excel先进行乘法运算后再进行加法运算。将7与3相乘，然后再加上6，即得到结果。但是，如果用括号对该语法进行更改，如“=(6+7)*3”，Excel将先求出6加7之和，再用结果乘以3得39。

## 5.3.2 创建公式

在工作表中，可以输入简单公式对两个或更多个数值进行加、减、乘、除运算。也可以输入一个使用函数的公式，快速计算一系列值，而不用手动在公式中输入其中任何一个值。一旦创建公式之后，就可以将公式填充到相邻的单元格内，无需再三创建同一公式。

**1．使用常量和计算运算符创建简单公式**

常量是不用计算的值。例如，日期2013-5-1、数字119，以及文本“销售量”，都是常量。表达式或由表达式得出的结果不是常量。如果在公式中使用常量而不是对单元格的引用，则只有在自己更改公式时其结果才会更改。而运算符用于指定要对公式中的元素执行的计算类型，可以指定运算的顺序。

单击需输入公式的单元格，输入=（等号）。若要输入公式，可执行下列操作之一，然后按Enter键。

- 输入要用于计算的常量和运算符，如表5-6所示。

表5-6

| 示例公式 | 执行的计算 |
|---|---|
| =5+2 | 5加2 |
| =5–2 | 5减2 |
| =5/2 | 5除以2 |
| =5*2 | 5乘以2 |
| =5^2 | 5的2次方 |

- 单击包含要用于公式中的值的单元格，输入要使用的运算符，然后单击包含值的另一个单元格，如表5-7所示。

表5-7

| 示例公式 | 执行的计算 |
|---|---|
| =A1+A2 | 将A1与A2中的值相加 |
| =A1–A2 | 将单元格A1中的值减去A2中的值 |
| =A1/A2 | 将单元格A1中的值除以A2中的值 |
| =A1*A2 | 将单元格A1中的值乘以单元格A2中的值 |
| =A1^A2 | 以单元格A1中的值作为底数，以A2中所指定的指数值作为乘方 |

**2．使用单元格引用和名称创建公式**

（1）引用的样式。

单元格引用是用于表示单元格在工作表上所处位置的坐标集。例如，显示在第A列和第3行交叉处的单元格，其引用形式为“A3”。引用的作用在于标识工作表上的单元格或单元格区域，并告知Excel在何处查找公式中所使用的数值或数据。通过引用，可以在一个公式中使用工作表不同部分中包含的数据，或者在多个公式中使用同一个单元格的数值。

默认情况下，Excel使用A1引用样式，此样式引用字母标识列以及数字标识行。这些字母和数字被称为行号和列标。若要引用某个单元格，请输入后跟行号的列标，如表5-8所示。

表5-8

| 若要引用 | 请使用 |
|---|---|
| 列A和行10交叉处的单元格 | A10 |
| 在列A和行10到行20之间的单元格区域 | A10:A20 |
| 在行15和列B到列E之间的单元格区域 | B15:E15 |
| 行5中的全部单元格 | 5:5 |
| 行5到行10之间的全部单元格 | 5:10 |
| 列H中的全部单元格 | H:H |
| 列H到列J之间的全部单元格 | H:J |
| 列A到列E和行10到行20之间的单元格区域 | A10:E20 |

（2）名称的类型。

名称是代表单元格、单元格区域、公式或常量值的单词或字符串。名称更易于理解，例如，“单价”可以引用难于理解的区域“Sales!C20:C30”。名称是一种有意义的简写形式，更便于了解单元格引用、常量、公式或表的用途，这些术语在最初都不易理解。表5-9所示信息说明名称的常见示例，以及它们如何帮助您更清楚地理解这些术语。

表5-9

| 示例类型 | 不带名称的示例 | 带名称的示例 |
|---|---|---|
| 引用 | =SUM(C20:C30) | =SUM(FirstQuarterSales) |
| 常量 | =PRODUCT(A5,8.3) | =PRODUCT(Price,WASalesTax) |
| 公式 | =SUM(VLOOKUP(A1,B1:F20,5,FALSE),—G5) | =SUM(Inventory_Level,—Order_Amt) |
| 表 | C4:G36 | =TopSales06 |

名称的类型主要包括：

- 已定义名称：代表单元格、单元格区域、公式或常量值的名称。可以创建自己的已定义名称，Excel有时（例如，设置打印区域时）也会创建已定义名称。
- 表名：Excel表的名称，Excel表是有关存储在记录（行）和字段（列）中特定对象的数据集。Excel会在每次插入Excel表时创建一个默认的Excel表名，如Table1、Table2等，也可以更改该名称，使其更有意义。

（3）创建和输入名称。

创建名称的方法主要有3种。

方法1：使用编辑栏上的“名称”文本框，如图5-57所示。这最适用于为选定的区域创建工作簿级别的名称。

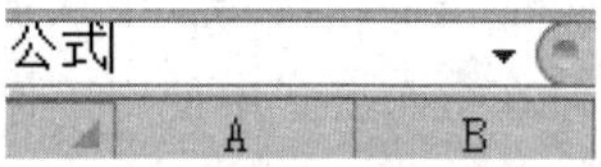


图5-57

方法2：从选定区域创建名称，如图5-58所示。可以使用工作表中选定的单元格根据现有的行和列标签方便地创建名称。

方法3：使用“新建名称”对话框，如图5-59所示。希望更灵活地创建名称（如指定本地工作表级别的范围或创建名称批注）时，此方法最适合。

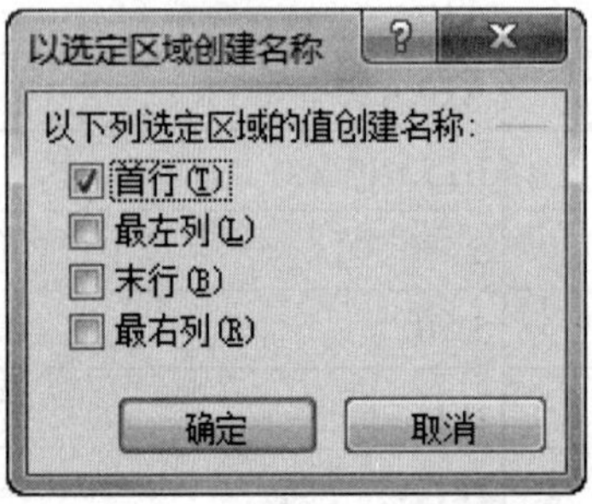


图5-58

图5-59

在默认状态下，名称使用绝对单元格引用，即公式中单元格的精确地址，与包含公式的单元格的位置无关。绝对引用采用的形式为$A$1。

输入名称的方法也有3种：

方法1：输入。输入名称，例如，将名称作为公式的参数输入。

方法2：使用公式记忆式输入。使用“公式记忆式输入”下拉列表，该列表中自动列出了有效的名称。

方法3：从“用于公式”下拉列表中选择。在“公式”选项卡的“已定义名称”组中，单击“用于公式”下拉按钮，在弹出的列表中选择已定义的名称，如图5-60所示。

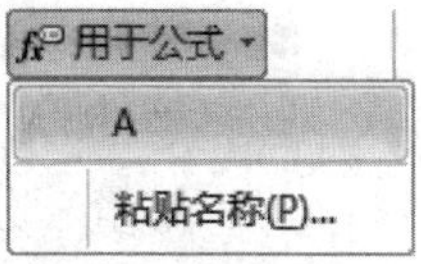

图5-60

（4）使用单元格引用和名称创建公式。

单击需输入公式的单元格，在编辑栏 fx 中，输入=（等号）。然后执行以下任一操作，按Enter键完成创建。

- 若要创建引用，先选择一个单元格、单元格区域或另一个工作表或工作簿中的位置，拖拽所选单元格的边框来移动选定区域，或者拖拽边框上的角来扩展选定区域，如图5-61所示。

图5-61

①单元格引用是H7，为蓝色，单元格区域有一个带有方角的蓝色边框。

②单元格引用是I7，为绿色，单元格区域有一个带有方角的绿色边框。

提示：如果彩色边框上没有方角，则引用命名区域。

- 若要输入一个对命名区域的引用，则按F3键，在“粘贴名称”对话框中选择名称，然后单击“确定”按钮，如图5-62所示。表5-10所示信息用以说明单元格引用的常见示例。

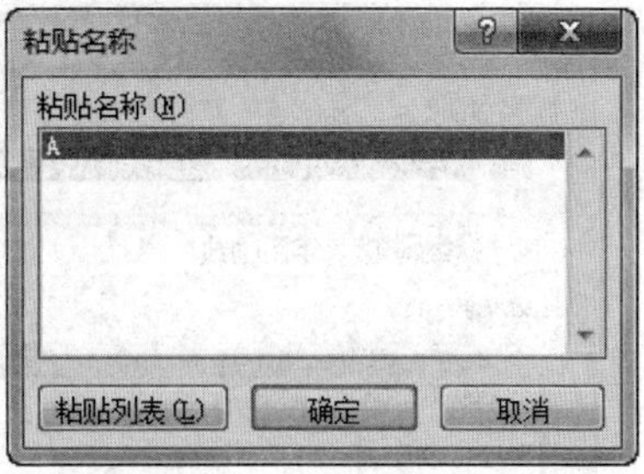

图5-62

表5-10

| 示例公式 | 执行的计算 |
|---|---|
| =C2 | 使用单元格C2中的值 |
| =Sheet2!B2 | 使用Sheet2上单元格B2中的值 |
| =资产-债务 | 从名为“资产”的单元格的值中减去名为“债务”的单元格的值 |

### 3．使用函数创建公式

函数是预先编写的公式，可以对一个或多个值执行运算，并返回一个或多个值。函数可以简化和缩短工作表中的公式，尤其在用公式执行很长或复杂的计算时。

（1）函数的语法。

如图5-63所示的ROUND函数为例说明函数的语法。

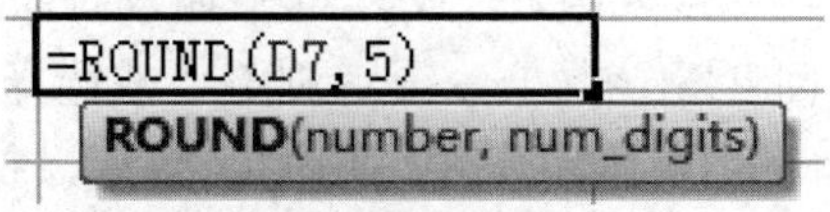

图5-63

- 结构：函数的结构以等号（=）开始，后面紧跟函数名称和左括号，然后以逗号分隔输入该函数的参数，最后是右括号。
- 函数名称：如果要查看可用函数的列表，可单击一个单元格并按Shift+F3组合键。

- 参数：参数可以是数字、文本、TRUE或FALSE等逻辑值、数组、错误值（如“#N/A”）或单元格引用。指定的参数都必须为有效参数值。参数也可以是常量、公式或其他函数。
- 参数工具提示：在输入函数时，会出现一个带有语法和参数的工具提示。例如，输入“=ROUND(”时，工具提示就会出现。工具提示只在使用内置函数时出现。

（2）输入函数。

如果创建带函数的公式，“插入函数”对话框则有助于输入工作表函数。在公式中输入函数时，“插入函数”对话框将显示函数的名称、其各个参数、函数及其各个参数的说明、函数的当前结果以及整个公式的当前结果，如图5-64所示。

为了便于创建和编辑公式，同时尽可能减少输入和语法错误，可以使用公式记忆式输入。当输入=（等号）和开头的几个字母或显示触发字符之后，Excel会在单元格的下方显示一个动态下拉列表，该列表中包含与这几个字母或该触发字符相匹配的有效函数、参数和名称。然后可以选择该下拉列表中的一项插入公式中，如图5-65所示。

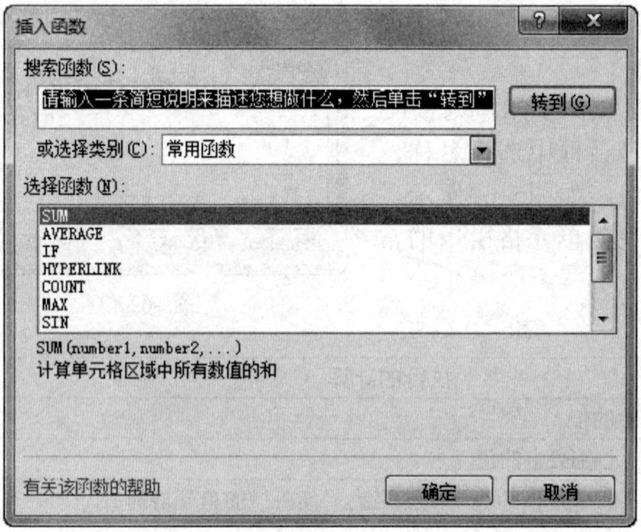


图5-64

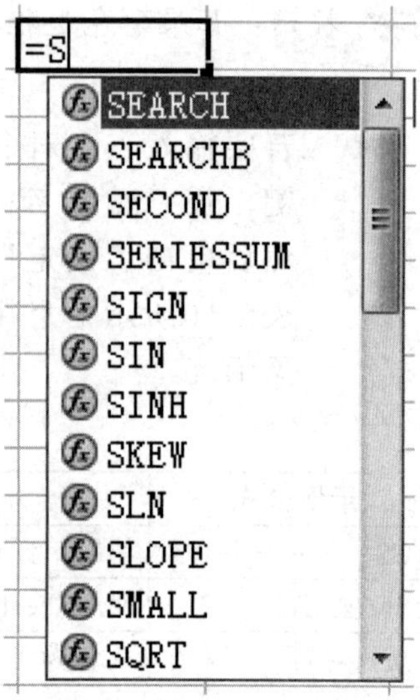


图5-65

（3）使用函数创建公式。

单击需输入公式的单元格，若要使公式以函数开始，单击“公式”选项卡“函数库”组中的“插入函数”按钮，打开“插入函数”对话框，选择要使用的函数。也可以在“搜索函数”文本框中输入对需要解决的问题的说明（例如，输入“数值相加”将返回SUM函数），或者浏览“或选择类别”下拉列表框中的分类，如图5-66所示。

“确定”要使用的函数后，打开“函数参数”对话框，输入参数。若要将单元格引用作为参数输入，单击“折叠对话框”按钮以临时隐藏对话框，在工作表上选择单元格，然后单击“展开对话框”按钮，如图5-67所示。

输入公式后，按Enter键，创建公式完成。

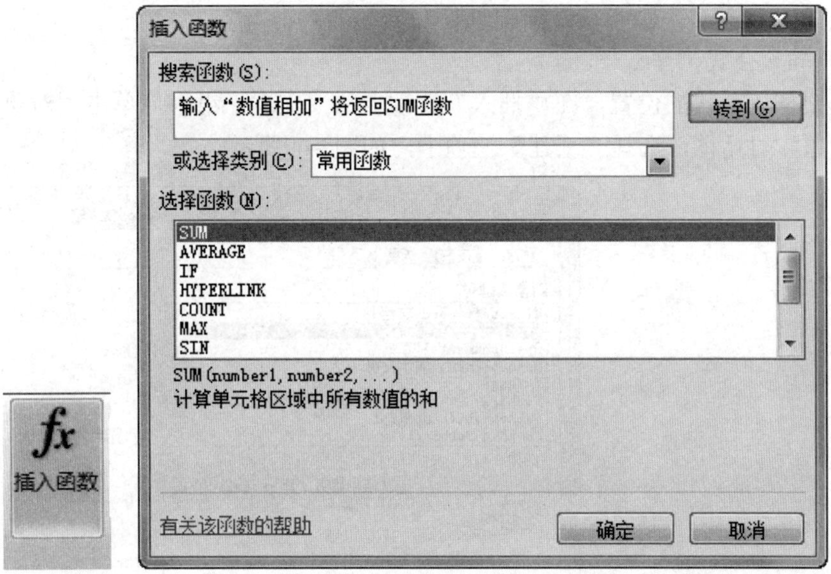


图5-66

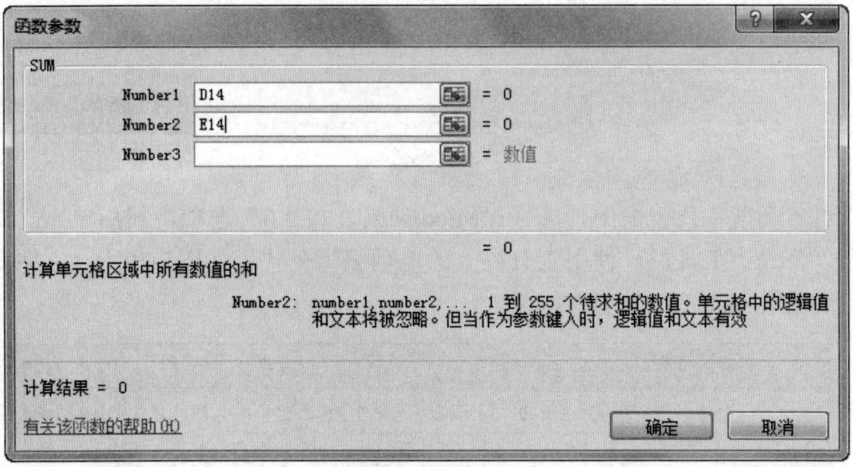


图5-67

提示：要快速对数值进行汇总，也可以使用“自动求和”。选中单元格区域，在“开始”选项卡的“编辑”组中，单击“自动求和”下拉按钮，在弹出的下拉列表中选择所需的函数，如图5-68所示。

图5-68

### 4. 使用公式编辑器创建公式

要在工作表上提供公式，也可以使用公式编辑器将公式作为对象来插入或编辑。生成公式的方法是从“公式”工具栏中选择符号并输入变量和数字。“公式”工具栏的最上面一行提供了150多种数学符号供选择。最下面一行提供了包含分数、积分以及求和等符号的各种模板或框架供选择。

（1）插入公式。

单击要插入公式的位置，在“插入”选项卡的“文本”组中，单击“对象”按钮，打开“对象”对话框，选择“新建”选项卡，如图5-69所示。

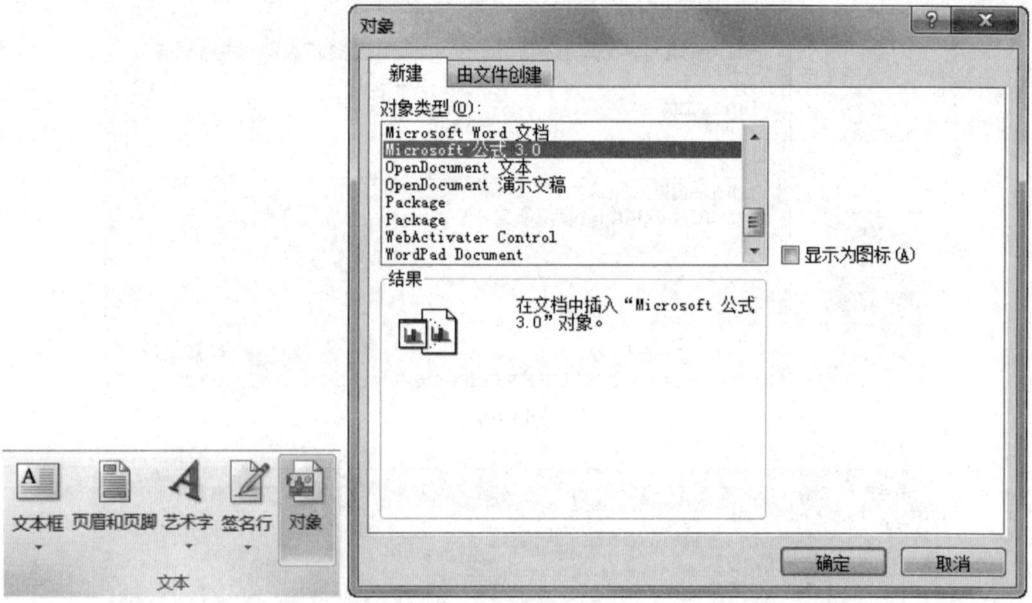


图5-69

在“对象类型”列表框中，选择“Microsoft 公式 3.0”选项，然后单击“确定”按钮。打开“公式”工具栏，使用工具栏上的选项编辑公式，如图5-70所示。完成后，单击空单元格返回Excel。

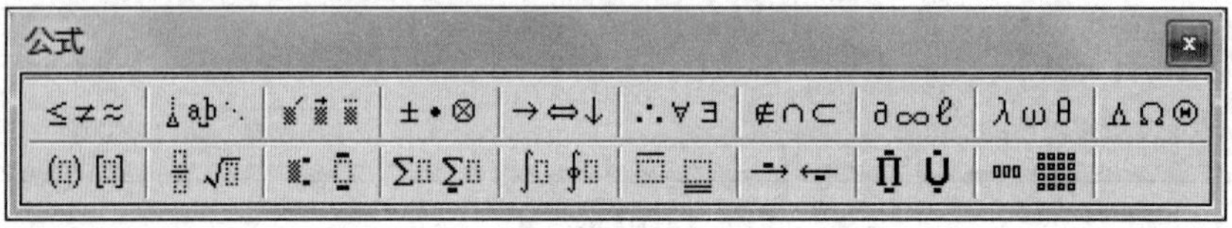


图5-70

（2）编辑公式。

双击要编辑的公式对象，使用“公式”工具栏上的选项编辑公式。完成后，单击空单元格返回Excel。

## 5.3.3 移动或复制公式

通过剪切和粘贴操作来移动公式，或者通过复制和粘贴操作来复制公式时，无论单元格引用是绝对引用还是相对引用，都要注意它们所发生的变化。

- 在移动公式时，无论使用哪种单元格引用，公式内的单元格引用不会更改。
- 在复制公式时，单元格引用会根据所用单元格引用的类型而变化。

### 1．移动公式

图5-71

选择包含要移动的公式的单元格，在“开始”选项卡的“剪贴板”组中，单击“剪切”按钮，如图5-71所示。

- 若要粘贴公式和所有格式，则在“开始”选项卡的“剪贴板”组中，单击“粘贴”按钮。
- 若只粘贴公式，则在“开始”选项卡的“剪贴板”组中，单击“粘贴”下拉按钮，在弹出的下拉列表中选择“选择性粘贴”选项，然后在打开的“选择性粘贴”对话框中选中“公式”单选按钮。

也可通过将所选单元格的边框拖拽到粘贴区域左上角的单元格上来移动公式。这将替换现有的任何数据。

### 2．复制公式

图5-72

选择包含需要复制的公式的单元格，在“开始”选项卡的“剪贴板”组中，单击“复制”按钮，如图5-72所示。

- 若要粘贴公式和所有格式，则在“开始”选项卡的“剪贴板”组中单击“粘贴”按钮。
- 若只粘贴公式，则在“开始”选项卡的“剪贴板”组中，单击“粘贴”下拉按钮，在弹出的下拉列表中选择“选择性粘贴”选项，然后在打开的“选择性粘贴”对话框中选中“公式”单选按钮。
- 若只粘贴公式结果，则在“开始”选项卡的“剪贴板”组中，单击“粘贴”下拉按钮，在弹出的下拉列表中选择“选择性粘贴”选项，然后在打开的“选择性粘贴”对话框中选中“数值”单选按钮。

## 5.3.4 删除公式

删除公式时，该公式的结果值也会被删除。但是，可以改为仅删除公式，而保留单元格中所显示的公式的结果值。

### 1．将公式与其结果值一起删除

选择包含公式的单元格或单元格区域，按Delete键即可删除。

### 2．删除公式而不删除其结果值

选择包含公式的单元格或单元格区域，在“开始”选项卡的“剪贴板”组中，单击“复制”按钮。然后在“开始”选项卡的“剪贴板”组中，单击“粘贴”下拉按钮，在弹出的下拉列表中选择“粘贴值”选项，如图5-73所示。

图5-73

## 5.4 模拟分析

模拟分析是在单元格中更改值以查看这些更改将如何影响工作表中公式结果的过程。通过使用 Microsoft Excel 中的模拟分析工具，可以在一个或多个公式中试用不同的几组值来分析所有不同的结果。

Excel 2010附带了3种模拟分析工具：方案管理器、单变量求解和模拟运算表。方案管理器和模拟运算表可获取一组输入值并确定可能的结果。模拟运算表仅可以处理一个或两个变量，但可以接受这些变量的众多不同的值。一个方案可具有多个变量，但最多只能容纳32个值。单变量求解与方案管理器和模拟运算表的工作方式不同，它获取结果并确定生成该结果的可能的输入值。

### 5.4.1 方案管理器

方案是 Excel 保存并可以在工作表单元格中自动替换的一组值。可以在工作表中创建和保存不同的组值，然后切换到其中的任一新方案来查看不同的结果。

创建方案管理器，其操作方法如下：打开工作表，在“数据”选项卡的“数据工具”组中，单击“模拟分析”下拉按钮，在弹出的下拉列表中执行“方案管理器”命令，在弹出的“方案管理器”对话框中，单击“添加”按钮，如图5-74所示。

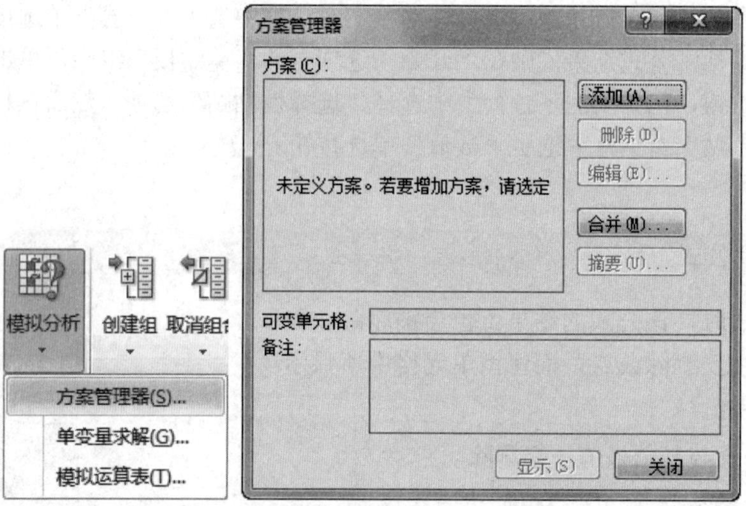


图5-74

在打开的“编辑方案”对话框，在“方案名”文本框中输入方案名称，在“可变单元格”文本框中输入单元格引用，单击“确定”按钮，如图5-75所示。

在打开的“方案变量值”对话框中，在“请输入每个可变单元格的值”下列文本框中分别输入变化的数值，单击“确定”按钮，如图5-76所示。

返回至“方案管理器”对话框，单击“摘要”按钮，打开“方案摘要”对话框，在“结果单元格”文本框中输入单元格引用，单击“确定”按钮，“方案摘要”即生成结果保存在新的工作表中，如图5-77所示。

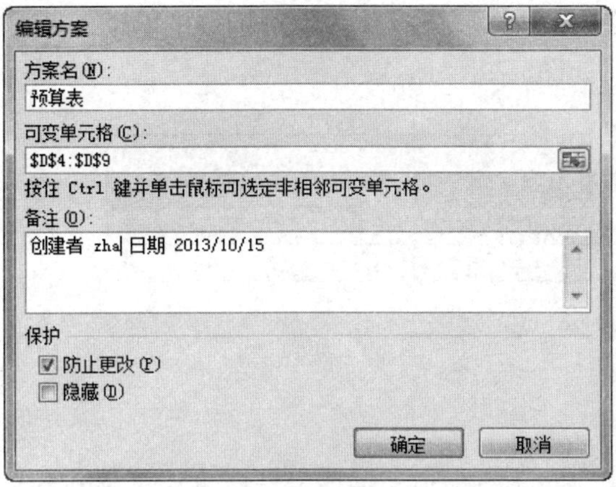


图5-75

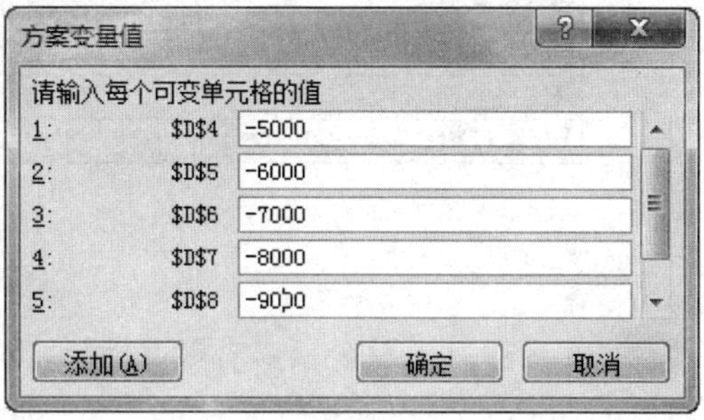


图5-76

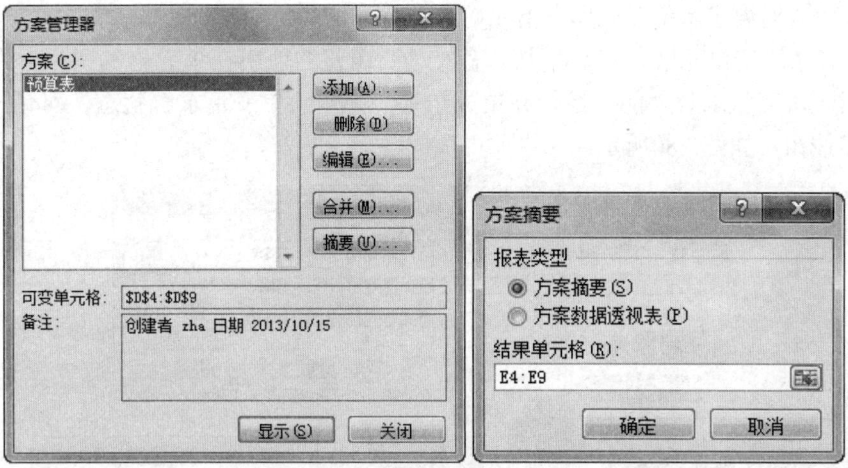


图5-77

## 5.4.2 单变量求解

如果知道要从公式获得的结果，但不确信为获得该结果所需的公式输入值，此时，可以使用单变量求解功能。例如，需要借一些钱。已知所需的钱数、还清贷款所需的时间以及每月可偿还的钱数。可以使用单变量求解来确定必须保证的利率，以便达到贷款目的。

假设已知贷款总额为100000元，贷款期限为180个月，每月还款额为900元，将这些数据输入到一个新的工作表中，如图5-78所示。

| | |
|---|---|
| 贷款金额 | ¥100,000.00 |
| 期限（月） | 180 |
| 年利率 | |
| 月还款额 | |

图5-78

但是，尽管月还款金额已知，但是，请勿将其作为值输入。因为月还款金额是公式的结果。改为将公式添加到工作表，并在使用单变量求解时，在后面的步骤中指定月还款值。在本例中使用 PMT 函数，“月还款额”后面的单元格中输入公式计算还款金，由于“年利率”对应的单元格中不含有值，Excel 会假设利率为 0%，并使用本例中的值返回月还款金额￥555.56。此时，可以忽略该值，如图5-79所示。

| | |
|---|---|
| 贷款金额 | ¥100,000.00 |
| 期限（月） | 180 |
| 年利率 | |
| 月还款额 | =PMT(C4/12,C3,C2) |

| | |
|---|---|
| 贷款金额 | ¥100,000.00 |
| 期限（月） | 180 |
| 年利率 | |
| 月还款额 | ¥-555.56 |

图5-79

提示：月还款金额以负数显示。

在“数据”选项卡的“数据工具”组中，单击“模拟分析”下拉按钮，在弹出的下拉列表中执行“单变量求解”命令。打开“单变量求解”对话框，在“目标单元格”文本框中，输入对要求解的公式所在单元格的引用。在“目标值”文本框中，输入所需的公式结果。在“可变单元格”文本框中，输入对要调整的值所在单元格的引用。单击“确定”按钮。单变量求解功能将运行并生成结果，弹出“单变量求解状态”对话框，单击“确定”按钮，如图5-80所示。

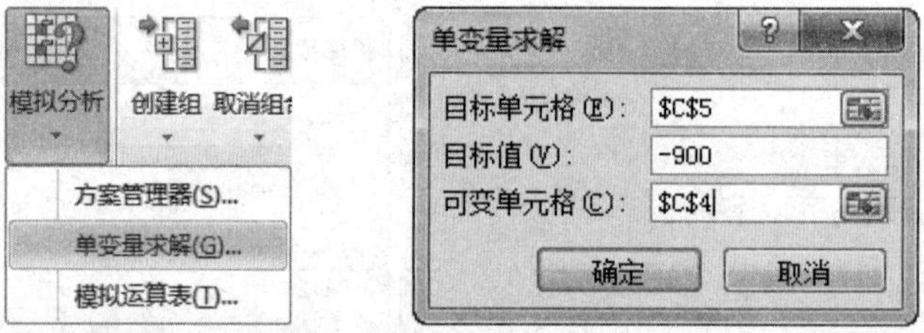


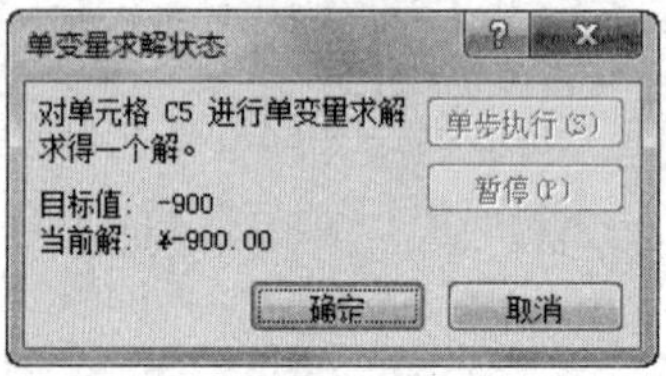


| | |
|---|---|
| 贷款金额 | ¥100,000.00 |
| 期限（月） | 180 |
| 年利率 | 0.070209546 |
| 月还款额 | ¥-900.00 |

图5-80

最后，设置目标“年利率”单元格的格式，使其以百分比形式显示结果。在“开始”选项卡的“数字”组中，单击“百分比”按钮。然后单击“增加小数位数”或“减少小数位数”按钮来设置小数位数，如图5-81所示。

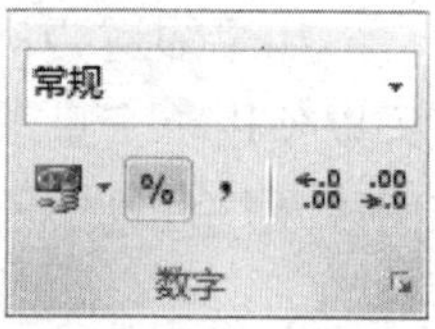


图5-81

## 5.4.3 模拟运算表

模拟运算表是一个单元格区域，用于显示公式中一个或两个变量的更改对公式结果的影响。模拟运算表提供了一种快捷手段，可以通过一步操作计算多个结果；同时，还是一种有效的方法，可以查看和比较由工作表中不同变化所引起的各种结果。

创建单变量模拟运算表还是双变量模拟运算表，取决于需要测试的变量和公式数。

1．创建单变量模拟运算表

若要了解一个或多个公式中一个变量的不同值如何改变这些公式的结果，可以使用单变量模拟运算表。例如，可以使用单变量模拟运算表来查看不同的利率水平对使用PMT函数计算的月按揭付款的影响。在单列或单行中输入变量值后，结果便会在相邻的列或行中显示。

单变量模拟运算表的输入值被排列在一列（列方向）或一行（行方向）中。单变量模拟运算表中使用的公式必须仅引用一个输入单元格。在输入单元格中，源于模拟运算表的输入值将被替换。工作表中的任何单元格都可用作输入单元格。尽管输入单元格不必是模拟运算表的一部分，但是模拟运算表中的公式必须引用输入单元格。

在一列或一行中的单元格中，输入要替换的值列表。将值任一侧的几行和几列单元格保留为空白。然后执行以下操作之一：

- 如果模拟运算表为列方向的（变量值位于一列中），则在紧接变量值列右上角的单元格中输入公式，如图5-82所示。

| | | | |
|---|---|---|---|
| 最终存款额试算表 | | 每月存款额变化 | 最终存款额 |
| | | | =FV(C5/12,C6,C4) |
| 每月存款额 | -5000 | -5500 | |
| 年利率 | 1.20% | -6000 | |
| 存款期限（月） | 12 | -6500 | |
| | | -7000 | |
| | | -7500 | |
| | | -8000 | |

图5-82

- 如果模拟运算表为行方向的（变量值位于一行中），则在紧接变量值行左下角的单元格中输入公式。

选定包含需要替换的数值和公式的单元格区域，在“数据”选项卡的“数据工具”组中，单击“模拟分析”下拉按钮，在弹出的下拉列表中执行“模拟运算表”命令，如图5-83所示。

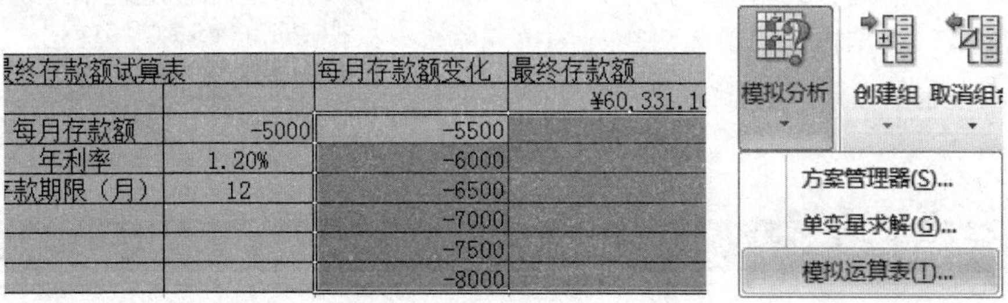


图5-83

在打开的“模拟运算表”对话框，如果模拟运算表为列方向，即在“输入引用列的单元格”文本框中，为输入单元格输入单元格引用，如图5-84所示。如果模拟运算表是行方向的，就在“输入引用行的单元格”文本框中，为输入单元格输入单元格引用。

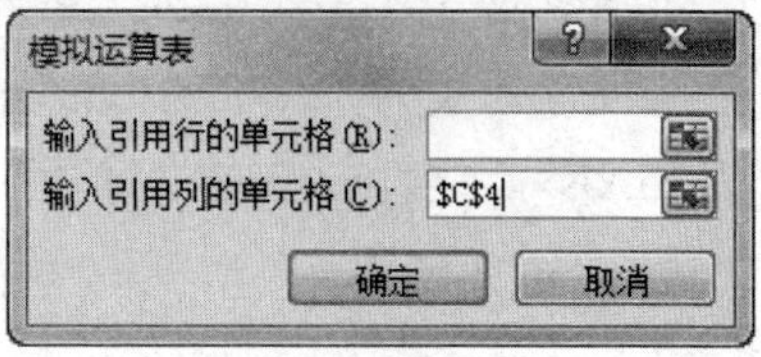


图5-84

### 2．创建双变量模拟运算表

使用双变量模拟运算表可以查看一个公式中两个变量的不同值对该公式结果的影响。例如，可以使用双变量模拟运算表来查看利率和贷款期限的不同组合对月还款额的影响。双变量模拟运算表使用含有两个输入值列表的公式，该公式必须引用两个不同的输入单元格。

在工作表的一个单元格中，输入引用两个输入单元格的公式，如图5-85所示。

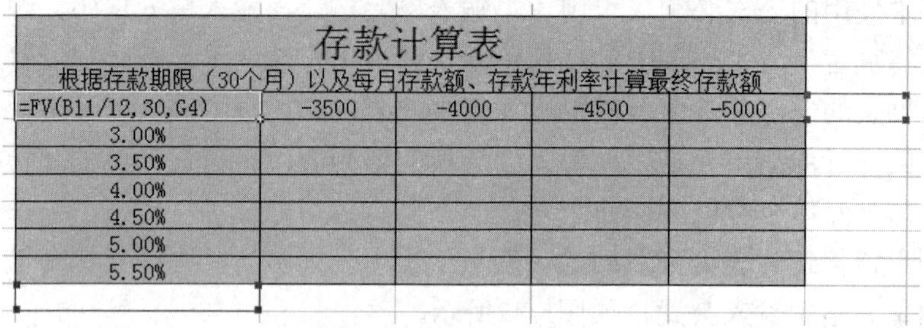


图5-85

选定包含需要替换的数值和公式的单元格区域，在“数据”选项卡的“数据工具”组中，单击“模拟分析”下拉按钮，在弹出的下拉列表中执行“模拟运算表”命令，如图5-86所示。

图5-86

打开“模拟运算表”对话框，在“输入引用列的单元格”文本框和“输入引用行的单元格”文本框中，为输入单元格输入单元格引用，如图5-87所示。

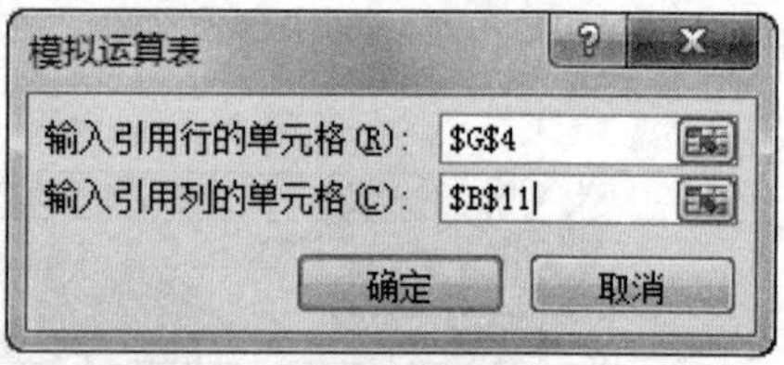


图5-87

## 5.5 样题解答

随书光盘中提供了本样题的操作视频。

执行“文件”→“打开”命令，在“查找范围”文本框中找到指定路径，选择“A5.xlsx”文件，单击“打开”按钮。

### 1．创建图表

第1步：在Sheet1工作表中同时选中单元格区域A2:A9和C2:E9，在“插入”选项卡下“图表”组中单击“柱形图”下拉按钮，选中“圆柱图”中的“簇状圆柱图”，如图5-88所示，生成基本图表。

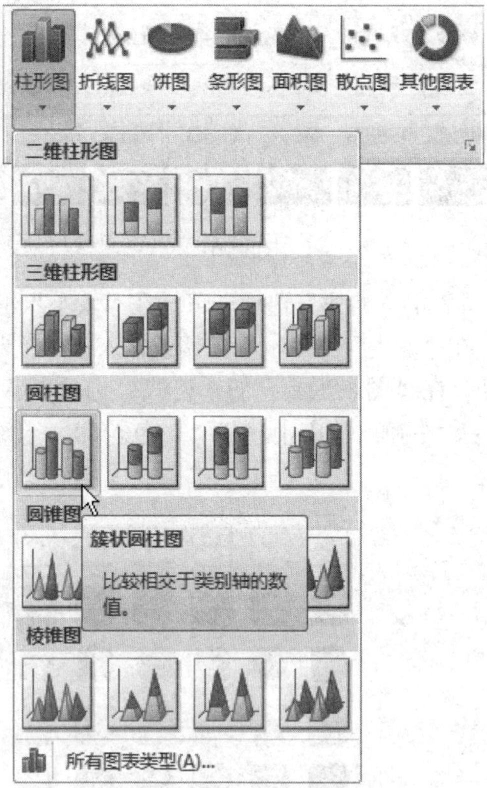


图5-88

2．设定图表的格式

第2步：选中新创建的图表，在“图表工具”的“设计”选项卡下，在“图表布局”组中单击“布局5”，如图5-89所示。选中“图表标题”文本“图表标题”，输入新标题文本“第四季度销售统计表”。选中“垂直轴标题”文本“坐标轴标题”，输入新标题文本“单位（元）”。

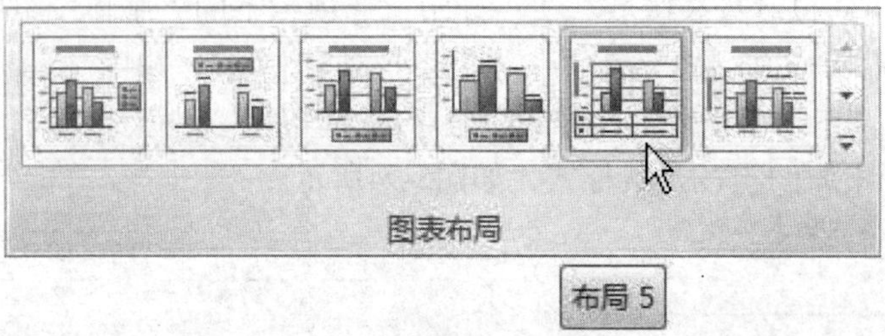


图5-89

第3步：选中图表，在“图表工具”的“设计”选项卡下，在“图表样式”组中单击“其他”下拉按钮，在弹出的库中选择“样式31”，如图5-90所示。

图5-90

第4步：在“图表工具”的“格式”选项卡下，在“大小”组中的“高度”文本框中微调或输入“11厘米”，在“宽度”文本框中微调或输入“19厘米”，如图5-91所示。

第5步：选中图表区，在“图表工具”的“格式”选项卡下，单击“形状样式”组中的“其他”下拉按钮，在弹出的库中选择“彩色轮廓 - 水绿色，强调颜色5”的形状样式，如图5-92所示。

图5-91

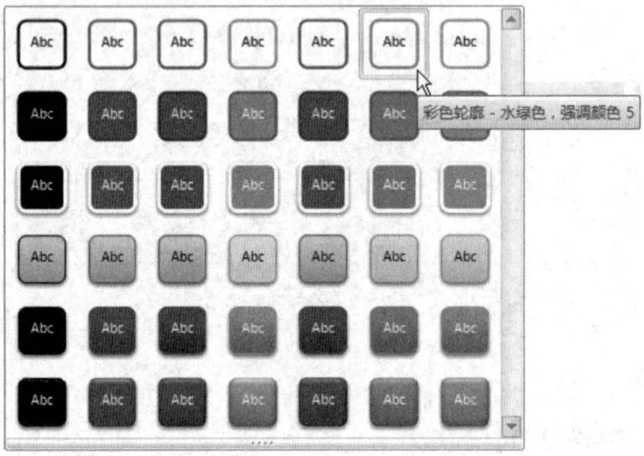


图5-92

第6步：选中图表标题区，在“开始”选项卡下的“字体”组中，在“字体”下拉列表中选择“华文行楷”，在“字号”下拉列表中选择“24”磅，在“字体颜色”下拉列表中选择标准色中的“深蓝”色，如图5-93所示。

第7步：选中模拟运算表区域，在“开始”选项卡下的“字体”组中，在“字体”下拉列表中选择“华文细黑”，在“字号”下拉列表中选择“10”磅；在“图表工具”的“格式”选项卡下，单击“形状样式”组中的“其他”下拉按钮，在弹出的库中选择“中等线 - 强调颜色1”的形状样式，如图5-94所示。

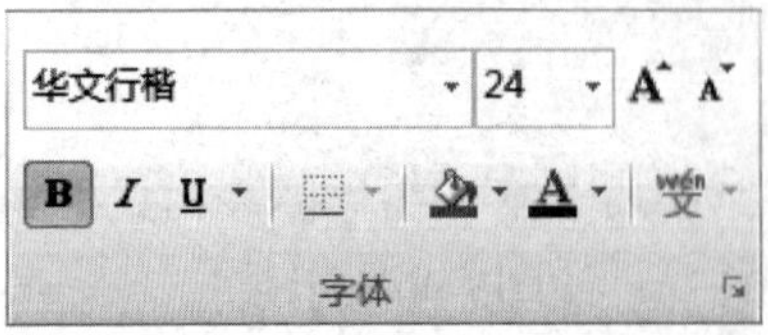


图5-93

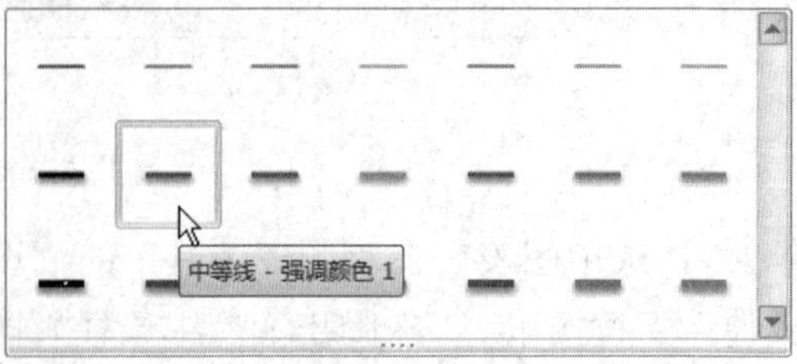


图5-94

第8步：选择垂直轴数据，单击鼠标右键，在弹出的快捷菜单中执行“设置坐标轴格式”命令，如图5-95所示。打开“设置坐标轴格式”对话框，在左栏中选中“坐标轴选项”，在右侧的设置栏中的“主要刻度单位”后面点选“固定”单选按钮，在后面的文本框中输入数值“2000”，如图5-96所示，单击“关闭”按钮即可。

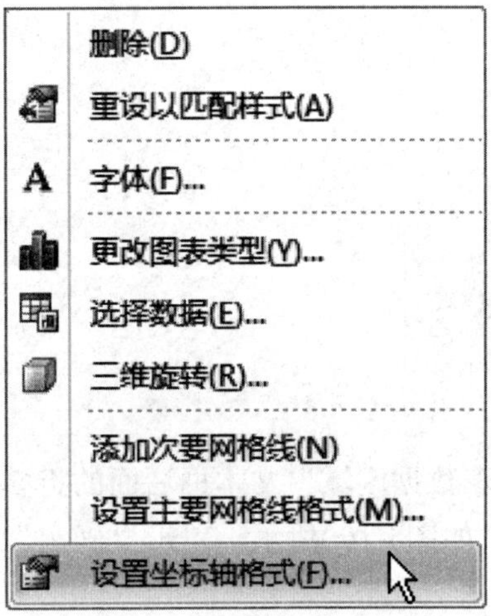


图5-95

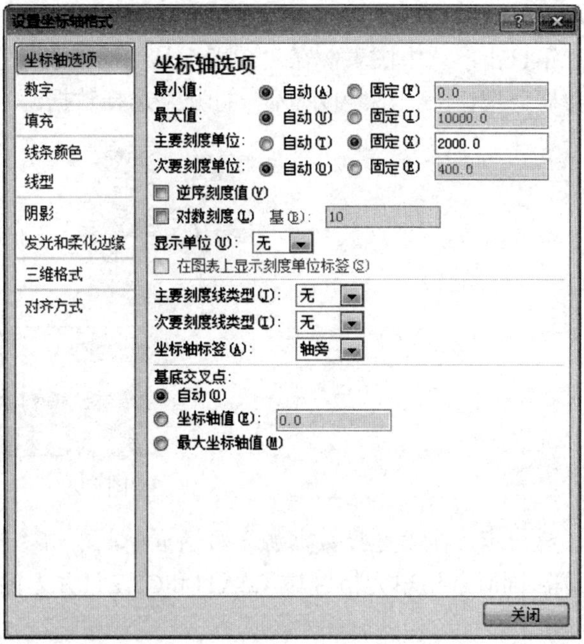


图5-96

### 3. 修改图表中的数据

第9步：在图表中选择11月“烟酒”的数据点，单击鼠标右键，从弹出的快捷菜单中执行“添加数据标签”命令，如图5-97所示。选中该数据标签，在“开始”选项卡下的“字体”组中，在“字号”下拉列表中选择“14”磅，在“字体颜色”下拉列表中选择标准色中的“红色”。在表格单元格区域D8位置将数据改为“6000”，数据标签将相应修改，如图5-98所示。

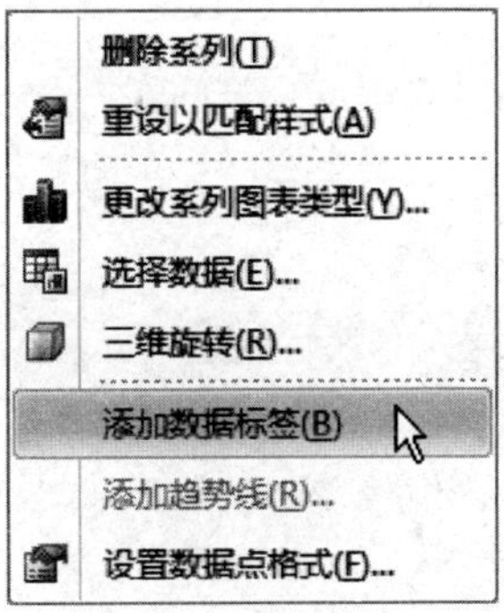


图5-97

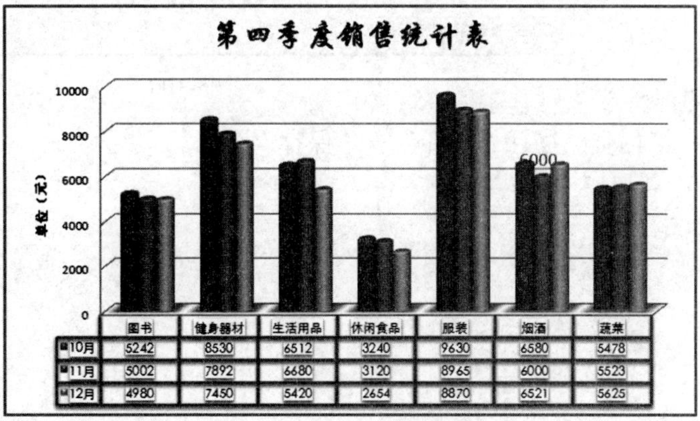


图5-98

4．为图表添加外部数据

第10步：在Sheet2工作表中，选中单元格区域A10:E11，单击鼠标右键，在弹出的快捷菜单中执行“复制”命令，将内容暂时存放在剪贴板上。在Sheet1工作表中，选中A10单元格，单击鼠标右键，在弹出的快捷菜单中执行“粘贴选项”下的“粘贴”命令即可。

第11步：选中图表，在“图表工具”的“设计”选项卡的“数据”组中，单击“选择数据”按钮，如图5-99所示，打开“选择数据源”对话框。

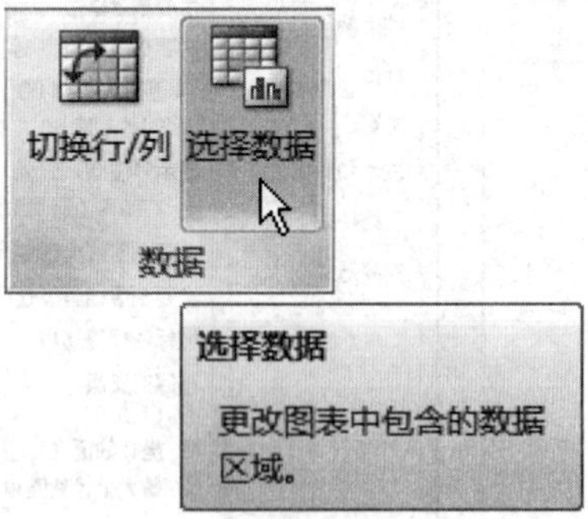


图5-99

第12步：在“选择数据源”对话框中，单击“图表数据区域”文本框后面的折叠按钮，同时选中单元格区域A2:A11和C2:E11并返回，如图5-100所示，单击“确定”按钮即可。

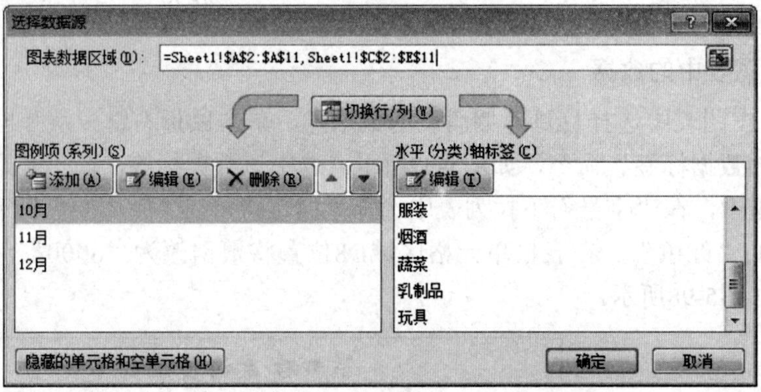


图5-100

第13步：执行“文件”→“保存”命令。

# 第六章　演示文稿的制作

PowerPoint 2010是Office 2010办公软件中的主要组件之一，主要用于演示文稿的制作，在演讲，教学，产品演示等方面得到广泛的应用。

**本章主要内容**

- 文档的页面格式设置
- 演示文稿的插入设置
- 演示文稿的动画设置
- 演示文稿的保存

**评分细则**

本章有6个评分点，每题16分。

| 序号 | 评分点 | 分值 |
|---|---|---|
| 1 | 演示文稿的页面设置 | 4 |
| 2 | 演示文稿的插入设置 | 6 |
| 3 | 幻灯片的切换设置 | 2 |
| 4 | 幻灯片的动画效果1 | 1 |
| 5 | 幻灯片的动画效果2 | 1 |
| 6 | 保存演示文稿 | 2 |

**本章导读**

综上所述，我们明确了本章所要求掌握的技能考核点以及对应《试题汇编》单元的评分点、分值和判分要求等。下面先在“样题示范”中展示《试题汇编》中的一道真题，然后详细讲解本章中涉及到的知识点和技能考核点，最后通过“样题解答”来讲解这道真题的详细操作步骤。

## 6.1 样题示范

**【练习目的】**

从《试题汇编》中选取样题，了解本章题目类型，掌握本章重点技能点。

**【样题来源】**

《试题汇编》第六单元6.1题（随书光盘中提供了本样题的操作视频）。

**【操作要求】**

在演示文稿程序中打开A6.pptx，按如下要求进行操作。

1．**演示文稿的页面设置**

- 按【样文6-1A】所示，将第1张幻灯片中标题的字体设置为华文行楷、72磅、浅绿色。
- 按【样文6-1A】所示，在幻灯片母版中为所有幻灯片添加页脚“KSWJ6-1”，设置字体为微软雅黑、加粗、18磅、天蓝色（RGB：112，255，255）。
- 按【样文6-1B】所示，在幻灯片母版中将文本占位符中段落的项目符号更改为“S”，大小为字高的115%，颜色为橙色。

2．**演示文稿的插入设置**

- 按【样文6-1B】所示，在第3张幻灯片中插入链接到第一张幻灯片和下一张幻灯片的动作按钮，并为动作按钮套用“强烈效果 - 冰蓝，强调颜色3”的形状样式，高度和宽度均设置为2厘米。
- 按【样文6-1C】所示，在第4张幻灯片中插入视频文件C:\Win2010GJW\KSML1\KSWJ6-1.wmv，设置视频文件的缩放比例为50%，视频样式为“柔化边缘椭圆”，剪裁视频的开始时间为3秒，结束时间为30秒。

3．**演示文稿的动画设置**

- 设置所有幻灯片的切换方式为“闪耀”、效果为“从下方闪耀的六边形”、持续时间为2秒、“风铃”的声音、单击鼠标时换片。
- 将第1张幻灯片中标题文本的动画效果设置为“弹跳”、持续时间为3秒、从上一动画之后自动启动动画效果。
- 在幻灯片母版中，将幻灯片文本占位符中文本的动画效果设置为“浮入”，序列为“按段落”、方向为“下浮”、与上一动画同时开始。

4．**保存演示文稿**

- 保存文件后，将此演示文稿创建为全保真视频文件，设置放映每张幻灯片的秒数为6秒，以A6A.wmv为文件名保存至考生文件夹中。

【样文6-1A】

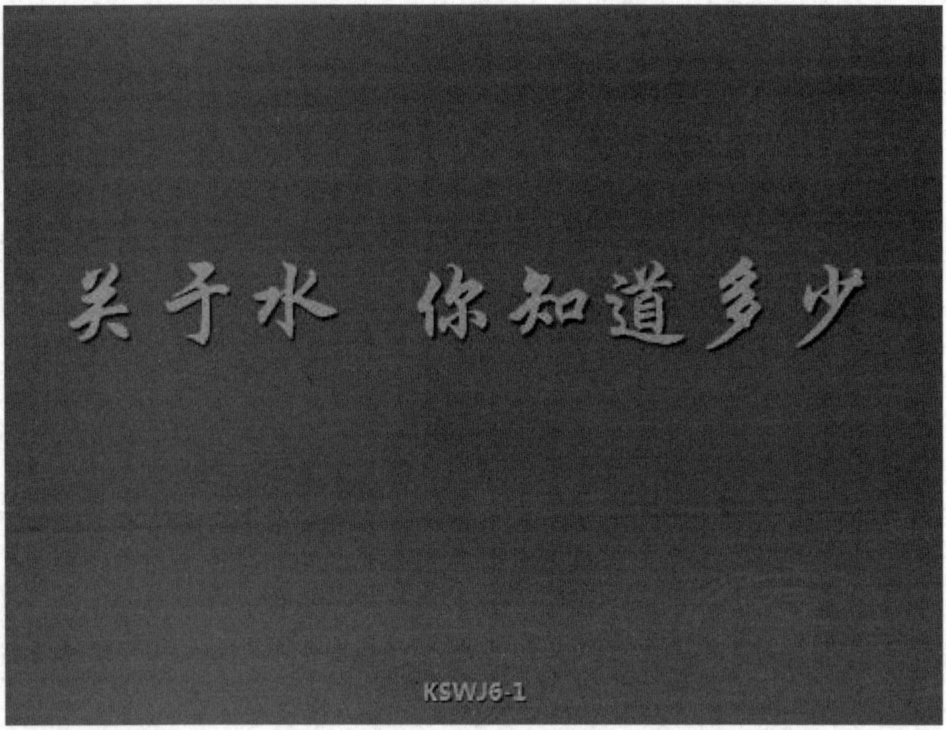
关于水 你知道多少
KSWJ6-1

【样文6-1B】

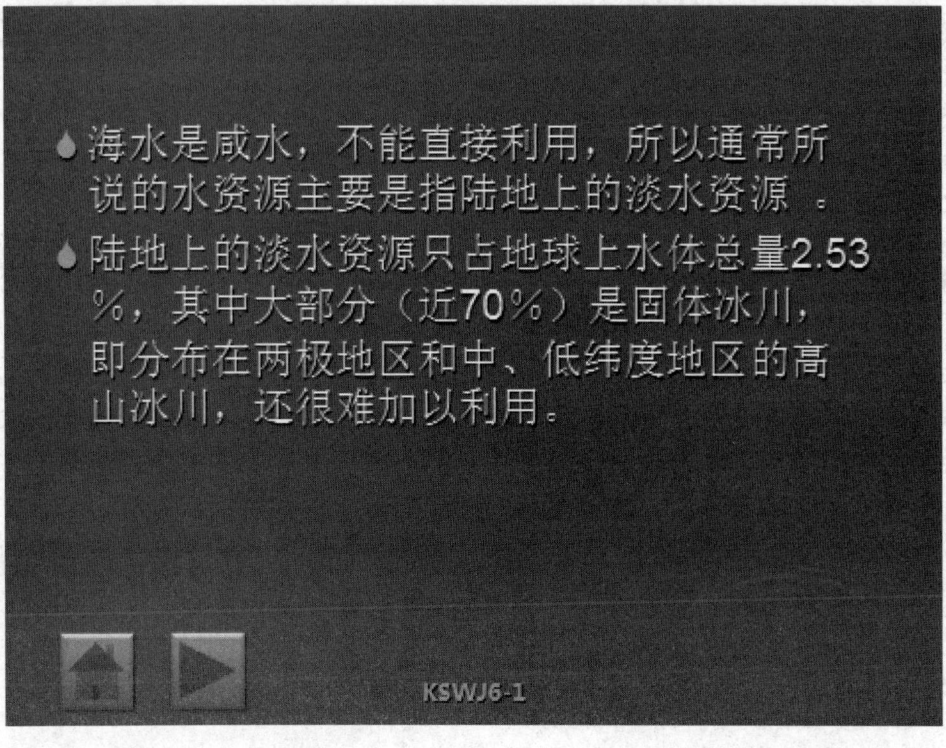
海水是咸水，不能直接利用，所以通常所说的水资源主要是指陆地上的淡水资源。
陆地上的淡水资源只占地球上水体总量2.53%，其中大部分（近70%）是固体冰川，即分布在两极地区和中、低纬度地区的高山冰川，还很难加以利用。
KSWJ6-1

【样文6-1C】

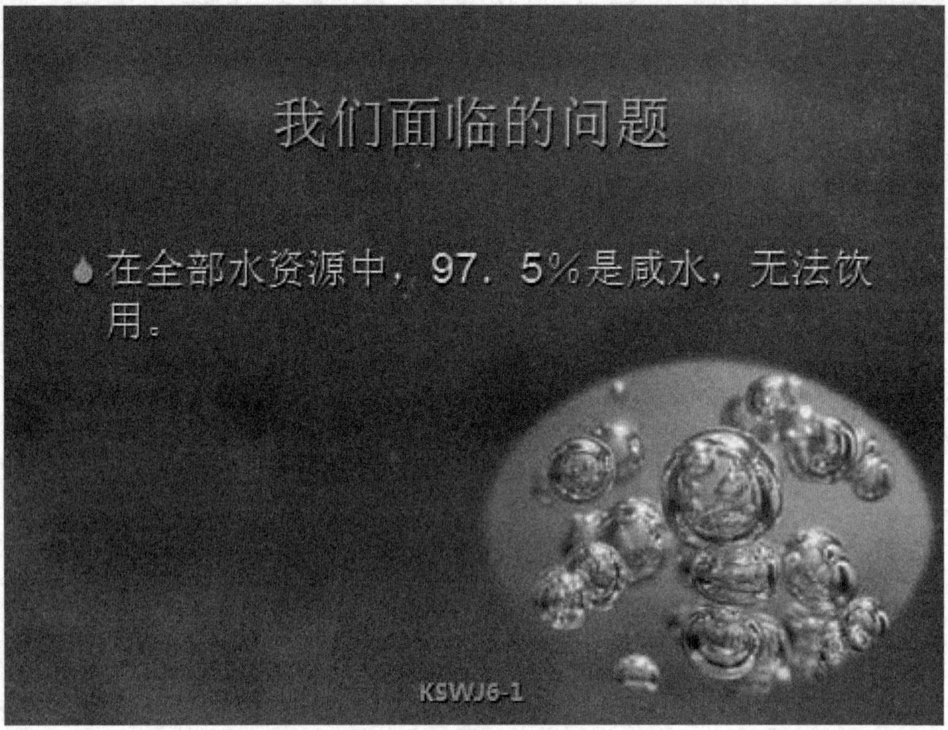


## 6.2 文档的页面格式设置

演示文稿是由若干张幻灯片组成的，为了使演示文稿得到更丰富的效果，可以对幻灯片中的文本、图形、表格、图表等进行设置，也可以更改幻灯片的外观效果来体现演示文稿的主题思想。

### 6.2.1 设置幻灯片的版式

版式是定义幻灯片上待显示内容的位置信息的幻灯片母版的组成部分。版式包含占位符，占位符可以容纳文字（如标题和项目符号列表）和幻灯片内容（如SmartArt 图形、表格、图表、图片、形状和剪贴画）。可以在版式或幻灯片母版中添加文字和对象占位符，但不能直接在幻灯片中添加占位符。

PowerPoint 2010 包含多种内置的标准版式，在 PowerPoint 中打开空白演示文稿时，将显示名为“标题幻灯片”的默认版式，如图6-1所示，但还有其他的标准版式可供应用和使用。

选择要设置版式的幻灯片，在“开始”选项卡的“幻灯片”组中，单击“版式”下拉按钮，在弹出的下拉列表中选择所需的版式，如图6-2所示。

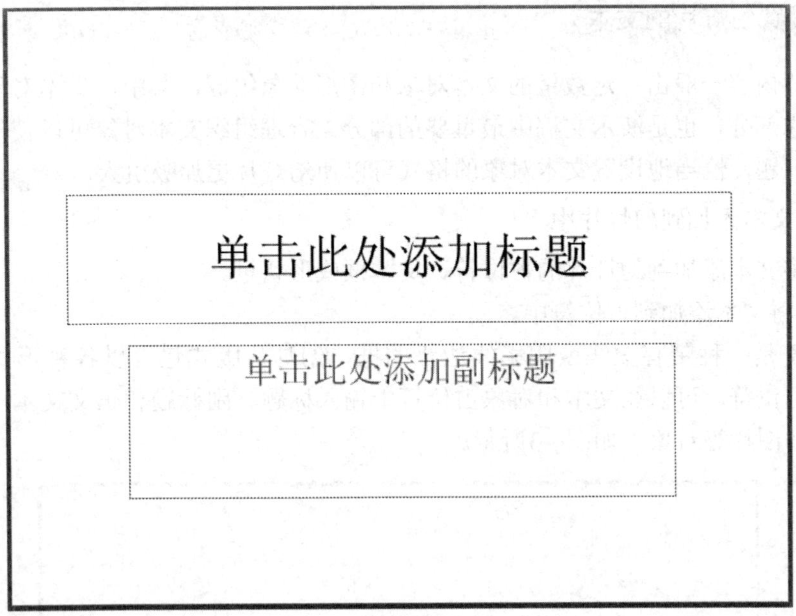
单击此处添加标题
单击此处添加副标题

图6-1

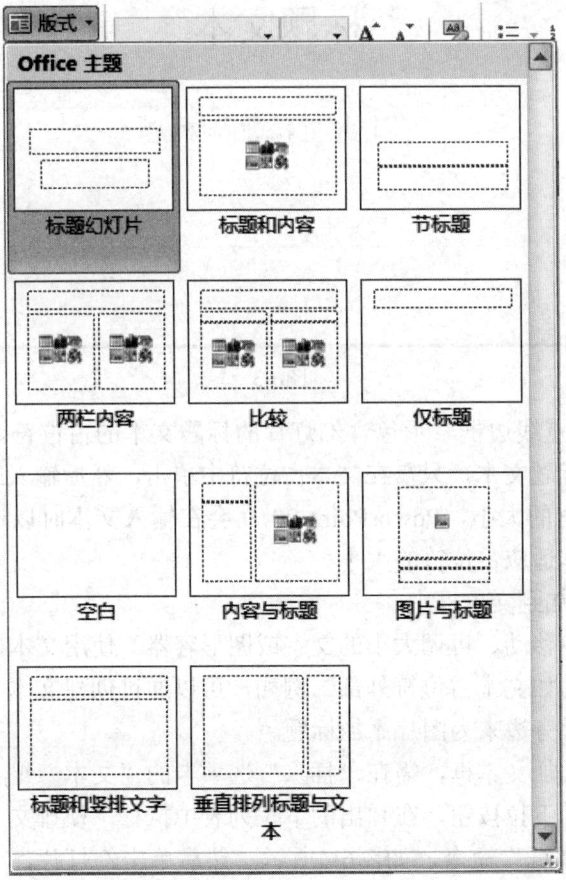
版式
Office 主题
标题幻灯片
标题和内容
节标题
两栏内容
比较
仅标题
空白
内容与标题
图片与标题
标题和竖排文字
垂直排列标题与文本

图6-2

## 6.2.2 设置幻灯片的文本

幻灯片内容一般由一定数量的文本对象和图形对象组成，其中，文本对象是幻灯片的基本组成部分，也是演示文稿中最重要的部分。合理组织文本对象可以使幻灯片更清楚地说明问题，恰当地设置文本对象的格式可以使幻灯片更加吸引人。

**1．将文本添加到幻灯片中**

可以将文本添加到幻灯片的占位符、文本框或形状里。

（1）将文本添加到占位符中。

占位符是一种带有虚线或阴影线边缘的框，幻灯片版式包含以各种形式组合的文本和对象占位符，可以在文本和对象占位符中输入标题、副标题和正文文本，或者是图表、表格和图片等对象，如图6-3所示。

图6-3

如图6-3所示，点线边框表示包含幻灯片的标题文本的占位符，要在幻灯片上的占位符中添加正文或标题文本，只需在文本占位符中单击，然后输入或粘贴文本。如果文本的大小超过占位符的大小，PowerPoint 2010 会在输入文本时以递减方式减小字体大小和行间距以使文本适应占位符的大小。

（2）将文本添加到文本框中。

文本框是一种可移动、可调大小的文字或图形容器。使用文本框可将文本放置在幻灯片上的任何位置，如文本占位符外部。例如，可以通过创建文本框并将其放置在图片旁边来为图片添加标题。

要在幻灯片中添加文本框，需在“插入”选项卡的“文本”组中，单击“文本框”下拉按钮，在弹出的下拉列表中执行“横排文本框”或“垂直文本框”命令，如图6-4所示。然后单击幻灯片，拖拽鼠标指针以绘制文本框，并输入或粘贴文本。

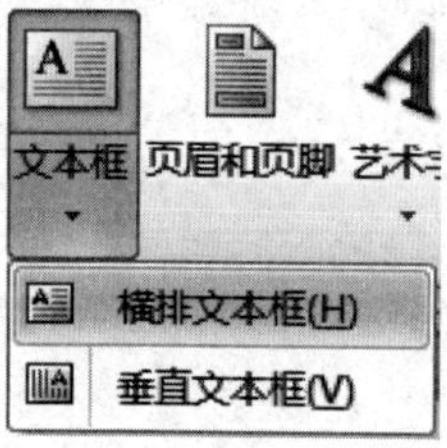


图6-4

（3）将文本添加到形状中。

在PowerPoint 2010中，正方形、圆形、标注批注框和箭头总汇等形状可以包含文本。在形状中输入文本时，文本会附加到形状并随形状一起移动和旋转。当然，也可以覆盖独立于形状并且不会随形状一起移动的文本。

要添加会成为形状组成部分的文本，右击要向其添加文字的形状，在列表中执行“编辑文字”命令，然后输入文字即可，如图6-5所示。要添加不会随形状一起移动的文本，只要添加一个文本框，然后输入或粘贴文本。

**2．设置文本格式**

在PowerPoint 2010中，既可以设置单个幻灯片的文本格式，也可以设置整个演示文稿的文本格式。对于应用于演示文稿的主题，还可以设置主题的标题和正文的文本格式。

（1）设置单个幻灯片的文本格式。

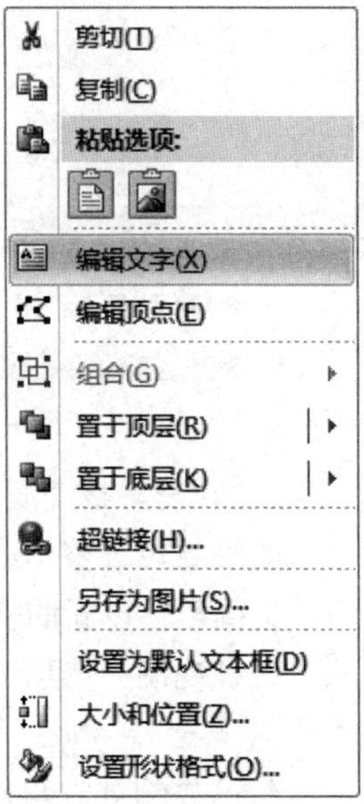


图6-5

若要设置单个段落或短语的格式，只需选择要设置的文本；若要设置某一占位符中所有文本的格式，则要选择该占位符中的所有文本或单击该占位符。

在“开始”选项卡的“字体”组中，可以更改字体，设置字号、字形、颜色等，如图6-6所示。

也可以单击“字体”组右下方的“对话框启动器”按钮，弹出“字体”对话框，设置字体格式，如图6-7所示。

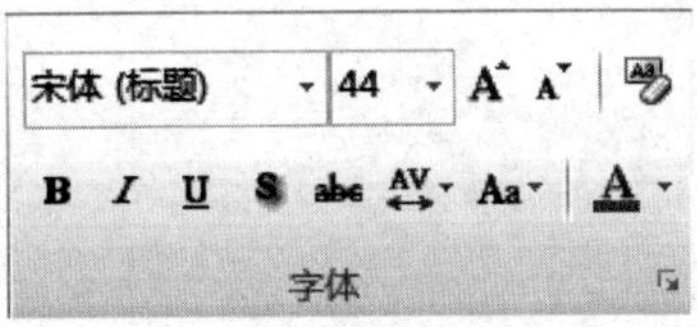


图6-6

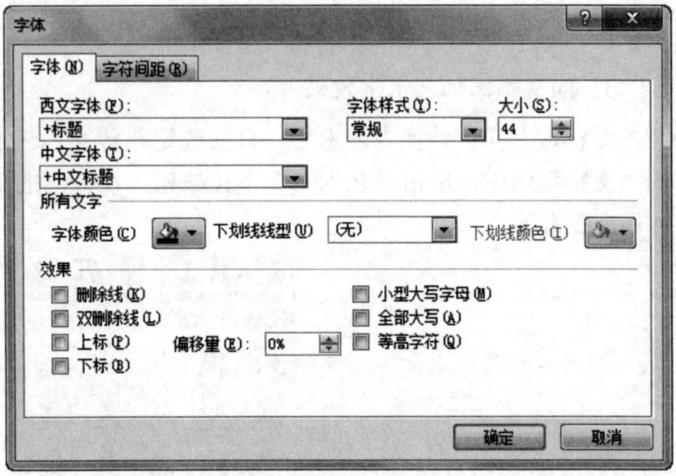


图6-7

在“开始”选项卡的“段落”组中，可以设置文本的对齐方式、文字方向、分栏、行距，为文本添加项目符号或编号，还可以将文本转换为SmartArt图形，如图6-8所示。

也可以单击“段落”组右下方的“对话框启动器”按钮，弹出“段落”对话框，设置段落格式，如图6-9所示。

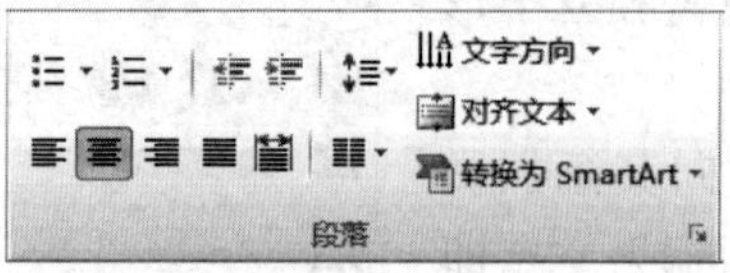

图6-8

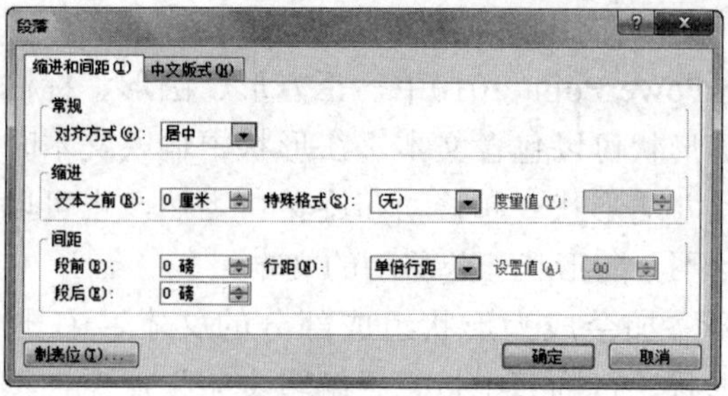

图6-9

（2）设置整个演示文稿的文本格式。

如果要设置整个演示文稿的文本格式，只需设置该幻灯片母版的文本格式，则整个演示文稿都会以新的格式显示。

在“视图”选项卡的“演示文稿视图”组中，单击“幻灯片母版”按钮，如图6-10所示。

在包含幻灯片母版和版式的左侧窗格中，单击包含待设置的幻灯片母版缩略图或版式。在该幻灯片母版或版式中，选择要设置新格式的标题文本或正文级别。使用“开始”选项卡的“字体”组和“段落”组中的格式命令来设置文本的格式。

若要返回到幻灯片编辑页面，只需在“母版幻灯片”选项卡的“关闭”组中，单击“关闭母版视图”按钮，如图6-11所示。

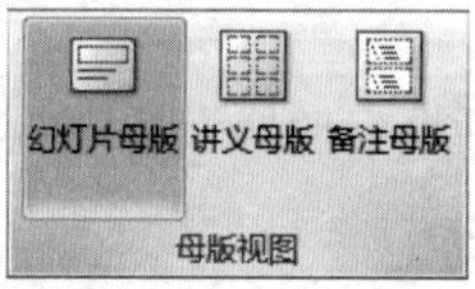


图6-10

图6-11

**3．向文本添加艺术字效果**

要将现有文字转换为艺术字，只需选定要转换为艺术字的文字，在“插入”选项卡的“文字”组中，单击“艺术字”下拉按钮，在弹出的下拉列表中选择所需的艺术字，如图6-12所示。

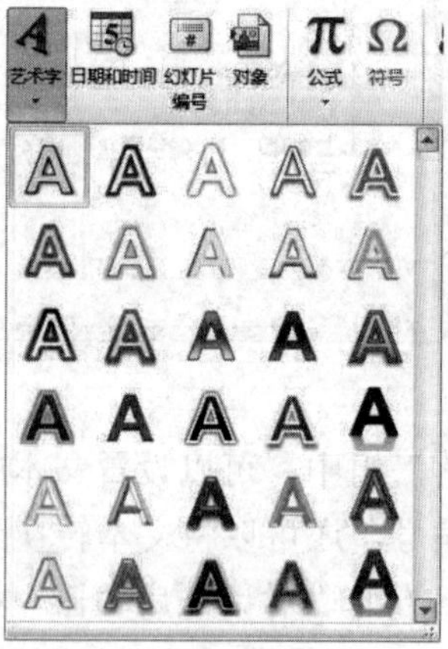


图6-12

创建好艺术字后，如果对艺术字的样式不满意，可以设置其样式，如编辑艺术文字、更改艺术字样式、设置艺术字填充颜色等。选择艺术字即会出现“绘图工具”，在“格式”选项卡下，就可以对艺术字进行各种设置，如图6-13所示。

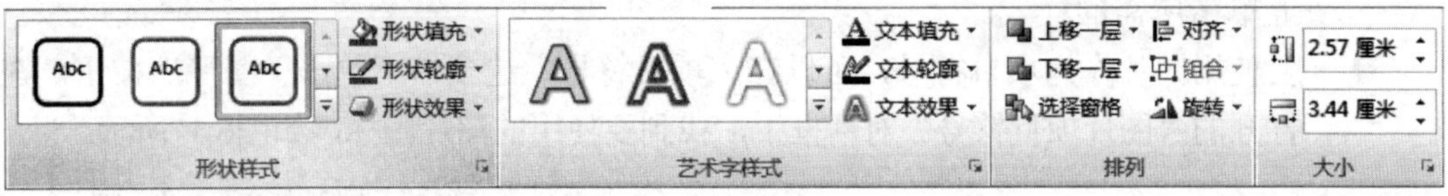


图6-13

若要删除文字的艺术字样式，选定要删除其艺术字样式的艺术字，在“绘图工具”的“格式”选项卡下的“艺术字样式”组中，单击“其他”按钮，在弹出的下拉列表中执行“清除艺术字”命令，如图6-14所示。删除文字的艺术字样式后，文字会保留下来，改为普通文字。

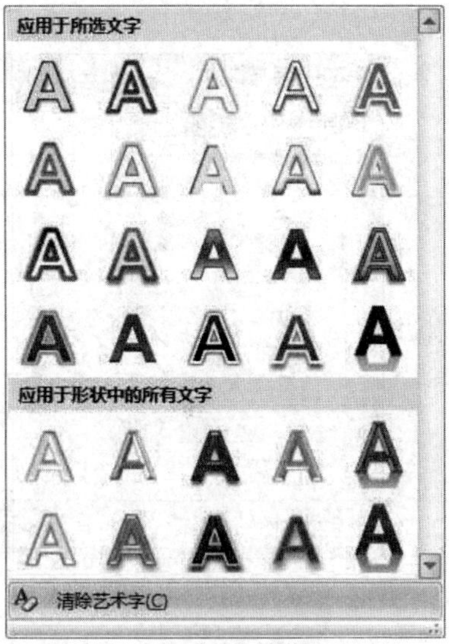


图6-14

**4．向文本添加项目符号或编号**

选择要添加项目符号或编号的文本行，在“开始”选项卡的“段落”组中，单击“项目符号”或“编号”按钮。要更改项目符号或编号的样式，可以单击“项目符号”或“编号”下拉按钮，在弹出的下拉列表中选择所需的样式，如图6-15所示。

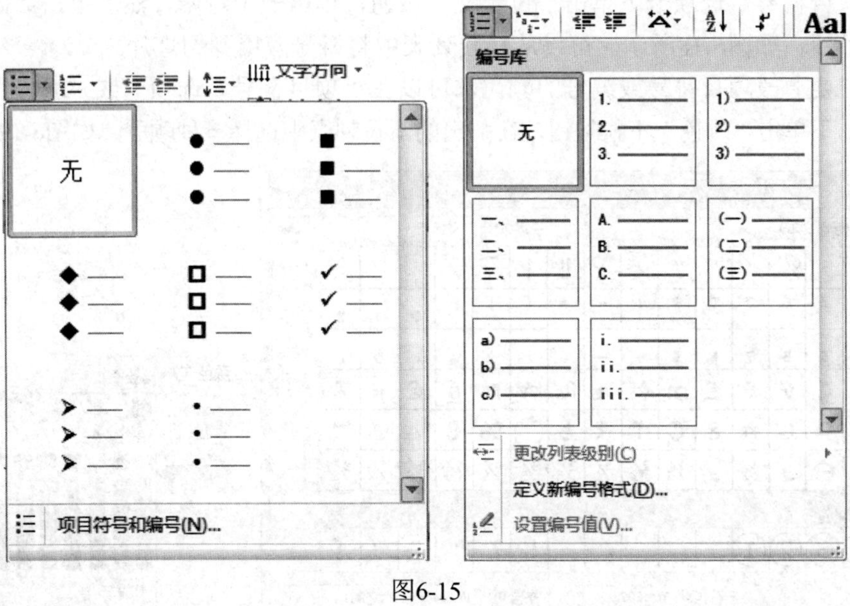


图6-15

添加完项目符号或编号后，还可以更改项目符号或编号的样式、颜色和大小。在“开始”选项卡的“段落”组中单击“项目符号”或“编号”下拉按钮，在弹出的下拉列表中执行“项目符号和编号”命令，在打开的“项目符号和编号”对话框，对各选项进行设置，如图6-16所示。

- 要更改项目符号或编号的样式，可以在“项目符号”选项卡或“编号”选项卡上单击所需的样式。
- 要使用图片作为项目符号，可以在“项目符号”选项卡下单击“图片”按钮，在打开的“图片项目符号”对话框中，找到要使用的图片图标，如图6-17所示。

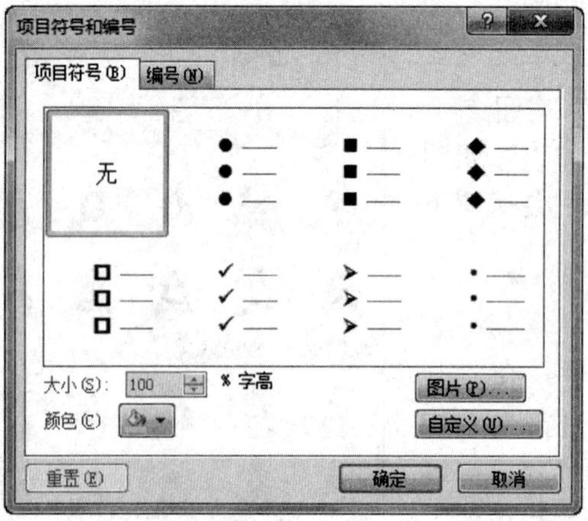


图6-16

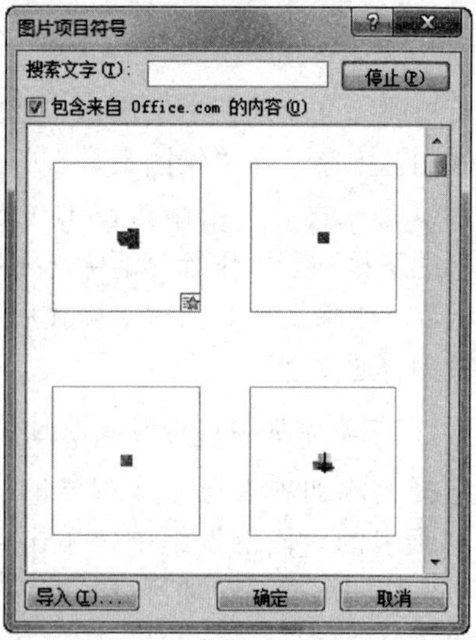


图6-17

- 要将符号列表中的字符添加到“项目符号”或“编号”选项卡上，可以在“项目符号”选项卡下单击“自定义”按钮，单击一个符号，然后单击“确定”按钮，如图6-18所示。可以从样式列表中将符号应用到幻灯片。
- 要更改项目符号或编号的颜色，可以在“项目符号”选项卡或“编号”选项卡下单击“颜色”下拉按钮，在弹出的下拉列表中选择一种颜色，如图6-19所示。

图6-18

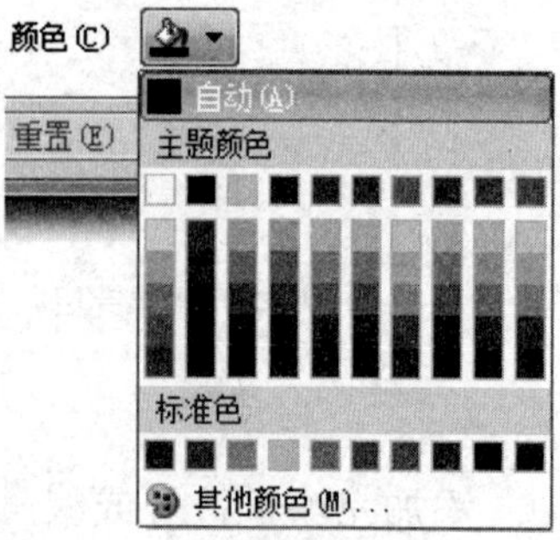


图6-19

- 要更改项目符号或编号的大小，使其大小为相对于文本的特定大小，可以在“项目符号”选项卡或“编号”选项卡下的“大小”文本框中输入一个百分数。

对于文本的项目符号或编号，还可以更改列表级别（缩进）、文本与项目符号或编号之间的间距以及更多内容。

若要在列表中创建缩进（附属）列表，可以将光标放在要缩进的行的开头，然后在“段落”组中单击“提高列表级别”按钮。若要将文本还原到列表中缩进较少的级别，可以将光标放在该行的开头，然后在“段落”组中，单击“降低列表级别”按钮。

要增大或减小一行中项目符号或编号与文本之间的间距，可以将光标放在文本行的开头。在“视图”选项卡的“显示/隐藏”组中选中“标尺”复选框，然后在标尺上，单击悬挂缩进，拖动以调整文本与项目符号或编号之间的间距。标尺上显示三种不同的标记，指示为文本框定义的缩进，如图6-20所示。

图6-20

①首行缩进：指示实际的项目符号或编号字符的位置。如果段落不带项目符号，则首行缩进指示第1行文本的位置。

②左缩进：同时调整首行缩进和悬挂缩进标记并保持它们的相对间距。

③悬挂缩进：指示实际文本行的位置。如果段落不带项目符号，则悬挂缩进指示第2行（及后续行）文本的位置。

**5．向演示文稿添加页眉或页脚**

若要将幻灯片编号、时间和日期、公司徽标、演示文稿标题或文件名、演示者姓名等信息添加到演示文稿中每个幻灯片的顶部或底部，就可以使用页眉和页脚。

要为演示文稿添加页脚，需要在“插入”选项卡的“文本”组中，单击“页眉和页脚”按钮，打开“页眉和页脚”对话框。在“页眉和页脚”对话框的“幻灯片”选项卡下，选中“页脚”复选框，然后输入要在幻灯片的底部居中显示的文本。如果只希望在所选幻灯片上显示页脚信息，单击“应用”按钮；如果要在演示文稿的所有幻灯片上显示页脚信息，单击“全部应用”按钮，如图6-21所示。

默认情况下，幻灯片不包含页眉，但是可以将页脚占位符移动到页眉位置。

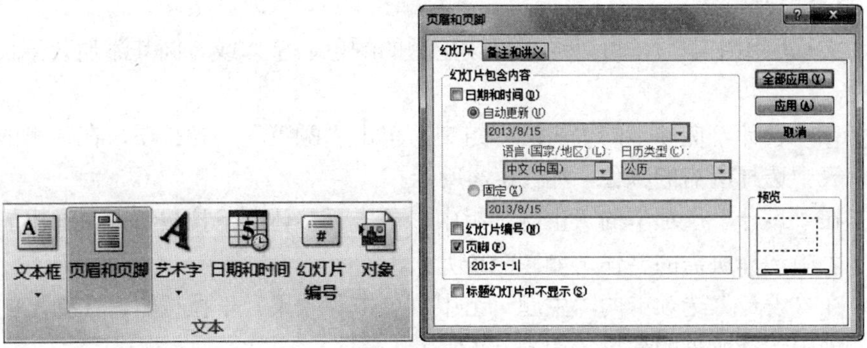


图6-21

另外，还可以对演示文稿中的页眉和页脚设置格式，只要在“视图”选项卡的“母版视图”组中，单击要更改的母版，如图6-22所示。

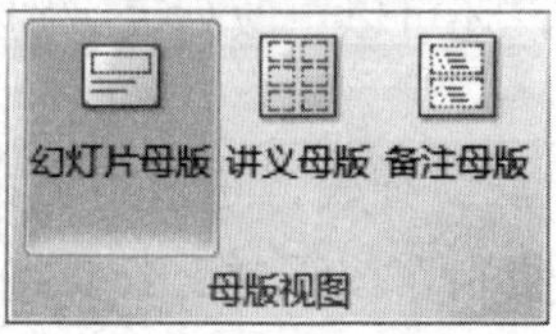


图6-22

- 要调整页脚占位符的大小，先单击该占位符，指向它的一个尺寸控点，然后当指针变为双向箭头时，拖动该控点。
- 要调整页脚占位符的位置，先单击该占位符，指向它的一个边界，然后当指针变为四向箭头时，将该占位符拖动到新位置。

要更改页脚占位符内的文字的字体、字号、大小写、颜色或间距，只要选择文字，然后在“字体”组中单击所需选项。

## 6.2.3 设置幻灯片的主题

**1．为幻灯片添加主题**

演示文稿通过应用文档主题，可以快速而轻松地设置整个演示文稿的格式，赋予它专业和时尚的外观。

在“设计”选项卡的“主题”组中，单击要使用的文档主题，若要查看所有文档主题，则单击“其他”按钮，如图6-23所示。文档主题是一组格式选项，包括一组主题颜色、一组主题字体（包括标题字体和正文字体）和一组主题效果（包括线条和填充效果）。在“主题”组中的样式库中显示为缩略图。将指针置于某个样式缩略图上时，可以看到“主题”对幻灯片的影响。

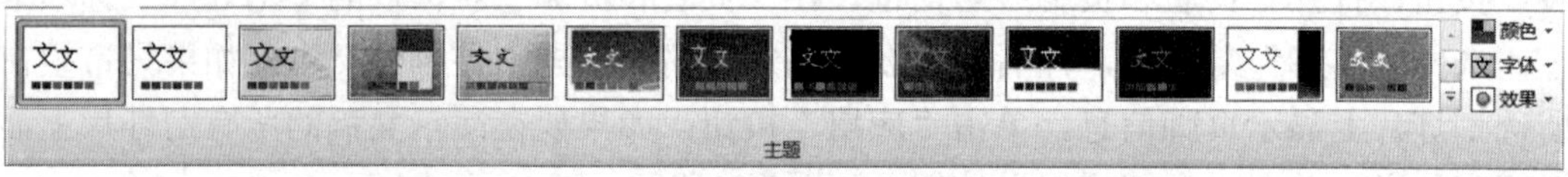


图6-23

**2．设置主题格式**

演示文稿应用主题后，可以通过更改主题的颜色、字体或者向其添加效果来更改主题的外观。

- 在“设计”选项卡的“主题”组中，单击“颜色”下拉按钮，在弹出的下拉列表中选择所需的颜色，如图6-24所示。
- 在“设计”选项卡的“主题”组中，单击“字体”下拉按钮，在弹出的下拉列表中选择所需的字体，如图6-25所示。
- 在“设计”选项卡的“主题”组中，单击“效果”下拉按钮，在弹出的下拉列表中选择所需的效果，如图6-26所示。

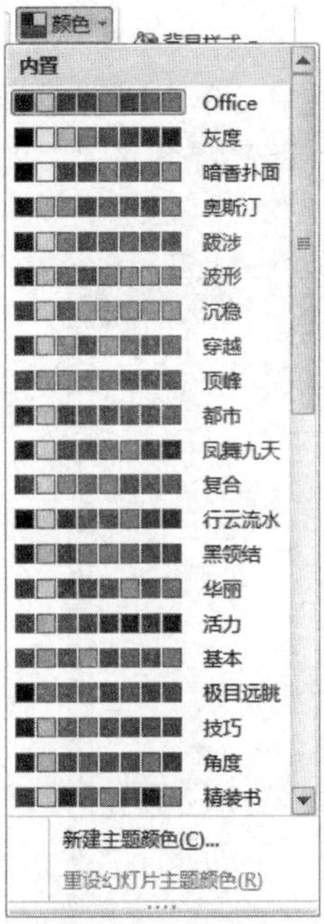


图6-24

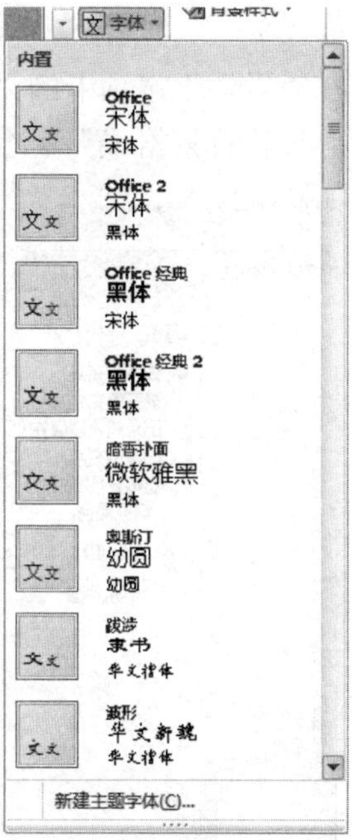


图6-25

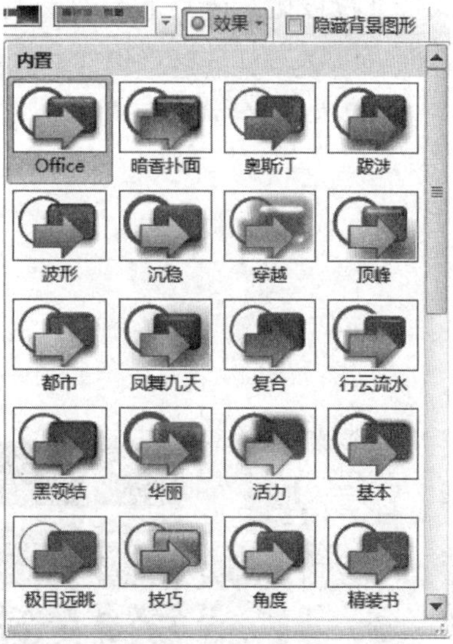


图6-26

## 6.2.4 设置幻灯片的背景

### 1．为幻灯片添加背景

在PowerPoint 2010 中，向幻灯片添加背景是添加一个背景样式。背景样式是来自当前文档“主题”中主题颜色和背景亮度的组合的背景填充变体。当更改文档主题时，背景样式会随之更新以反映新的主题颜色和背景。如果希望只更改演示文稿的背景，则应选择其他背景样式。更改文档主题时，更改的不止是背景，同时会更改颜色、标题和正文字体、线条和填充样式以及主题效果的集合。

单击要向其添加背景样式的幻灯片，在“设计”选项卡的“背景”组中，单击“背景样式”下拉按钮，如图6-27所示。背景样式在“背景样式”库中显示为缩略图。将指针置于某个背景样式缩略图上时，可以预览该背景样式对幻灯片的影响。

右击所需的背景样式，在弹出的快捷菜单中，要将该背景样式应用于所选幻灯片，执行“应用于所选幻灯片”命令；要将该背景样式应用于演示文稿中的所有幻灯片，执行“应用于所有幻灯片”命令，如图6-28所示。

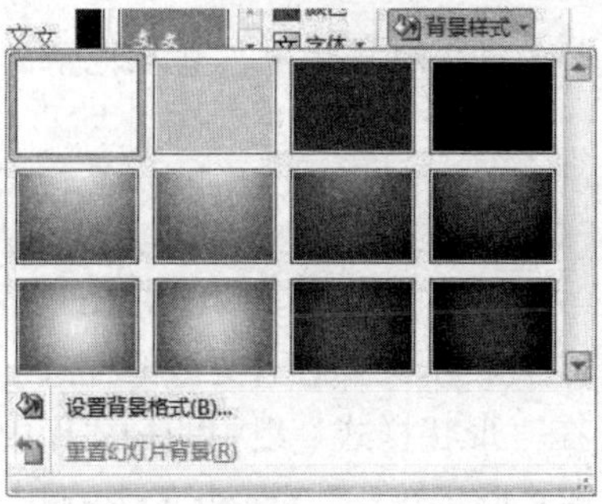


图6-27

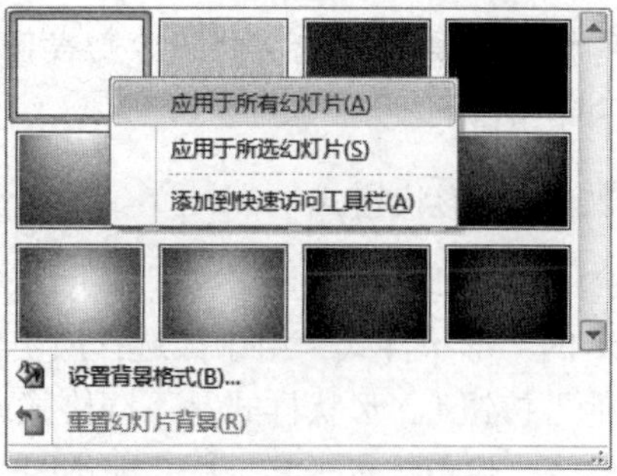


图6-28

**2．设置背景格式**

单击要设置背景格式的幻灯片，在“设计”选项卡的“背景”组中，单击“背景样式”下拉按钮。在其下拉列表中执行“设置背景格式”命令，打开“设置背景格式”对话框，可以为背景设置填充和图片，如图6-29所示。

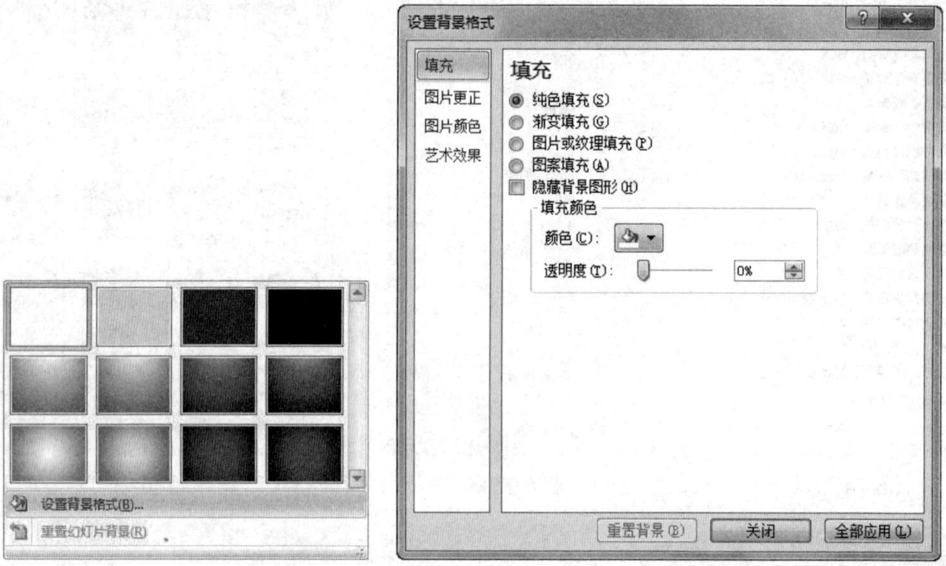


图6-29

## 6.3 演示文稿的插入设置

### 6.3.1 插入形状

**1．插入形状**

在PowerPoint 2010中，可用形状包括线条、基本几何形状、箭头、公式形状、流程图形状、星、旗帜和标注。要将形状添加到幻灯片中，需在“插入”选项卡的“插图”组中，单击“形状”下拉按钮。在弹出的下拉列表中单击所需形状，接着单击文档中的任意位置，然后拖拽以放置形状，如图6-30所示。

提示：要创建规范的正方形或圆形（或限制其他形状的尺寸），需在拖动的同时按住 Shift键。

**2．设置形状格式**

为形状添加样式，单击要对其应用新的样式的形状，在“绘图工具”下，在“格式”选项卡的“形状样式”组中，选择所需的样式，如图6-31所示。要查看更多的样式，单击“其他”按钮。形状样式是不同格式选项的组合，在“形状样式”组中的样式库中显示为缩略图。将指针置于某个样式缩略图上时，可以看到“形状样式”对形状的影响。

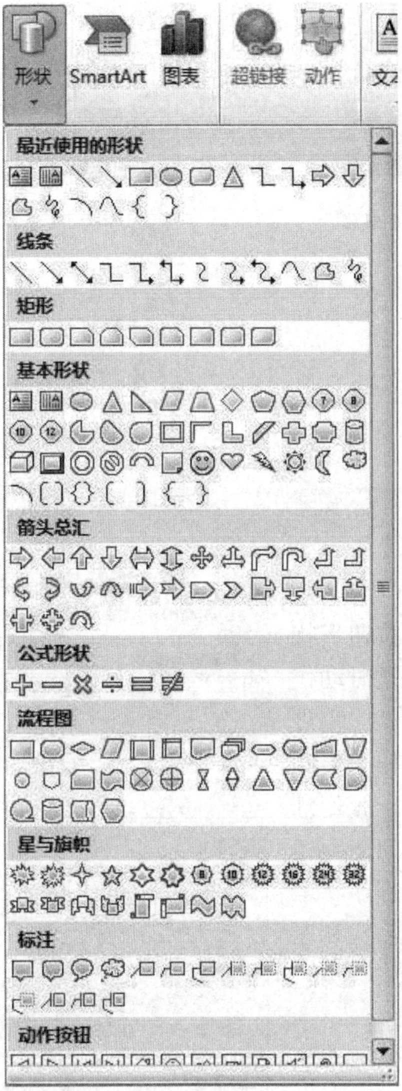


图6-30

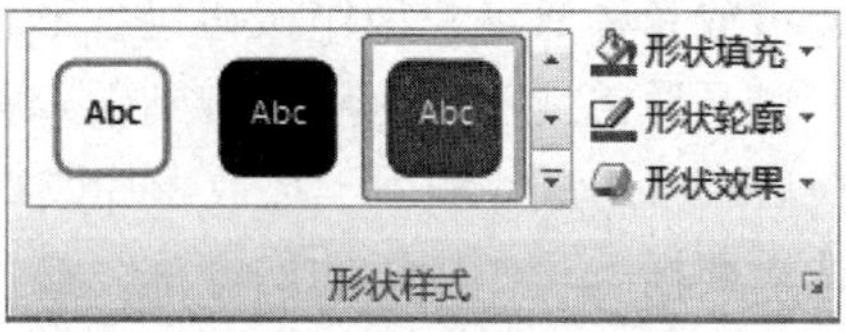


图6-31

可以通过更改形状的填充、轮廓或者向其添加效果来更改形状的外观。

- 单击要向其添加填充的形状，在“绘图工具”下，在“格式”选项卡的“形状样式”组中，单击“形状填充”下拉按钮，在弹出的下拉列表中选择所需的颜色，如图6-32所示。
- 单击要向其添加轮廓的形状，在“绘图工具”下，在“格式”选项卡的“形状样式”组中，单击“形状轮廓”下拉按钮，在弹出的下拉列表中选择所需的颜色，如图6-33所示。
- 单击要向其添加效果的形状，在“绘图工具”下，在“格式”选项卡的“形状样式”组中，单击“形状效果”下拉按钮，在弹出的下拉列表中选择所需的效果，如图6-34所示。

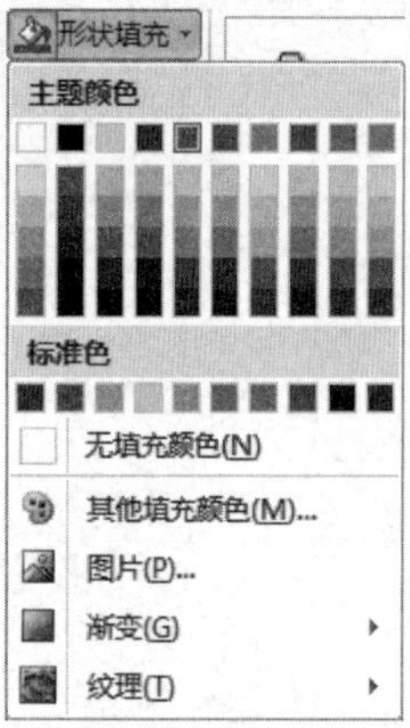


图6-32

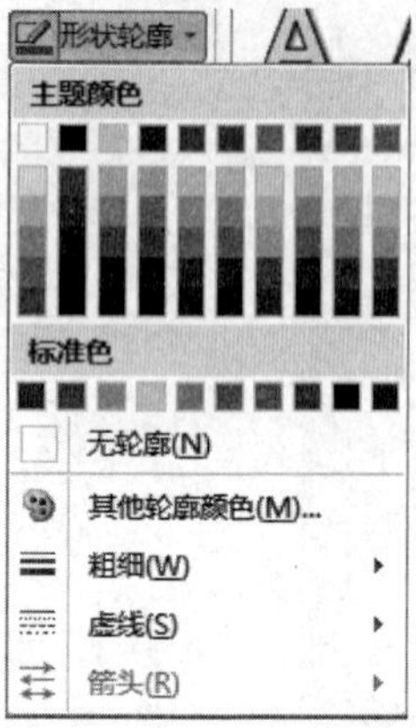


图6-33

图6-34

## 6.3.2 插入动作按钮

### 1．插入动作按钮

动作按钮是指可以添加到演示文稿中的内置按钮形状（位于形状库中），可以分配单击鼠标或鼠标移过时动作按钮将执行的动作。提供动作按钮是为了通过演示文稿进行演示时，可以通过单击鼠标或鼠标移过动作按钮来转到下一幻灯片、上一幻灯片、第一张幻灯片、最后一张幻灯片、最近观看的幻灯片、特定幻灯片编号、其他 Microsoft Office PowerPoint 演示文稿或网页；也可以运行程序、运行宏、播放音频剪辑。动作按钮包含形状（如右箭头和左箭头）以及通常被理解为用于转到下一张、上一张、第一张和最后一张幻灯片和用于播放影片或声音的符号。

选择要插入动作按钮的幻灯片，在“插入”选项卡的“插图”组中，单击“形状”下拉按钮，弹出下拉列表，在“动作按钮”下选择要添加的按钮。然后单击幻灯片上的一个位置，然后通过拖动为该按钮绘制形状，如图6-35所示。

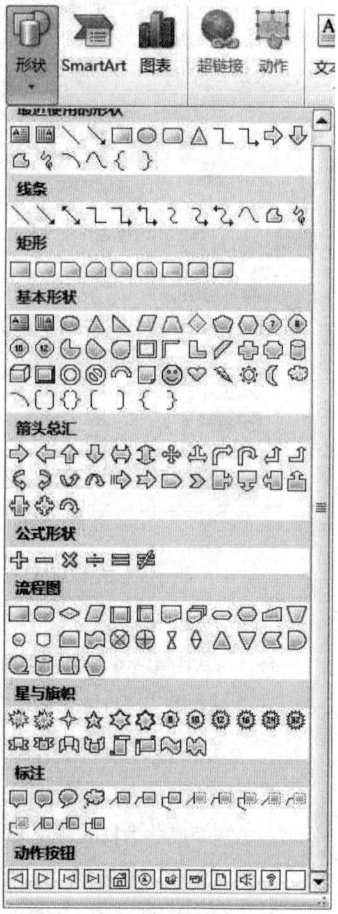


图6-35

在弹出的“动作设置”对话框中，设置动作按钮在“单击鼠标”和“鼠标移过”时的行为。动作行为包括创建超链接、运行程序、运行宏、执行对象动作等。选中“播放声音”复选框，还可以为动作按钮添加播放声音，如图6-36所示。

### 2.设置动作按钮格式

动作按钮可以按照设置形状格式的方法设置其格式。在“绘图工具”的“格式”选项卡的“形状样式”组中，单击所需的样式。也可以为动作按钮设置形状填充、形状轮廓和形状效果，如图6-37所示。

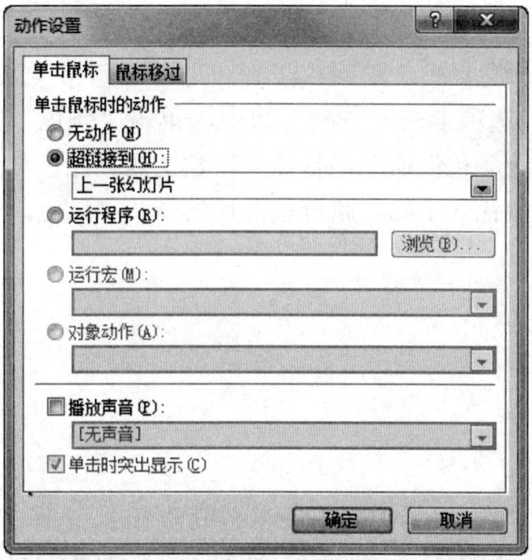


图6-36

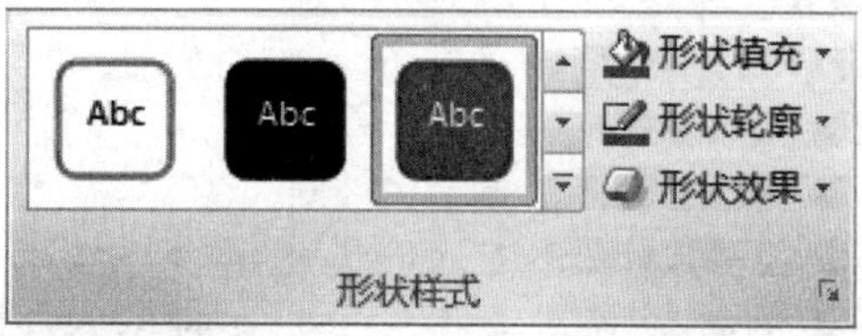


图6-37

## 6.3.3 插入超链接

### 1. 插入超链接

在PowerPoint 2010中，超链接是从一张幻灯片到同一演示文稿中的另一张幻灯片的连接，也可以是从一张幻灯片到不同演示文稿中另一张幻灯片、到电子邮件地址、网页或文件的连接。可以从文本或一个对象（如图片、图形、形状或艺术字）创建超链接。

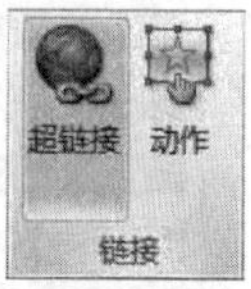


图6-38

在同一演示文稿中，要创建幻灯片的超链接，只需在“普通”视图中，选择要用作超链接的文本或对象。在“插入”选项卡的“链接”组中，单击“超链接”按钮，如图6-38所示。

打开“插入超链接”对话框，在左侧的“链接到”选项区域，执行“本文档中的位置”命令；在右侧的“请选择文档中的位置”文本框中，选择要用作超链接目标的幻灯片，如图6-39所示。

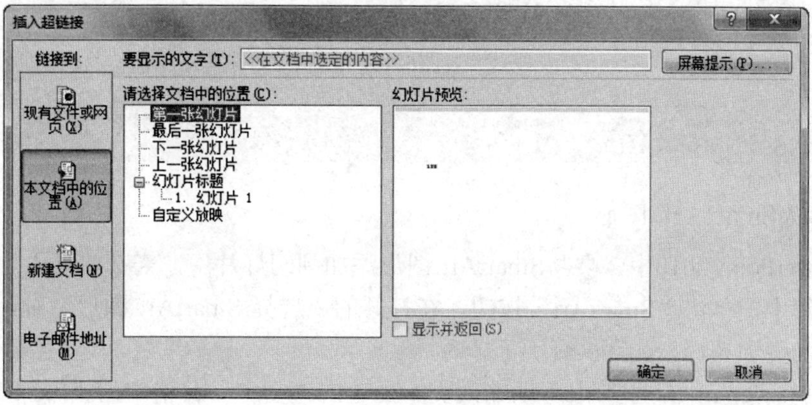


图6-39

### 2.设置超链接格式

创建超链接后，可以更改超链接文本的颜色。

选择要更改的超链接文本，在“设计”选项卡的“主题”组中，单击“颜色”下拉按钮，在弹出的下拉列表中执行“新建主题颜色”命令，打开“新建主题颜色”对话框。在“新建主题颜色”对话框中的“主题颜色”下的“超链接”后选择一种颜色，单击“保存”按钮，如图6-40所示。

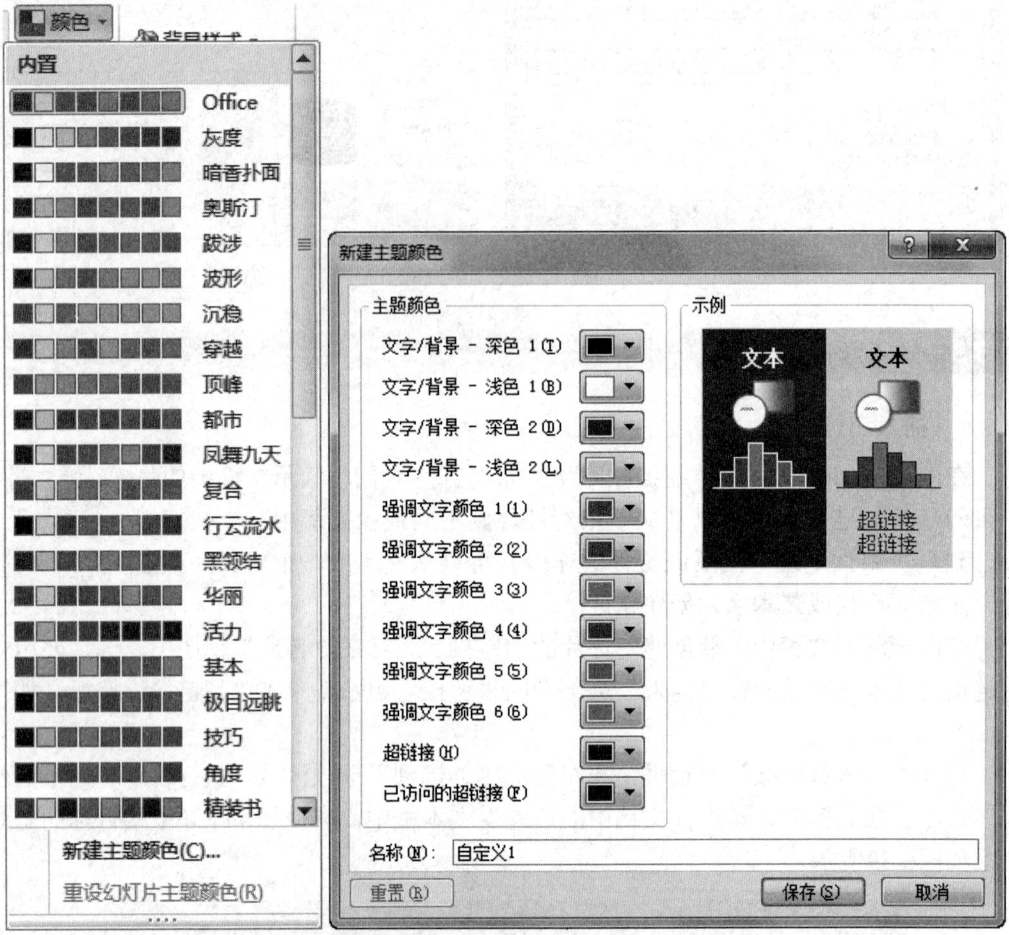


图6-40

## 6.3.4 插入SmartArt 图形

### 1. 插入SmartArt 图形

在PowerPoint 2010中，要将SmartArt 图形添加到幻灯片中，需在“插入”选项卡的“插图”组中，单击“SmartArt”按钮，在打开的“选择 SmartArt 图形”对话框中，单击所需的类型和布局，如图6-41所示。

在创建的SmartArt 图形中可以输入文本，单击“文本”窗格中的“[文本]”，然后输入文本。 也可以从其他位置或程序复制文本，单击“文本”窗格中的“[文本]”，然后粘贴文本，如图6-42所示。

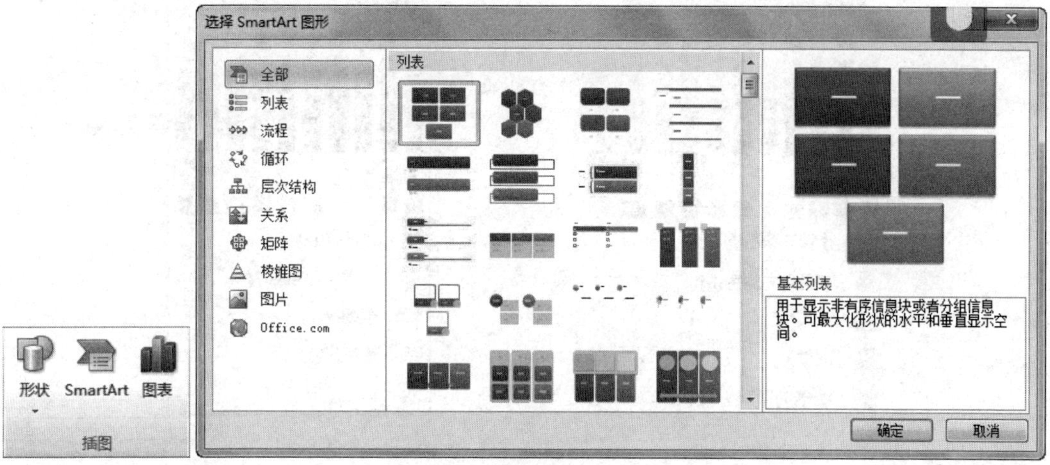


图6-41

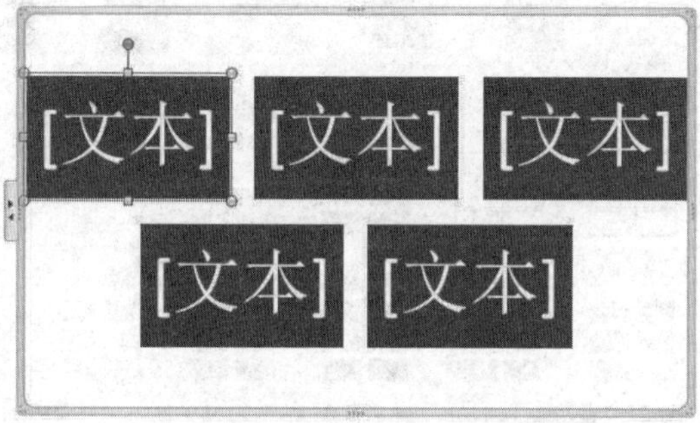


图6-42

### 2．设置SmartArt图形格式

（1）更改SmartArt图形颜色。

创建SmartArt 图形后，可以为SmartArt 图形更改颜色。既可以更改单个形状的颜色，也可以更改形状边框的颜色，还可以更改整个图形的颜色。

- 更改形状的颜色：单击 SmartArt 图形中要更改的形状，在“SmartArt 工具”的“格式”选项卡下，单击“形状样式”组中的“形状填充”下拉按钮，在弹出的下拉列表中选择所需的颜色。若要选择无颜色，则执行“无填充颜色”命令，如图6-43所示。
- 更改形状边框的颜色：单击要更改的边框所在的形状，在“SmartArt 工具”的“格式”选项卡下，单击“形状样式”组中的“形状轮廓”下拉按钮，在弹出的下拉列表中选择所需的颜色。若要隐藏边框，则执行“无轮廓”命令，如图6-44所示。
- 更改整个 SmartArt 图形的颜色：单击 SmartArt 图形，在“SmartArt 工具”的“设计”选项卡下，单击“SmartArt 样式”组中的“更改颜色”下拉按钮，在弹出的下拉列表中选择所需的颜色变体，如图6-45所示。

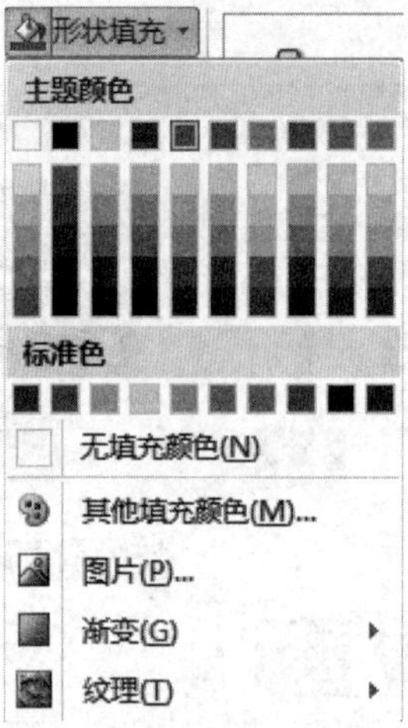


图6-43

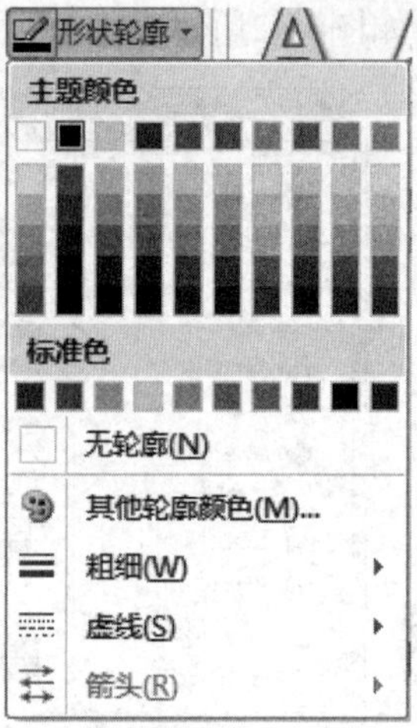


图6-44

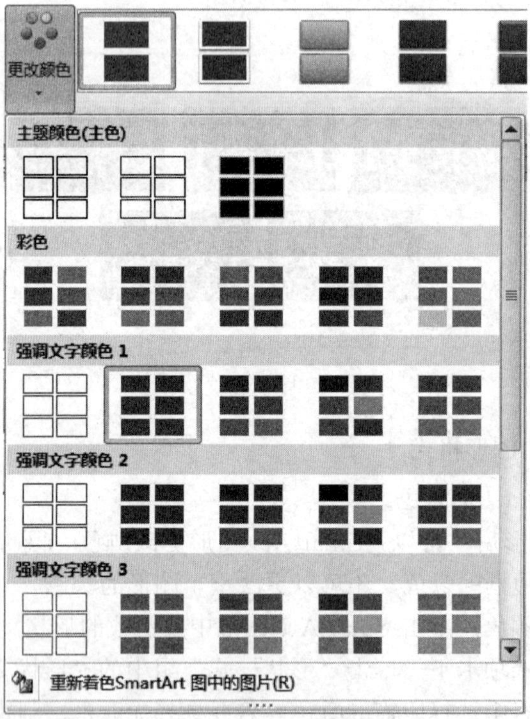


图6-45

（2）更改SmartArt 图形样式。

“SmartArt 样式”是各种效果（如线型、棱台或三维）的组合，可应用于 SmartArt 图形中的形状以创建独特且具专业设计效果的外观。

单击 SmartArt 图形，在“SmartArt 工具”的“设计”选项卡下的“SmartArt 样式”组中，单击右下角的“其他”按钮，在弹出的库中可以选择需要更改为的样式，如图6-46所示。

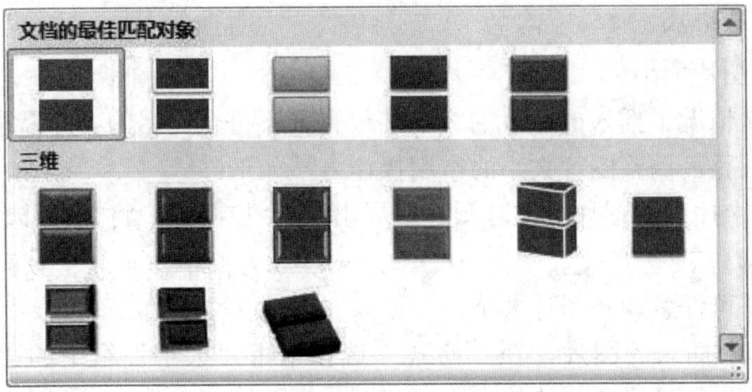


图6-46

（3）在SmartArt 图形中添加形状。

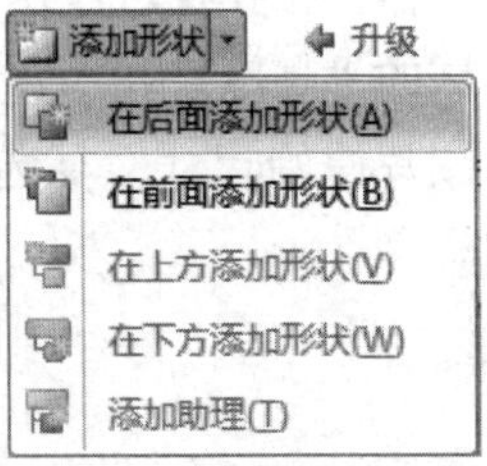


图6-47

单击要向其中添加另一个形状的 SmartArt 图形，然后单击最接近新形状的添加位置的现有形状。在“SmartArt 工具”的“设计”选项卡下的“创建图形”组中单击“添加形状”下拉按钮，在弹出的下拉列表中选择所需的位置，如图6-47所示。

若要从 SmartArt 图形中删除形状，则选中要删除的形状，然后按 Delete键。若要删除整个 SmartArt 图形，则选中 SmartArt 图形的边框，然后按 Delete键。

## 6.3.5 插入图片

### 1．插入图片

在PowerPoint 2010中，要将图片添加到幻灯片中，需在“插入”选项卡的“图像”组中，单击“图片”按钮。在打开的文件夹中选择所需图片，单击“插入”按钮，返回幻灯片，然后拖拽以放置图片，如图6-48所示。

图6-48

### 2．设置图片格式

（1）调整图片大小。

通常在默认情况下插入的图片的大小和位置并不符合文档的实际需求，需要对其大小和位置进行调整。调整图片大小的常用操作方法如下：

方法1：选中插入的图片，此时图片四周出现8个控制点，将光标移动到这些控制点时，光标将变成“↕”、“↔”、“↖↘”、“↙↗”双向箭头形状，这时按住鼠标拖拽图片控制点，即可任意调整图片大小。

方法2：选中插入的图片，在“格式”选项卡下“大小”组中的“高度”和“宽度”文本框中可以精确设置图片的大小，如图6-49所示。

方法3：选中插入的图片，在“格式”选项卡下“大小”组中单击右下角的“对话框启动器”按钮，打开“设置图片格式”对话框。在“大小”选项卡下“缩放比例”选项区域的“高度”和“宽度”微调框中均可输入缩放比例，并选中“锁定纵横比”和“相对于图片原始尺寸”复选框，即可实现图片的等比例缩放操作，如图6-50所示。

图6-49

图6-50

（2）设置图片样式。

插入图片后，为了使图片更加美观，可以使用“图片工具”中的“格式”选项卡为图片设置图片样式。

选中图片后，在“格式”选项卡的“图片样式”组中单击样式区域右下角的“其他”按钮，在弹出的库中选择所需要的样式，如图6-51所示。

图6-51

如果在样式库中没有所需要的图片样式，还可以自定义图片样式。

- 图片边框：在“格式”选项卡的“图片样式”组中单击“图片边框”下拉按钮，在弹出的下拉列表中选择图片边框的线形、颜色和粗细，如图6-52所示。
  也可以使用“设置图片格式”对话框进行设置，在“格式”选项卡下的“图片样式”组中单击右下角的“对话框启动器”按钮，打开“设置图片格式”对话框，选择“线条颜色”和“线型”选项卡，对图片进行设置，如图6-53所示。

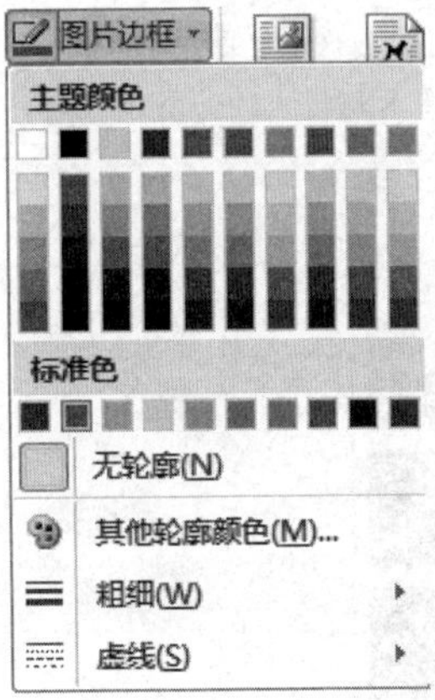


图6-52

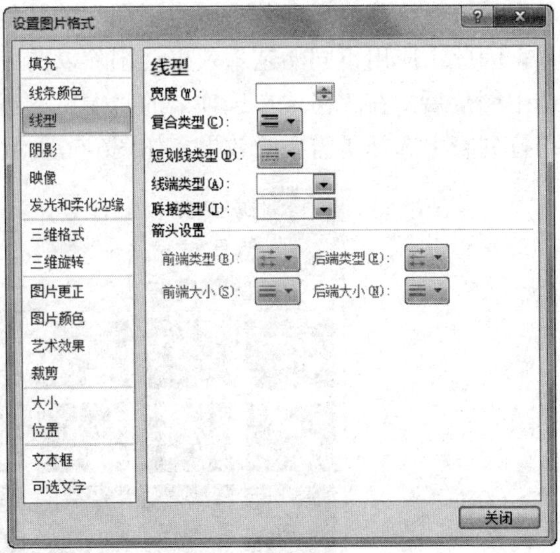


图6-53

- 图片效果：在“格式”选项卡下的“图片样式”组中单击“图片效果”下拉按钮，在弹出的下拉列表中可以为图片设置阴影、映像、发光、柔化边缘、棱台、三维旋转等效果，如图6-54所示。
  也可以使用“设置图片格式”对话框进行设置，在“格式”选项卡下的“图片样式”组中单击右下角的“对话框启动器”按钮，打开“设置图片格式”对话框，选择“阴影”、“映像”、“发光和柔化边缘”、“三维格式”、“三维旋转”等选项，对图片进行设置，如图6-55所示。

图6-54

图6-55

（3）设置图片艺术效果。

可以将艺术效果应用于图片或图片填充，以使图片看上去更像草图、绘图或绘画。图片填充是一个形状，或者其中填充了图片的其他对象。一次只能将一种艺术效果应用于图片，因此，应用不同的艺术效果会删除以前应用的艺术效果。

选中图片后，在“格式”选项卡的“调整”组中单击“艺术效果”下拉按钮，在弹出的下拉列表中选择所需要的效果，如图6-56所示。

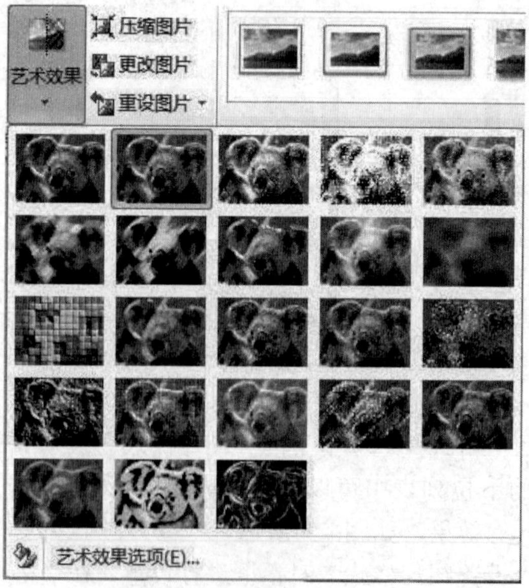


图6-56

要删除图片的艺术效果，只需选中图片后，在“格式”选项卡的“调整”组中单击“艺术效果”下拉按钮，在弹出的下拉列表中选择第一个效果“无”。

（4）删除图片背景。

可以消除图片的背景，以强调或突出图片的主题，或消除杂乱的细节。可以使用自动背景消除，也可以使用一些线条画出图片背景的哪些区域要保留，哪些要消除。

选中图片后，在“格式”选项卡的“调整”组中单击“删除背景”按钮。单击点线框线条上的一个句柄，然后拖动线条，使之包含希望保留的图片部分，并将大部分希望消除的区域排除在外，如图6-57所示。

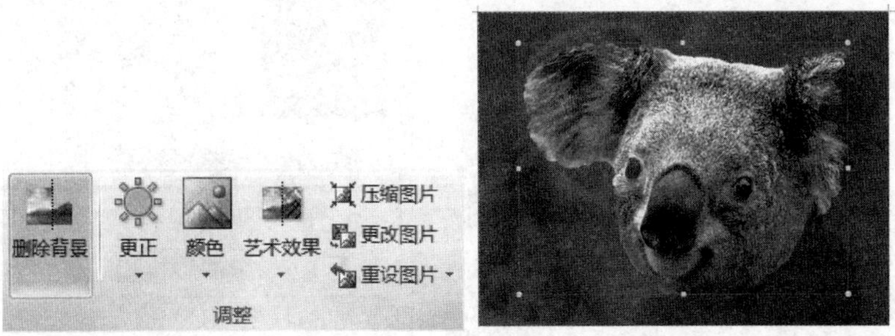


图6-57

大多数情况下，不需要执行任何附加操作，而只要不断尝试点线框线条的位置和大小，就可以获得满意的结果。

在打开的“背景消除”选项卡的“优化”组中，如图6-58所示，可以执行以下的操作：

- 若要指示不希望自动消除的图片部分，可以单击“标记要保留的区域”按钮；
- 若要指示除了自动标记要消除的图片部分外，哪些部分确实还要消除，可以单击“标记要删除的区域”按钮；
- 如果对线条标出的要保留或删除的区域不甚满意，想要更改它，可以单击“删除标记”按钮，然后单击线条进行更改。

图6-58

最后，在“关闭”组中单击“保留更改”按钮；若要取消自动背景消除，在“关闭”组中单击“放弃所有更改”按钮即可。

## 6.3.6 插入剪贴画

### 1．插入剪贴画

在PowerPoint 2010中，要将剪贴画添加到幻灯片中，需在“插入”选项卡下的“插图”组中，单击“剪贴画”按钮。在幻灯片右侧出现“剪贴画”任务窗格，在“搜索文字”文本框中输入关键字，选定“结果类型”，单击“搜索”按钮，将在下面出现搜索结果，单击所需的剪贴画，即将剪贴画添加到幻灯片中，然后拖拽以放置剪贴画，如图6-59所示。

图6-59

**2．设置剪贴画格式**

剪贴画是图片的一种，设置剪贴画格式的方法和设置图片格式的方法一样，也可以使用“图片工具”的“格式”选项卡下的“图片样式”组的各种样式命令来设置剪贴画的格式，如图6-60所示。

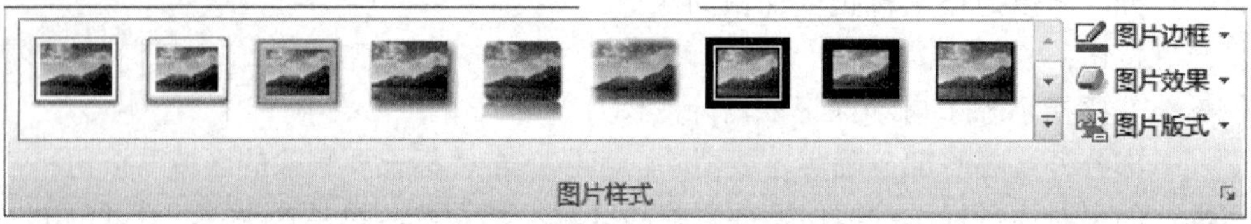


图6-60

## 6.3.7 插入音频

**1.插入音频**

在PowerPoint 2010 中，在幻灯片上插入音频时，将显示一个表示音频文件的图标。在进行演讲时，可以将音频设置为在显示幻灯片时自动开始播放、在单击鼠标时开始播放或播放演示文稿中的所有幻灯片，甚至可以循环连续播放媒体直至停止播放。

单击要添加音频的幻灯片，在“插入”选项卡的“媒体”组中，单击“音频”下拉按钮，在弹出的下拉列表中执行“文件中的音频”命令，找到包含所需文件的文件夹，然后双击要添加的文件，如图6-61所示。

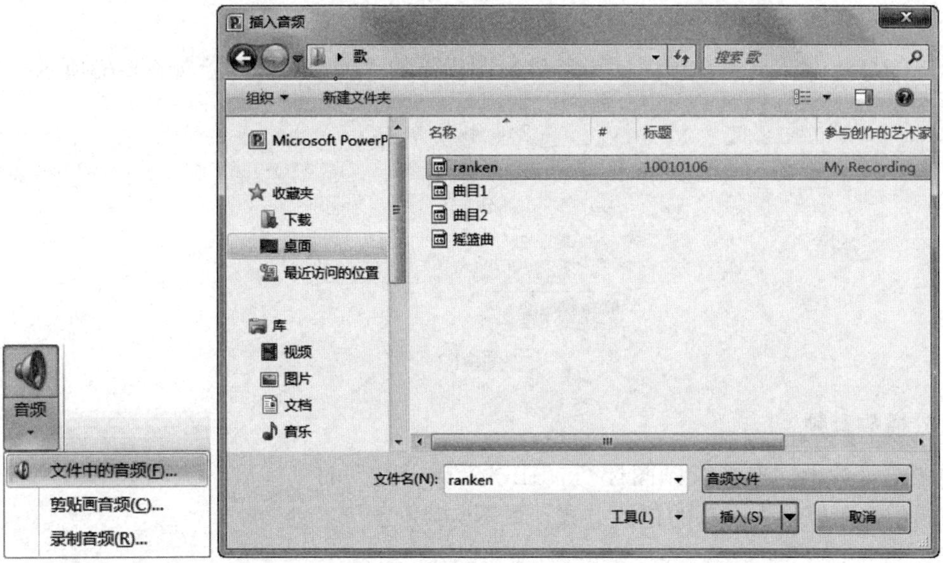


图6-61

也可以执行“剪贴画音频”命令，在“剪贴画”任务窗格中找到所需的音频，然后单击该音频以将其添加到幻灯片中，如图6-62所示。

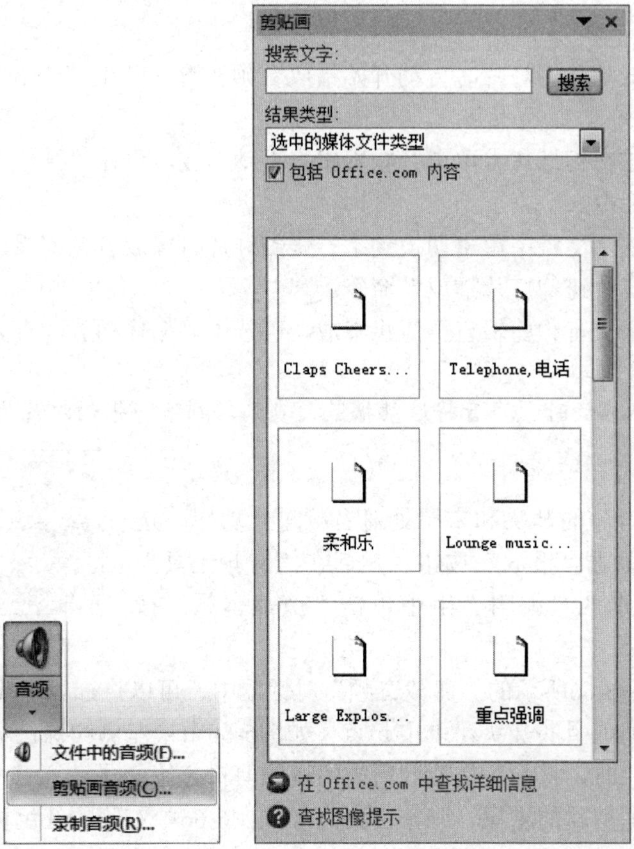


图6-62

### 2.预览音频

在幻灯片上，单击音频图标，单击图标下的“播放”按钮，如图6-63所示。

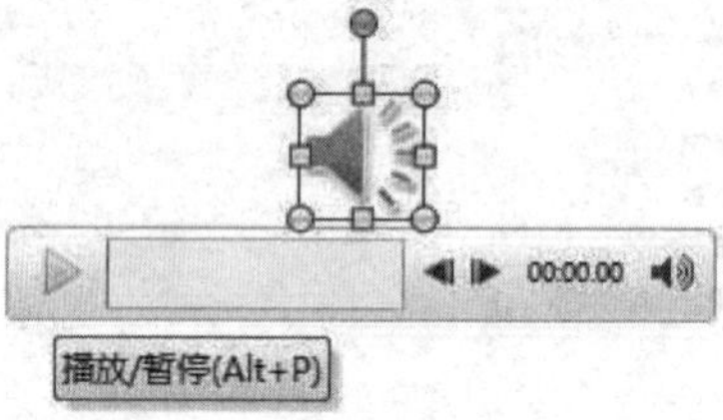


图6-63

### 3.播放音频

在幻灯片上，选择音频图标，在“音频工具”的“播放”选项卡下的“音频选项”组中，可以设置音频的播放方式，如图6-64所示。

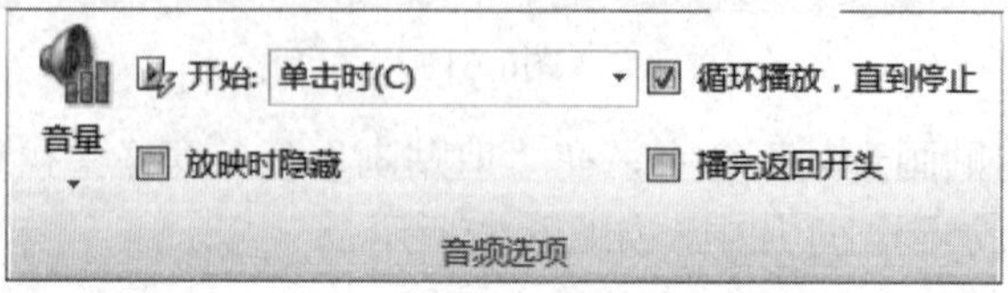


图6-64

- 若要在放映该幻灯片时自动开始播放音频剪辑，可在“开始”列表中执行“自动”命令。
- 若要通过在幻灯片上单击音频剪辑来手动播放，可在“开始”列表中执行“单击时”命令。
- 若要在演示文稿中单击切换到下一张幻灯片时播放音频剪辑，可在“开始”列表中执行“跨幻灯片播放”命令。
- 要连续播放音频剪辑直至停止播放，可选中“循环播放，直到停止”复选框。

提示：循环播放时，声音将连续播放，直到转到下一张幻灯片为止。

### 4. 剪辑音频

可以在每个音频的开头和末尾处对音频进行剪辑。选择音频图标，单击“播放”按钮。然后在“音频工具”的“播放”选项卡的“编辑”组中单击“剪裁音频”按钮，如图6-65所示。

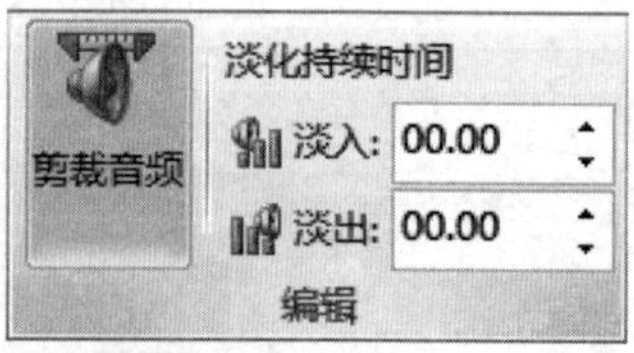


图6-65

在打开的如图6-66所示的“剪裁音频”对话框中，可以执行以下操作：

- 若要修剪剪辑的开头，单击起点（如图6-66中最左侧的绿色标记所示）。看到双向箭头时，将箭头拖拽到所需的音频剪辑起始位置。
- 若要修剪剪辑的末尾，则单击终点（如图6-66中右侧的红色标记所示）。看到双向箭头时，将箭头拖拽到所需的音频剪辑结束位置。

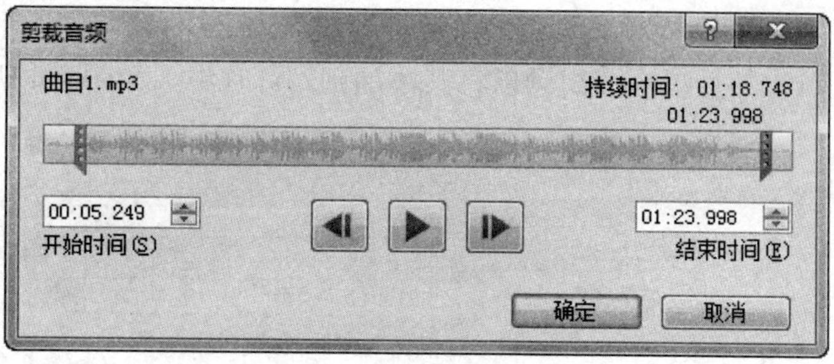


图6-66

**5.隐藏音频图标**

只有将音频剪辑设置为自动播放时，才可使用该选项。注意，如果不把声音图标拖到幻灯片之外，将会一直显示图标。

单击音频图标，在“音频工具”的“播放”选项卡的“音频选项”组中，选中“放映时隐藏”复选框。

## 6.3.8 插入视频

**1．插入视频**

可以使用PowerPoint 2010 将来自文件的视频直接嵌入到演示文稿中，也可以嵌入来自剪贴画库的 .gif 动画文件。

在“普通”视图下，单击要向其中嵌入视频的幻灯片。在“插入”选项卡的“媒体”组中，单击“视频”下拉按钮，然后执行“文件中的视频”命令。在“插入视频”对话框中，找到并单击要嵌入的视频，然后单击“插入”按钮，如图6-67所示。

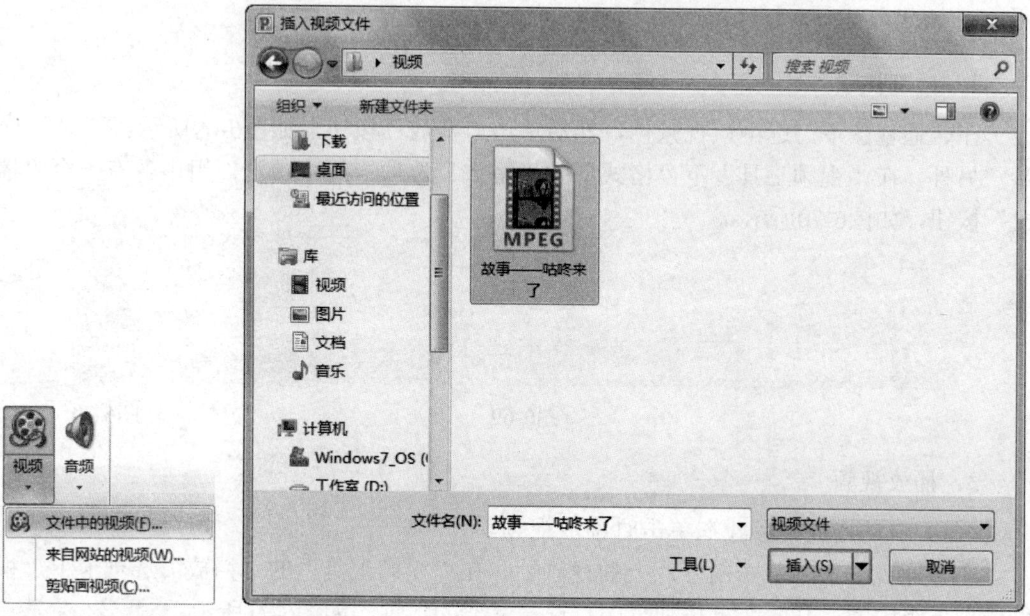


图6-67

也可以单击“剪贴画视频”为幻灯片嵌入动态 GIF 文件，在“剪贴画”任务窗格中找到所需的视频，然后单击该视频以将其添加到幻灯片中，如图6-68所示。

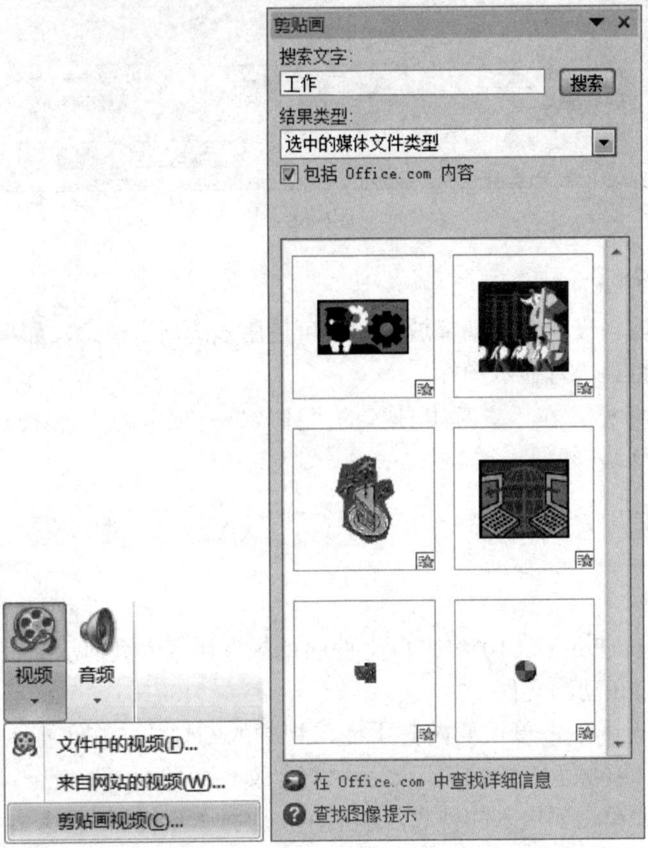


图6-68

## 2．预览视频

在普通视图下，选中该视频帧，然后单击“播放”按钮，如图6-69所示。

另外，在“视频工具”下“格式”和“播放”选项卡的“预览”组中各有一个“播放”按钮，如图6-70所示。

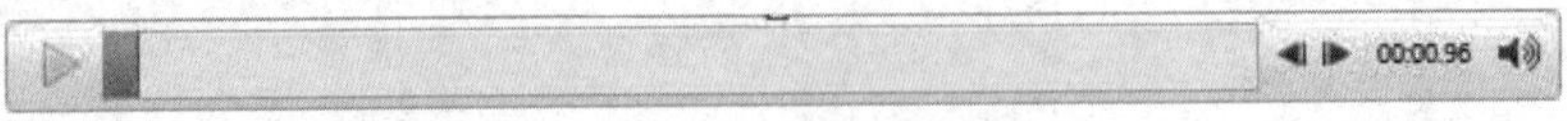


图6-69

图6-70

## 3．播放视频

（1）自动播放视频或在单击时播放视频。

在普通视图下，单击幻灯片上的视频帧。在“视频工具”的“播放”选项卡下“视频选项”组中的“开始”下拉列表中，选择需要的选项，如图6-71所示。

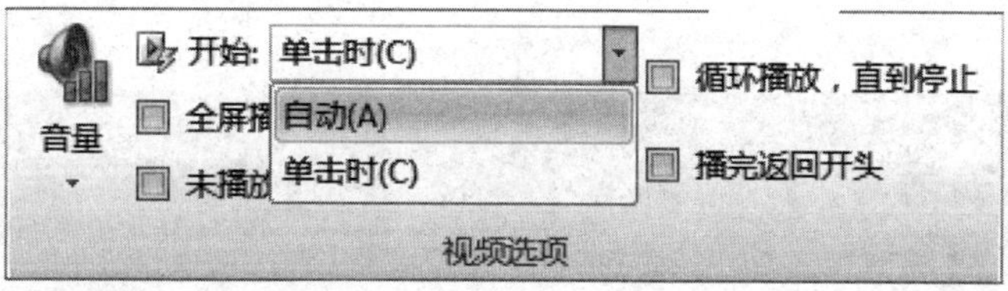


图6-71

- 若要在幻灯片（包含视频）切换至“幻灯片放映”视图时播放视频，则执行“自动”命令。
- 若要通过单击鼠标来控制启动视频的时间，则执行“单击时”按钮。随后，当准备好播放视频时，只需在“幻灯片放映”视图下单击该视频帧即可。

提示：在视频播放期间，单击视频可暂停播放。若要继续播放该视频，可再次单击它。

（2）全屏播放视频。

在放映演示文稿时，可以让播放中的视频填充整个幻灯片（屏幕）。视频图像在放大后可能会出现失真，这取决于原始视频文件的分辨率。在将视频添加到演示文稿之前，一定要对视频进行预览，这样如果视频出现失真或模糊，则可以撤消全屏选项。

在普通视图下，在幻灯片上单击要全屏播放的视频帧。在“视频工具”的“播放”选项卡的“视频选项”组中，选中“全屏播放”复选框。

提示：如果将视频设置为全屏显示并自动启动，则可以将视频帧从幻灯片上拖动到灰色区域中，这样在视频全屏播放之前，将不会显示在幻灯片上或出现短暂的闪烁。

（3）循环播放视频。

若要在演示期间持续重复播放视频，可以使用循环播放功能。

在“视频工具”的“播放”选项卡的“视频选项”组中，选中“循环播放，直到停止”复选框。

（4）视频播完后后退。

在演示期间，若要在视频播完后后退，需在“视频工具”的“播放”选项卡的“视频选项”组中，选中“播完返回开头”复选框。

**4．调整视频框的大小**

如果不希望以视频的原始分辨率播放，可以在幻灯片上调整视频框的大小，方法是拖拽角尺寸控点来增大或减小尺寸，也可以指定准确的宽高比。

（1）调整格式。

在“普通”视图中，选择要在幻灯片上调整大小的视频，单击角尺寸控点，直到看到一个双向箭头，然后拖拽以调整框大小，如图6-72所示。

图6-72

提示：若要保持视频的中心处于同一位置，可在拖拽鼠标时按住 Ctrl键。默认情况下，会在拖拽时保持视频的比例（锁定纵横比）。

通常，分辨率为 640×480 的大多数视频的纵横比为4:3，这也是大多数 PowerPoint 演示文稿的纵横比。如果演示文稿与视频的纵横比不同，则视频在播放时会出现变形。

（2）指定视频的准确宽高比。

在“普通”视图中，选择要在幻灯片上调整大小的视频。在“视频工具”的“选项”选项卡的“大小”组中，可以直接填入视频高度和宽度，如图6-73所示。

图6-73

也可以单击“对话框启动器”按钮，打开“设置视频格式”对话框。在“大小”选项卡的“尺寸和旋转”区域的“高度”和“宽度”框中，分别输入所需的尺寸。在“缩放比例”区域的“高度”和“宽度”框中，分别输入所需的、相对于视频原始尺寸的百分比大小，然后选中“锁定纵横比”复选框，如图6-74所示。

提示：若要防止视频在播放时出现跳跃，则在“缩放比例”区域选中“幻灯片最佳比例”复选框。

图6-74

5. 设置视频样式

插入视频后，可以使用“视频工具”的“格式”选项卡为视频设置视频样式。

单击幻灯片上要设置的视频，在“格式”选项卡的“视频样式”组中单击样式区域右下角的“其他”按钮，在弹出的库中选择所需要的样式，如图6-75所示。

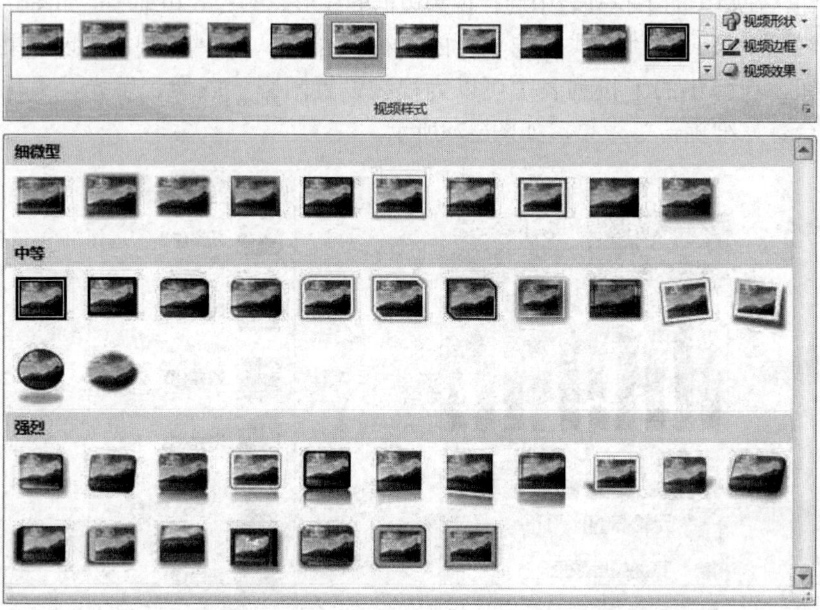


图6-75

如果在样式库中没有所需要的视频样式，还可以自定义视频样式。

● 视频形状：在“格式”选项卡的“视频样式”组中单击“视频形状”下拉按钮，在弹出的下拉列表中选择视频的形状，如图6-76所示。

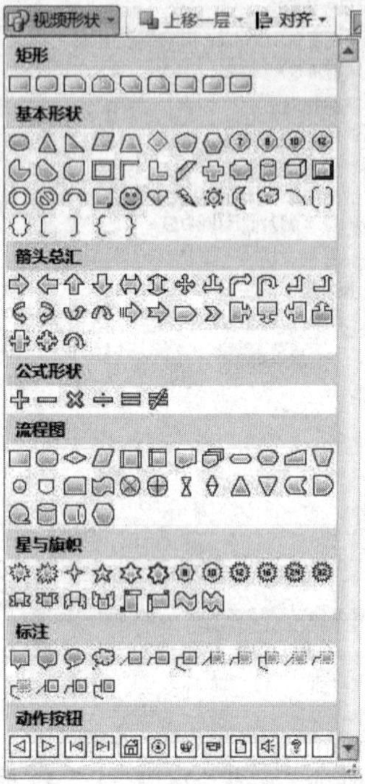


图6-76

● 视频边框：在“格式”选项卡的“视频样式”组中单击“视频边框”下拉按钮，在弹出的下拉列表中选择视频边框的线形、颜色和粗细等，如图6-77所示。
● 视频效果：在“格式”选项卡的“视频样式”组中单击“视频效果”下拉按钮，在弹出的下拉列表中可以为视频设置阴影、映像、发光、柔化边缘、棱台、三维旋转等效果，如图6-78所示。

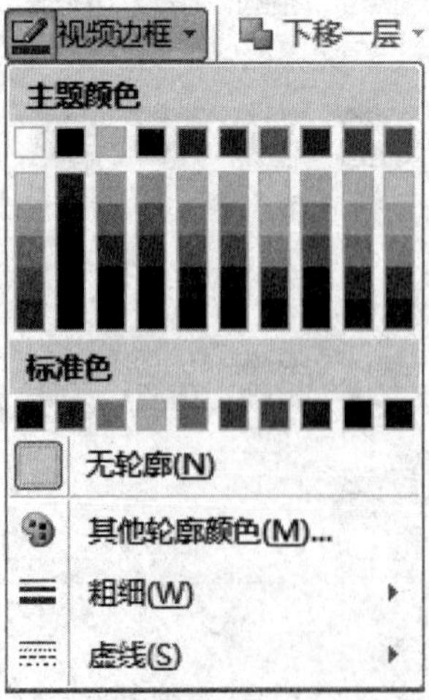


图6-77

图6-78

### 6.剪辑视频

在观看完视频剪辑后，可能会发现每段剪辑开头和末尾的摄像机画面在不断抖动，或者需要删除与视频主旨无关的部分内容，可以借助“剪裁视频”功能将视频剪辑的开头和末尾剪裁掉，从而来修复这些问题。

在幻灯片上选择要剪辑的视频，在“视频工具”的“播放”选项卡的“编辑”组中，单击“剪裁视频”按钮，如图6-79所示，打开“剪裁视频”对话框。

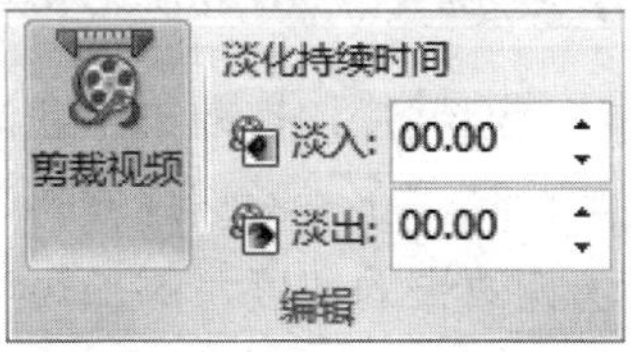


图6-79

在“剪裁视频”对话框中，如图6-80所示，可以执行下列一项或多项操作：

- 若要剪裁剪辑的开头，单击起点（如图6-80中最左侧的绿色标记所示）。看到双向箭头时，根据需要将箭头拖拽到视频的新起始位置。
- 若要剪裁剪辑的末尾，单击终点（如图6-80中右侧的红色标记所示）。看到双向箭头时，根据需要将箭头拖拽到视频的新结束位置。

图6-80

### 7. 隐藏视频

在放映演示文稿时，可以先隐藏视频，直至做好播放准备。

在“视频工具”的“播放”选项卡的“视频选项”组中，选中“未播放时隐藏”复选框，如图6-81所示。

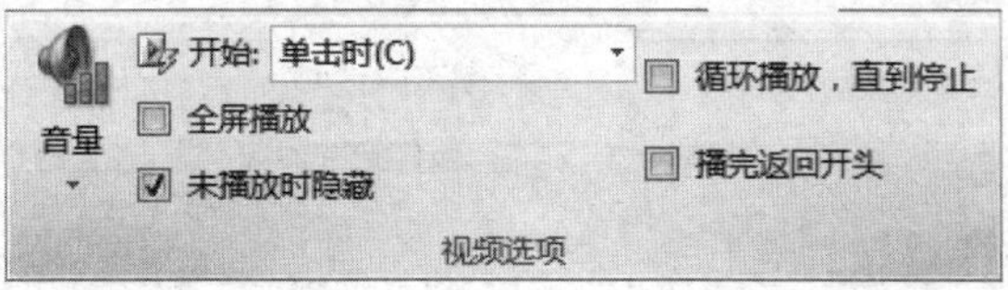


图6-81

## 6.4 演示文稿的动画设置

### 6.4.1 设置幻灯片的切换效果

幻灯片切换效果是在演示期间从一张幻灯片移到下一张幻灯片时，在“幻灯片放映”视图中出现的动画效果，可以控制切换效果的速度、添加声音，甚至还可以对切换效果的属性进行自定义。

**1．向幻灯片添加切换效果**

在包含“大纲”和“幻灯片”选项卡的窗格（如图6-82所示）中，单击“幻灯片”选项卡，选择要向其应用切换效果的幻灯片的缩略图。在“切换”选项卡的“切换到此幻灯片”组中，单击要应用于该幻灯片的幻灯片切换效果，如图6-83所示。若要查看更多切换效果，则单击“其他”按钮。

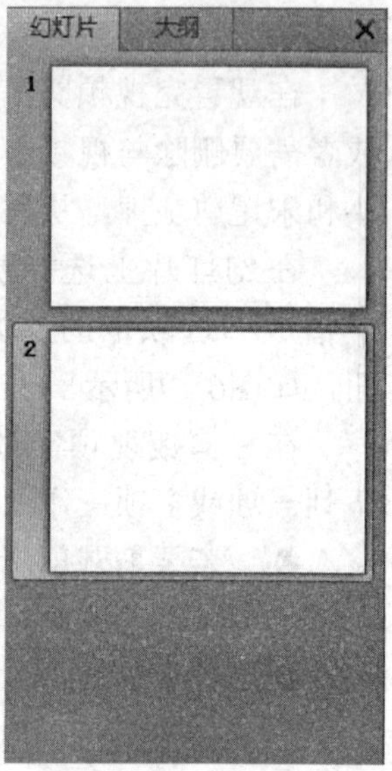


图6-82

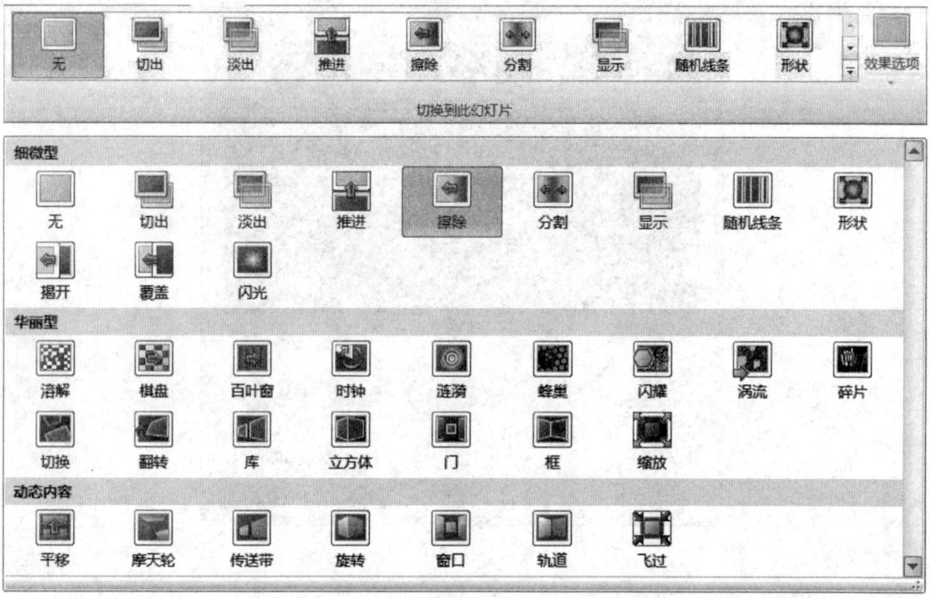


图6-83

若要向演示文稿中的所有幻灯片应用相同的幻灯片切换效果，同样执行上述操作，然后在“切换”选项卡的“计时”组中，单击“全部应用”按钮，如图6-84所示。

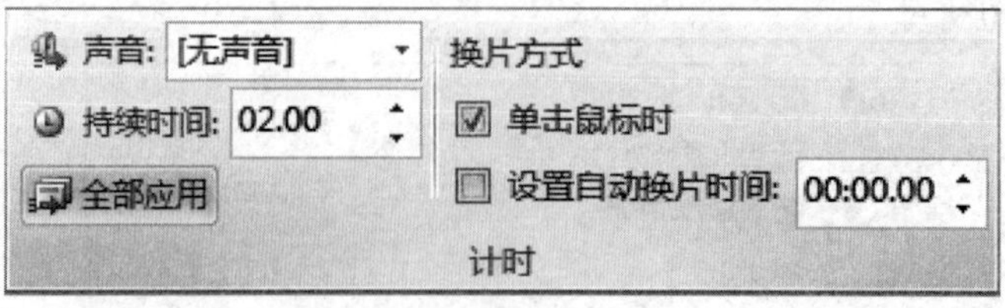


图6-84

### 2．设置切换效果的计时

若要设置上一张幻灯片与当前幻灯片之间的切换效果的持续时间，可以在“切换”选项卡下“计时”组中的“持续时间”文本框中，输入或选择所需的速度。

若要指定当前幻灯片在多长时间后切换到下一张幻灯片，可以采用下列步骤之一：

- 若要在单击鼠标时切换幻灯片，可以在“切换”选项卡的“计时”组中，选中“单击鼠标时”复选框。
- 若要在经过指定时间后切换幻灯片，可以在“切换”选项卡的“计时”组中，选中“设置自动换片时间”复选框，并在后面的文本框中输入所需的秒数。

### 3.向幻灯片切换效果添加声音

在包含“大纲”和“幻灯片”选项卡的窗格中，单击“幻灯片”选项卡，选择要向其添加声音的幻灯片的缩略图。在“切换”选项卡的“计时”组中，单击“声音”右侧的下拉按钮，在弹出的下拉列表中选择所需的声音，如图6-85所示。若要添加列表中没有的声音，可以执行“其他声音”命令，在打开的“添加音频”对话框中找到要添加的声音文件，然后单击“打开”按钮。

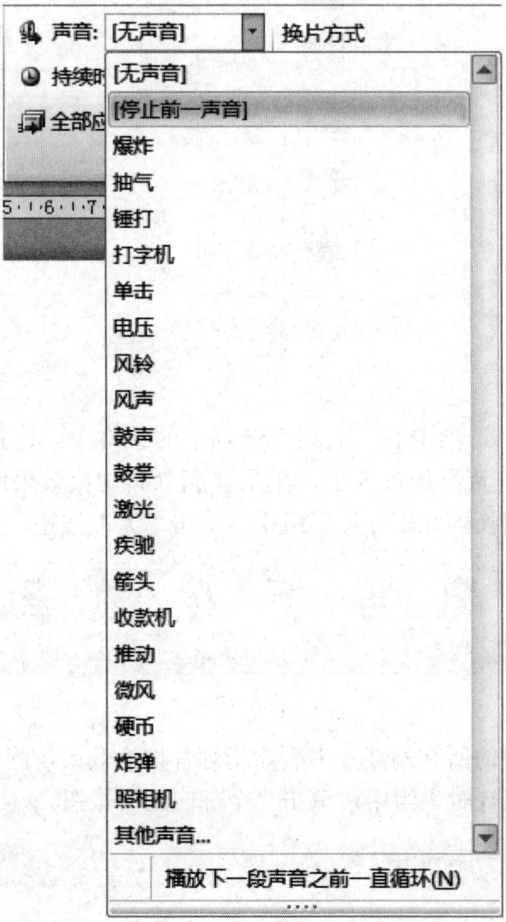


图6-85

4．设置切换效果的属性

PowerPoint 2010 中的许多（但不是全部）切换效果都具有可自定义的属性，可以对这些属性进行设置。

在普通视图中的“幻灯片”选项卡下，单击要修改其切换效果的幻灯片的缩略图。在“切换”选项卡的“切换到此幻灯片”组中，单击“效果选项”下拉按钮，在其下拉列表中选择所需的选项，如图6-86所示。

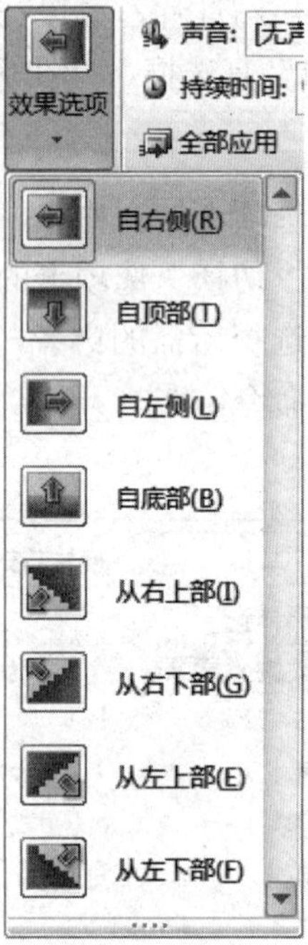


图6-86

5．删除切换效果

在包含“幻灯片”选项卡和“大纲”选项卡的窗格中，选择“幻灯片”选项卡。在普通视图中的“幻灯片”选项卡上，单击要删除其切换效果的幻灯片的缩略图。在“切换”选项卡的“切换到此幻灯片”组中，单击“无”按钮，如图6-87所示。

图6-87

若要从演示文稿中的所有幻灯片中删除幻灯片切换效果，同样执行上述操作，然后在“切换”选项卡的“计时”组中，单击“全部应用”按钮。

## 6.4.2 设置幻灯片的动画效果

动画可使PowerPoint 2010 演示文稿更具动态效果，并有助于提高信息的生动性。可以将演示文稿中的文本、图片、形状、表格、SmartArt 图形和其他对象制作成动画，赋予其进入、退出、大小或颜色变化甚至移动等视觉效果。也可以添加声音来增加动画效果的强度。

**1．对文本和对象应用动画效果**

选择要制成动画的文本或对象，在“动画”选项卡的“动画”组中，从动画库中选择一个动画效果，如图6-88所示。若要查看更多切换效果，则单击“其他”按钮▾。

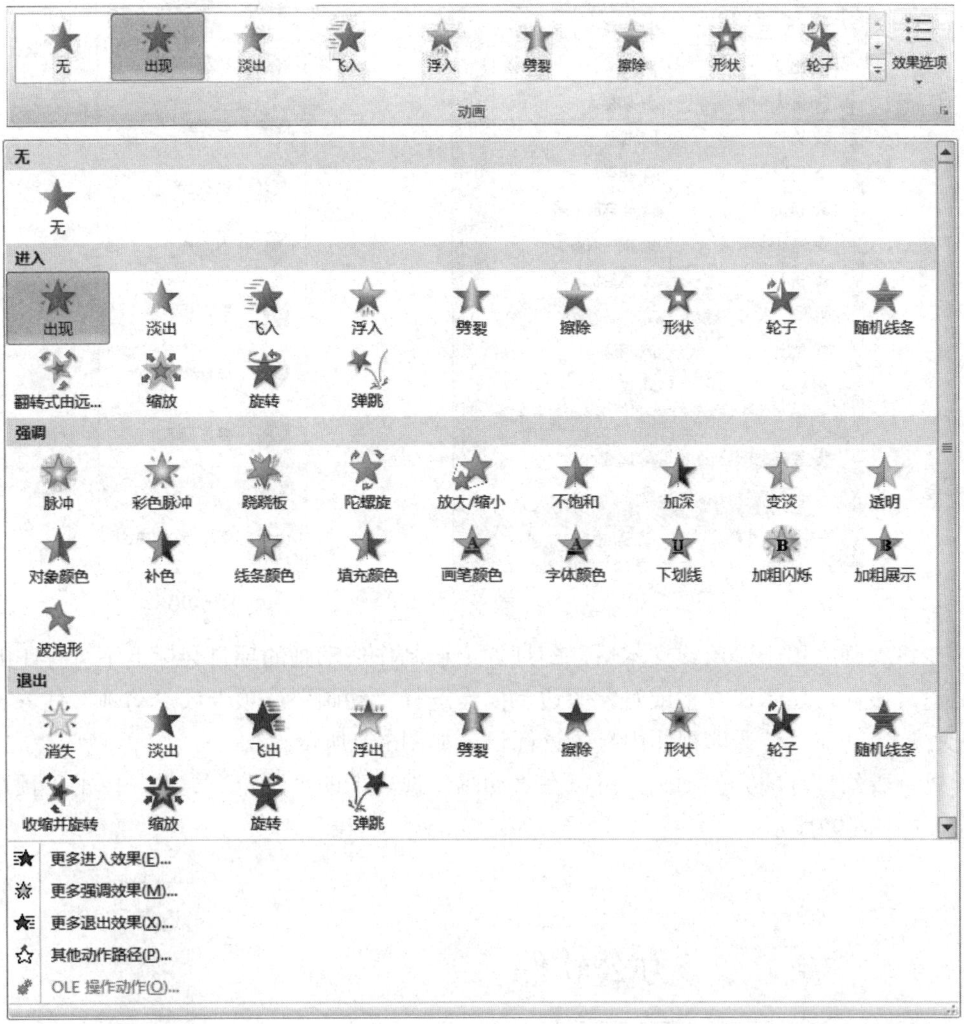


图6-88

提示：在动画库中，进入效果图标呈绿色、强调效果图标呈黄色、退出效果图标呈红色。

如果没有看到所需的进入、退出、强调动画效果，还可以执行“更多进入效果”、“更多强调效果”、“更改退出效果”命令，打开“更改进入效果”、“更改强调效果”、“更改退出效果”对话框，选择所需要的动画效果，如图6-89所示。

若要为动画设置效果选项，可以在“动画”选项卡的“动画”组中，单击“效果选项”下拉按钮，在其下拉列表中选择所需的选项，如图6-90所示。

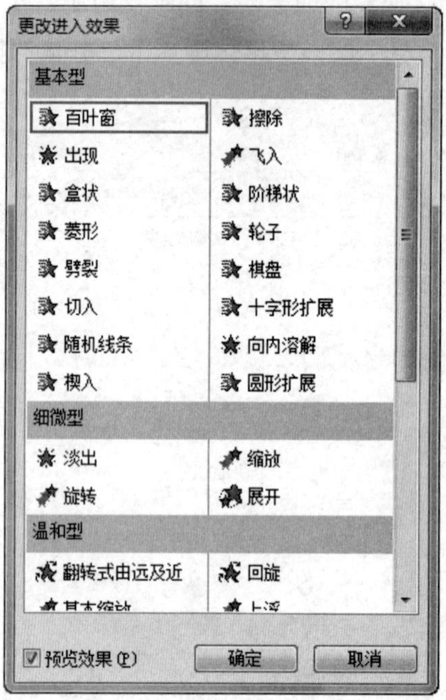


图6-89

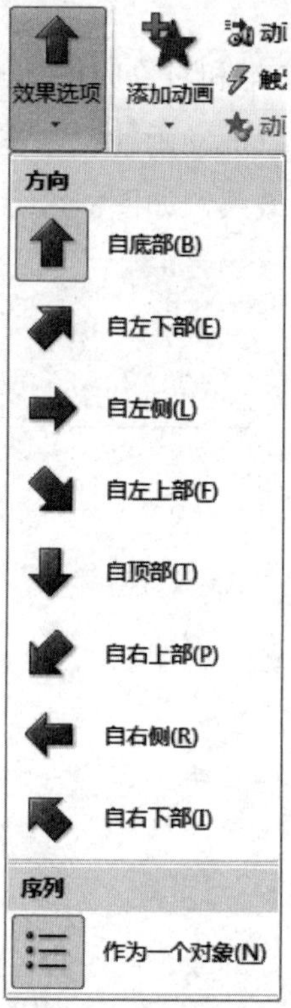


图6-90

在将动画应用于对象或文本后，幻灯片上已制作成动画的项目会标上不可打印的编号标记，该标记显示在文本或对象旁边。仅当选择“动画”选项卡或“动画”任务窗格可见时，才会在“普通”视图中显示该标记，如图6-91所示。

要查看幻灯片的完整动画，可以在“动画”选项卡的“预览”组中，单击“预览”按钮，如图6-92所示。

图6-91

图6-92

**2. 对动画文本和对象应用声音效果**

通过应用声音效果，可以额外强调动画文本或对象。

要对动画文本或对象添加声音，可在“动画”选项卡的“高级动画”组中，单击“动画窗格”按钮。“动画窗格”在工作区窗格的一侧打开，显示应用到幻灯片中文本或对象的动画效果的顺序、类型和持续时间等。找到要向其添加声音的效果，单击该文本框右侧的下拉按钮，在弹出的下拉列表中执行“效果选项”命令，如图6-93所示。

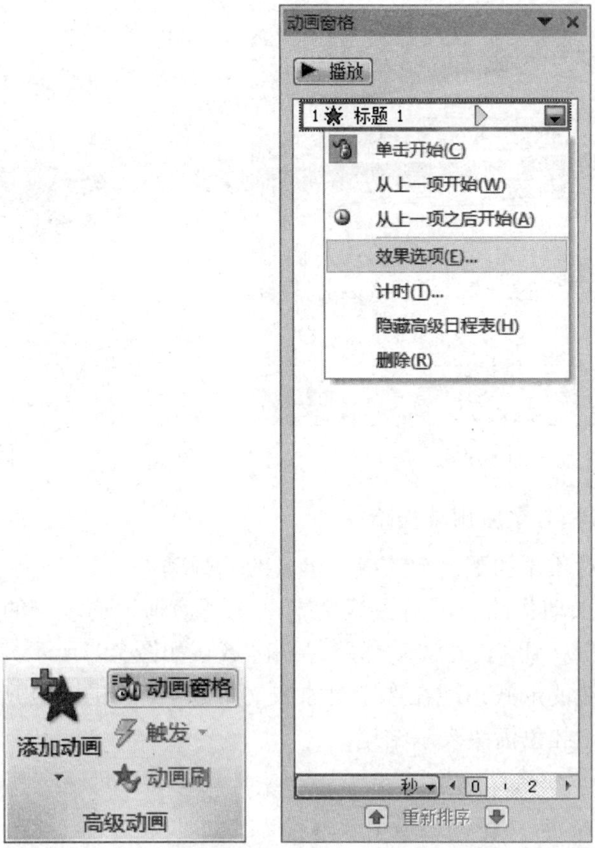


图6-93

在打开的“出现”对话框中的“效果”选项卡下“增强”选项区域中，单击“声音”文本框右侧的下拉按钮，在其下拉列表中选择一个声音，然后单击“确定”按钮，如图6-94所示。若要从文件添加声音，可以在列表中执行“其他声音”命令，在打开的“添加音频”对话框中找到要使用的声音文件，然后单击“打开”按钮。

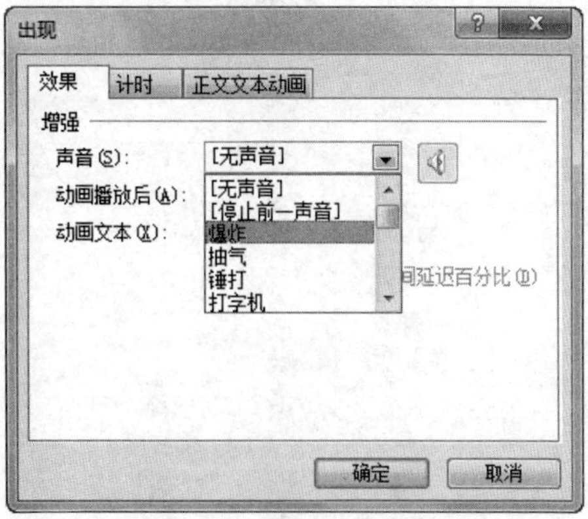


图6-94

提示：根据所选动画的类型，“效果选项”对话框中将显示不同的选项。

单击“确定”或“打开”按钮时，幻灯片将播放加入了声音的动画预览。要更改预览声音音量，可以单击“声音”按钮 并向上或向下移动滑块。要关闭预览声音，可以选中“静音”复选框，如图6-95所示。

要预览应用到幻灯片的所有动画和声音，可以在“动画窗格”中单击“播放”按钮，如图6-96所示。

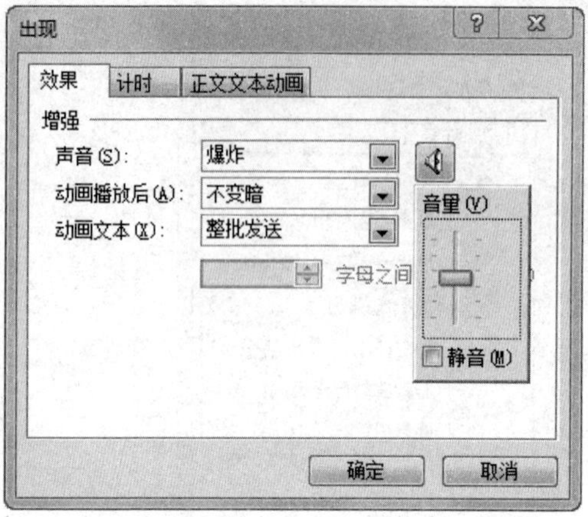


图6-95

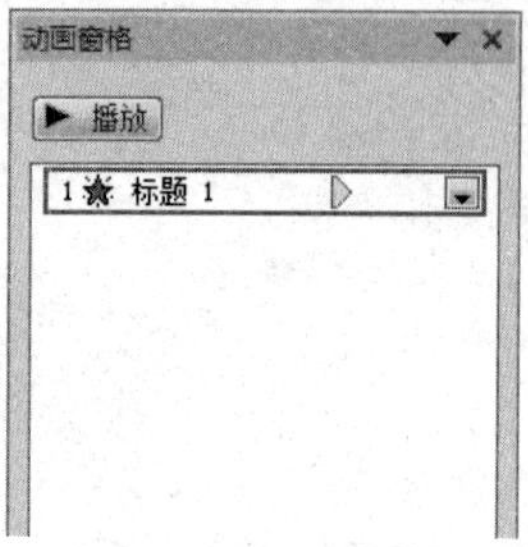


图6-96

3．对动画文本和对象应用动作路径

可以向文本或对象添加更复杂的或自定义的动画动作。

单击要向其添加动作路径的对象或文本，在“动画”选项卡的“动画”组中，单击动画库的“其他”按钮，在“动作路径”区域（如图6-97所示）下选择所需动作路径。所选路径以虚线的形式出现在选定对象或文本之上，如图6-98所示。其中，绿色箭头表示路径的开头，红色箭头表示结尾。

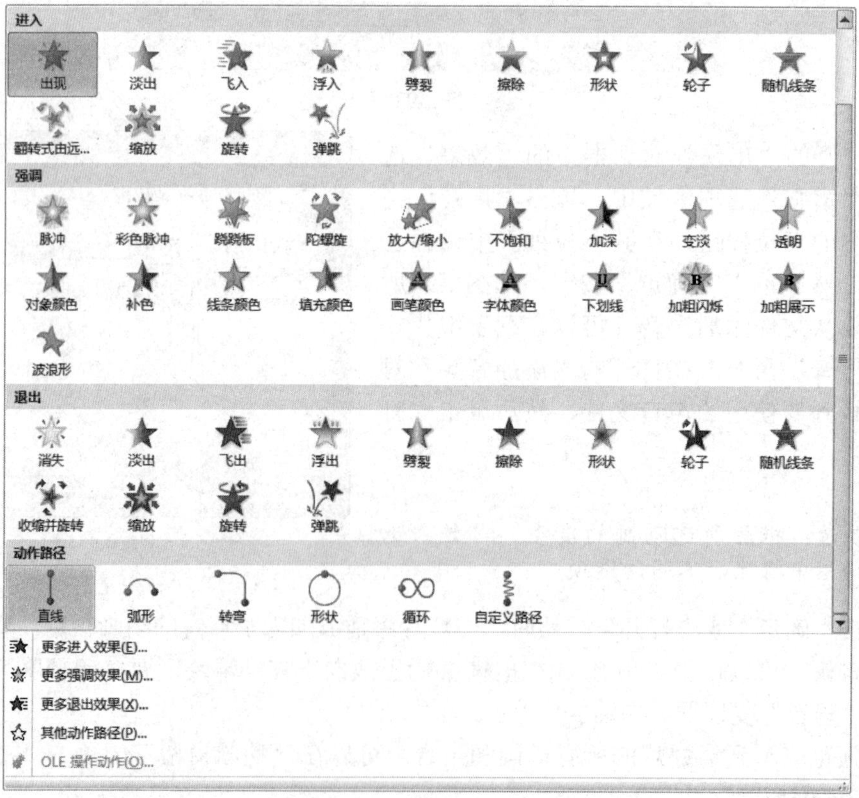


图6-97

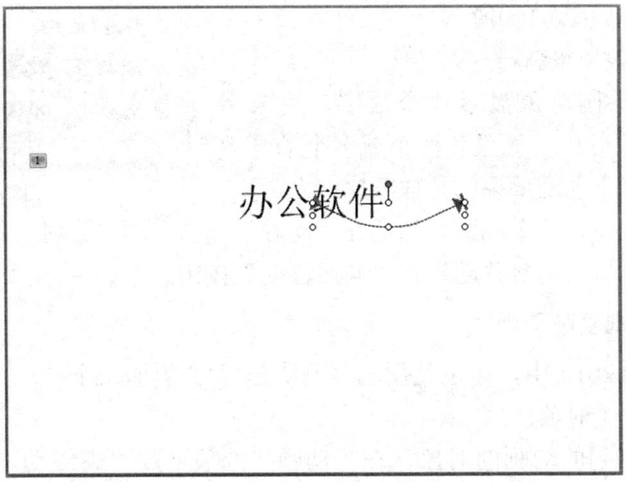


图6-98

还可以自定义对象或文本的动作路径，在“动作路径”下面单击“自定义路径”按钮。在所需的动作路径开始位置单击时，指针将变为钢笔，可以执行以下操作：

- 绘出所连直线的路径：单击所需的动作路径开始位置。移动指针，然后所需的线条结束位置。通过单击所需的结束位置绘制下一条连接线。双击动作的最终端点。
- 绘制不规则路径：单击所需的动作开始位置。按住鼠标左键，并按照所需的动作路径移动指针。双击动作的最终端点。

**4．对动画文本和对象设置动画计时**

可以在PowerPoint 2010 中自定义动画效果的计时，包括计时和各动画效果开始的顺序，以及动画效果是否重复。

（1）设置动画效果的开始时间。

在幻灯片上，单击包含要为其设置开始计时的动画效果的文本或对象。在“动画”选项卡的“计时”组中，单击“开始”文本框右侧的下拉按钮，在其下拉列表中选择所需的选项，如图6-99所示。

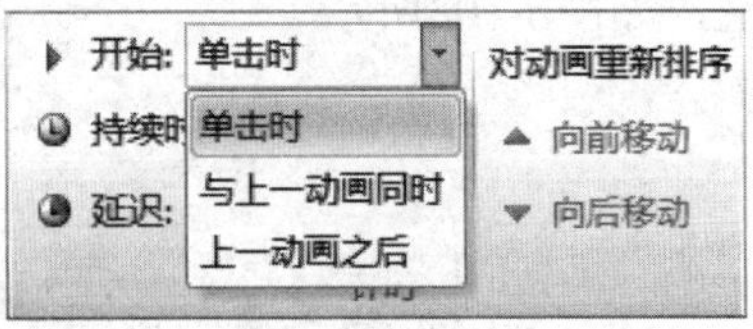


图6-99

- 若要在单击幻灯片时开始动画效果，则执行“单击时”命令。
- 若要在列表中的上一个效果开始时开始该动画效果（即，一次单击执行多个动画效果），则执行“与上一动画同时”命令。
- 若要在列表中的上一个效果完成播放后立即开始动画效果（即，无需再次单击便可开始下一个动画效果），则执行“上一动画之后”命令。

（2）延迟开始动画效果。

在幻灯片上，单击包含要为其设置延迟动画效果的文本或对象。在“动画”选项卡的“计时”组中，若要指定动画效果的时间长度，可以在“持续时间”文本框中输入数字；若要在一个动画效果结束和新动画效果开始之间创建延迟，可以在“延迟”文本框中输入一个数字，如图6-100所示。

（3）对动画效果重新排序。

幻灯片上的动画对象显示一个数字，用来指示对象的动画播放顺序。如果有两个或多个动画效果，则可以更改每个动画效果的播放顺序。

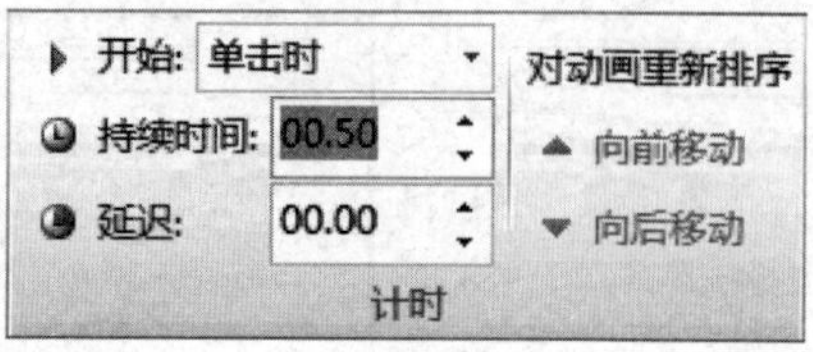


图6-100

在幻灯片上，单击某个动画，然后在“动画”选项卡的“计时”组中的“对动画重新排序”区域，单击“向前移动”或“向后移动”按钮。

5．**使用动画刷复制动画**

在PowerPoint 2010 中，可以使用动画刷快速轻松地将动画从一个对象复制到另一个对象。

选择包含要复制的动画的对象，在“动画”选项卡的“高级动画”组中，单击“动画刷”按钮，如图6-101所示。此时光标将更改为，然后只需在幻灯片上单击要将动画复制到其中的对象即可。

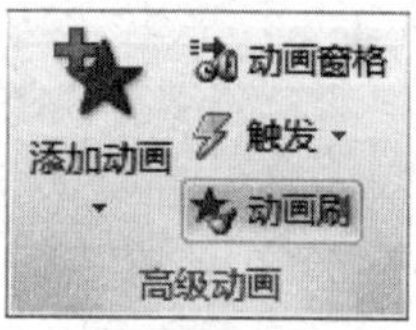


图6-101

## 6.4.3 设置幻灯片的放映方式

1．**放映幻灯片**

放映幻灯片可以从头开始、从当前幻灯片开始，也可以自定义幻灯片放映。在“幻灯片放映”选项卡的“开始放映幻灯片”组中，选择所需选项，如图6-102所示。

图6-102

若要自定义幻灯片放映，只需在“幻灯片放映”选项卡的“开始放映幻灯片”组中，单击“自定义幻灯片放映”下拉按钮，执行“自定义放映”命令，打开“自定义放映”对话框，如图6-103所示。

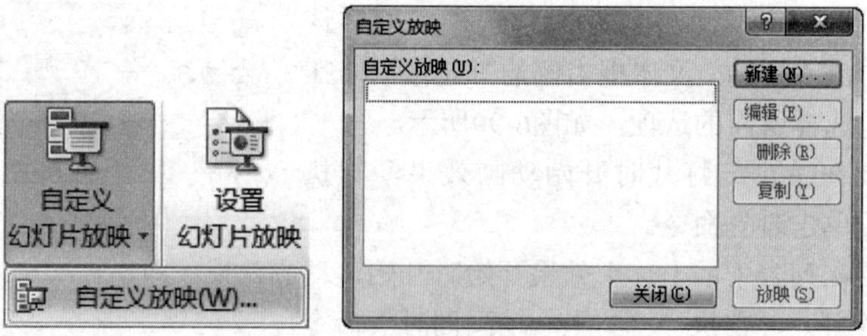


图6-103

在“自定义放映”对话框中单击“新建”按钮，打开“定义自定义放映”对话框。在“幻灯片放映名称”文本框中输入新建自定义放映的名称。将“在演示文稿中的幻灯片”添加到“在自定义放映中的幻灯片”，并调整放映顺序，然后单击“确定”按钮，如图6-104所示。

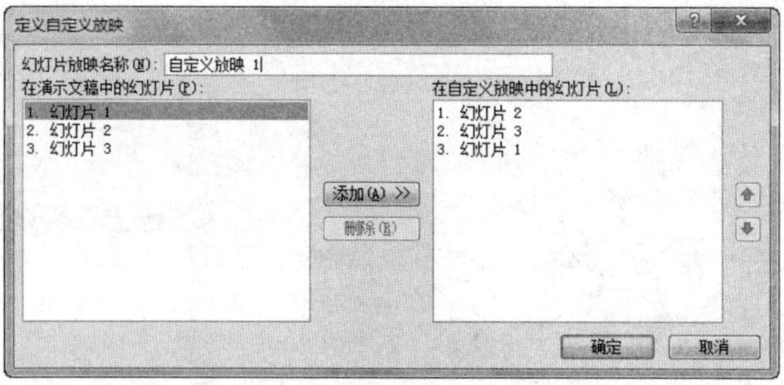


图6-104

## 2.设置幻灯片的放映方式

在“幻灯片放映”选项卡的“设置”组中，单击“设置幻灯片放映”按钮，打开“设置放映方式”对话框，如图6-105所示。

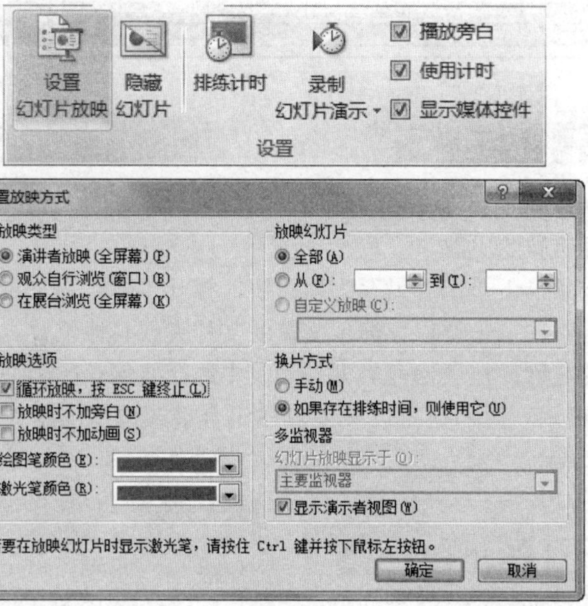


图6-105

- 放映类型：演讲者放映（全屏幕）、观众自行浏览（窗口）、在展台浏览（全屏幕）3种类型。
- 放映幻灯片：选择“全部”或从第几张到第几张范围。
- 放映选项：是否循环放映、要不要加旁白、要不要加动画。
- 换片方式：选择“手动”或“如果存在排练时间，则使用它”选项。

## 3.隐藏幻灯片

在幻灯片放映时，可以隐藏不必要的幻灯片。

选择需要隐藏的幻灯片，在“幻灯片放映”选项卡的“设置”组中，单击“隐藏幻灯片”按钮即可。此时在隐藏的幻灯片旁边显示隐藏幻灯片图标，图标中的数字为幻灯片的编号，如图6-106所示。

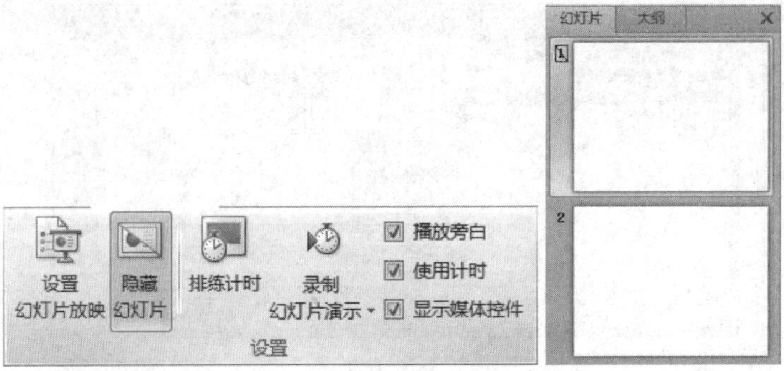


图6-106

若要显示隐藏的幻灯片，只需再次在“幻灯片放映”选项卡的“设置”组中，单击“隐藏幻灯片”按钮即可。

# 6.5 演示文稿的保存

## 6.5.1 命名并保存演示文稿

与使用任何软件程序一样，创建好演示文稿后，最好立即为其命名并加以保存，并在工作中经常保存所做的更改。

在“文件”选项卡下单击“另存为”按钮，打开“另存为”对话框。在“另存为”对话框的左侧窗格中，单击要保存演示文稿的文件夹或其他位置。在“文件名”文本框中输入演示文稿的名称，在“保存类型”列表中选择要保存的类型，然后单击“保存”按钮，如图6-107所示。此后，可以按 Ctrl+S组合键或单击屏幕顶部附近的“保存”按钮随时快速保存演示文稿。

图6-107

提示：

- 对于只能在 PowerPoint 2010 或 PowerPoint 2007 中打开的演示文稿，可在“保存类型”列表中选择“PowerPoint 演示文稿”选项。
- 对于可在 PowerPoint 2010 或早期版本的 PowerPoint 中打开的演示文稿，需要选择“PowerPoint 97-2003 演示文稿”选项。

## 6.5.2 将演示文稿另存为视频

如果要向同事或客户提供演示文稿的高保真版本（通过电子邮件附件、发布至网站或刻录在 CD 或 DVD 上），可将其另存为视频，以使其按视频播放。在 PowerPoint 2010 中，现在可以将演示文稿另存为 Windows Media 视频（.wmv） 文件，这样可以确信自己演示文稿中的动画、旁白和多媒体内容可以顺畅播放，分发时可更加放心。

要将演示文稿另存为视频，可以执行以下操作步骤：

（1）执行“文件”→“保存并发送”→“创建视频”命令，如图6-108所示。

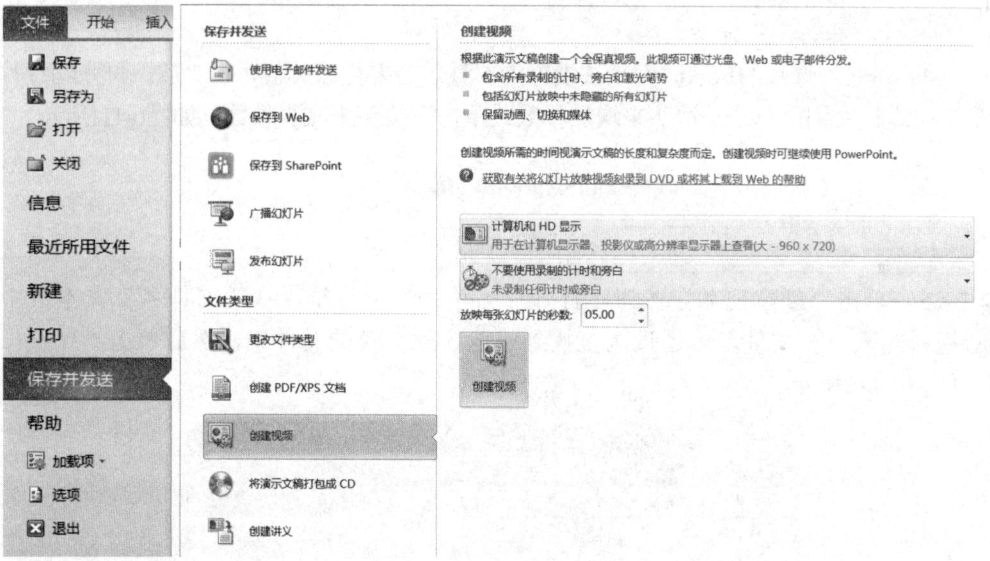


图6-108

（2）若要显示所有视频质量和大小选项，在“创建视频”区域，单击“计算机和 HD 显示”右侧的下拉按钮，在其下拉列表中选择所需要的选项，如图6-109所示。

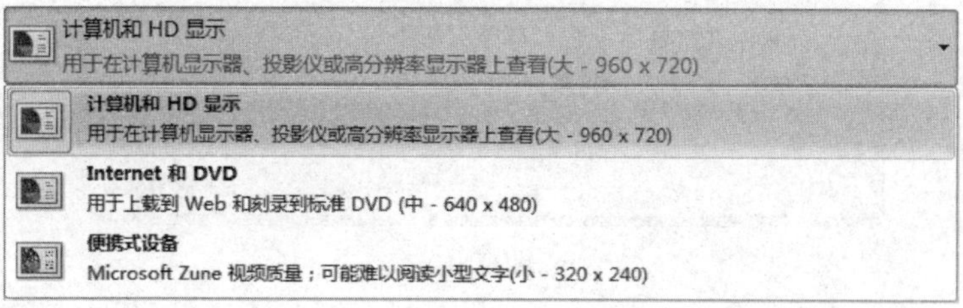


图6-109

- 若要创建质量很高的视频（文件会比较大），执行“计算机和HD显示”命令。
- 若要创建具有中等文件大小和中等质量的视频，执行“Internet和DVD”命令。
- 若要创建文件最小的视频（质量低），执行“便携式设备”命令。

（3）单击“不要使用录制的计时和旁白”右侧的下拉按钮，在其下拉列表中选择所需要的选项，如图6-110所示。

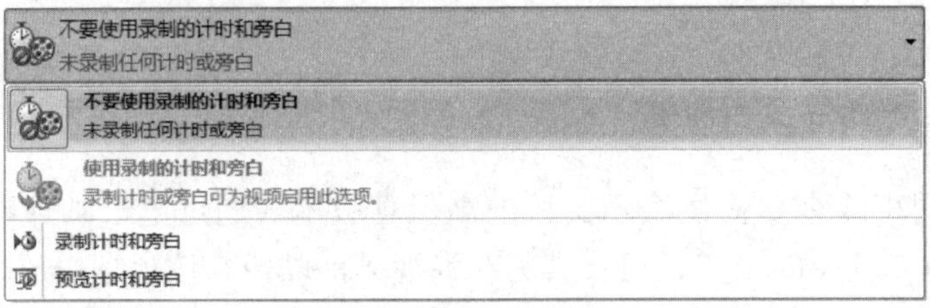


图6-110

- 如果没有录制语音旁白和激光笔运动轨迹并对其进行计时，执行“不要使用录制的计时和旁白”命令。
- 如果已经录制了旁白和激光笔运动轨迹并对其进行了计时，执行“使用录制的计时和旁白”命令。

（4）每张幻灯片的放映时间默认设置为5秒。若要更改此值，在“放映每张幻灯片的秒数”文本框右侧，单击上箭头来增加秒数或单击下箭头来减少秒数，如图6-111所示。

图6-111

（5）单击“创建视频”按钮，打开“另存为”对话框。在“文件名”文本框中，为该视频输入一个文件名，通过浏览找到将包含此文件的文件夹，然后单击“保存”按钮，如图6-112所示。

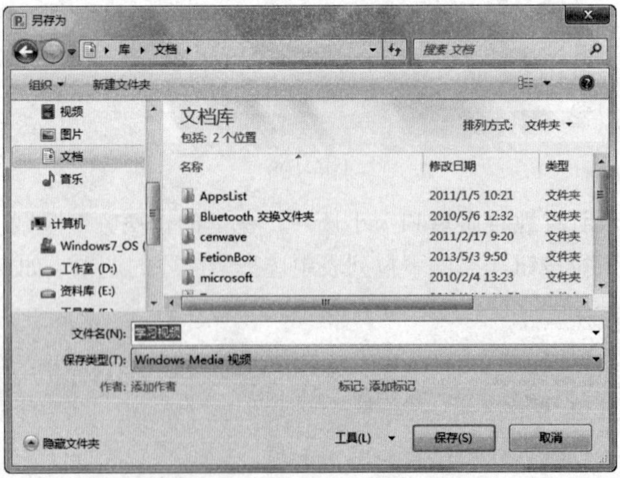


图6-112

（6）可以通过查看屏幕底部的状态栏来跟踪视频创建过程，如图6-113所示。创建视频可能需要几个小时，具体取决于视频长度和演示文稿的复杂程度。

图6-113

（7）创建完成后，若要播放新创建的视频，则转到指定的文件夹位置，然后双击该文件。

### 6.5.3 将演示文稿打包成 CD

可以将演示文稿打包成CD在另一台计算机上进行幻灯片放映。打开要复制的演示文稿；如果是正在处理尚未保存的新演示文稿，则先保存该演示文稿。如果要将演示文稿保存到CD，而不是网络或计算机上的本地磁盘驱动器，则在CD驱动器中插入CD。

执行“文件”→“保存并发送”→“将演示文稿打包成CD”命令， 然后单击“打包成CD”按钮，如图6-114所示，打开“打包成CD”对话框。

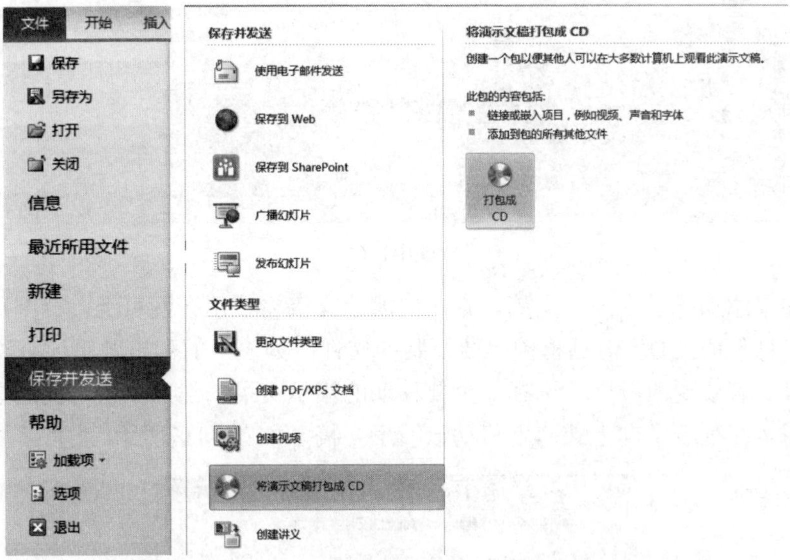


图6-114

在“打包成 CD”对话框中，可以选择想复制的演示文稿及其播放顺序，如图6-115所示。

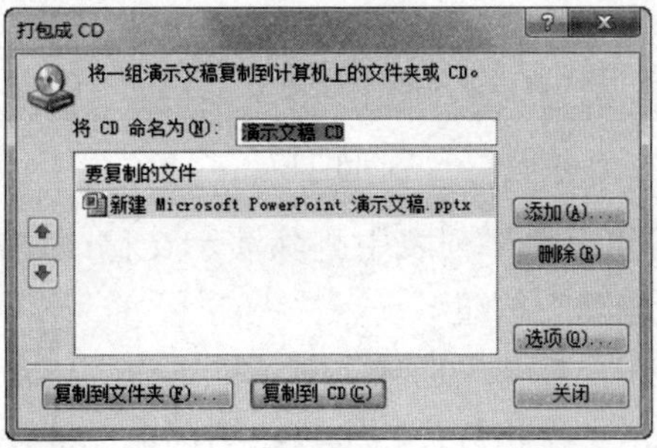


图6-115

- 若要添加演示文稿，需在“打包成 CD”对话框中单击“添加”按钮，然后在“添加文件”对话框中选择要添加的演示文稿，最后单击“添加”按钮，如图6-116所示。对需要添加的每个演示文稿重复此步骤。如果要在包中添加其他相关的非 PowerPoint 文件，也可以重复此步骤。

图6-116

- 如果添加了多个演示文稿，则这些演示文稿将显示在网页上，该网页允许按照“打包成 CD”对话框中“要复制的文件”列表中的列出顺序导航到 CD 的内容。若要更改顺序，选择一个要移动的演示文稿，然后单击左侧的箭头按钮，即可在列表中向上或向下移动该演示文稿，如图6-117所示。

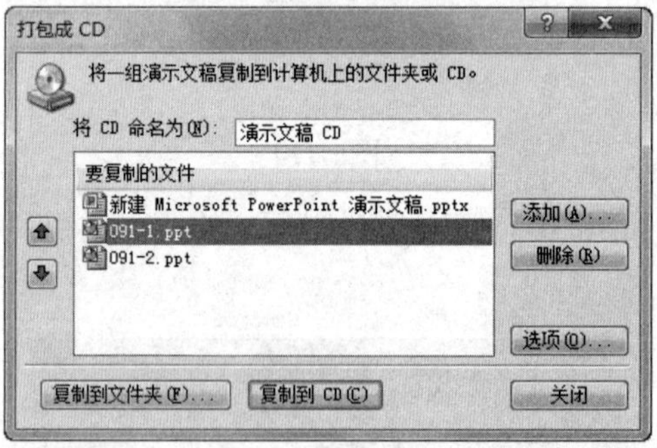


图6-117

- 若要从“要复制的文件”列表中删除演示文稿或文件，选择该演示文稿或文件，然后单击“删除”按钮。
- 单击“选项”按钮，打开“选项”对话框。在“包含这些文件”区域，为了确保包中包括与演示文稿相链接的文件，则选中“链接的文件”复选框；若要使用嵌入的 TrueType 字体，则选中“嵌入的 TrueType 字体”复选框。在“增强安全性和隐私保护”区域，可以输入要求用户在打开和/或编辑演示文稿时提供的密码。若要检查演示文稿中是否存在隐藏数据和个人信息，则选中“检查演示文稿中是否有不适宜信息或个人信息”复选框。然后单击“确定”按钮，关闭“选项”对话框，如图6-118所示。

提示：TrueType 字体是打印件与屏幕显示完全一样的一种字体。TrueType 字体的大小能够任意伸缩。安装 Windows 时能够自动安装这些字体中的几种字体。

- 如果要将演示文稿复制到网络或计算机上的本地磁盘驱动器，则单击“复制到文件夹”按钮，在打开的“复制到文件夹”对话框中输入文件夹名称和位置，然后单击“确定”按钮，如图6-119所示。

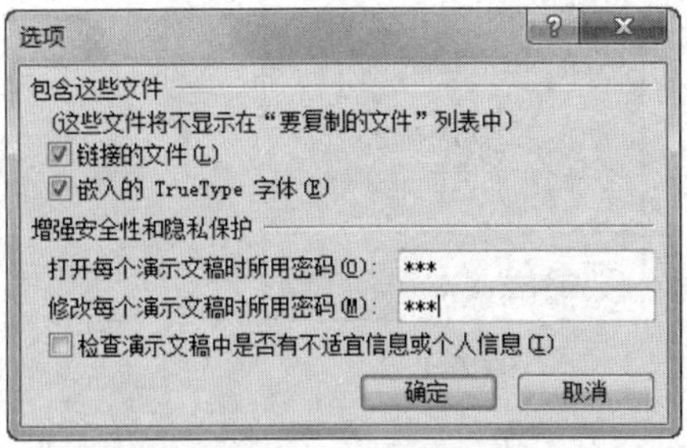


图6-118

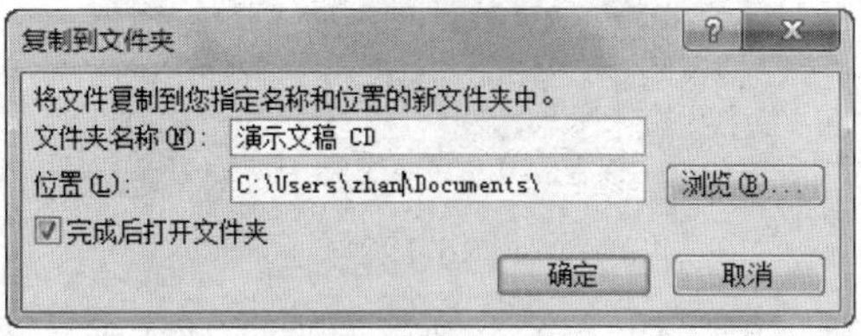


图6-119

- 如果要将演示文稿复制到CD，则单击“复制到 CD”按钮。

## 6.6　样题解答

随书光盘中提供了本样题的操作视频。

执行“文件”→“打开”命令，在“查找范围”文本框中找到指定路径，选择“A6.pptx”文件，单击“打开”按钮。

**1．演示文稿的页面设置**

第1步：选中第1张幻灯片的标题占位符，在“开始”选项卡下“字体”组中，在“字体”下拉列表中选择“华文行楷”，在“字号”下拉列表中选择“72”磅，在“字体颜色”下拉列表中选择标准色中的“浅绿”色，如图6-120所示。

第2步：在“视图”选项卡下“母版视图”组中单击“幻灯片母版”按钮，如图6-121所示。

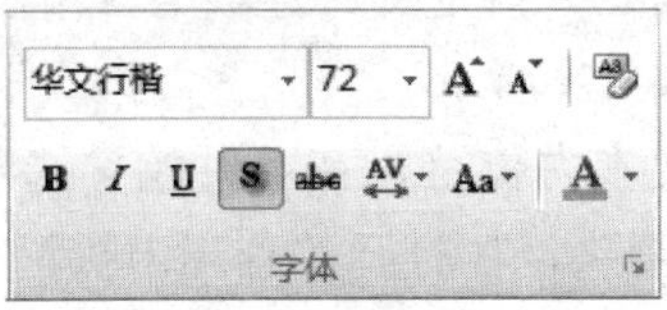


图6-120

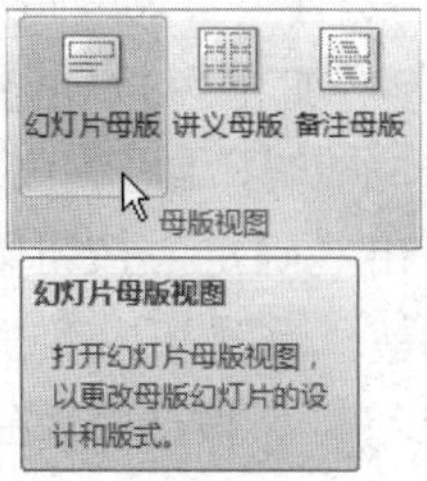


图6-121

第3步：选中左边任务窗格中的“Ripple幻灯片母版”，如图6-122所示。在“插入”选项卡下“文本”组中单击“页眉和页脚”按钮，如图6-123所示。

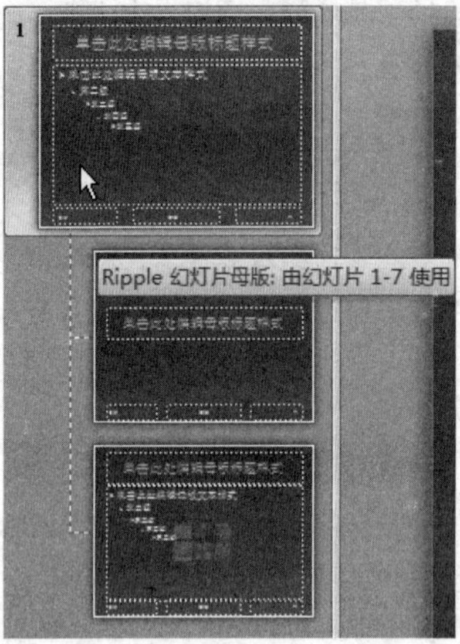


图6-122

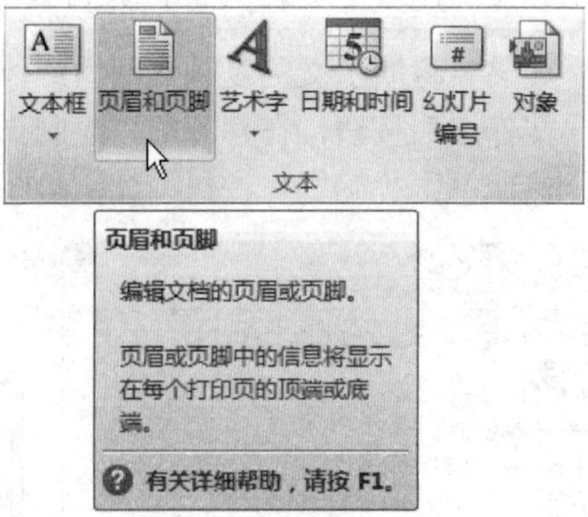


图6-123

第4步：打开“页眉和页脚”对话框，在“幻灯片”选项卡下勾选“页脚”复选框，输入内容“KSWJ6-1”，单击“全部应用”按钮，如图6-124所示。

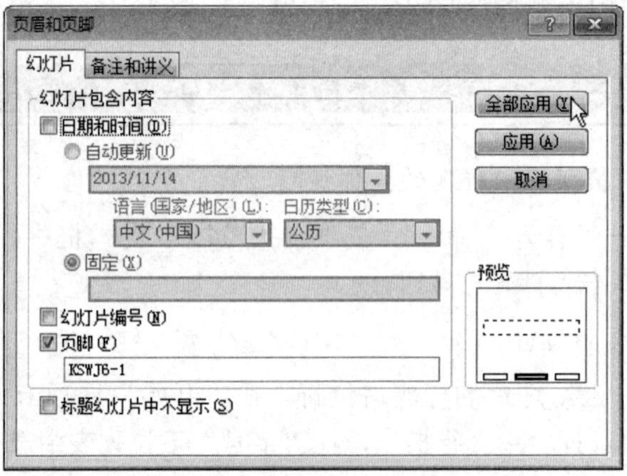


图6-124

第5步：在“Ripple幻灯片母版”中选中页脚的内容，在“开始”选项卡下“字体”组中，在“字体”下拉列表中选择“微软雅黑”，在“字号”下拉列表中选择“18”磅，单击“加粗”按钮B，在“字体颜色”下拉列表中执行“其他颜色”命令，如图6-125所示。打开“颜色”对话框，在“自定义”选项卡下输入RGB值（112，255，255），单击“确定”按钮即可，如图6-126所示。

第6步：选中“标题和内容 版式”的文本占位符，在“开始”选项卡下“段落”组中单击“项目符号”按钮右侧的下拉箭头，在打开的列表中执行“项目符号和编号”命令，如图6-127所示。

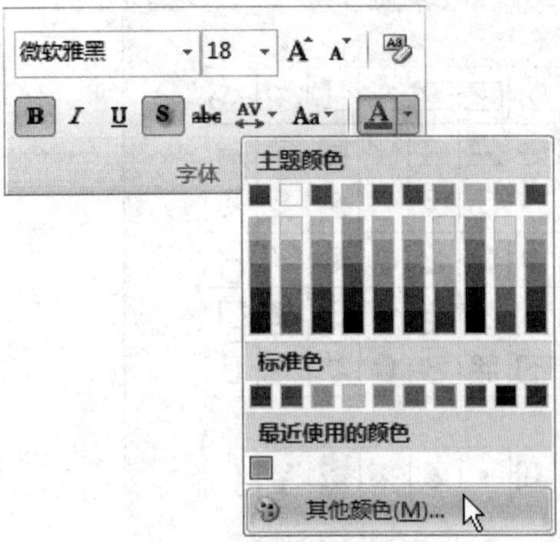


图6-125

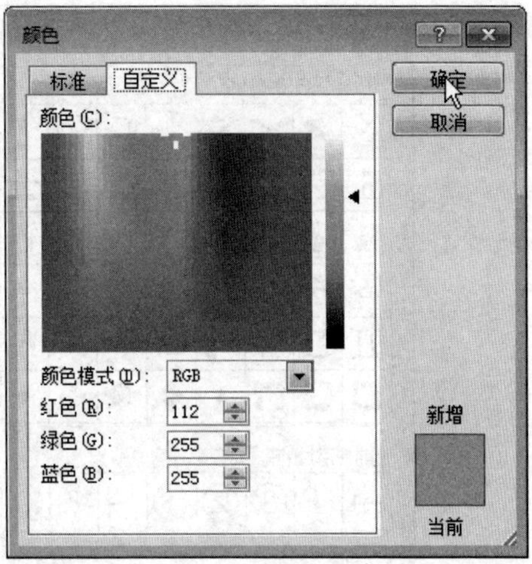


图6-126

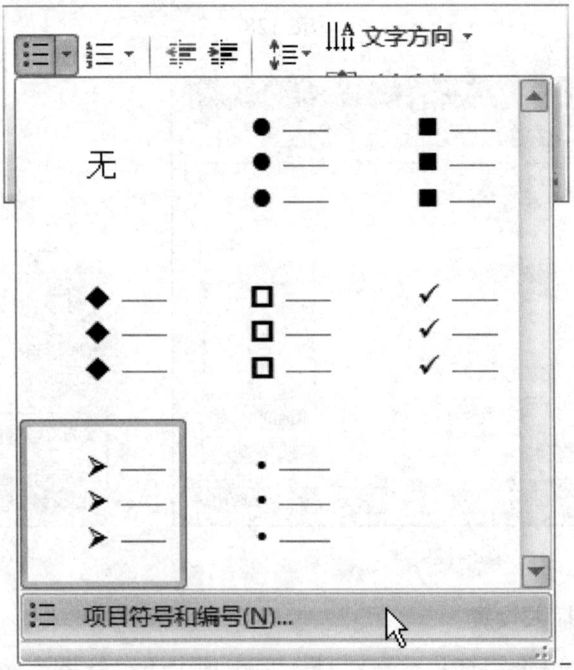


图6-127

第7步：打开“项目符号和编号”对话框，在“项目符号”选项卡中单击“自定义”按钮。打开“符号”对话框，单击“字体”右侧下拉列表选择“Wingdings”，在“符号”框中选择符号样式“S”，单击“确定”按钮，如图6-128所示。

第8步：返回到“项目符号和编号”对话框，在“大小”编辑框中输入“115”，单击“颜色”下拉按钮，选择标准色中的“橙色”，单击“确定”按钮，如图6-129所示。

第9步：在“幻灯片母版”选项卡下“关闭”组中单击“关闭母版视图”按钮，如图6-130所示。

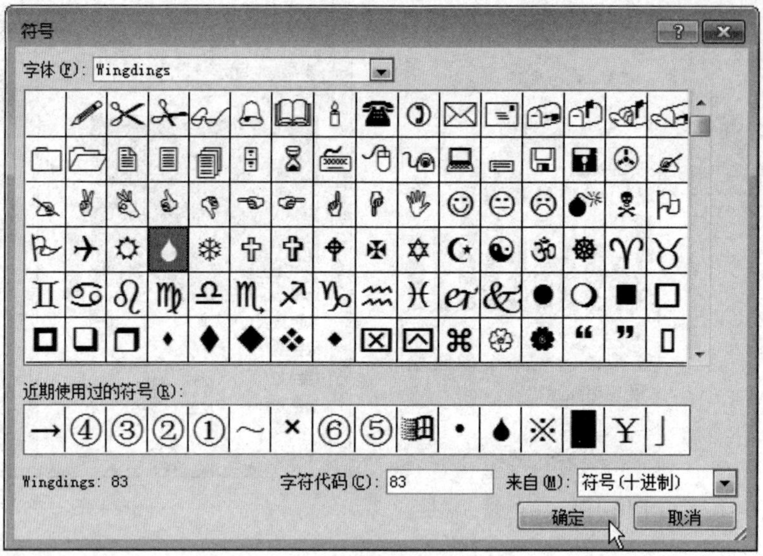


图6-128

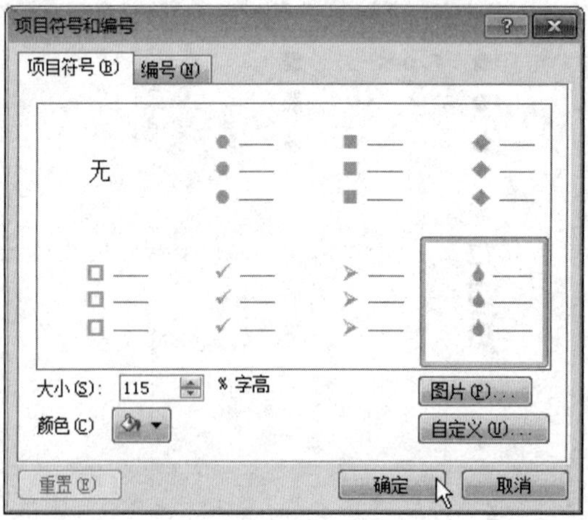


图6-129

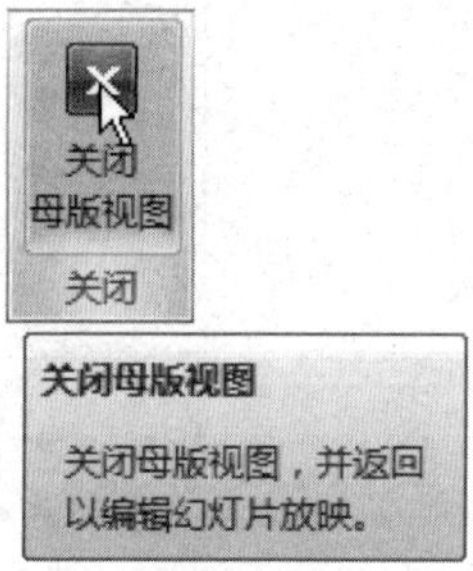


图6-130

## 2．演示文稿的插入设置

第10步：选中第3张幻灯片，在“插入”选项卡下“插图”组中单击“形状”按钮，在弹出的下拉列表中选择“动作按钮”下的“动作按钮：第一张”，如图6-131所示。参照样文，单击第3张幻灯片，弹出“动作设置”对话框，单击“确定”按钮，如图6-132所示。

第11步：在“插入”选项卡下“插图”组中单击“形状”按钮，选择“动作按钮”下的“动作按钮：前进或下一项”。参照样文，单击第3张幻灯片，弹出“动作设置”对话框，单击“确定”按钮。

第12步：选中做好的动作按钮，打开“绘图工具”的“格式”选项卡，在“形状样式”组中单击“形状样式”右侧的“其他”按钮，在打开的列表框中选择“强烈效果-冰蓝，强调颜色3”形状样式，如图6-133所示。

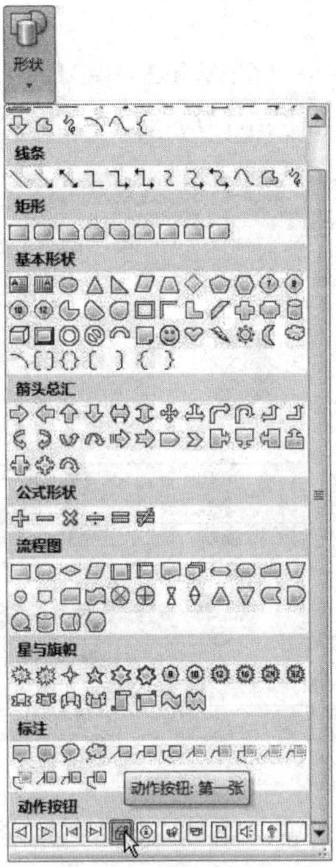


图6-131

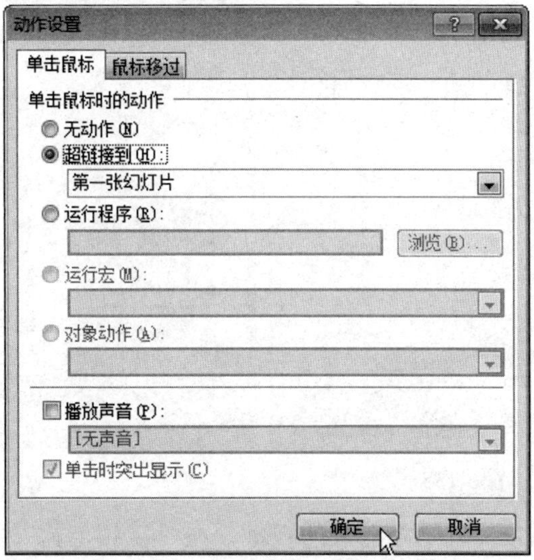


图6-132

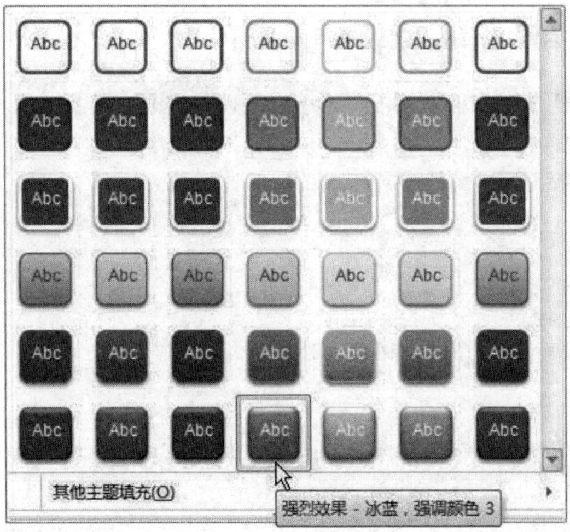


图6-133

第13步：打开“绘图工具”的“格式”选项卡，在“大小”组中的“高度”文本框中微调或输入“2厘米”，在“宽度”文本框中微调或输入“2厘米”，如图6-134所示。参照样文，将动作按钮拖动到对应的位置。

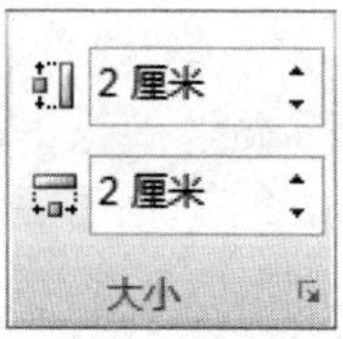


图6-134

第14步：选中第4张幻灯片，在“插入”选项卡下“媒体”组中单击“视频”按钮，在打开的下拉列表中执行“文件中的视频”命令，如图6-135所示。

第15步：打开“插入视频文件”对话框，在指定目录（C:\Win2010GJW\KSML1文件夹）中选择KSWJ6-1.wmv文件，单击“插入”按钮，如图6-136所示。

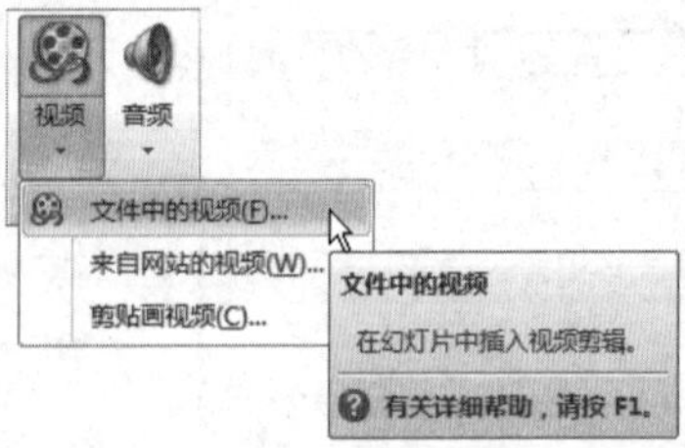


图6-135

图6-136

第16步：选中新插入的视频，在“视频工具”的“格式”选项卡下，单击“大小”组右下角的“对话框启动器”按钮，弹出“设置视频格式”对话框，选择左栏的“大小”选项，在右侧设置栏的“缩放比例”区域中“高度”和“宽度”文本框中选择或输入“50%”，单击“关闭”按钮，如图6-137所示。

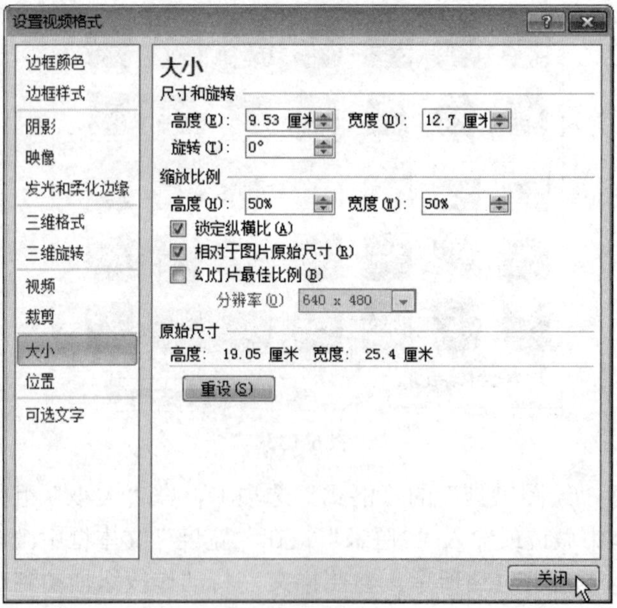


图6-137

第17步：在“视频工具”的“格式”选项卡下，在“视频样式”组中单击“其他”下拉按钮，在弹出的库中选择“柔化边缘椭圆”，如图6-138所示。

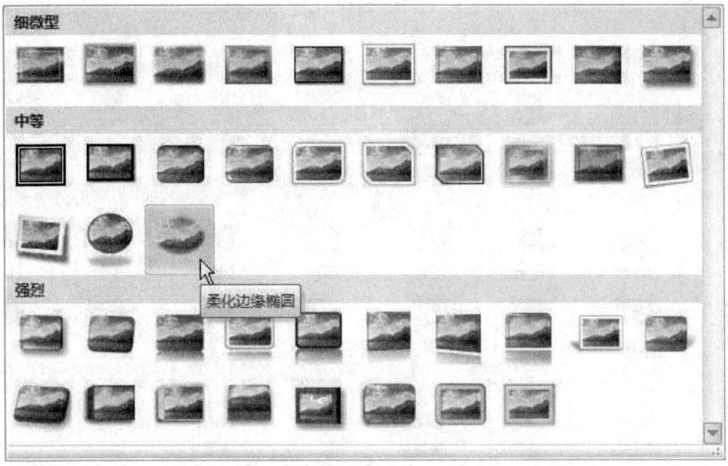


图6-138

第18步：在“视频工具”的“播放”选项卡下，在“编辑”组中单击“剪裁视频”按钮，如图6-139所示。

第19步：打开“剪裁视频”对话框，在“开始时间”微调框中微调或输入“00:03”，在“结束时间”微调框中微调或输入“00:30”，单击“确定”按钮，如图6-140所示。参照样文，将视频图标拖动到对应的位置。

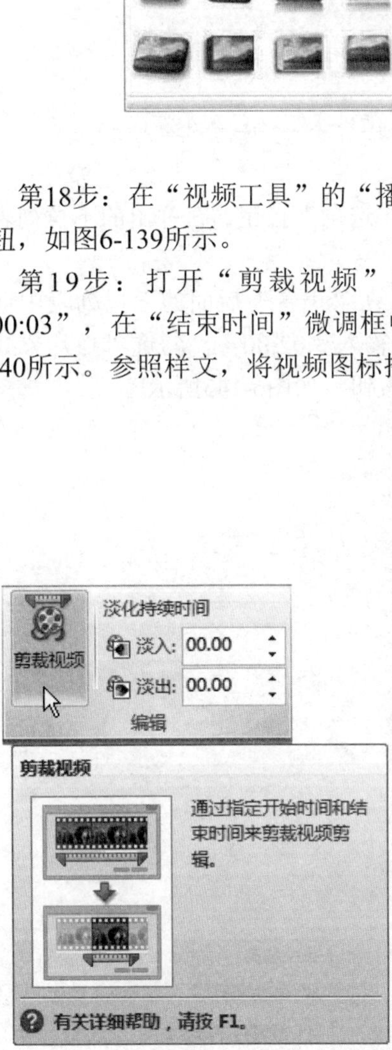


图6-139

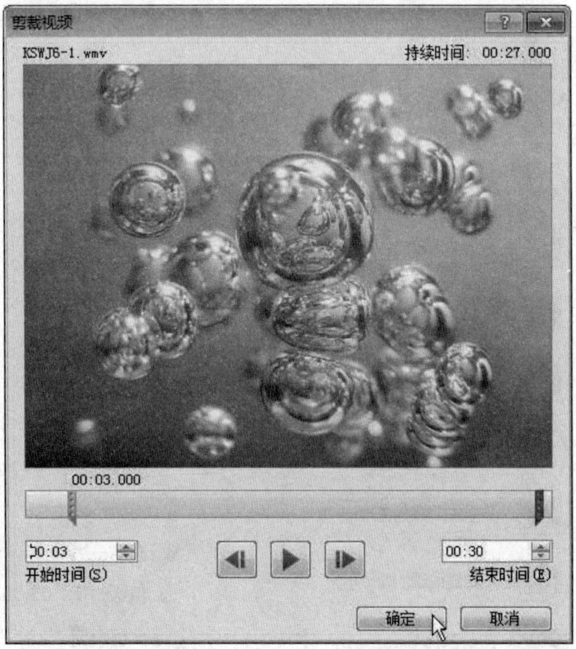


图6-140

### 3．演示文稿的动画设置

第20步：打开“切换”选项卡，在“切换到此幻灯片”组中单击“其他”下拉按钮，在弹出的库中选择“闪耀”，如图6-141所示。

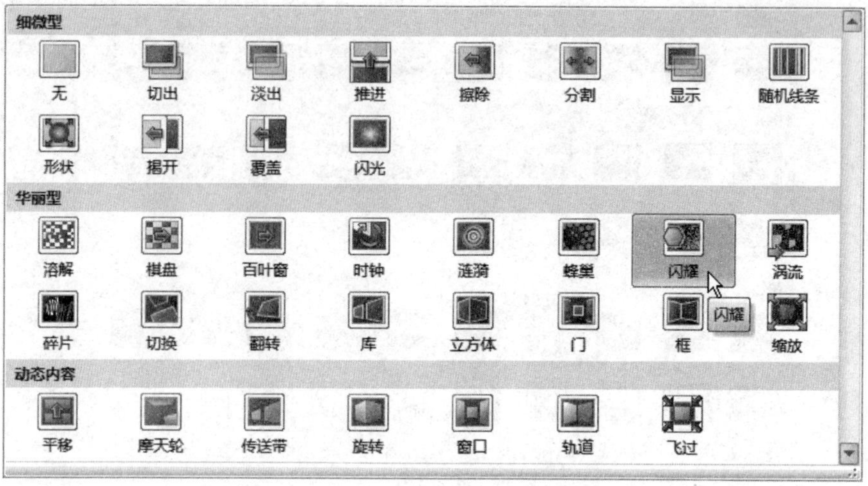


图6-141

第21步：单击“切换到此幻灯片”组中的“效果选项”按钮，在弹出的下拉列表中选择“从下方闪耀的六边形”，如图6-142所示。

第22步：在“切换”选项卡下“计时”组中，在“声音”后面的下拉列表中选择“风铃”，在“持续时间”后面的微调框中微调或输入“02.00”，勾选“换片方式”区域的“单击鼠标时”复选框，单击“全部应用”按钮，如图6-143所示。

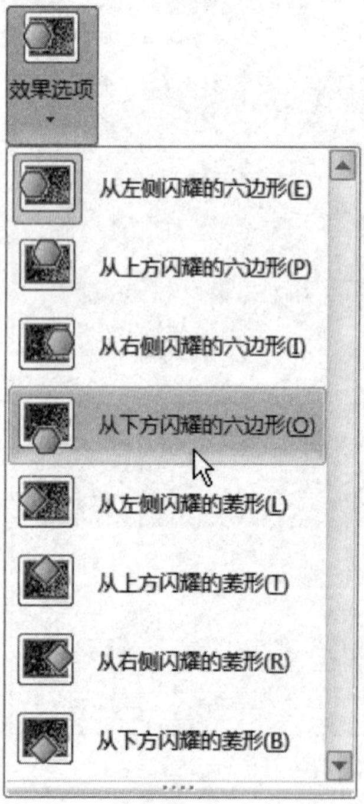


图6-142

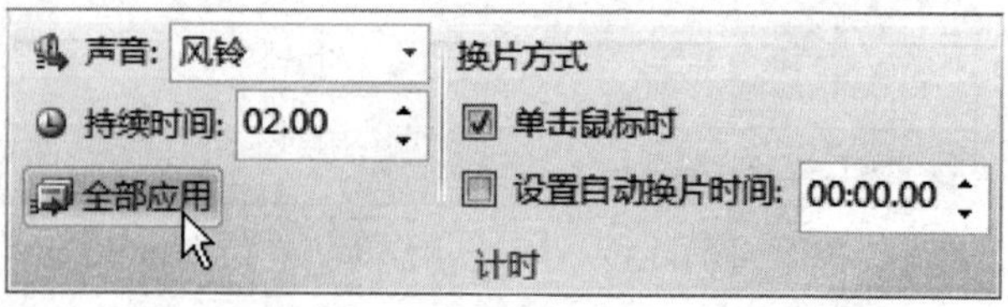


图6-143

第23步：选中第1张幻灯片的标题，打开“动画”选项卡，在“动画”组中单击“其他”下拉按钮，在弹出的库中选择“进入”区域下的“弹跳”，如图6-144所示。

图6-144

第24步：在“动画”选项卡下“计时”组中，在“开始”后面的下拉列表中选择“上一动画之后”，在“持续时间”后面的微调框中微调或输入“03.00”，如图6-145所示。

第25步：在“视图”选项卡下“母版视图”组中单击“幻灯片母版”按钮，选中“标题和内容 版式”的文本占位符，打开“动画”选项卡，在“动画”组中单击“其他”下拉按钮，在弹出的库中选择“进入”区域下的“浮入”。单击“效果选项”按钮，在弹出的下拉列表中选择“方向”区域中的“下浮”；单击“效果选项”按钮，在弹出的下拉列表中选择“序列”区域中的“按段落”，如图6-146所示。

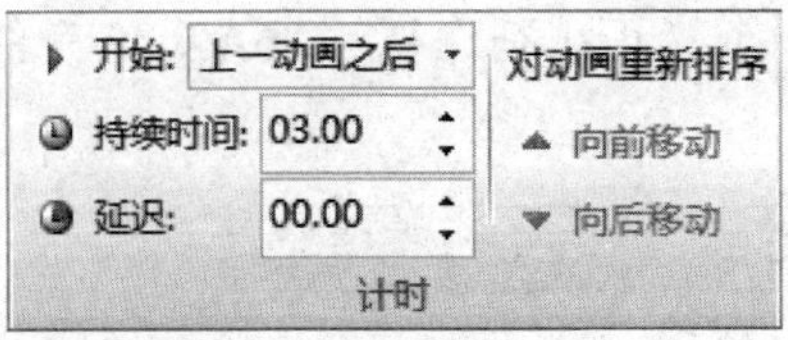


图6-145

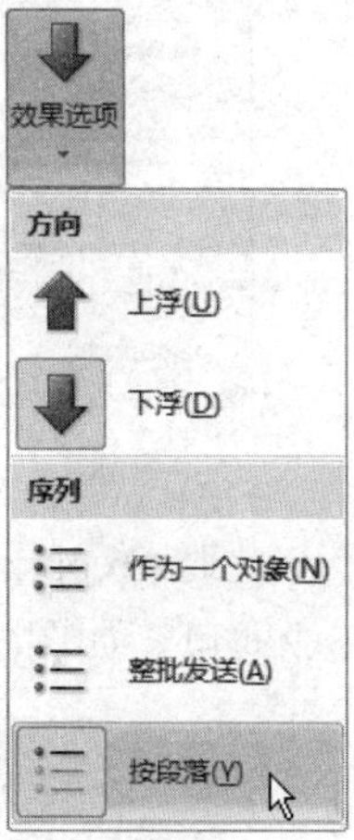


图6-146

第26步：在“动画”选项卡下“计时”组中，在“开始”后面的下拉列表中选择“与上一动画同时”。在“幻灯片母版”选项卡下“关闭”组中单击“关闭母版视图”按钮。

4．保存演示文稿

第27步：执行“文件”→“保存”命令。

第28步：执行“文件”→“保存并发送”命令，选择“文件类型”区域的“创建视频”，在右侧信息栏中“放映每张幻灯片的秒数”后面的微调框中微调或输入“06.00”，单击“创建视频”按钮，如图6-147所示。

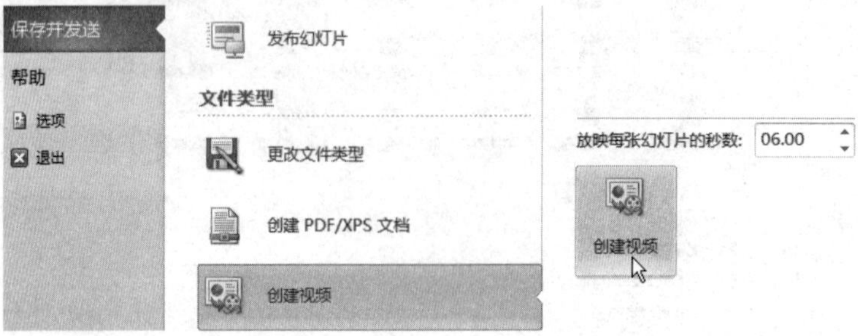


图6-147

第29步：打开“另存为”对话框，在“保存位置”列表中选择考生文件夹所在位置，在“文件名”文本框中输入文件名“A6A.wmv”，在“保存类型”列表中选择“Windows Media视频（.wmv）”，单击“保存”按钮，如图6-148所示。

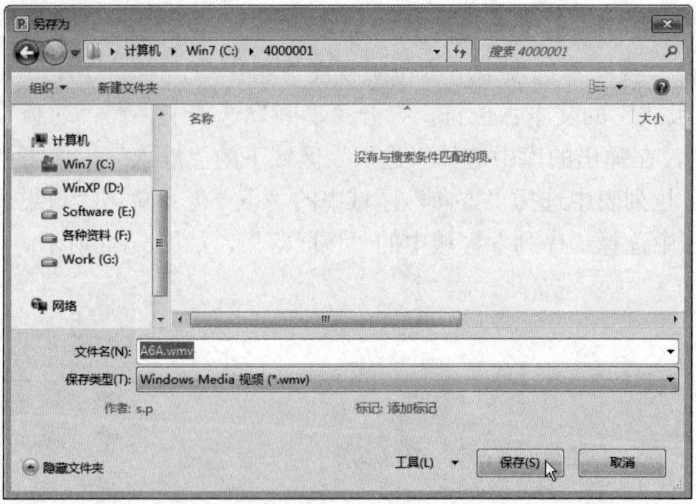


图6-148

第30步：此时A6.pptx文件下方会出现一个“正在制作视频A6A.wmv”的制作框，等待制作完成即可，如图6-149所示。

图6-149

# 第七章　办公软件的联合应用

Microsoft Office中的各组件都具有强大的功能，但是各组件的特长却有所不同。例如，Word适合处理文档，Excel擅长处理数据和表格，PowerPoint则可以把数据、图片和表格做成幻灯片。因此，在实际应用中，往往是多个软件一起协作，才能更快、更好地完成一项工作。

**本章主要内容**

- Word与其他应用软件的联合操作
- Excel与其他应用软件的联合操作
- PowerPoint与其他应用软件的联合操作

**评分细则**

本章有4个评分点，每题12分。

| 序号 | 评分点 | 分值 |
|---|---|---|
| 1 | 办公软件间信息的转换 | 4 |
| 2 | 使用外部文件和数据 | 4 |
| 3 | 创建、编辑、运行宏 | 3 |
| 4 | 办公软件间文件格式的转换 | 1 |

**本章导读**

综上所述，我们明确了本章所要求掌握的技能考核点以及对应《试题汇编》单元的评分点、分值和判分要求等。下面先在“样题示范”中展示《试题汇编》中的一道真题，然后详细讲解本章中涉及到的知识点和技能考核点，最后通过“样题解答”来讲解这道真题的详细操作步骤。

## 7.1 样题示范

【练习目的】

从《试题汇编》中选取样题，了解本章题目类型，掌握本章重点技能点。

【样题来源】

《试题汇编》第七单元7.1题（随书光盘中提供了本样题的操作视频）。

【操作要求】

打开文档A7.docx，按如下要求进行操作。

**1. 利用文档大纲创建演示文稿**

- 按【样文7-1A】所示，运用当前文档的大纲结构，在PowerPoint中创建一组幻灯片，并为整个演示文稿应用内置的“气流”主题。
- 为所有幻灯片添加自顶部“涡流”的切换效果，指定切换的持续时间为5.25秒，最后将演示文稿以A7a.pptx为文件名保存至考生文件夹中。

**2. 在演示文稿中插入声音文件**

- 按【样文7-1A】所示，在第3张幻灯片中插入声音文件C:\Win2010GJW\KSML1\ KSWJ7-1A.wma，并将其图标替换为C:\Win2010GJW\KSML1\KSWJ7-1B.png，设置对象的高度与宽度均为4厘米。

**3. 在演示文稿中插入数据表或图表**

- 按【样文7-1A】所示，在第8张幻灯片中插入C:\Win2010GJW\KSML1\KSWJ7-1C.xlsx中的图表，并适当调整其大小与位置。

**4. 在文档中插入演示文稿**

- 按【样文7-1B】所示，在A7.docx文档的结尾处，以对象的形式插入演示文稿C:\Win2010GJW\KSML1\KSWJ7-1D.pptx，并将其图标替换为C:\Win2010GJW\KSML1\KSWJ7-1E.ico，设置对象的缩放比例为120%。

【样文7-1A】

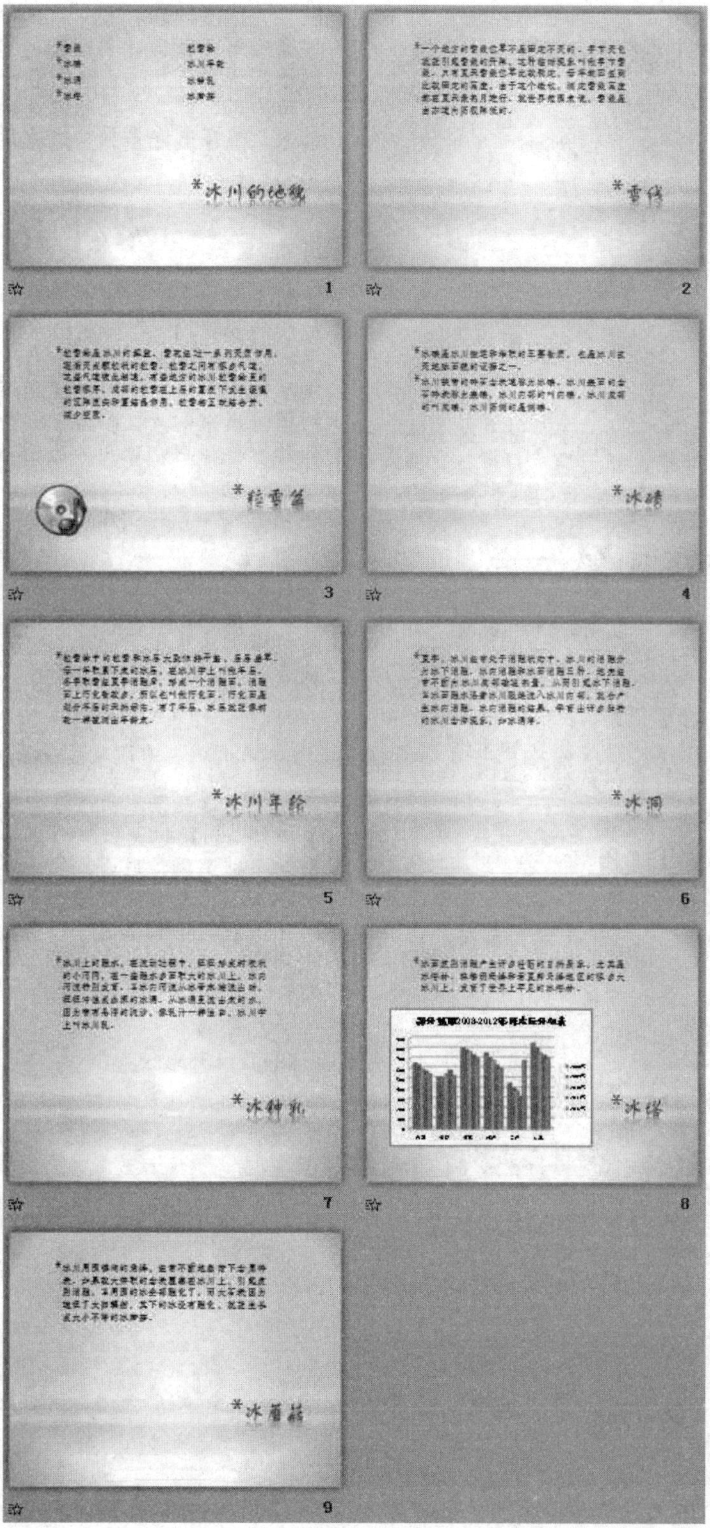

【样文7-1B】

# 冰川的地貌

| | |
|---|---|
| 雪线 | 粒雪盆 |
| 冰碛 | 冰川年轮 |
| 冰洞 | 冰钟乳 |
| 冰塔 | 冰蘑菇 |

## 雪线

一个地方的雪线位置不是固定不变的。季节变化就能引起雪线的升降，这种临时现象叫做季节雪线。只有夏天雪线位置比较稳定，每年都回复到比较固定的高度，由于这个缘故，测定雪线高度都在夏天最热月进行。就世界范围来说，雪线是由赤道向两极降低的。

## 粒雪盆

粒雪盆是冰川的摇篮。雪花经过一系列变质作用，逐渐变成颗粒状的粒雪。粒雪之间有很多气道，这些气道彼此相通，有些地方的冰川粒雪盆里的粒雪很厚，底部的粒雪在上层的重压下发生缓慢的沉降压实和重结晶作用，粒雪相互联结合并，减少空隙。

## 冰碛

冰碛是冰川搬运和堆积的主要物质，也是冰川改变地球面貌的证据之一。冰川挟带的碎石岩块通称为冰碛。冰川表面的岩石碎块称为表碛，冰川内部的叫内碛，冰川底部的叫底碛，冰川两侧的是侧碛。

## 冰川年轮

粒雪盆中的粒雪和冰层大致保持平整，层层叠置。每一年积累下来的冰层，在冰川学上叫做年层。冬季积雪经夏季消融后，形成一个消融面，消融面上污化物较多，所以也叫做污化面。污化面是划分年层的天然标志。有了年层，冰层就能像树轮一样被测出年龄来。

## 冰洞

夏季，冰川经常处于消融状态中。冰川的消融分为冰下消融、冰内消融和冰面消融三种。地壳经常不断向冰川底部输送热量，从而引起冰下消融。当冰面融水沿着冰川裂缝流入冰川内部，就会产生冰内消融。冰内消融的结果，孕育出许多独特的冰川岩溶现象，如冰洞等。

## 冰钟乳

冰川上的融水，在流动过程中，往往形成树枝状的小河网，在一些融水多面积大的冰川上，冰内河流特别发育。当冰内河流从冰舌末端流出时，往往冲蚀成幽深的冰洞。从冰洞里流出来的水，因为带有悬浮的泥沙，像乳汁一样浊白，冰川学上叫冰川乳。

## 冰塔

冰面差别消融产生许多壮丽的自然景象，尤其是冰塔林。珠穆朗玛峰和希夏邦马峰地区的很多大冰川上，发育了世界上罕见的冰塔林。

## 冰蘑菇

冰川周围嶙峋的角峰，经常不断地崩落下岩屑碎块。如果较大体积的岩块覆盖在冰川上，引起差别消融，当周围的冰全部融化了，而大石块因为遮住了太阳辐射，其下的冰没有融化，就能生长成大小不等的冰蘑菇。

KSWJ7-1D.pptx

# 7.2 Word与其他应用软件的联合操作

## 7.2.1 宏在Word文档中的应用

使用宏可以快速执行日常编辑和格式设置任务，也可以合并需要按顺序执行的多个命令，还可以自动执行一系列复杂的任务。

在Word文档中，宏是一系列Word命令的集合，通过运行宏的一个命令就可以完成一系列的Word命令，达到简化编辑操作的目的。Word中的宏能够在进行一系列费时而单调的重复性操作时，自动完成所需任务。可以把自己创建的宏指定到工具栏、菜单或者组合键上，通过单击一个按钮、选取一个命令或者按下一组组合键的方式来运行宏。

**1．录制宏**

对于重复性的工作，可以录制为一个宏，当需要再进行同样的操作时，执行该宏即可快速完成相同的工作。录制宏的具体操作方法如下。

（1）录制之前，要先做好准备工作，尤其要弄清楚需要宏执行哪些命令，这些命令的次序是什么。

（2）在“视图”选项卡的“宏”组中，单击“宏”下拉按钮，在弹出的下拉列表中执行“录制宏”命令，如图7-1所示。

（3）在打开的“录制宏”对话框中，可在“宏名”文本框中输入新录制宏的名称；在“将宏保存在”下拉列表中选择保存宏的位置，如果选择Normal，则表示这个宏在所有文档中都可以使用，如果选择将该宏保存在某个模板或者文档中，则只有指定的文档才可以使用该宏；在“说明”文本框中可以输入该宏的说明信息，如图7-2所示。

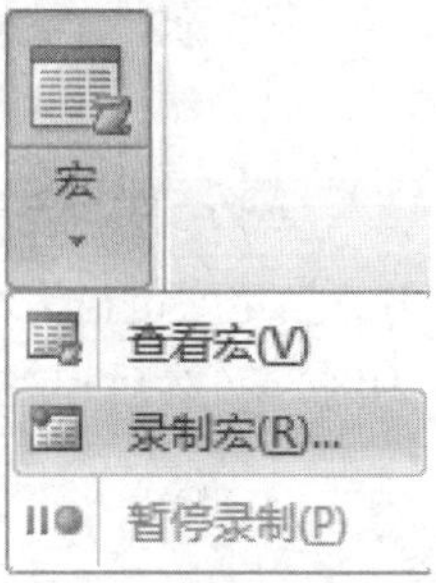


图7-1

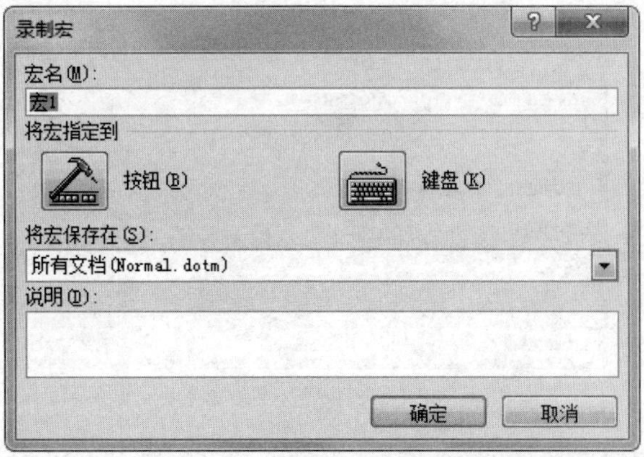


图7-2

（4）在“将宏指定到”选项区域中，单击“按钮”图标按钮，打开“Word 选项”对话框，在“快速访问工具栏”选项卡界面中可以将宏添加到“自定义快速访问工具栏”中，如图7-3所示。

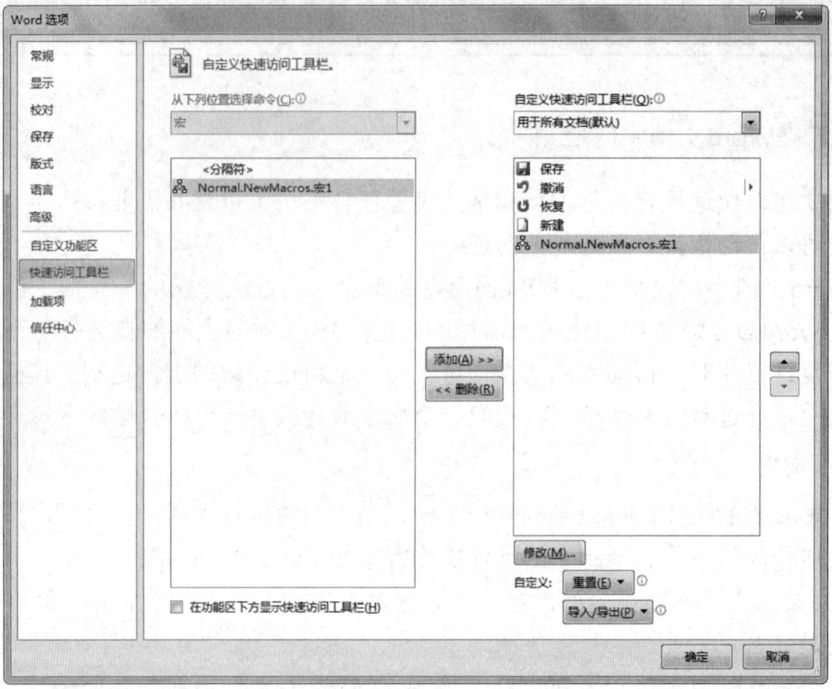


图7-3

（5）在“录制宏”对话框中的“将宏指定到”选项区域中，单击“键盘”图标按钮，打开“自定义键盘”对话框，在“请按新快捷键”文本框中输入组合键（此处以“Alt+Ctrl+A”为例），然后单击“指定”按钮，即可指定运行该宏的快捷键，如图7-4所示。

图7-4

（6）单击“关闭”按钮，这时鼠标指针会变成形状，此时就可以录制宏了，按照前面的准备，依次执行宏要进行的操作。

（7）录制完毕后，在“视图”选项卡的“宏”组中，单击“宏”下拉按钮，在弹出的下拉列表中执行“停止录制”命令即可。这样，以后只需要按组合键即可运行该宏，完成一系列的操作。

提示：首先，宏的命名不能与Word中已有的标准宏重名，否则Word就会用新录制的宏记录的操作替换原有的宏记录的操作。其次，宏录制工具不记录执行的操作，只记录操作的结果。所以，不能记录鼠标在文档中的移动，如果要录制移动光标或选择、复制等操作，只能用键盘执行。

### 2．运行宏

如果创建的宏被指定到快速访问工具栏上，可通过单击相应的命令来执行。如果创建的宏被指定组合键，可通过按该组合键来执行。如果要运行在特殊模板上创建的宏，则应首先打开该模板或基于该模板创建的文档，然后运行宏即可。

在“视图”选项卡的“宏”组中，单击“宏”下拉按钮，在弹出的下拉列表中执行“查看宏”命令，打开“宏”对话框，如图7-5所示。选择要运行的宏命令，单击“运行”按钮，即可执行该宏命令；如果单击“单步执行”按钮，就可以每次只执行一步操作，可以清楚地看到每一步操作及其效果。

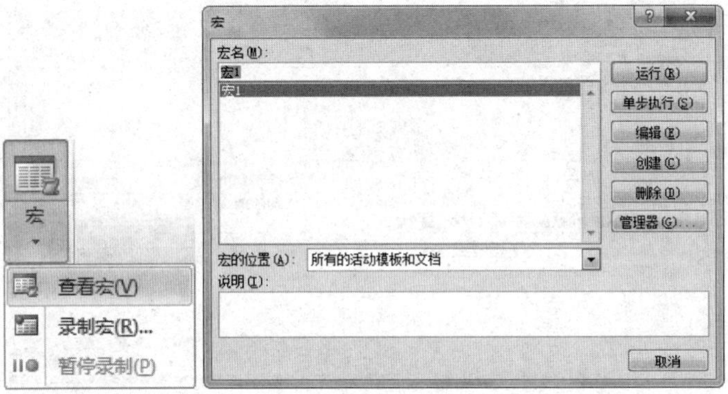


图7-5

### 3．管理宏

默认情况下，宏保存在Normal模板中。Normal模板中的宏可应用到每一个Word文档中，利用“管理器”对话框，也可以将它保存在其他模板或单个模板中。

在Word 2010中，可以很容易地从一个模板（或文档）中复制一组宏到另一个模板（或文档）中，宏被保存于模板或组中，不能传递单个宏，只能传递一组宏。要在模板或文档中复制宏，可以在“宏”对话框中单击“管理器”按钮，如图7-6所示，在打开的“管理器”对话框中进行相关的设置。

在“管理器”对话框的左侧列表框中，显示的是当前活动文档中使用的宏组，右侧列表框中显示的是Normal模板中的宏。在右侧列表中选择要复制的宏组，单击“复制”按钮，将选定的宏组复制到左边的当前活动文档中，如图7-7所示。复制完成后，单击“关闭”按钮，完成宏的复制，此时在活动文档中可以使用该宏命令。

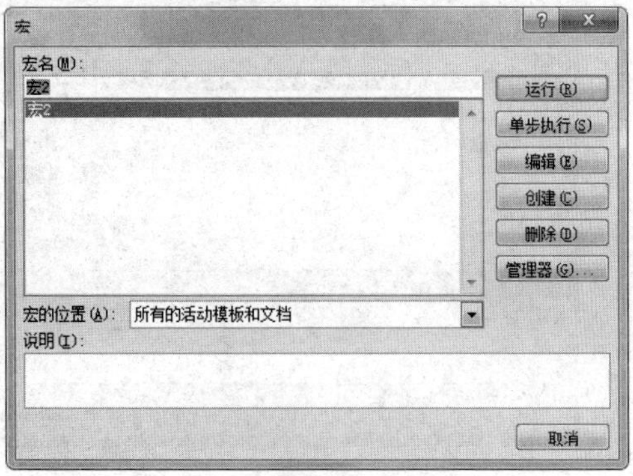


图7-6

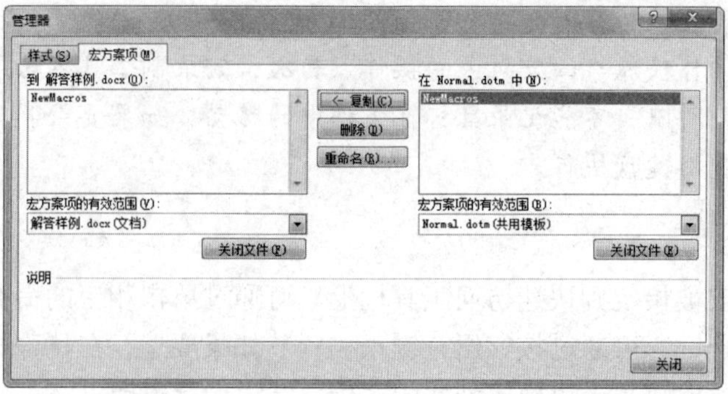


图7-7

如果想复制别的模板或文件中的宏，可以单击下面的“关闭文件”按钮，关闭Normal模板，此时“关闭文件”按钮会变成“打开文件”按钮，再次单击该按钮，即可在打开的对话框中选择要复制宏的模板或文件，如图7-8所示。

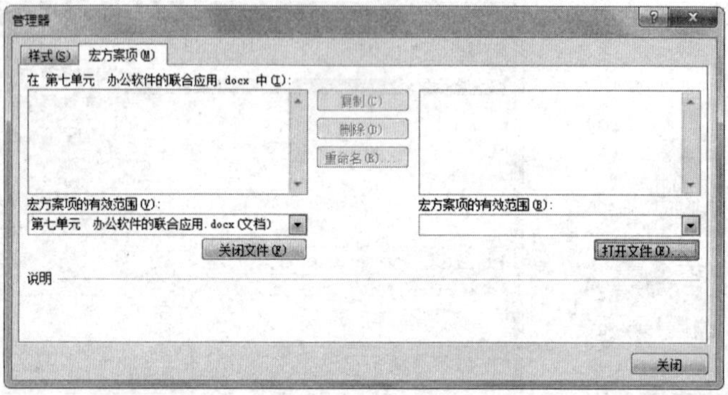


图7-8

4．删除宏

要删除在文档或模板中不需要的宏命令，只需单击“宏”下拉按钮，在弹出的下拉列表中执行 “查看宏”命令，在打开的“宏”对话框中，选择要删除的宏命令，单击“删除”按钮，这时弹出删除问询对话框，在该对话框中单击“是（Y）”按钮，即可删除该宏命令，如图7-9所示。

图7-9

## 7.2.2 在Word文档中插入对象

### 1．插入声音和视频

在Word中没有实际的插入声音和视频的操作，实际上是用插入链接的方式，在Word文档中输入声音或视频文件的存放路径。为了保证文档显示的正确性，应将待插入的声音和视频文件与Word文档保存于同一个文件夹下，且相对路径固定。在文档中插入声音和视频的操作方法相同。

打开Word文档，将光标定位在插入点上，在“插入”选项卡下的“文本”组中单击“对象”按钮，打开“对象”对话框。在“对象”对话框的“由文件创建”选项卡下，单击右侧的“浏览”按钮，打开“浏览”对话框。在“浏览”对话框中选择要插入的声音或视频文件，单击“插入”按钮，返回至“对象”对话框，如图7-10所示。

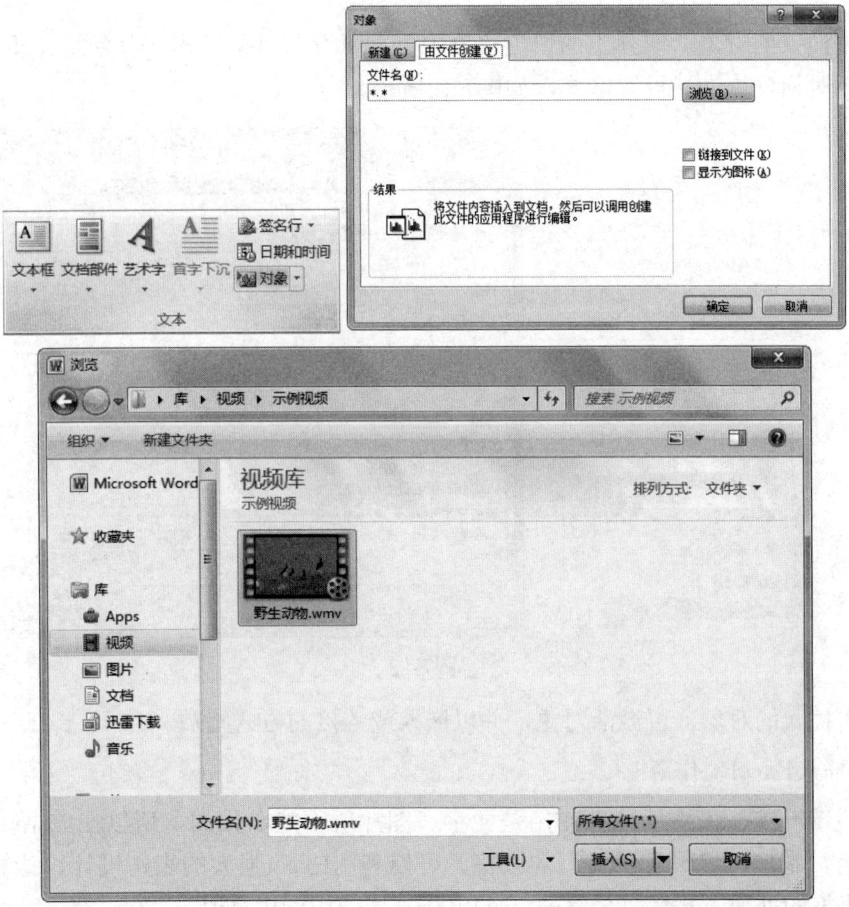


图7-10

在“对象”对话框中可以选中“链接到文件”复选框，这样对源文件的更改会反映到文档中；还可以设置是否将插入对象显示为图标，若显示为图标，选中“显示为图标”复选框，单击“更改图标”按钮，打开“更改图标”对话框，选择图标，也可以通过“浏览”按钮选择所需的图标，另外还可以设置题注，如图7-11所示。若不显示为图标，则文件以默认格式插入到文档中。

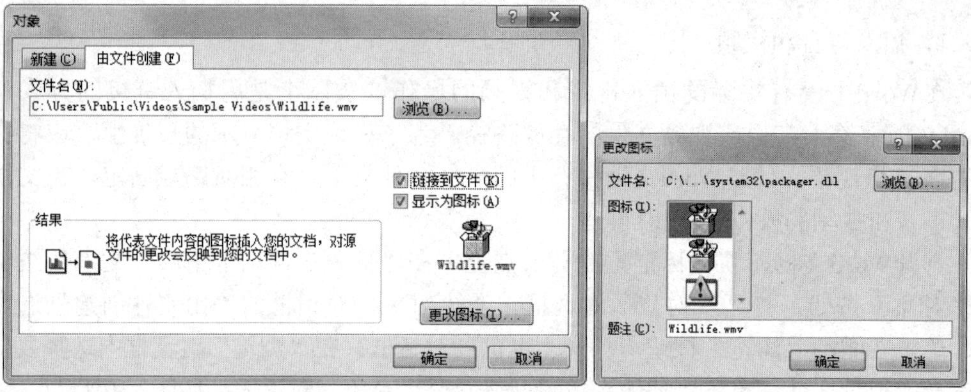


图7-11

右击插入的对象，在弹出的快捷菜单中执行“设置对象格式”命令，打开“设置对象格式”对话框，为其设置格式，如图7-12所示。

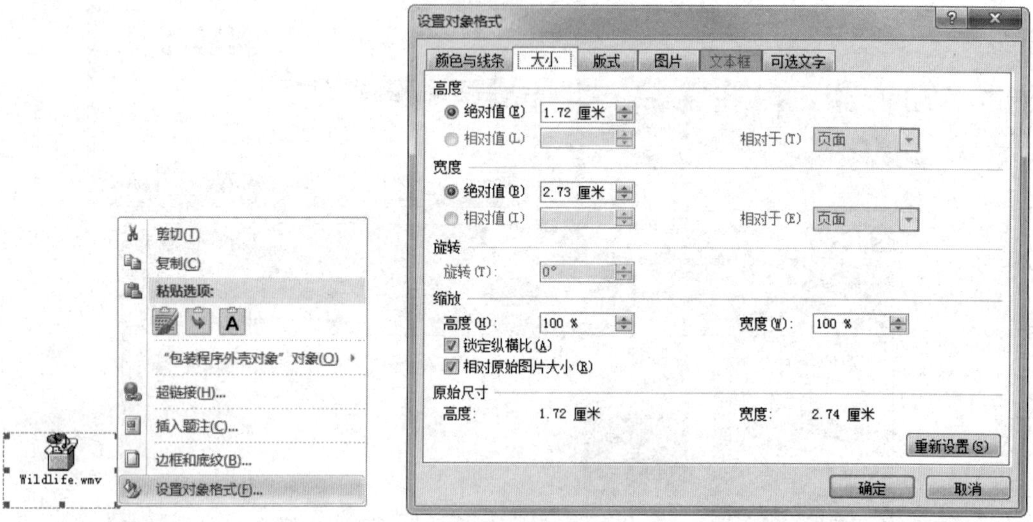


图7-12

双击插入的对象，可激活对象，并以嵌入或链接的方式播放。

### 2．插入Excel工作簿

某些情况下，表格的特殊作用是文字、图片所不能取代的，所以在Word文档中常常会使用、制作、编辑各种类型的表格。可以利用Excel强大的表格设计、计算等功能完成对表格的处理，然后将最终的Excel电子表格应用到Word中。

将光标置于文档中要插入对象的位置，在“插入”选项卡的“文本”组中单击“对象”按钮，打开“对象”对话框。在“由文件创建”选项卡中，单击“浏览”按钮，在“浏览”对话框中定位并选中要插入的对象，单击“插入”按钮，返回至“由文件创建”选项卡中，所选中文件的路径会自动出现在“文件名”文本框中，如图7-13所示。

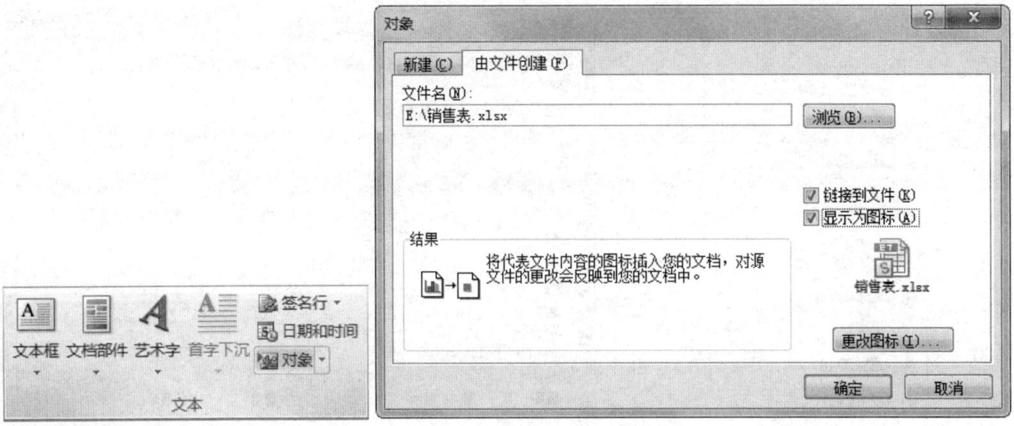


图7-13

在“对象”对话框中可以选中“链接到文件”复选框，这样Word文档中表格的数据将与源工作表同步更新（在重新打开Word文档时会出现是否进行更新的询问框），如图7-14所示；如果不选，则该工作表将以静态副本形式嵌入到文档中。

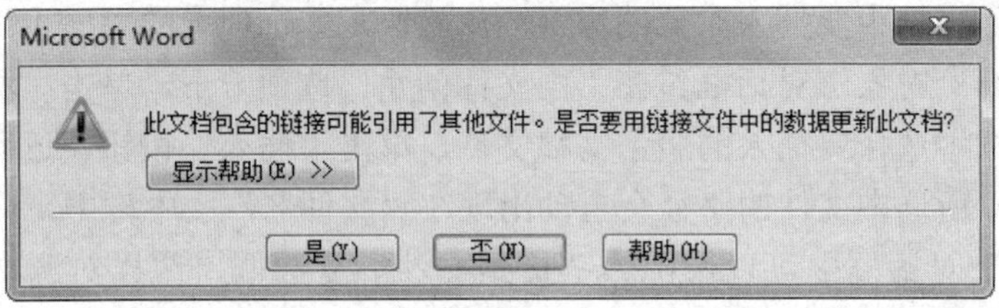


图7-14

在“对象”对话框中还可以设置是否将插入对象显示为图标，若显示为图标，选中“显示为图标”复选框，单击“更改图标”按钮，打开“更改图标”对话框，选择图标，也可以通过“浏览”按钮选择所需的图标，另外还可以设置题注，如图7-15所示。若不显示为图标，则工作表以图片形式插入到Word文档中。

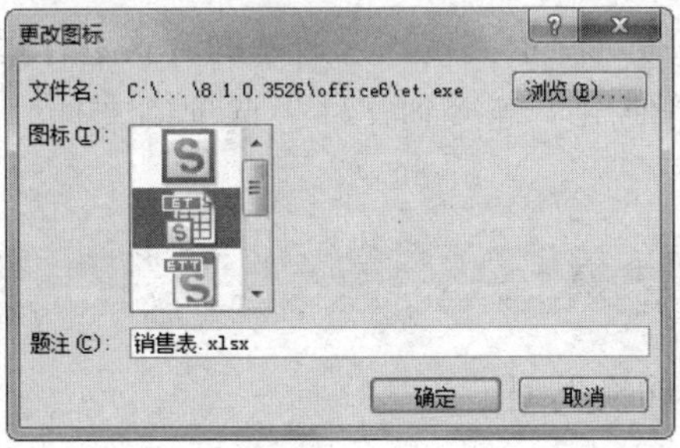


图7-15

右击插入的对象，在弹出的快捷菜单中执行“设置对象格式”命令，打开“设置对象格式”对话框，为其设置格式，如图7-16所示。

要修改数据的话，只需要双击插入的对象，系统会在文档中调用Excel（嵌入工作表时）或直接打开源工作表（链接工作表时）。

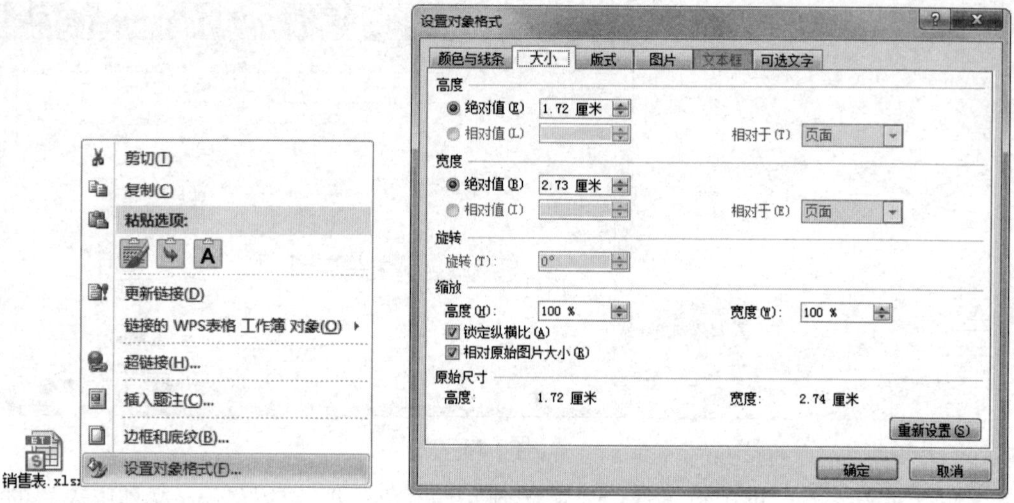


图7-16

### 3．插入演示文稿

将光标置于文档中要插入对象的位置，在“插入”选项卡的“文本”组中单击“对象”按钮，打开“对象”对话框。在“由文件创建”选项卡下，单击“浏览”按钮，在“浏览”对话框中选择要插入的演示文稿文件，单击“插入”按钮，返回至“由文件创建”选项卡中，所选中文件的路径会自动出现在“文件名”文本框中。

在“对象”对话框中可以选中“链接到文件”复选框，这样对源文件的更改会反映到文档中；还可以设置是否将插入对象显示为图标，若显示为图标，选中“显示为图标”复选框，单击“更改图标”按钮，打开“更改图标”对话框，选择图标，也可以通过“浏览”按钮选择所需的图标，另外还可以设置题注。若不显示为图标，则文件以默认格式插入到文档中。

右击插入的对象，在弹出的快捷菜单中执行“设置对象格式”命令，打开“设置对象格式”对话框，为其设置格式。

双击插入的对象，可激活演示文稿，以放映的方式进行播放。为了保证正常显示，应使插入的对象（尤其是使用“链接到文件”选项的文件）与文档保存于同一文件夹下，且相对路径固定。

## 7.2.3 Word文档的类型转换

### 1．Word文档常见的转换类型

Web文件类型：Web格式就是网页格式，常用扩展名为.html或.htm，占用存储空间很小，便于网页传输和网页浏览。

RTF文本类型：Rich Text Format的缩写，即多文本格式，使用“附件”中的“写字板”就能打开并进行编辑，但占用的存储空间较大。

纯文本类型：没有任何修饰的文本，常见扩展名为.txt，可用“记事本”打开和编辑。

2．保存为Web文件

为了将Word文档发布至网站上与Internet用户分享，需要将Word文档转换为网页格式。

在Word中打开要保存为网页的文档，在“开始”选项卡执行“另存为”命令，弹出“另存为”对话框，在“保存位置”列表中选择考生文件夹所在位置，在“文件名”文本框中输入文件名，在“保存类型”列表中选择“网页（*.htm; *.html）”选项，单击“保存”按钮。

若要更改显示在浏览器标题栏中的页标题内容，只需单击“另存为”对话框中的“更改标题”按钮，在弹出的“输入文字”对话框中输入标题名称，单击“确定”按钮，如图7-17所示。

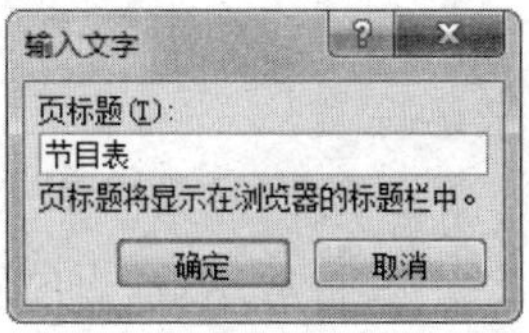

图7-17

提示：在Word文档转换为网页格式后，大部分安全设置将会自动失效。例如密码保护、阅读权限设置等，所以对于非公开的内容，建议不要随意转换为网页格式，避免意外泄密。

3．保存为RTF文本

在Word中打开要保存为RTF文本的文档，在“开始”选项卡执行“另存为”命令，弹出“另存为”对话框，在“保存位置”列表中选择考生文件夹所在位置，在“文件名”文本框中输入文件名，在“保存类型”列表中选择“RTF格式（*.rtf）”选项，单击“保存”按钮。

4．保存为纯文本

在Word中打开要保存为纯文本的文档，在“开始”选项卡执行“另存为”命令，弹出“另存为”对话框，在“保存位置”列表中选择考生文件夹所在位置，在“文件名”文本框中输入文件名，在“保存类型”列表中选择“纯文本（*.txt）”选项，单击“保存”按钮。打开“文件转换”对话框，单击“确定”按钮，如图7-18所示。

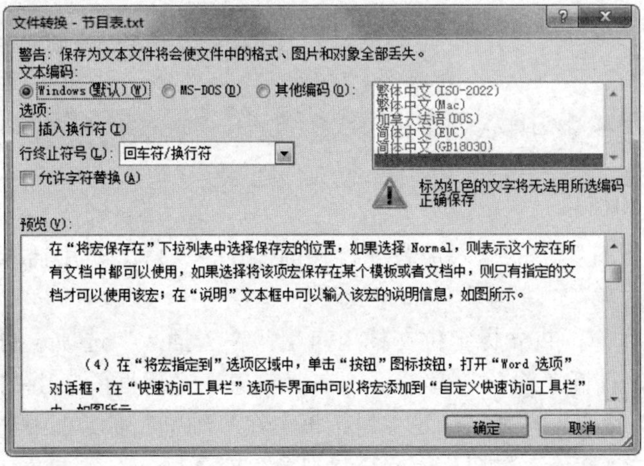

图7-18

## 7.3 Excel与其他应用软件的联合操作

### 7.3.1 宏在Excel工作簿中的应用

在Excel工作簿中，宏是一系列Excel命令的集合，通过运行宏的一个命令就可以完成一系列的Excel命令，以实现任务执行的自动化。可以把自己创建的宏指定到工具栏、菜单或者组合键上，通过单击一个按钮、选取一个命令或者按下一组组合键的方式来运行宏。

一般创建宏的方式有两种：录制法（用键盘和鼠标）和直接输入法（利用宏编辑窗口）。通常比较方便的方法是使用键盘和鼠标来录制一系列需要的操作，录制宏的具体操作方法如下：

（1）录制之前，要先做好准备工作，尤其要弄清楚需要宏执行哪些命令，这些命令的次序是什么。

（2）在“视图”选项卡的“宏”组中，单击“宏”下拉按钮，在弹出的下拉列表中选择“录制宏”选项。

（3）在打开的“录制新宏”对话框中的“宏名”文本框中输入新录制宏的名称。在“快捷键”文本框中指定运行宏的组合键，可用“Ctrl+小写字母”或“Ctrl+Shift+大写字母”。在“保存在”下拉列表中可以选择保存宏的位置，如果要使宏在Excel任何工作簿中都可使用，可以选择“个人宏工作簿”选项。在“说明”文本框中可以输入该宏的说明信息，如图7-19所示。

（4）单击“确定”按钮，开始录制宏。按照前面的准备，依次执行宏要进行的操作。录制完毕后，在“视图”选项卡的“宏”组中，单击“宏”下拉按钮，在弹出的下拉列表中执行“停止录制”命令即可。这样，以后只需要按下组合键即可运行该宏，完成一系列的操作。

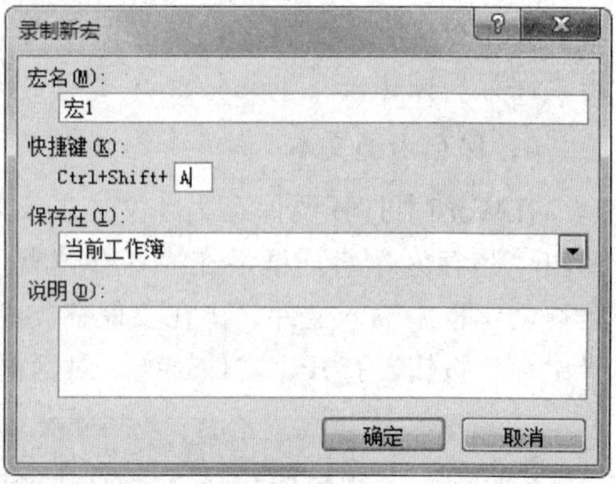


图7-19

### 7.3.2 在Excel工作簿中插入对象

**1. 插入声音和视频**

在Excel中也没有实际的插入声音和视频的操作，实际上是用插入链接的方式，在Excel工作簿中输入声音或视频文件的存放路径。

打开Excel工作簿，将光标定位在插入点上，在“插入”选项卡的“文本”组中单击“对象”按钮，打开“对象”对话框。在“对象”对话框的“由文件创建”选项卡下，单击“浏览”按钮，打开“浏览”对话框。在“浏览”对话框中选择要插入的声音或视频文件，单击“插入”按钮，返回至“对象”对话框。

在“对象”对话框中可以选中“链接到文件”复选框，这样对源文件的更改会反映到工作表中；还可以设置是否将插入对象显示为图标，若显示为图标，选中“显示为图标”复选框，单击“更改图标”按钮，打开“更改图标”对话框，选择图标，也可以通过“浏览”按钮选择所需的图标，另外还可以设置题注。若不显示为图标，则文件以默认格式插入到工作表中。

右击插入的对象，在弹出的快捷菜单中执行“设置对象格式”命令，打开“设置对象格式”对话框，为其设置格式，如图7-20所示。

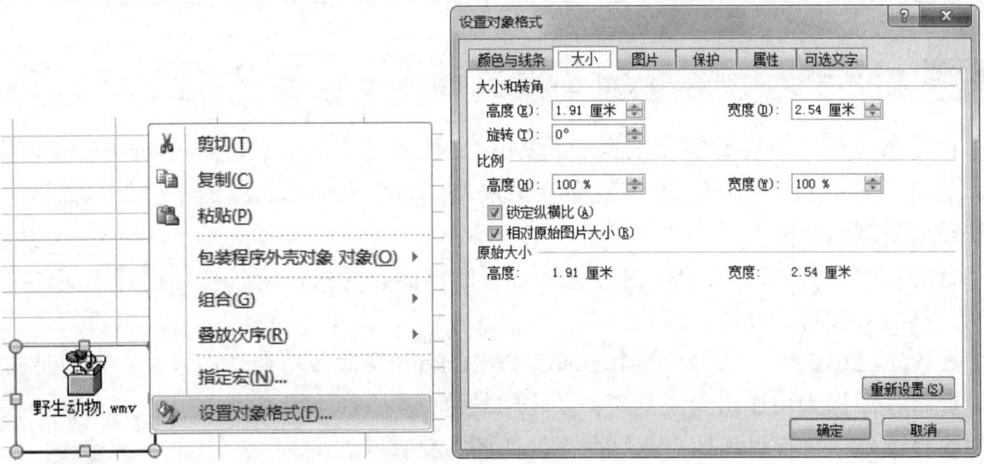


图7-20

双击插入的对象，可激活对象，并以嵌入或链接的方式播放，如图7-21所示。

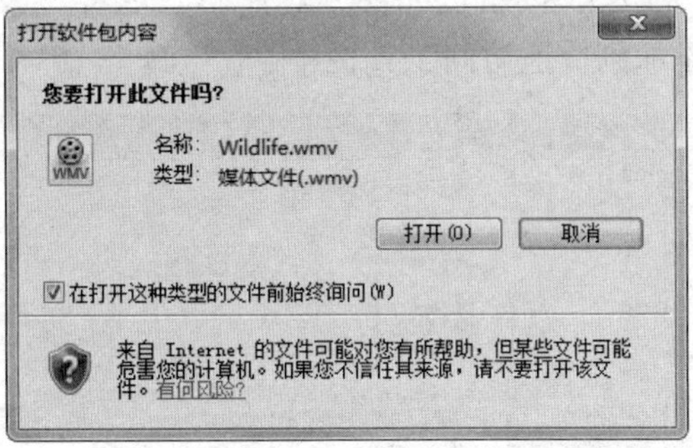


图7-21

**2. 插入演示文稿**

将光标置于工作簿中要插入对象的位置，在“插入”选项卡的“文本”组中单击“对象”按钮，打开“对象”对话框。在“由文件创建”选项卡下，单击“浏览”按钮，在“浏览”对话框中选择要插入的演示文稿文件，单击“插入”按钮，返回至“由文件创建”选项卡中，所选中文件的路径会自动出现在“文件名”文本框中。

在“对象”对话框中可以选中“链接到文件”复选框，这样对源文件的更改会反映到工作表中；还可以设置是否将插入对象显示为图标，若显示为图标，选中“显示为图标”复选框，单击“更改图标”按钮，打开“更改图标”对话框，选择图标，也可以通过“浏览”按钮选择所需的图标，另外还可以设置题注。若不显示为图标，则文件以默认格式插入到工作表中。

右击插入的对象，在弹出的快捷菜单中执行“设置对象格式”命令，打开“设置对象格式”对话框，为其设置格式。

双击插入的对象，可激活演示文稿，以放映的方式进行播放。

## 7.4 PowerPoint与其他应用软件的联合操作

### 7.4.1 利用文档大纲创建PowerPoint演示文稿

在日常工作中，有时需要根据一篇Word文档的文字内容来创建PowerPoint演示文稿。这时，可以利用Word中的内置命令来快速创建一个演示文稿的草稿，从而省去大量繁琐的复制粘贴操作。

首先需要对Word文档中的内容进行必要的精简，如仅保留各种标题和简明的文字说明，然后进行格式设置。

在Word 2010中，“发送到Microsoft PowerPoint”命令不在功能区中，可以通过如下设置将其添加到快速访问工具栏：单击“快速访问工具栏”右侧的下拉按钮，在弹出的快捷菜单中执行“其他命令”命令，如图7-22所示。

打开“Word选项”对话框，在“从下列位置选择命令”的下拉列表中选择“不在功能区中的命令”选项，找到“发送到Microsoft PowerPoint”命令，单击“添加”按钮，然后单击“确定”按钮，如图7-23所示。这样“发送到Microsoft Office PowerPoint”命令就被添加到快速访问工具栏中了。

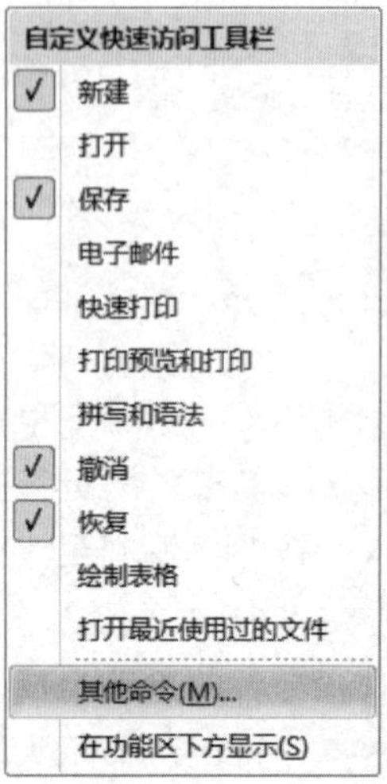


图7-22

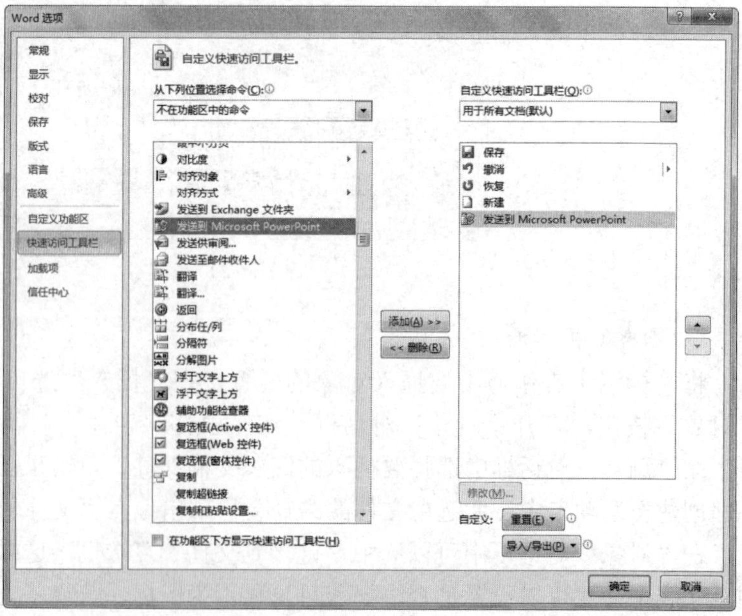


图7-23

单击快速访问工具栏中的“发送到Microsoft PowerPoint”按钮，如图7-24所示。系统自动运用当前文档的大纲结构创建一组幻灯片。

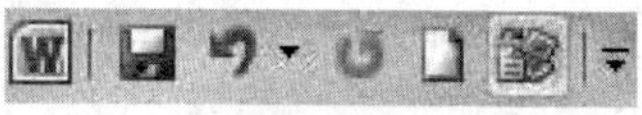

图7-24

## 7.4.2 在PowerPoint演示文稿中插入对象

### 1．插入声音和视频

在演示文稿中有直接插入音频和视频的操作，但也可以用插入对象的方式完成。

打开演示文稿，将光标定位在插入点上，在“插入”选项卡的“文本”组中单击“对象”按钮，打开“插入对象”对话框。选中“由文件创建”单选按钮，单击“浏览”按钮，打开“浏览”对话框。在“浏览”对话框中选择要插入的声音或视频文件，单击“插入”按钮，返回至“插入对象”对话框，如图7-25所示。

图7-25

在“插入对象”对话框中可以选中“链接”复选框，这样对源文件的更改会反映到演示文稿中；还可以设置是否将插入对象显示为图标，若显示为图标，选中“显示为图标”复选框，单击“更改图标”按钮，打开“更改图标”对话框，选择图标，也可以通过“浏览”按钮选择所需的图标，另外还可以设置标题，如图7-26所示。若不显示为图标，则文件以默认格式插入到演示文稿中。

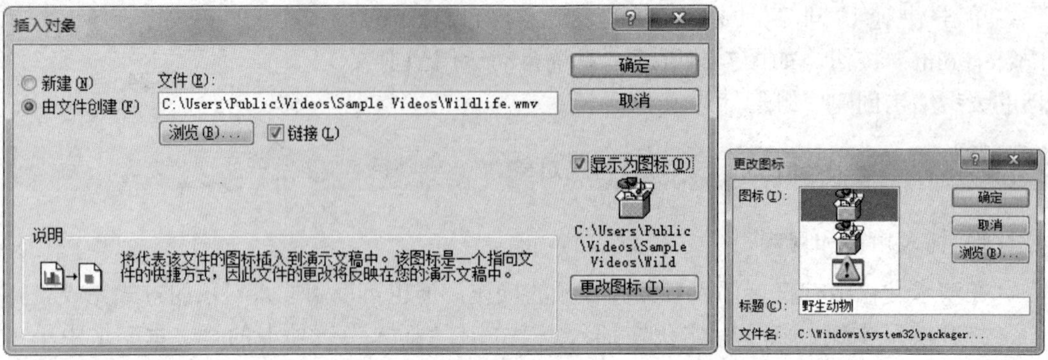


图7-26

右击插入的对象，在弹出的快捷菜单中执行“设置对象格式”命令，打开“设置对象格式”对话框，为其设置格式，如图7-27所示。

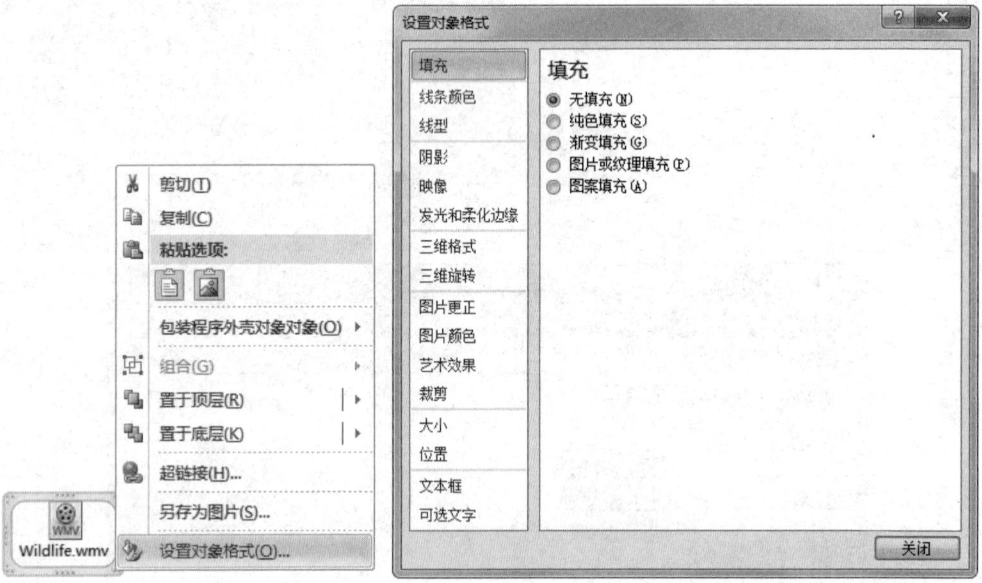


图7-27

双击插入的对象，可激活对象，并以嵌入或链接的方式播放。

2．插入工作表

在PowerPoint 2010中提供了很多种在幻灯片中插入表格的方法，但有时候想插入的不只是一两个表格，而是整个工作表，可以使PowerPoint目标文件中的数据表与Excel源文件保持一致，在此表格中可以实现独立的Excel表格操作。而单击幻灯片其他地方时，又可返回至PowerPoint 2010的操作界面。

将光标置于演示文稿中要插入对象的位置，在“插入”选项卡的“文本”组中单击“对象”按钮，打开“插入对象”对话框。选中“由文件创建”单选按钮，单击“浏览”按钮，在“浏览”对话框中选择要插入的工作簿，单击“插入”按钮，返回至“插入对象”对话框中，所选中文件的路径会自动出现在“文件”文本框中。

在“插入对象”对话框中可以选中“链接”复选框，这样对源文件的更改会反映到演示文稿中；还可以设置是否将插入对象显示为图标，若显示为图标，选中“显示为图标”复选框，单击“更改图标”按钮，打开“更改图标”对话框，选择图标，也可以通过“浏览”按钮选择所需的图标，另外还可以设置标题。若不显示为图标，则文件以默认格式插入到演示文稿中。

右击插入的对象，在弹出的快捷菜单中单击“设置对象格式”，打开“设置对象格式”对话框，为其设置格式。

要修改数据的话，只需要双击插入的对象，系统会在文档中调用Excel（嵌入工作表时）或直接打开源工作表（链接工作表时）。

## 7.5　样题解答

随书光盘中提供了本样题的操作视频。

执行“文件”→“打开”命令，在“查找范围”文本框中找到指定路径，选择“A7.docx”文件，单击“打开”按钮。

### 1．利用文档大纲创建演示文稿

第1步：将光标定位在文档的任意位置，单击快速访问工具栏中的“发送到Microsoft PowerPoint”按钮，如图7-28所示。系统自动运用当前文档的大纲结构创建一组幻灯片。

图7-28

第2步：在新创建的幻灯片文档中，打开“设计”选项卡，在“主题”组中单击“主题”右侧的“其他”按钮，在打开的列表框中选择内置区域的“气流”主题，如图7-29所示。

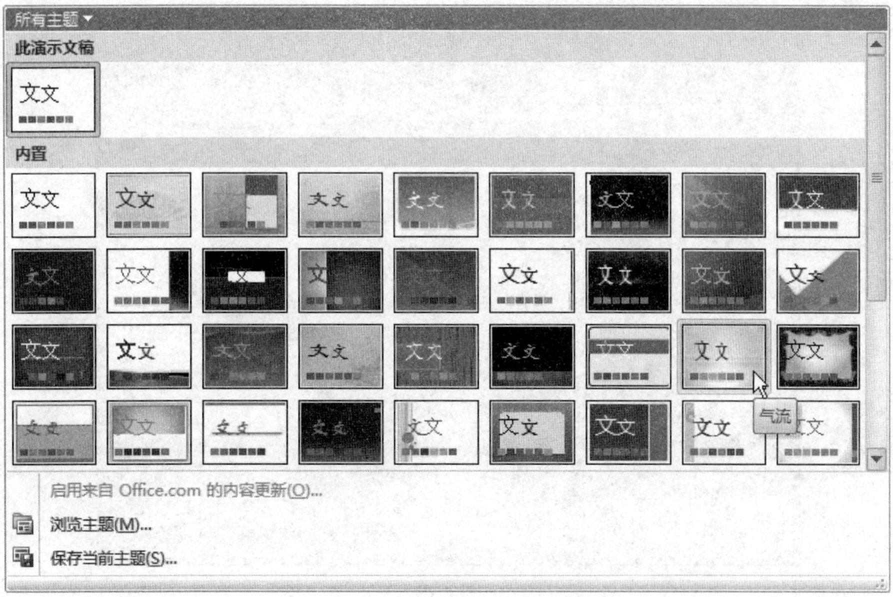

图7-29

第3步：打开“切换”选项卡，在“切换到此幻灯片”组中单击“其他”下拉按钮，在弹出的库中选择“涡流”，如图7-30所示。

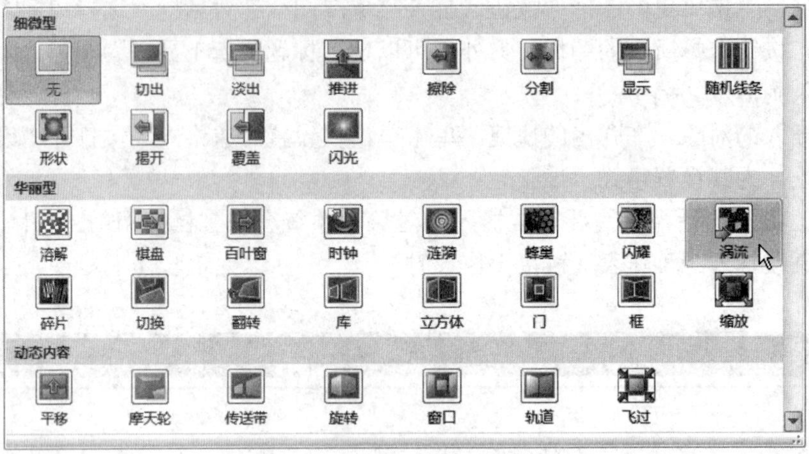


图7-30

第4步：在“切换”选项卡下的“计时”组中，在“持续时间”后面的微调框中微调或输入“05.25”，单击“全部应用”按钮，如图7-31所示。

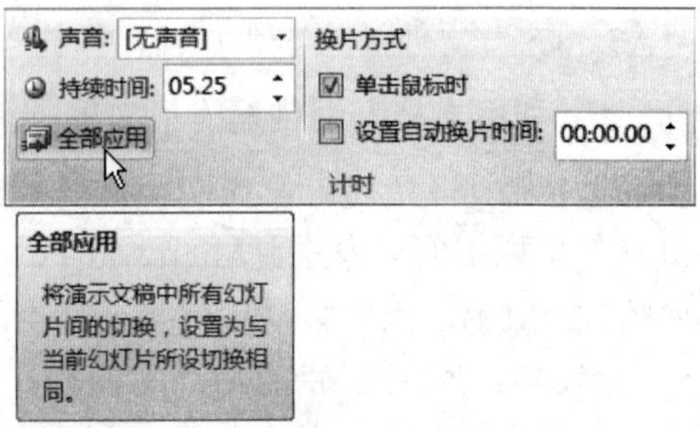


图7-31

第5步：执行“文件”→“保存”命令，弹出“另存为”对话框，在“保存位置”列表中选择考生文件夹所在位置，在“文件名”文本框中输入文件名“A7a.pptx”，在“保存类型”列表中选择“PowerPoint演示文稿（*.pptx）”，单击“保存”按钮，如图7-32所示。

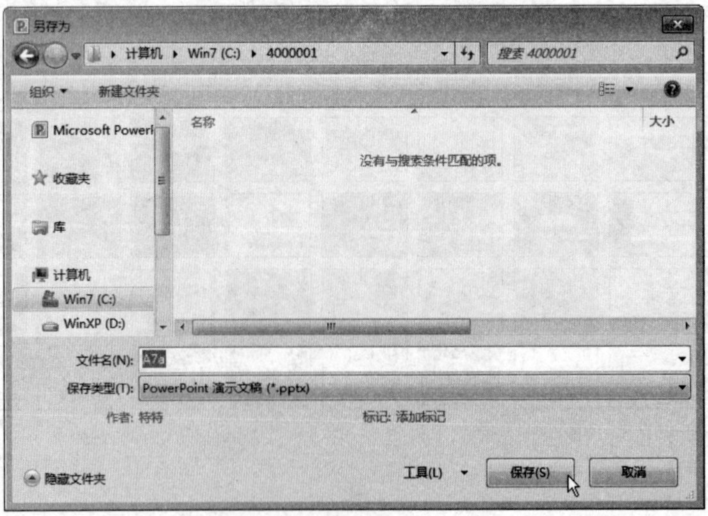


图7-32

## 2．在演示文稿中插入声音文件

第6步：选中第3张幻灯片，在“插入”选项卡下“媒体”组中单击“音频”按钮，在打开的下拉列表中执行“文件中的音频”命令，如图7-33所示。

第7步：打开“插入音频”对话框，在指定目录（C:\Win2010GJW\KSML1文件夹）中选择KSWJ7-1A.wma文件，单击“插入”按钮，如图7-34所示。

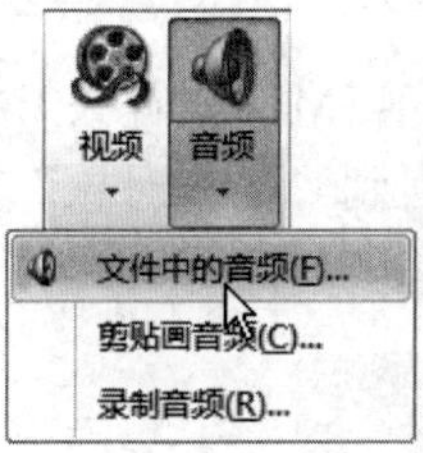


图7-33

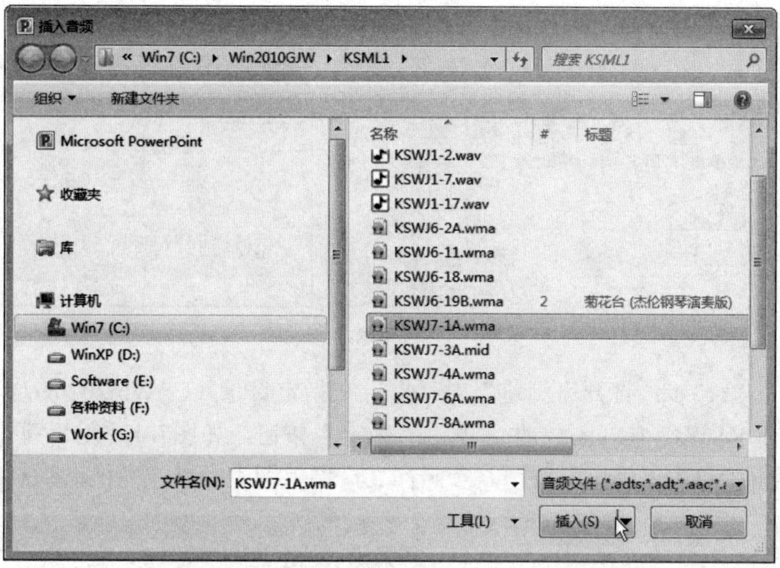


图7-34

第8步：在“音频工具”的“格式”选项卡“调整”组中单击“更改图片”按钮，如图7-35所示。

第9步：打开“插入图片”对话框，在指定目录（C:\Win2010GJW\KSML1文件夹）中选择KSWJ7-1B.png文件，单击“插入”按钮，如图7-36所示。

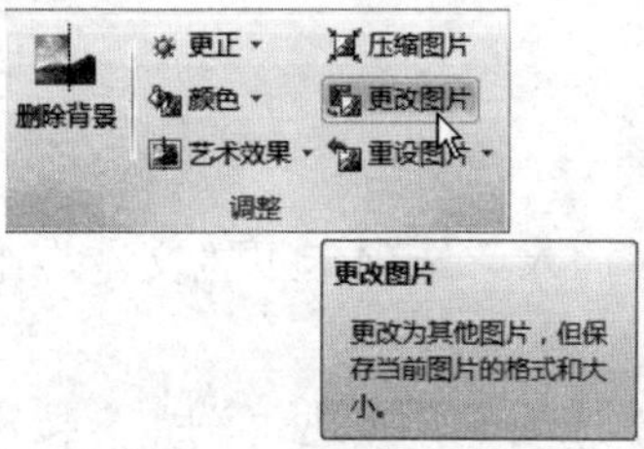


图7-35

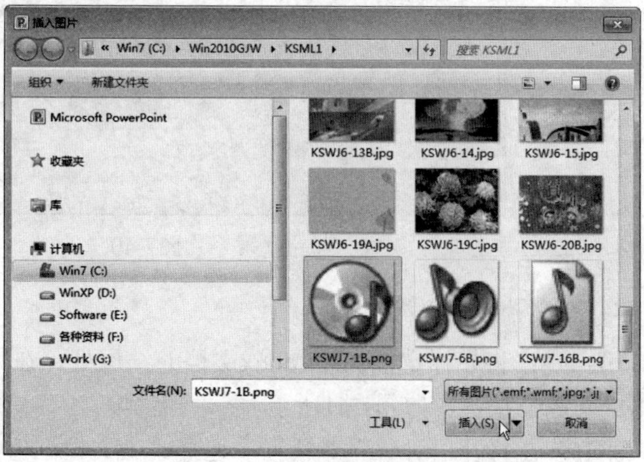


图7-36

第10步：打开“音频工具”的“格式”选项卡，在“大小”组中的“高度”文本框中微调或输入“4厘米”，在“宽度”文本框中微调或输入“4厘米”，如图7-37所示。

参照样文，将动作按钮拖动到对应的位置。

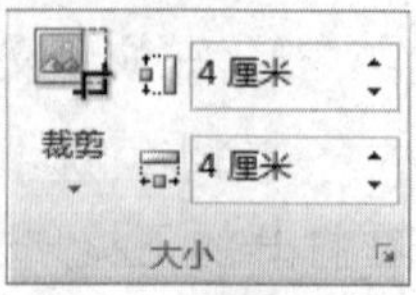


图7-37

### 3．在演示文稿中插入数据表或图表

第11步：选中第8张幻灯片，在“插入”选项卡下“文本”组中单击“对象”按钮，如图7-38所示。

第12步：打开“插入对象”对话框，点选“由文件创建”单选按钮，单击“浏览”按钮，如图7-39所示。

图7-38

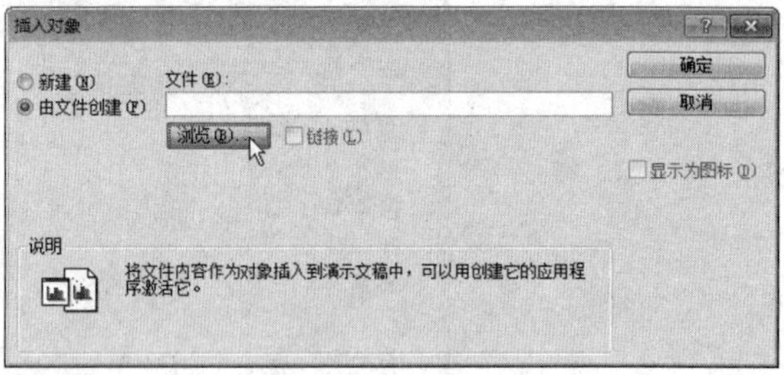


图7-39

第13步：打开“浏览”对话框，在指定目录（C:\Win2010GJW\KSML1文件夹）中选择KSWJ7-1C.xlsx文件，单击“确定”按钮，如图7-40所示。返回到“插入对象”对话框，单击“确定”按钮。参照样文，调整图表大小，并拖动到对应的位置。

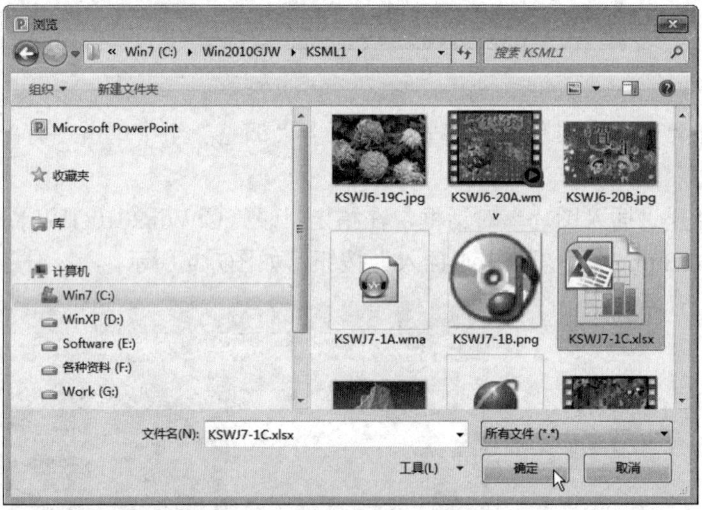


图7-40

### 4．在文档中插入演示文稿

第14步：将光标定位在A7.docx文档的结尾处，在“插入”选项卡下“文本”组中单击“对象”按钮，如图7-41所示。

第15步：打开“对象”对话框，选择“由文件创建”选项卡，单击“浏览”按钮，如图7-42所示。

第16步：打开“浏览”对话框，在指定目录（C:\Win2010GJW\KSML1文件夹）中选择KSWJ7-1D.pptx文件，单击“插入”按钮，如图7-43所示。

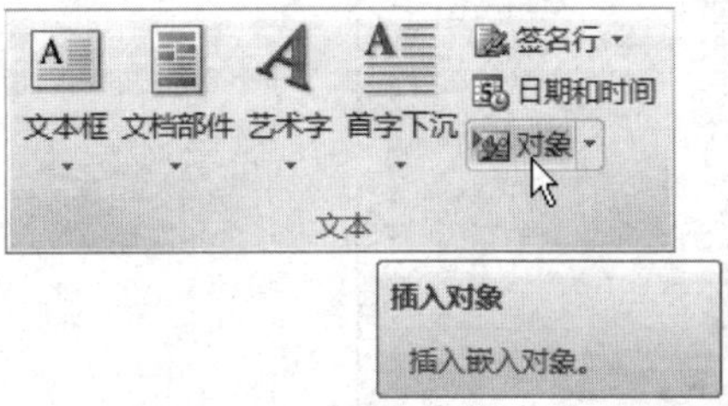


图7-41

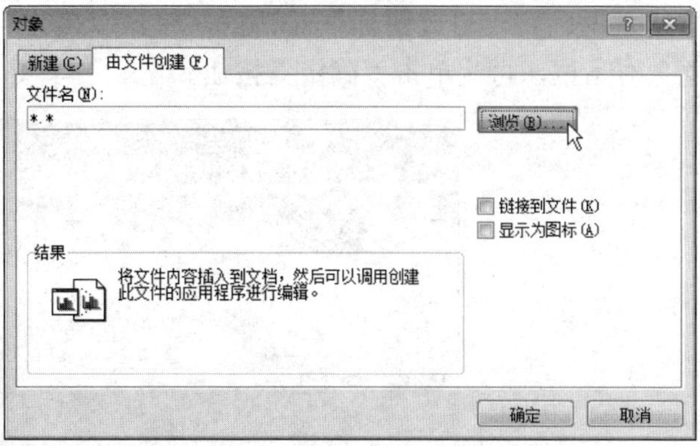


图7-42

图7-43

第17步：返回到“对象”对话框，勾选“链接到文件”和“显示为图标”复选框，单击“更改图标”按钮，如图7-44所示。

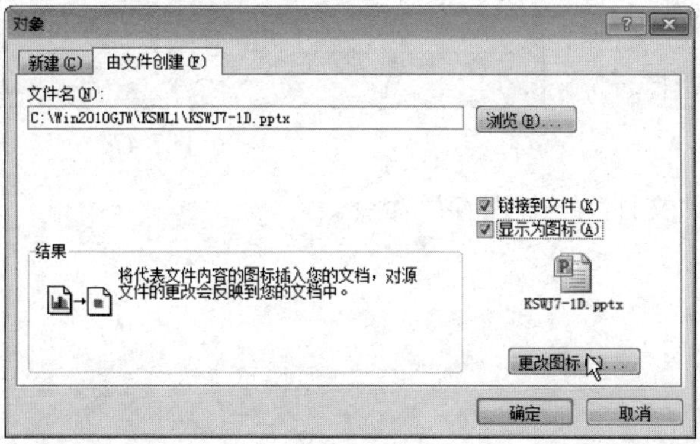


图7-44

第18步：打开“更改图标”对话框，单击“浏览”按钮，打开“浏览”对话框，在指定目录（C:\Win2010GJW\KSML1文件夹）中选择KSWJ7-1E.ico文件，单击“打开”

按钮。返回到“更改图标”对话框，单击“确定”按钮，如图7-45所示。返回到“对象”对话框，再次单击“确定”按钮。

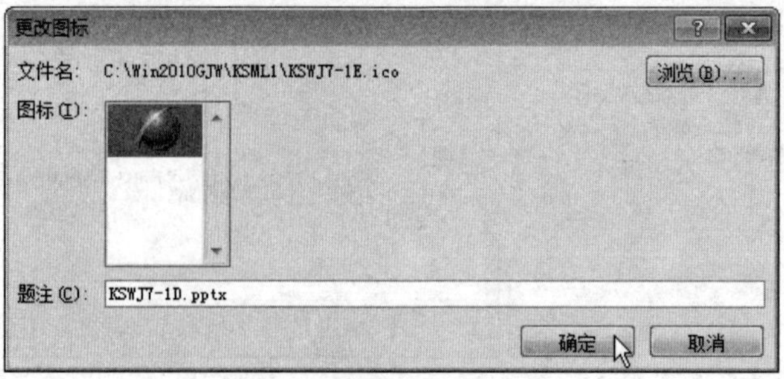


图7-45

第19步：选中插入的演示文稿图标，单击鼠标右键，在打开的快捷菜单中执行“设置对象格式”命令，如图7-46所示。

第20步：弹出“设置对象格式”对话框，打开“大小”选项卡，在“缩放”区域中勾选“锁定纵横比”复选框，在“高度”和“宽度”文本框中均微调或输入“120%”，单击“确定”按钮，如图7-47所示。

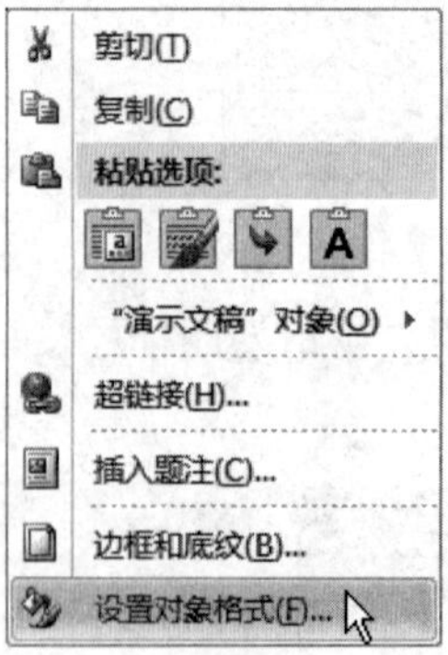


图7-46

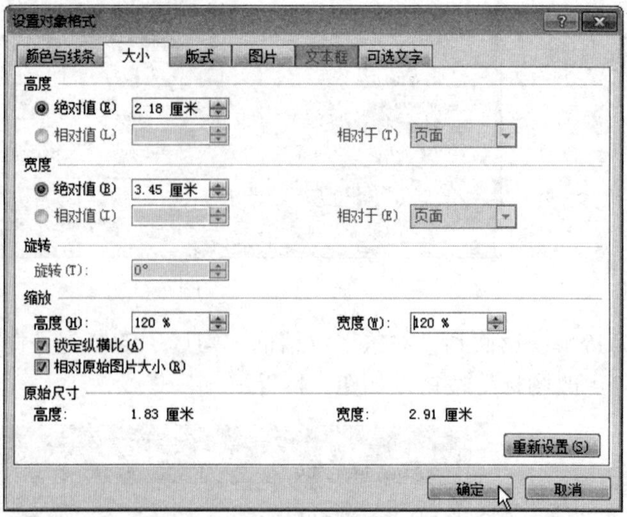


图7-47

第21步：执行“文件”→“保存”命令。

# 第八章　桌面信息管理程序应用

在Outlook 2010中，创建电子邮件是最常见的一项任务。此任务还可以提供任何Outlook 功能的大多数选项和配置。无论我们撰写的邮件属于何种类型（商务或个人），我们始终都可以找到一种方式来添加自己的独特样式。

日历是Outlook 2010 的日历和计划组件，并与电子邮件、联系人和其他功能完全集成。使用日历可以创建约会、组织会议、安排任务等。

通讯簿是根据 Outlook 联系人文件夹创建的通讯簿或地址列表的集合。当写入电子邮件地址时，可以使用“通讯簿”查找和选择名称、电子邮件地址以及通讯组列表。

使用Outlook 2010时，我们需要一个用于保存电子邮件、日历、任务和其他项目的位置，此存储位置（称为数据文件）让我们可以在自己的计算机上保留数据。当 Outlook 2010将项目保存到计算机上时，它使用一种称为 Outlook 个人文件夹文件（.pst）的数据文件。个人文件夹文件（.pst）是家庭用户或小型组织在保存 Outlook 2010中的信息时最常使用的格式。

**本章主要内容**

- 邮件的基本操作
- 日历的基本操作
- 通讯簿的基本操作
- 数据保存

**评分细则**

本章有4个评分点，每题8分。

| 序号 | 评分点 | 分值 |
|---|---|---|
| 1 | 处理电子邮件（答复、转发、回复邮件） | 2 |
| 2 | 调度日常安排（安排约会、会议、任务） | 3 |
| 3 | 通讯簿操作 | 2 |
| 4 | 导出结果 | 1 |

**本章导读**

综上所述，我们明确了本章所要求掌握的技能考核点以及对应《试题汇编》单元的评分点、分值和判分要求等。下面先在“样题示范”中展示《试题汇编》中的一道真题，然后详细讲解本章中涉及到的知识点和技能考核点，最后通过“样题解答”来讲解这道真题的详细操作步骤。

## 8.1 样题示范

**【练习目的】**

从《试题汇编》中选取样题，了解本章题目类型，掌握本章重点技能点。

**【样题来源】**

《试题汇编》第八单元8.1题（随书光盘中提供了本样题的操作视频）。

**【操作要求】**

请考生以KS邮箱登录，进入Outlook，导入文件A8.pst至当前文件夹中，用导入的项目替换重复的项目，按下列要求进行操作。

1. **处理电子邮件**

- 按【样文8-1A】所示，答复王天楠的邮件，并在答复的邮件中插入附件C:\Win2010GJW\KSML1\KSWJ8-1.docx。
- 按【样文8-1B】所示，转发李明的邮件给王霞，并抄送至王冰，将邮件为收件人标记为“仅供参考”，重要性为“高”。

2. **调度日常安排**

- 按【样文8-1C】所示，添加一次约会，主题为“张蕴华老师的生日”；地点为“张老师的家”；时间为“2012年9月25日”，18:00开始，22:00结束；按年为周期，提前3天提醒，并将此约会标记为私密。
- 为邮件“教师节快乐”添加提醒的后续标志，设定提醒的开始时间为“2012年9月9日10:00”。
- 按【样文8-1D】所示，将“王天楠”的相关信息添加到联系人列表中。

3. **保存电子邮件**

- 以A8-A.pst为文件名将个人文件夹（包括子文件夹）导出至考生文件夹中，并设置保存密码为ks8-1。

【样文8-1A】

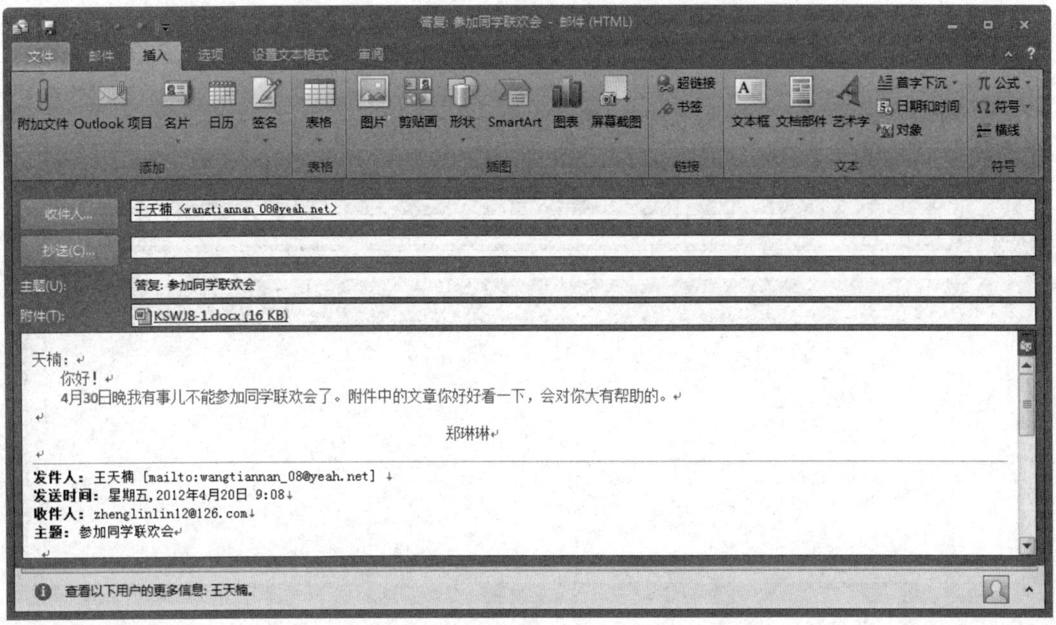
答复: 参加同学联欢会 - 邮件 (HTML)
文件 邮件 插入 选项 设置文本格式 审阅
附加文件 Outlook 项目 名片 日历 签名 表格 图片 剪贴画 形状 SmartArt 图表 屏幕截图 超链接 书签 文本框 文档部件 艺术字 首字下沉 日期和时间 对象 公式 符号 横线
添加 表格 插图 链接 文本 符号
收件人... 王天楠 <wangtiannan_08@yeah.net>
抄送(C)...
主题(U): 答复: 参加同学联欢会
附件(T): KSWJ8-1.docx (16 KB)
天楠：
你好！
4月30日晚我有事儿不能参加同学联欢会了。附件中的文章你好好看一下，会对你大有帮助的。
郑琳琳
发件人：王天楠 [mailto:wangtiannan_08@yeah.net]
发送时间：星期五，2012年4月20日 9:08
收件人：zhenglinlin12@126.com
主题：参加同学联欢会
查看以下用户的更多信息: 王天楠。

【样文8-1B】

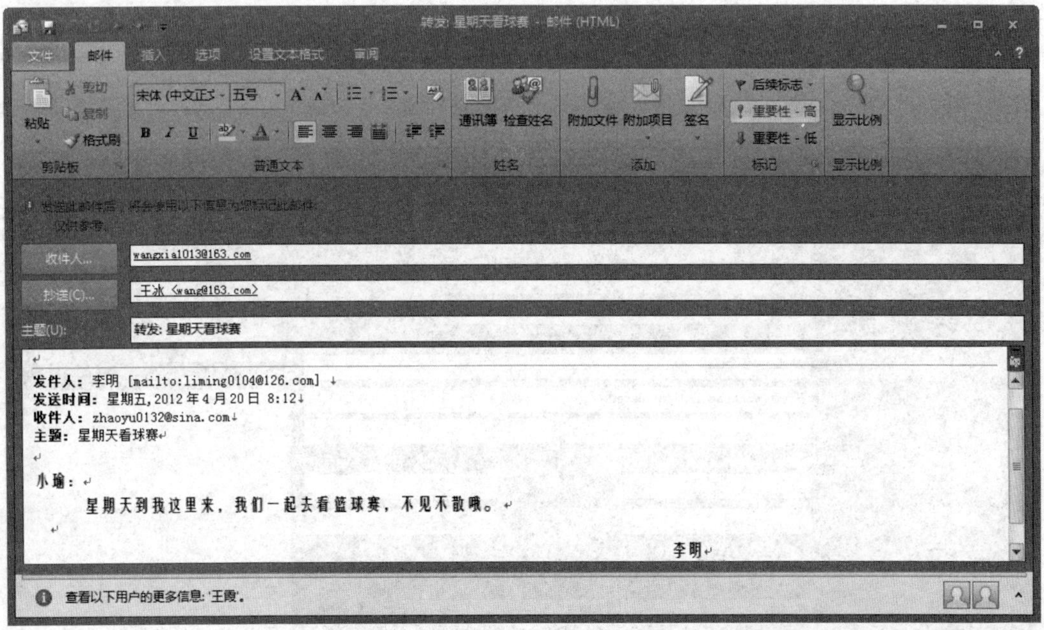
转发: 星期天看球赛 - 邮件 (HTML)
文件 邮件 插入 选项 设置文本格式 审阅
粘贴 剪切 复制 格式刷 宋体 (中文正文) 五号 通讯簿 检查姓名 附加文件 附加项目 签名 后续标志 重要性 - 高 重要性 - 低 显示比例
剪贴板 普通文本 姓名 添加 标记 显示比例
收件人... wangxia1013@163.com
抄送(C)... 王冰 <wang@163.com>
主题(U): 转发: 星期天看球赛
发件人：李明 [mailto:liming0104@126.com]
发送时间：星期五，2012年4月20日 8:12
收件人：zhaoyu0132@sina.com
主题：星期天看球赛
小瑜：
星期天到我这里来，我们一起去看篮球赛，不见不散哦。
李明
查看以下用户的更多信息: '王霞'。

【样文8-1C】

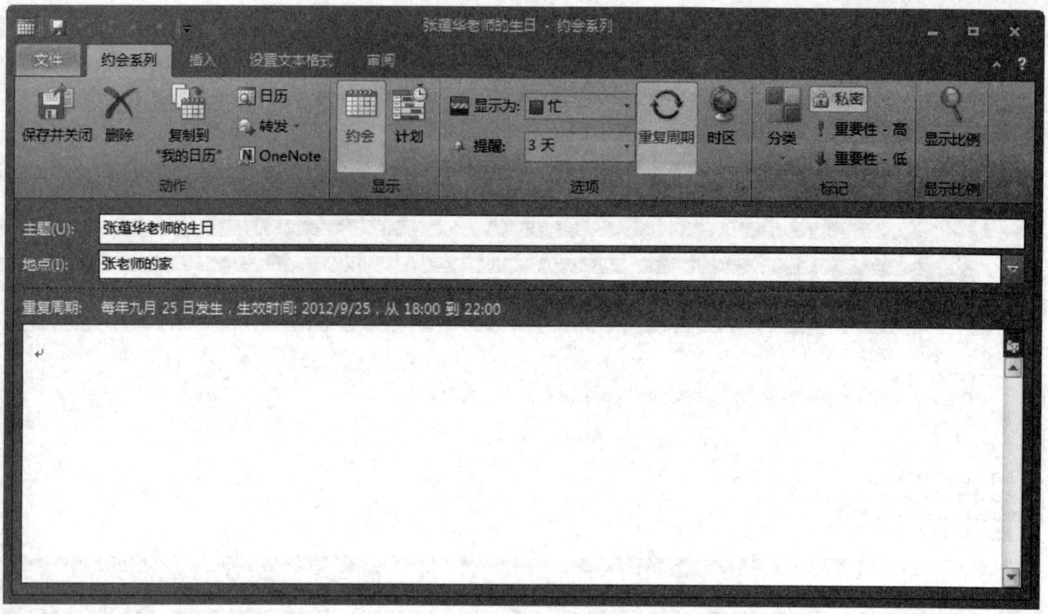
张蕴华老师的生日 - 约会系列
文件
约会系列
插入
设置文本格式
审阅
保存并关闭
删除
复制到"我的日历"
日历
转发
OneNote
动作
约会
计划
显示
显示为: 忙
提醒: 3 天
重复周期
时区
选项
分类
私密
重要性 - 高
重要性 - 低
标记
显示比例
主题(U): 张蕴华老师的生日
地点(I): 张老师的家
重复周期: 每年九月 25 日发生，生效时间: 2012/9/25，从 18:00 到 22:00

【样文8-1D】

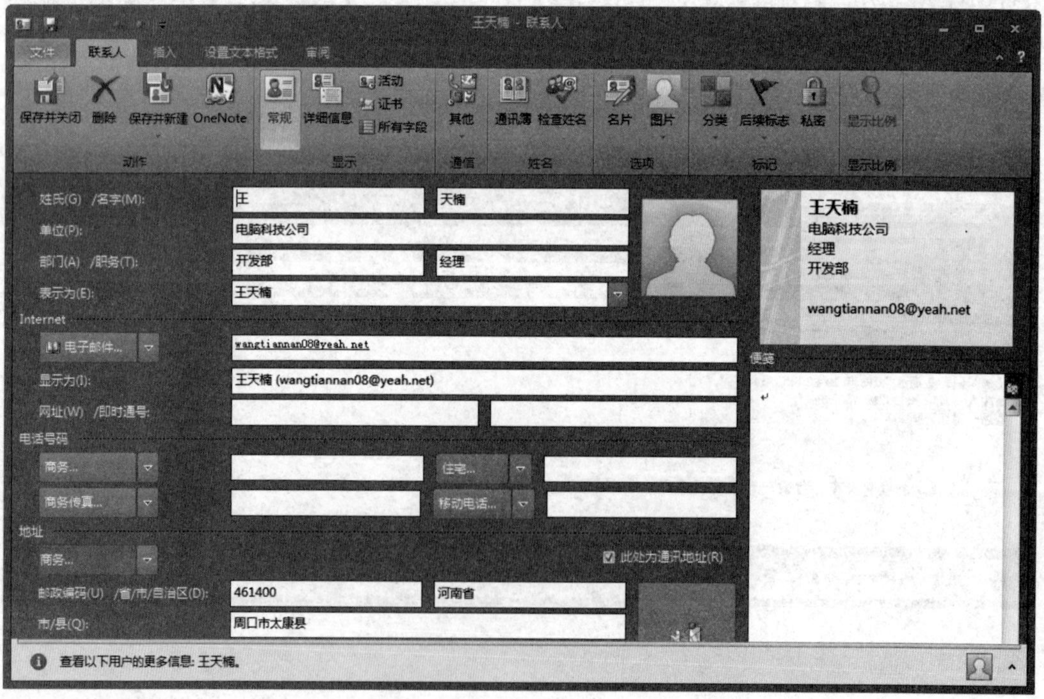
王天楠 - 联系人
文件
联系人
插入
设置文本格式
审阅
保存并关闭
删除
保存并新建
OneNote
动作
常规
详细信息
活动
证书
所有字段
显示
其他
通信
通讯簿
检查姓名
姓名
名片
图片
选项
分类
后续标志
私密
标记
显示比例
姓氏(G) /名字(M):
王
天楠
单位(P):
电脑科技公司
部门(A) /职务(T):
开发部
经理
表示为(E):
王天楠
Internet
电子邮件...
wangtiannan08@yeah.net
显示为(I):
王天楠 (wangtiannan08@yeah.net)
网址(W) /即时通号:
电话号码
商务...
住宅...
商务传真...
移动电话...
地址
商务...
此处为通讯地址(R)
邮政编码(U) /省/市/自治区(D):
461400
河南省
市/县(Q):
周口市太康县
王天楠
电脑科技公司
经理
开发部
wangtiannan08@yeah.net
便笺
查看以下用户的更多信息: 王天楠。

## 8.2　邮件的基本操作

在Outlook 2010中，创建电子邮件是最常见的一项任务。此任务还可以提供任何Outlook 功能的大多数选项和配置。无论撰写的邮件属于何种类型（商务或个人），始终都可以找到一种方式来添加自己的独特样式。

### 8.2.1　创建电子邮件

要创建新的电子邮件，在“开始”选项卡的“新建”组中，单击“新建电子邮件”按钮。打开新的电子邮件，在“主题”文本框中，输入邮件的主题。在“收件人”、“抄送”或“密件抄送”文本框中输入收件人的名称。当发送给多人时，需要使用分号将各个名称隔开。在文本框里输入邮件的内容，当准备好发送邮件时，单击“发送”按钮，如图8-1所示。

图8-1

若要从列表中选择收件人名称，单击“收件人”、“抄送”或“密件抄送”按钮，打开“选择姓名：联系人”对话框，选择需要的联系人，然后单击“确定”按钮，如图8-2所示。

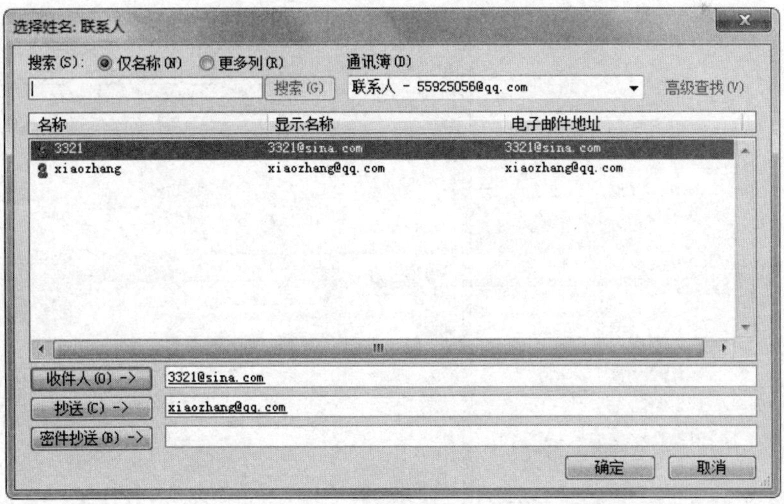


图8-2

**1．添加附件或项目**

如果需要为邮件添加附件，则在“邮件”选项卡的“添加”组中，单击“附加文件”按钮。在打开的“插入文件”对话框中，通过浏览找到并选择要附加的文件，然后单击“插入”按钮，如图8-3所示。

图8-3

如果需要为邮件添加项目，则在“邮件”选项卡的“添加”组中，单击“附加项目”下拉按钮，在其下拉列表中选择名片、日历或Outlook项目。

- 为邮件添加“名片”：在“附加项目”下拉列表中执行“名片”命令，在其下拉列表中执行“其他名片”命令，打开“插入名片”对话框，选择所需的名片，如图8-4所示。

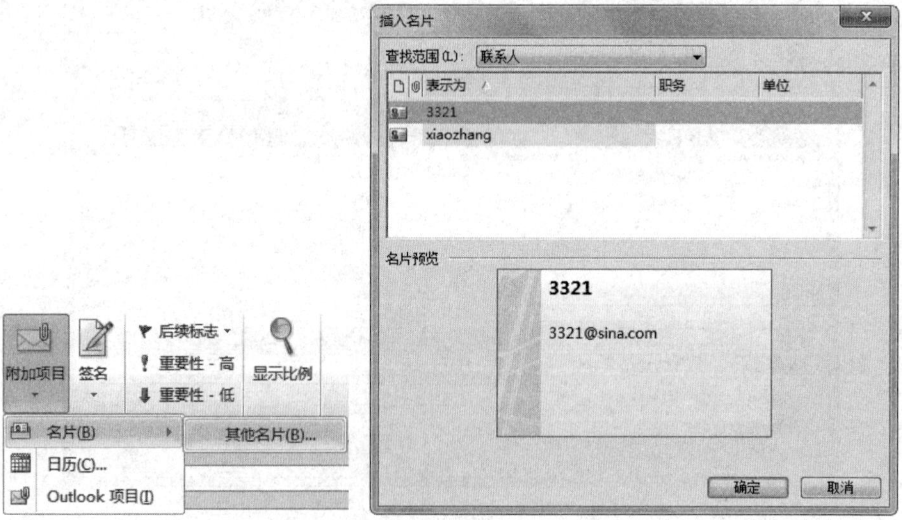


图8-4

- 为邮件添加“日历”：在“附加项目”下拉列表中执行“日历”命令，打开“通过电子邮件发送日历”对话框，设置日历、日期范围和详细信息，如图8-5所示。

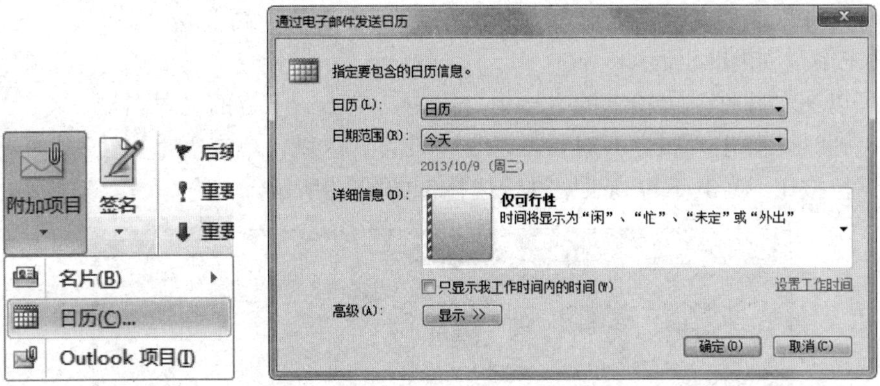


图8-5

- 为邮件添加“Outlook项目”：在“附加项目”下拉列表中执行“Outlook项目”命令，打开“插入项目”对话框，通过查找找到并选择要附加的项目，如图8-6所示。

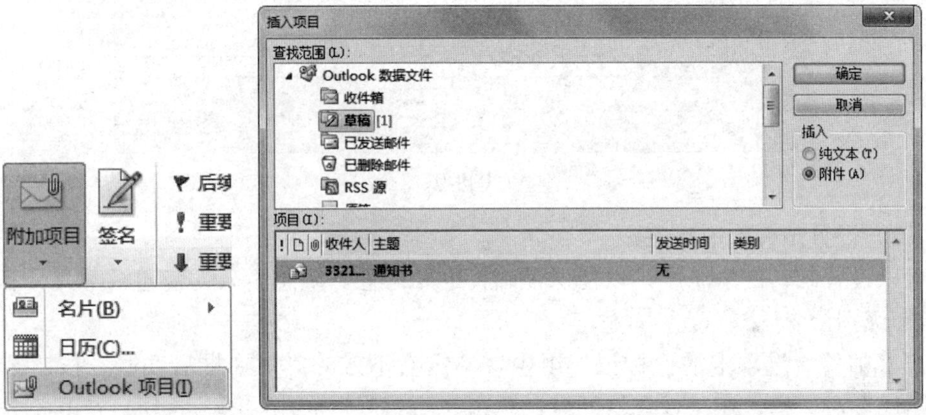


图8-6

附件在邮件中的显示位置取决于撰写邮件所使用的格式，如果邮件格式为 HTML 或纯文本，附件将出现在“主题”文本框下的“附件”文本框中。撰写邮件所使用的格式在邮件顶部的标题栏中指明，如图8-7所示。

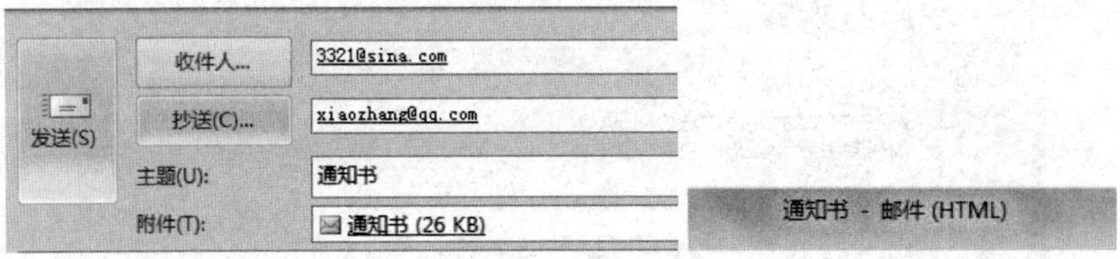


图8-7

**2．设置电子邮件**

（1）分配邮件的重要性级别。

可以设置邮件的重要性级别，以便收件人在其“收件箱”中打开该项目之前可以看到设置的指示符。通过设置重要性级别，还可以使收件人根据重要性对邮件进行排序。

在“邮件”选项卡的“标记”组中，单击“重要性 - 高”或“重要性 - 低”按钮，如图8-8所示。

图8-8

也可以在“邮件”选项卡的“标记”组中，单击右下方的“对话框启动器”按钮，弹出“属性”对话框，在“设置”区域，单击“重要性”右侧的下拉按钮，在其下拉列表中进行选择，如图8-9所示。

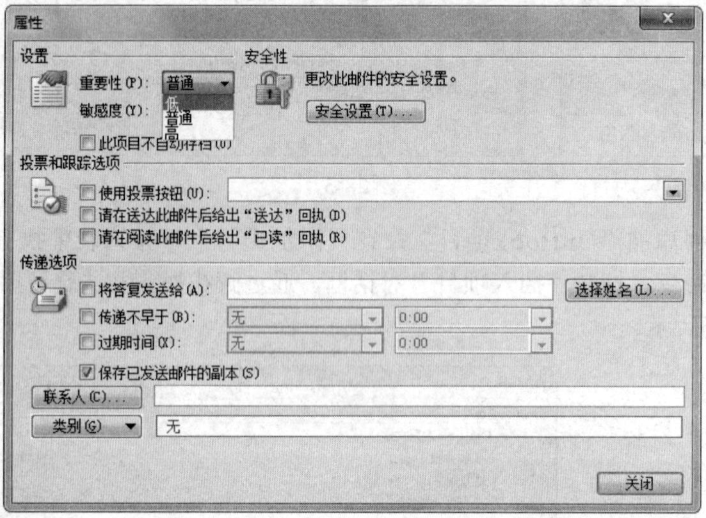


图8-9

（2）设置邮件的敏感度。

可以设置邮件的敏感度，以便保证邮件的私密性。敏感度分为普通、个人、私密、机密4个级别。

在“邮件”选项卡的“标记”组中，单击右下方的“对话框启动器”按钮，弹出“属性”对话框，在“设置”区域，单击“敏感度”右侧的下拉按钮，在其下拉列表中进行选择，如图8-10所示。

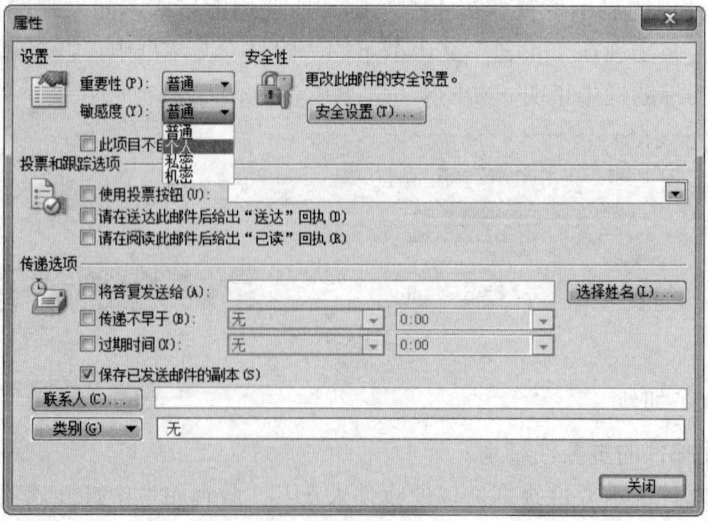


图8-10

（3）设置邮件的回执。

送达回执说明电子邮件已送达收件人的邮箱，但并不表明收件人已看到或阅读该邮件。已读回执说明邮件已被打开。在这两种情况下，如果邮件已被送达或阅读，都将收到一封邮件通知。邮件通知的内容随后会自动记录在“已发送邮件”文件夹内的原始邮件中。

在“邮件”选项卡的“标记”组中，单击右下方的“对话框启动器”按钮，弹出“属性”对话框，在“投票和跟踪选项”区域，选中“请在送达此邮件后给出‘送达’回执”或“请在阅读此邮件后给出‘已读’回执”复选框。

（4）标记邮件。

标记的电子邮件有助于更好地管理邮件，可为发件人或收件人创建待办事项。例如，发件人可以标记请求某一特定日期前所需的信息的电子邮件。当收件人收到该邮件时，还会显示一个标志。当在 Outlook 中打开该邮件后，将在阅读窗格的信息栏中和该邮件的顶部显示一条消息。

在“邮件”选项卡的“标记”组中，单击“后续标志”下拉按钮，在其下拉列表中执行“自定义”命令。打开“自定义”对话框，如图8-11所示。

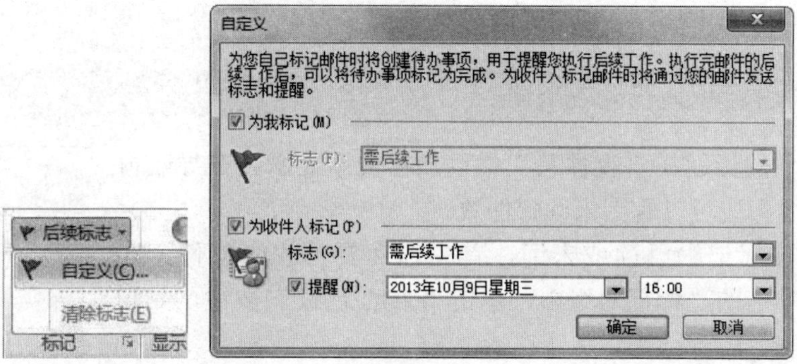


图8-11

在新建电子邮件时，“为我标记”就是为自己创建待办事项，用于提醒自己执行后续工作。执行完邮件的后续工作后，可以将待办事项标记为完成。

“为收件人标记”，可以设置“标志”和“提醒”，选择提醒的日期和时间，然后通过邮件把标志和提醒发送给收件人。

## 8.2.2 答复或转发邮件

### 1. 答复发件人

如果只想答复电子邮件的发件人，当邮件已选定但未在单独的窗口中打开时，在“开始”选项卡的“响应”组中，单击“答复”按钮。当邮件打开时，在“邮件”选项卡的“响应”组中，单击“答复”按钮，如图8-12所示。然后撰写邮件，完成后单击“发送”。

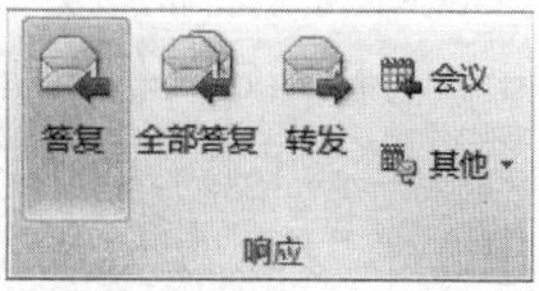


图8-12

默认情况下，答复电子邮件时，会在邮件正文中包含邮件原件。

当然，可以只答复电子邮件的发件人，也可以同时答复“收件人”和“抄送”字段中列出的所有其他人。很多情况下，不需要在答复中包括每个人。使用“全部答复”时要非常谨慎，尤其答复中有许多收件人或通讯组列表时。如果只需要与邮件发件人交流，“答复”是更好的选择。也可以删除不需要阅读答复的人员名称和通讯组列表。

如果要全部答复，当邮件已选定但未在单独的窗口中打开时，在“开始”选项卡的“响应”组中，单击“全部答复”按钮。当邮件打开时，在“邮件”选项卡的“响应”组中，单击“全部答复”按钮。然后撰写邮件，完成后单击“发送”按钮。

**2．转发邮件**

转发邮件时，需要在“收件人”、“抄送”和“密件抄送”文本框中指定收件人。该邮件将包括随邮件原件一起到达的任何附件。

当邮件已选定但未在单独的窗口中打开时，在“开始”选项卡的“响应”组中，单击“转发”按钮。当邮件打开时，在“邮件”选项卡的“响应”组中，单击“转发”按钮。然后撰写邮件，在“收件人”文本框中输入收件人的姓名，完成后单击“发送”按钮。

必须在“收件人”、“抄送”或“密件抄送”文本框中至少填写一个有效的电子邮件收件人，才能发送邮件。

### 8.2.3 将邮件标记为已读或未读

未读邮件的标题在“收件箱”中以加粗文本显示。在导航窗格的文件夹名旁边可以看到未读邮件数。

要将邮件标记为已读或未读，首先选择要更改的邮件，在“开始”选项卡的“标记”组中，单击“未读/已读”按钮，如图8-13所示。

图8-13

## 8.3 日历的基本操作

Outlook 2010 日历是Outlook 2010 的日历和计划组件，并与电子邮件、联系人和其他功能完全集成。使用日历可以创建约会、组织会议、安排任务等。

### 8.3.1 创建约会

约会是在日历中计划的活动，不涉及邀请其他人或保留资源。可以计划约会，按天、周或月查看约会和设置约会的提醒。通过将约会的时间指定为忙、闲、暂定或外出，可以指定其他人所看到的您的日历中的约会状况。

在“开始”选项卡的“新建”组中，单击“新建项目”下拉按钮，在其下拉列表中执行“约会”命令。在“主题”文本框中，输入说明。在“地点”文本框中，输入地点。输入会议开始和结束时间。选择所需的任何其他选项，如图8-14所示。

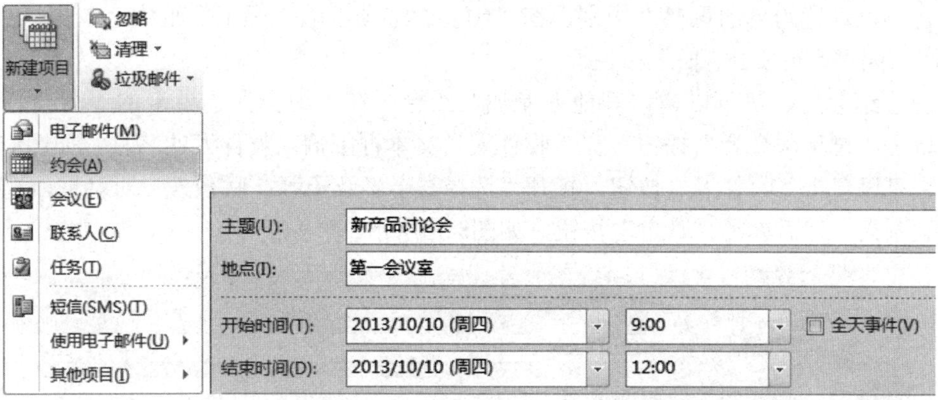


图8-14

若要使约会成为定期约会，在“约会”选项卡的“选项”组中，单击“重复周期”按钮。打开“约会周期”对话框，在“定期模式”区域中单击约会重复发生的频率（“按天”、“按周”、“按月”、“按年”），然后选定该频率的选项；在“重复范围”区域中设置“开始”时间和结束方式，然后单击“确定”按钮，如图8-15所示。

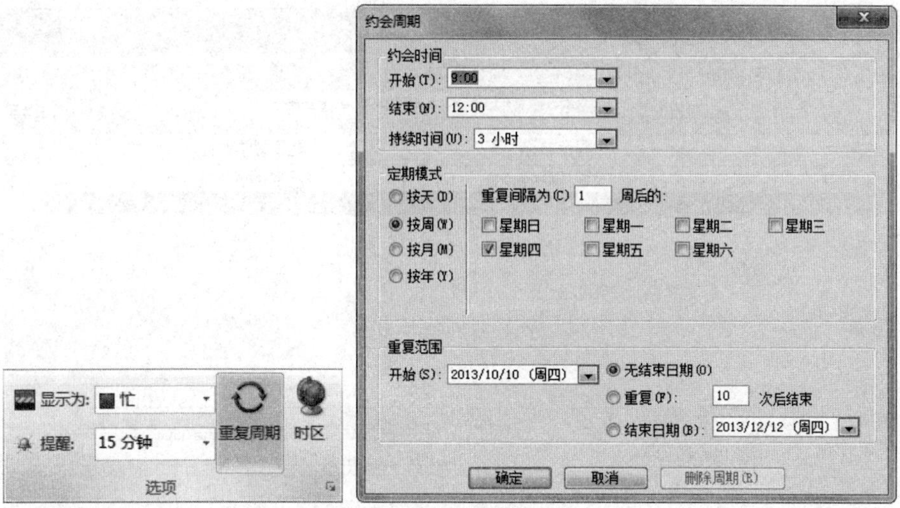


图8-15

对于创建的新约会，可以设置提醒。在“约会”选项卡的“选项”组中，单击“提醒”右侧的下拉按钮，在其下拉列表中选择在约会之前提前多长时间发出提醒，如图8-16所示。

可以将约会设置为“私密”，在“约会”选项卡的“标记”组中，单击“私密”按钮，如图8-17所示。

图8-16

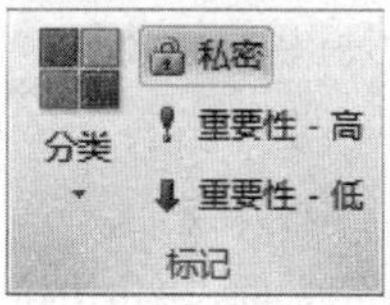


图8-17

也可以设置约会的重要性级别，在“约会”选项卡的“标记”组中，单击“重要性 - 高”或“重要性 - 低”按钮。

创建约会后，还可以邀请其他人参加此约会。在“约会”选项卡的“与会者”组中，单击“邀请与会者”按钮。在“收件人”文本框中输入收件人的名称，如图8-18所示。也可以单击“收件人”按钮，打开“选择与会者及资源：联系人”对话框，选择需要的联系人，然后单击“确定”按钮，如图8-19所示。

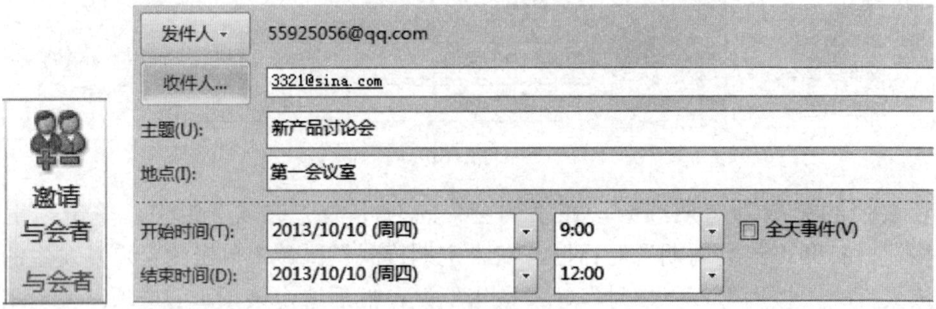


图8-18

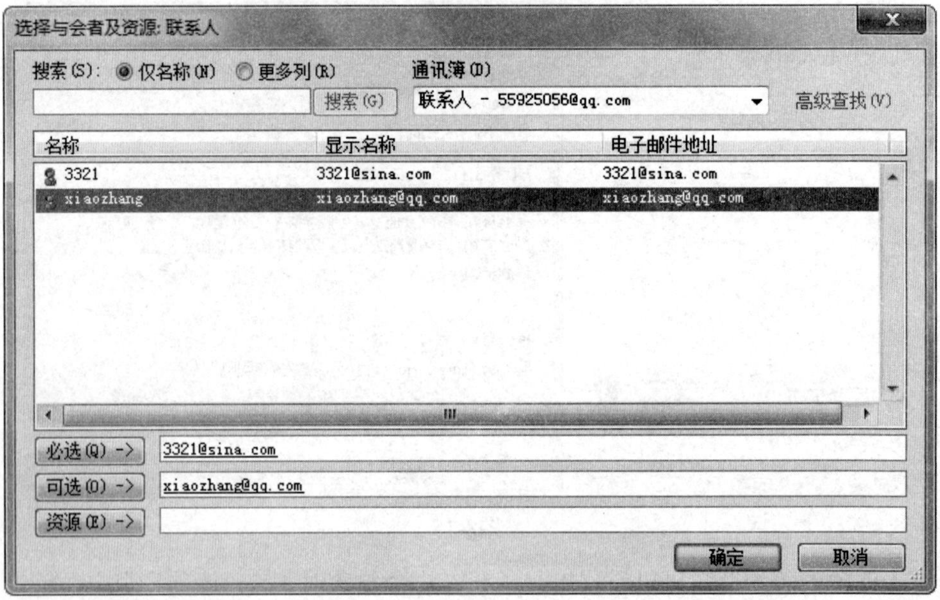


图8-19

## 8.3.2 组织会议

会议是邀请人员参加或为其预定资源的约会。可以创建并发送会议要求，并为面对面会议或联机会议预定资源。创建会议时，需要标识要邀请的人员和要预定的资源，并选出会议时间。对会议要求的响应显示在“收件箱”中。此外，还可以向现有会议中添加人员或重新安排会议。

在“开始”选项卡的“新建”组中，单击“新建项目”下拉按钮，在其下拉列表中执行“会议”命令。在“主题”文本框中输入说明，在“地点”文本框中输入地点，在“开始时间”和“结束时间”列表中，选择会议的开始时间和结束时间。如果这是一个全天事件，则选中“全天事件”复选框，如图8-20所示。

图8-20

可以在“收件人”文本框中输入收件人的名称，也可以在“会议”选项卡的“与会者”组中，单击“通讯簿”按钮，打开“选择与会者及资源：联系人”对话框。在“搜索”文本框中，输入希望邀请参加会议的与会者的姓名或会议所需资源的名称。从结果列表中选择相应的名称，单击“必选”、“可选”或“资源”按钮，然后单击“确定”按钮，如图8-21所示。“必选”和“可选”与会者会显示在“会议”选项卡的“收件人”文本框中，而“资源”显示在“地点”文本框中。

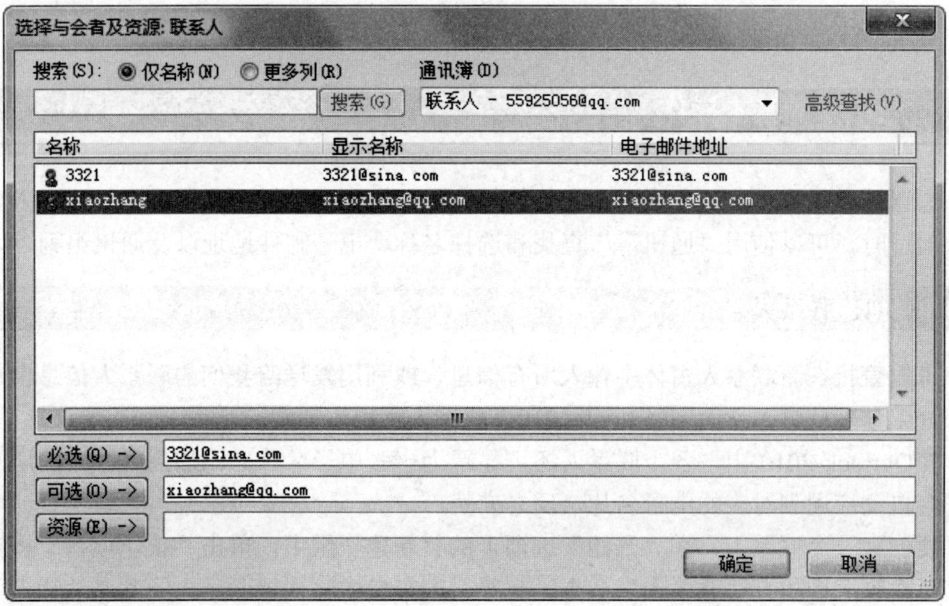


图8-21

若要使会议定期召开，在“会议”选项卡的“选项”组中，单击“重复周期”按钮。打开“约会周期”对话框，在“定期模式”区域中单击定期会议的重复召开频率（“按天”、“按周”、“按月”或“按年”），然后选择该频率对应的选项；在“重复范围”区域中设置“开始”时间和结束方式，最后单击“确定”按钮。

对于创建的新会议，还可以设置提醒。在“会议”选项卡的“选项”组中，单击“提醒”右侧的下拉按钮，在其下拉列表中选择在会议之前提前多长时间发出提醒。

### 8.3.3 安排任务

通常，一个事件会发生一次并可以持续一天或几天，可以使用Outlook安排任务。

在“开始”选项卡的“新建”组中，单击“新建项目”按钮，在其下拉列表中执行“任务”命令。在“主题”文本框中输入说明；在“开始日期”和“截止日期”列表中，选择任务的开始日期和截止日期；在“状态”、“优先级”和“完成百分比”列表中选择任务的相应情况；在“会议”选项卡下选中“提醒”复选框，选择提醒的日期和时间。

还可以将任务分配给其他人。在“任务”选项卡的“管理任务”组中，单击“分配任务”按钮，弹出其设置窗口。在“收件人”文本框中输入收件人的名称，操作方法与邮件相同，如图8-22所示。设置完成后，单击“发送”按钮。

图8-22

## 8.4 通讯簿的基本操作

通讯簿是根据 Outlook 联系人文件夹创建的通讯簿或地址列表的集合。当写入电子邮件地址时，可以使用“通讯簿”查找和选择名称、电子邮件地址以及通讯组列表。

### 8.4.1 创建联系人

可以直接在新联系人窗体中输入所有信息，或利用发送给我们的联系人信息自动填写部分或全部信息，从而向Outlook 2010“联系人”中添加新的联系人。

在Outlook 2010 中，各个联系人还可显示为一张电子名片。添加到联系人的所有信息都会自动应用到对应的电子名片，反之亦然。

要创建一个联系人，在“开始”选项卡的“新建”组中，单击“新建项目”按钮，在其下拉列表中执行“联系人”命令。在联系人窗口中输入该联系人的姓名，输入希望包含的有关该联系人的信息，如图8-23所示。

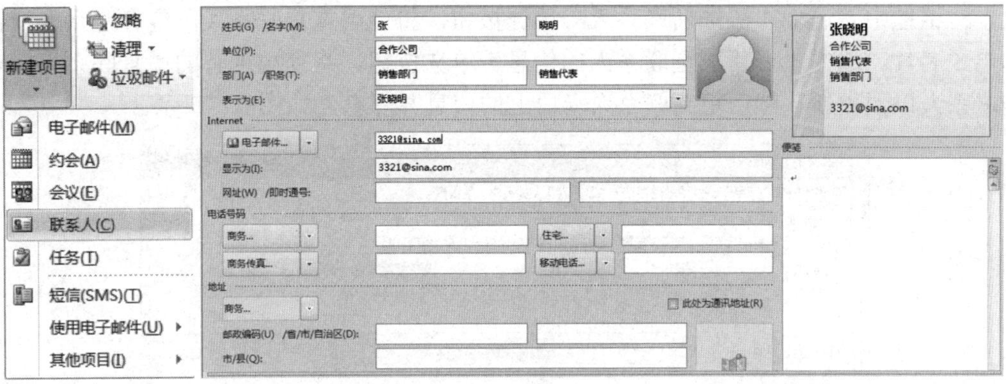

图8-23

填写完成后，在“联系人”选项卡的“动作”组中，单击“保存并关闭”按钮，如图8-24所示。

图8-24

## 8.4.2 添加新联系人

在许多情况下，不需要将新联系人的所有信息输入到Outlook 2010中，可以使用一些更轻松的快捷方式。

**1. 从收到的邮件添加联系人**

要从收到的邮件添加联系人，首先打开或预览包含要添加到联系人中的姓名的邮件。右击要成为联系人的发件人的姓名，在其快捷菜单上执行“添加到Outlook联系人”命令，如图8-25所示。然后在联系人窗口中输入希望包含的有关该联系人的信息。填写完成后，在“联系人”选项卡的“动作”组中，单击“保存并关闭”按钮。

**2. 从收到的电子名片添加联系人**

当保存在邮件中收到的电子名片时，可以创建一个新联系人。如果已有相同姓名的联系人，则可以将重复的联系人保存为一个新联系人或更新原始联系人。

在打开的邮件中，右击名片，然后在其快捷菜单上执行“添加到Outlook联系人”命令，如图8-26所示。将在联系人窗口中打开新联系人。然后在“联系人”选项卡的“动作”组中，单击“保存并关闭”按钮。

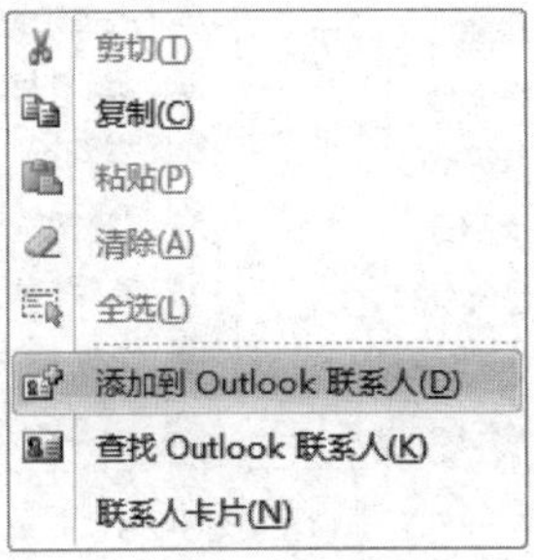

图8-25

图8-26

如果已有相同姓名的联系人，Outlook 将检测重复联系人。在“检测到重复的联系人”对话框中，选中“添加新联系人”单选按钮，将创建重复联系人，包含联系人窗口和电子名片。选中“更新所选联系人的信息”单选按钮，将列出现有的重复联系人。双击联系人以便更新，然后更新联系人窗口上的信息并保存，如图8-27所示。

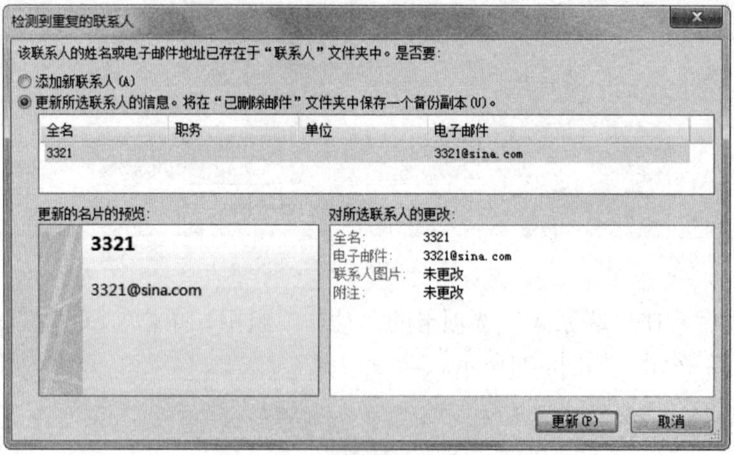


图8-27

## 8.5 数据保存

使用Outlook 2010时，需要一个用于保存电子邮件、日历、任务和其他项目的位置，此存储位置（称为数据文件）使用户可以在自己的计算机上保留数据。当 Outlook 2010将项目保存到计算机上时，使用一种称为 Outlook 个人文件夹文件（.pst）的数据文件。个人文件夹文件是家庭用户或小型组织在保存 Outlook 2010中的信息时最常使用的格式。

### 8.5.1 创建Outlook数据文件（.pst）

在“开始”选项卡的“新建”组中，单击“新建项目”按钮，执行“其他项目”命令，然后执行“Outlook 数据文件”命令，如图8-28所示。

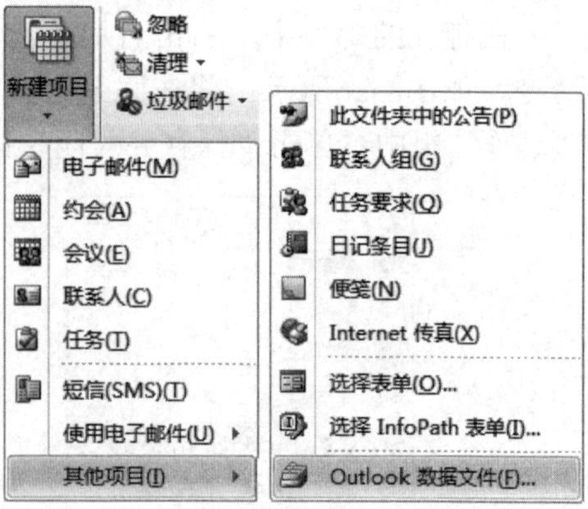


图8-28

在“创建或打开 Outlook 数据文件”对话框中的“文件名”文本框中，输入希望在 Outlook 导航窗格中显示的名称，然后单击“确定”按钮，如图8-29所示。

默认情况下，数据文件不受密码保护。若要为数据文件添加密码，在“创建或打开 Outlook 数据文件”对话框中选中“添加更多密码”复选框，然后单击“确定”按钮。打开“创建Outlook 数据文件”对话框，在“密码”和“验证密码”文本框中输入要使用的密码，如图8-30所示。

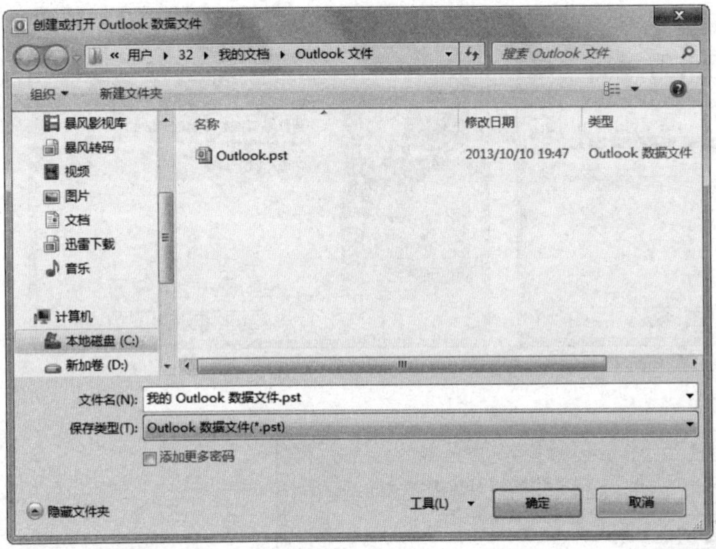


图8-29

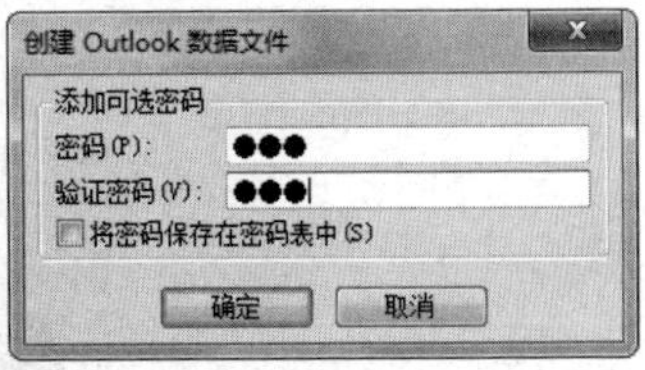


图8-30

## 8.5.2　将Outlook数据文件（.pst）导入Outlook

要将Outlook数据文件（.pst）导入到Outlook 2010中，需在“文件”选项卡下执行“打开”→“导入”命令，如图8-31所示。

打开“导入和导出向导”对话框，选择“从另一程序或文件导入”选项，再单击“下一步”按钮，如图8-32所示。

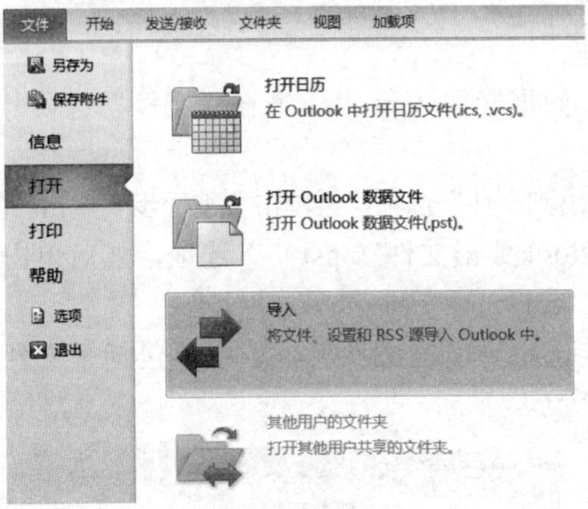


图8-31

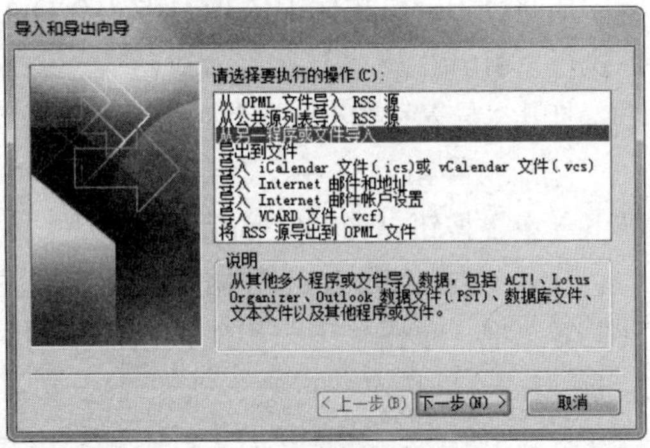


图8-32

打开“导入文件”对话框，选择“Outlook数据文件（.pst）”选项，然后单击“下一步”按钮，如图8-33所示。

打开“导入Outlook数据文件”对话框，在“导入文件”文本框中，输入想要导入的Outlook数据文件的路径及文件名，再单击“下一步”按钮，如图8-34所示。

在“导入Outlook数据文件”对话框，选择导入的文件夹，选中“包括子文件夹”复选框，再单击“完成”按钮，如图8-35所示。

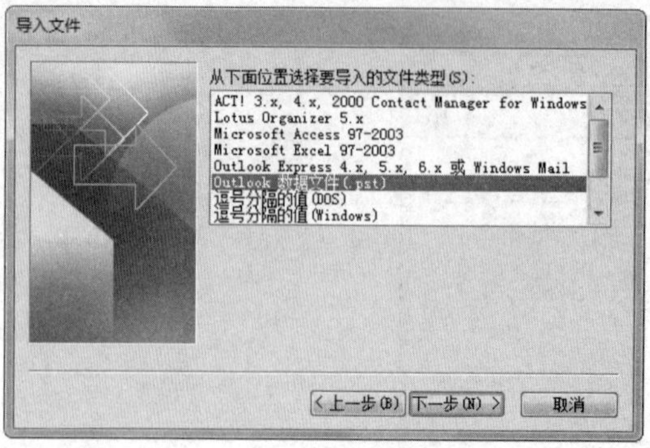

图8-33

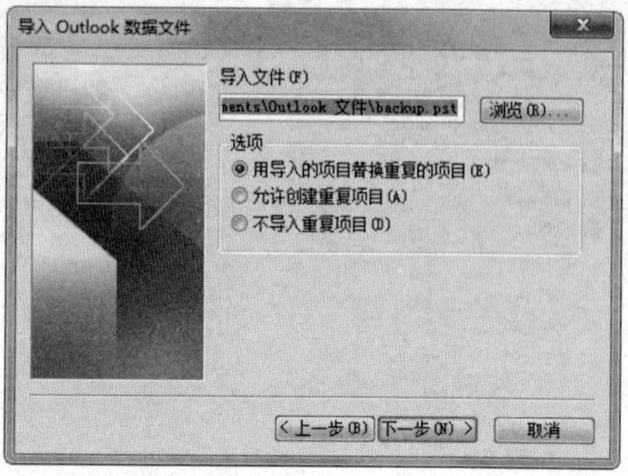

图8-34

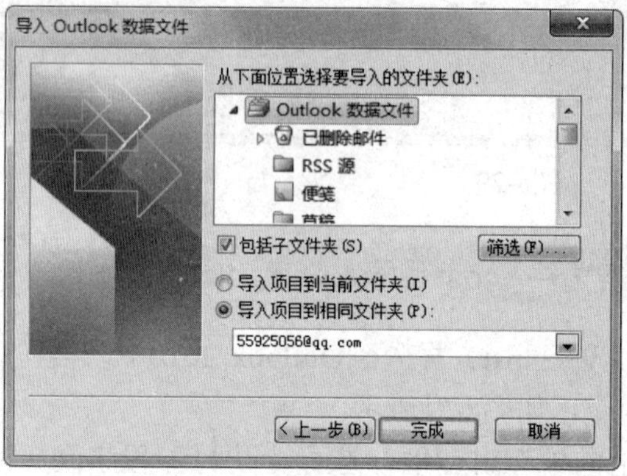

图8-35

## 8.5.3 将项目导出到Outlook数据文件（.pst）

要将Outlook 2010中的项目导入到Outlook数据文件（.pst），需在“文件”选项卡下执行“打开”→“导入”命令。

打开“导入和导出向导”对话框，选择“导出到文件”选项，再单击“下一步”按钮。

打开“导出到文件”对话框，选择“Outlook数据文件（.pst）”选项，然后单击“下一步”按钮，如图8-36所示。

打开“导出Outlook数据文件”对话框，选定导出的文件夹，选中“包括子文件夹”复选框，单击“下一步”按钮，如图8-37所示。

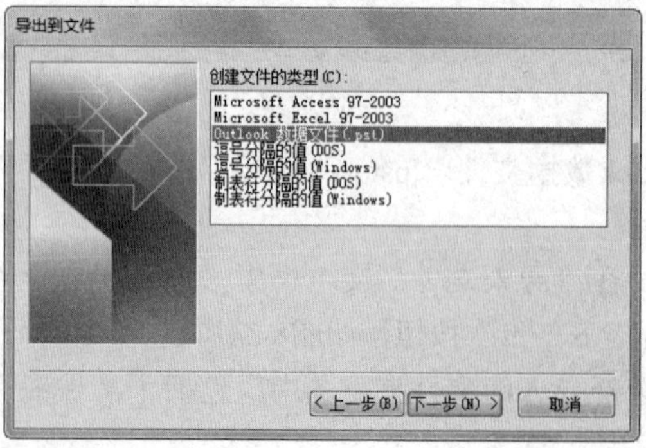

图8-36

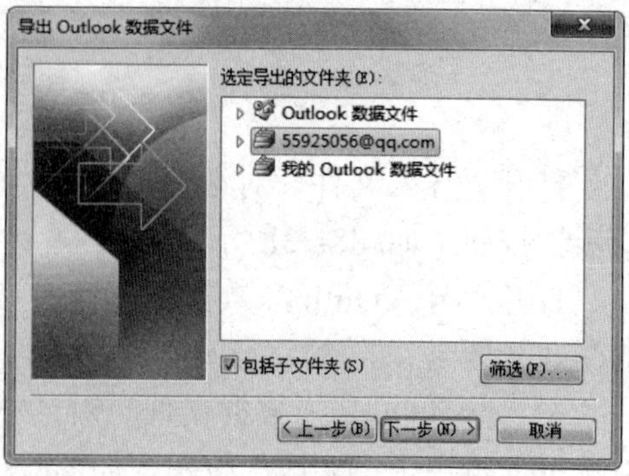

图8-37

打开“导出Outlook数据文件”对话框，在“将导出文件另存为”文本框中，输入想要导出的 Outlook数据文件的路径及文件名，再单击“完成”按钮，如图8-38所示。

打开“创建Outlook 数据文件”对话框，在“密码”和“验证密码”文本框中输入要使用的密码，单击“确定”按钮。

打开“Outlook数据文件密码”对话框，在“密码”文本框中输入上一步设置的密码，单击“确定”按钮，如图8-39所示。

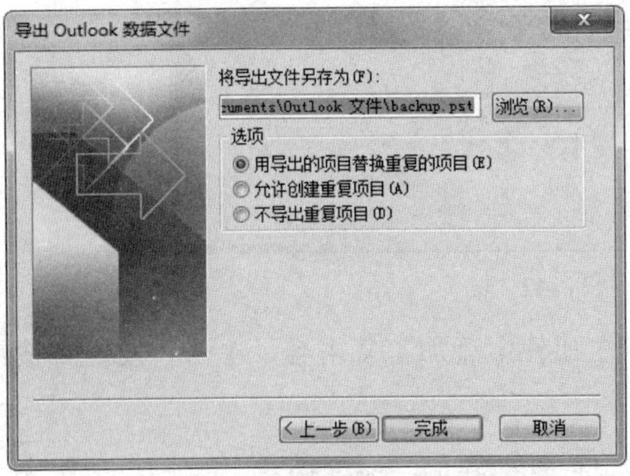


图8-38

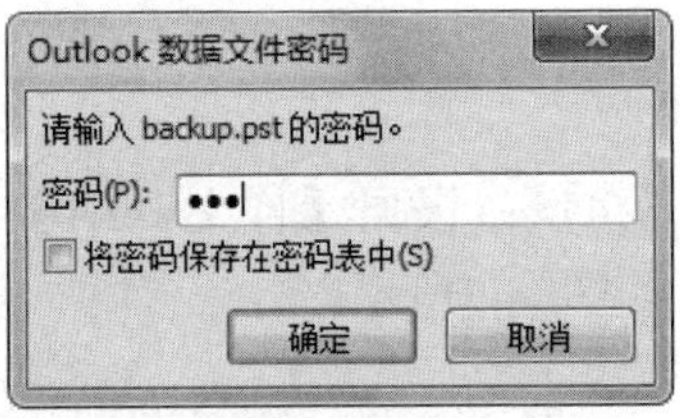


图8-39

## 8.6　样题解答

随书光盘中提供了本样题的操作视频。

进入Outlook，在“文件”选项卡下，单击“打开”选项下的“导入”按钮，根据“导入和导出向导”，将考生文件夹中的A8.pst导入Outlook。

**1．处理电子邮件**

第1步：在“收件箱”中，选择“王天楠”的邮件，单击“开始”选项卡下“响应”组中的“答复”按钮，如图8-40所示。

第2步：在答复邮件中的“邮件”选项卡下单击“添加”组中的“附加文件”按钮，如图8-41所示。

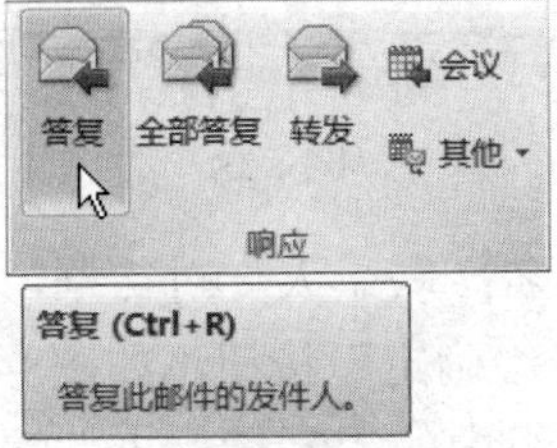


图8-40

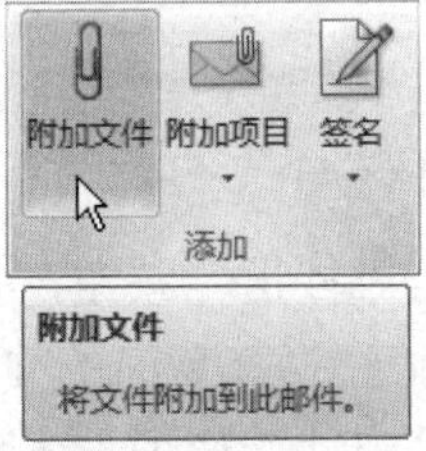


图8-41

第3步：打开“插入文件”对话框，根据试题描述所给路径，选择文件“KSWJ8-1.docx”，单击“插入”按钮，如图8-42所示。

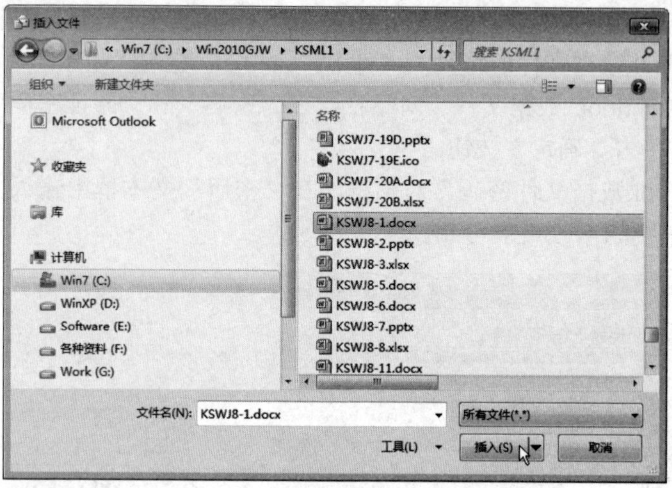


图8-42

第4步：根据【样文8-1A】所示，在邮件中添加答复内容，单击“发送”按钮即可，如图8-43所示。

图8-43

第5步：在“收件箱”中，选择“李明”的邮件，单击“开始”选项卡下“响应”组中的“转发”按钮，如图8-44所示。

第6步：在转发邮件中，在“收件人”后面的文本框中输入“王霞”的电子邮件地址“wangxia1013@163.com”，如图8-45所示。

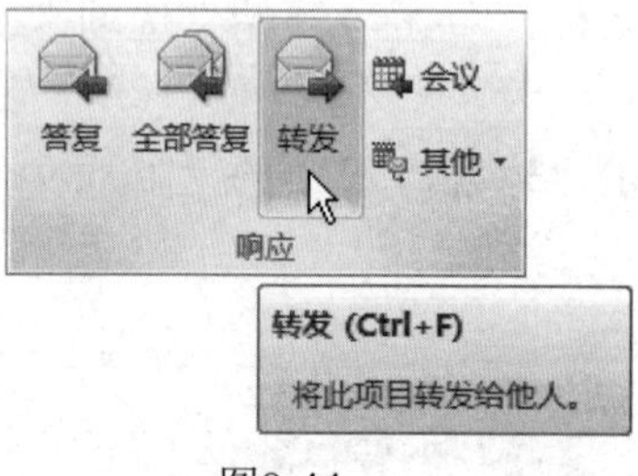


图8-44

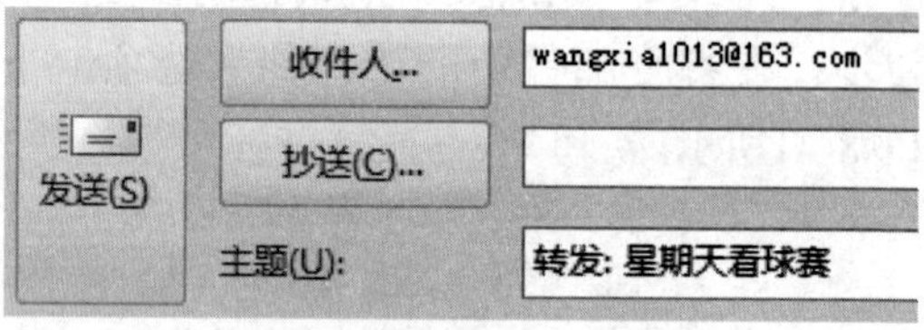


图8-45

第7步：单击“抄送”按钮，打开“选择姓名：联系人”对话框，双击“王冰”，即可将其添加到“抄送”后面的文本框中，单击“确定”按钮，如图8-46所示，

第8步：在“邮件”选项卡下单击“标记”组中的“后续标志”按钮，在弹出的下拉列表中执行“自定义”命令，如图8-47所示。

第9步：打开“自定义”对话框，仅勾选“为收件人标记”复选框，在“标志”下拉列表中选择“仅供参考”，单击“确定”按钮，如图8-48所示。

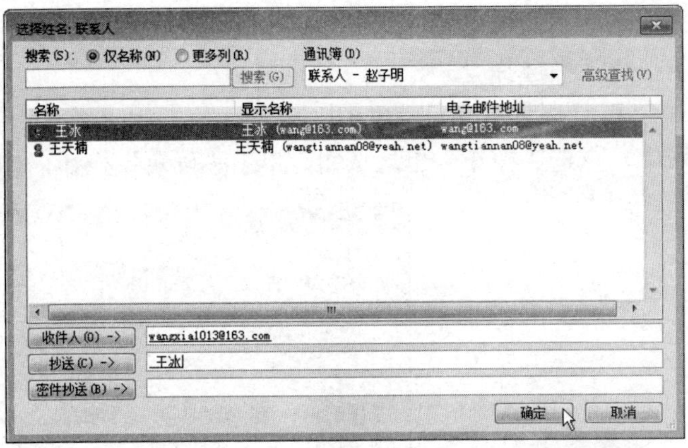


图8-46

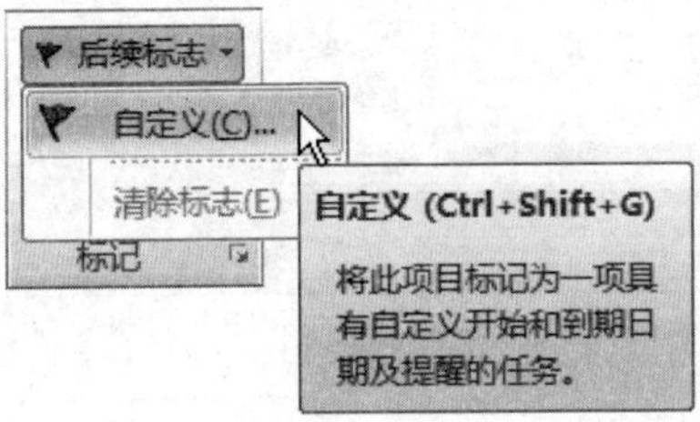


图8-47

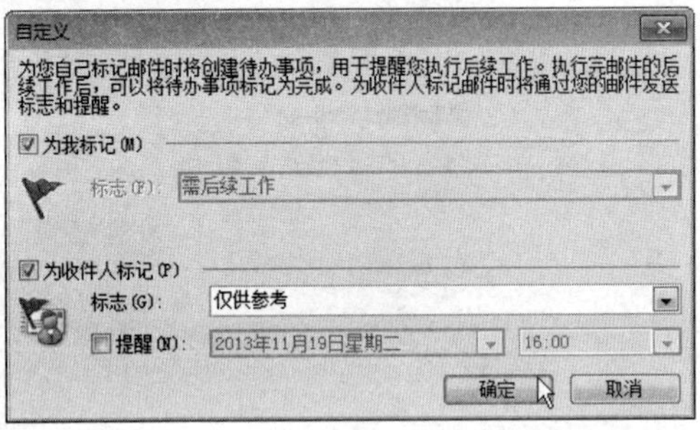


图8-48

第10步：在“邮件”选项卡下单击“标记”组中的“重要性 - 高”按钮，如图8-49所示，单击“发送”按钮即可。

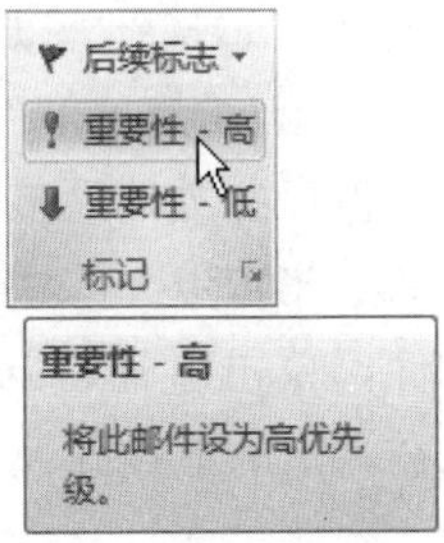


图8-49

## 2．调度日常安排

第11步：单击“开始”选项卡下“新建”组中的“新建项目”按钮，在弹出的下拉菜单中选择“约会”，如图8-50所示。

第12步：在约会邮件中，在“主题”文本框中输入“张蕴华老师的生日”，在“地点”文本框中输入“张老师的家”，在“开始时间”选择“2012年9月25日，18:00”，在“结束时间”选择“2012年9月25日，22:00”，如图8-51所示。

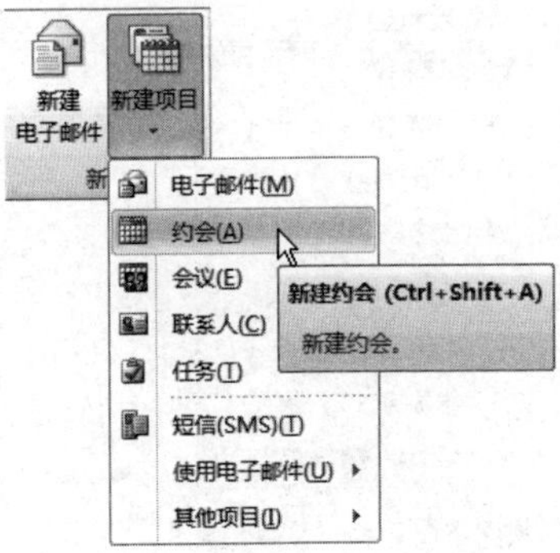


图8-50

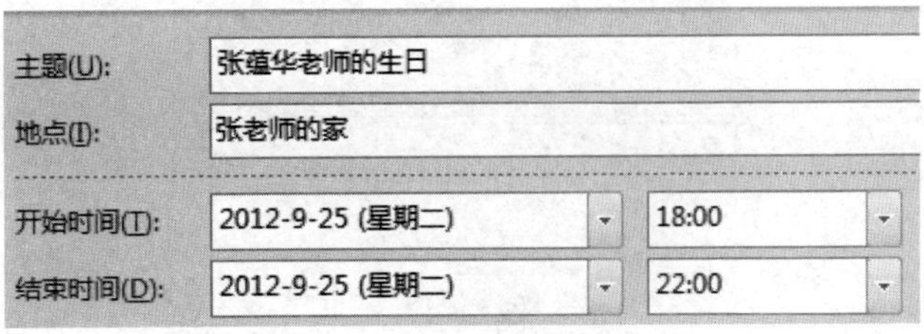


图8-51

第13步：在“约会”选项卡下的“选项”组中，单击“提醒”文本框后面的下三角箭头，在弹出的下拉列表中选择“3天”。

第14步：单击“重复周期”按钮，如图8-52所示。打开“约会周期”对话框，在“定期模式”区域中，点选“按年”单选按钮，单击“确定”按钮，如图8-53所示。

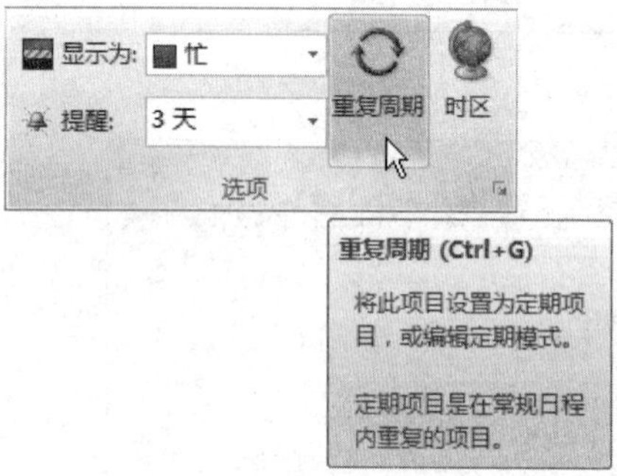


图8-52

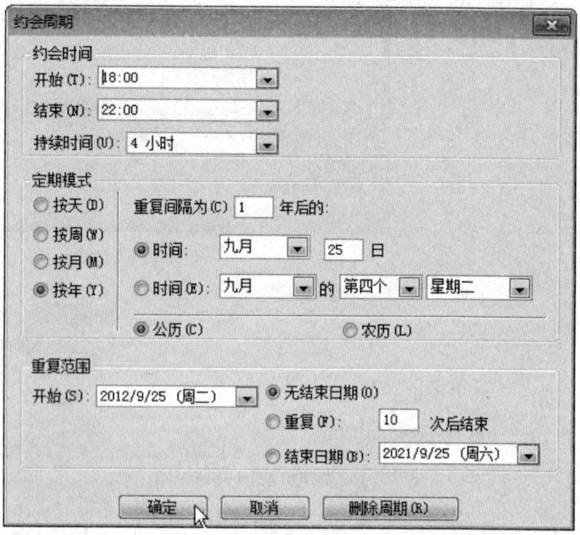


图8-53

第15步：单击“约会系列”选项卡下“标记”组中的“私密”按钮，如图8-54所示。

第16步：在“约会系列”选项卡下的“动作”组中单击“保存并关闭”按钮，如图8-55所示。

第17步：在“收件箱”中，选择主题为“教师节快乐”的邮件，单击“开始”选项卡下“标记”组的“后续标志”按钮，在弹出的下拉列表中执行“添加提醒”命令，如图8-56所示。

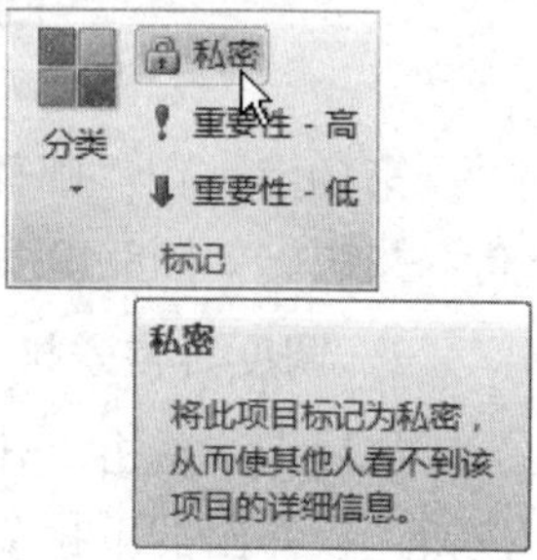


图8-54

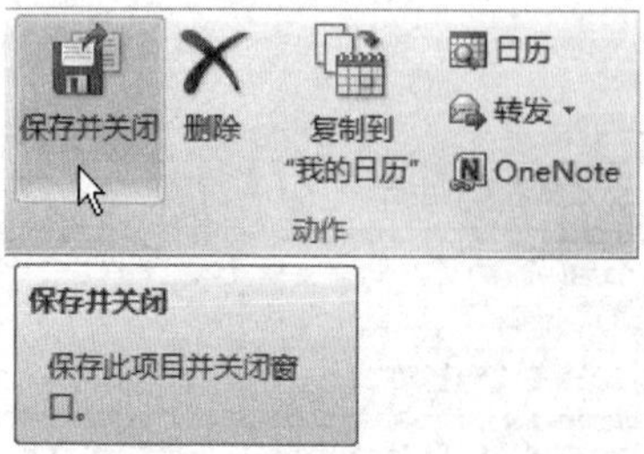


图8-55

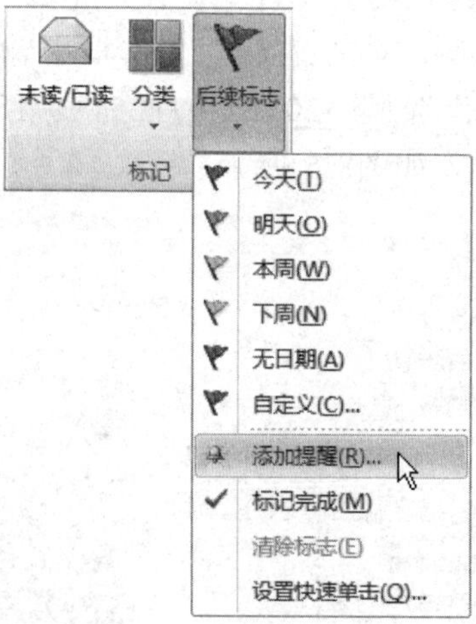


图8-56

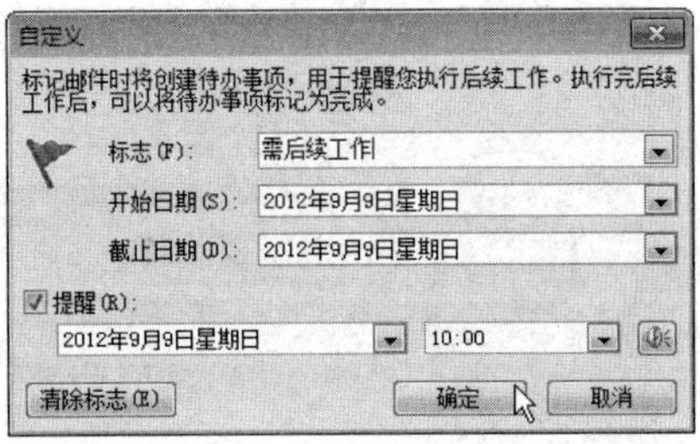


图8-57

第18步：打开“自定义”对话框，勾选“提醒”复选框，在日期下拉列表中选择“2012年9月9日”，在时间下拉列表中选择“10:00”，单击“确定”按钮，如图8-57所示。

第19步：单击“开始”选项卡下“新建”组中的“新建项目”按钮，在弹出的下拉菜单中选择“联系人”。打开联系人窗体，根据【样文8-1D】所示，键入联系人“王天楠”的相关信息，如图8-58所示。

第20步：填写完成后，在“联系人”选项卡下的“动作”组中单击“保存并关闭”按钮，如图8-59所示。

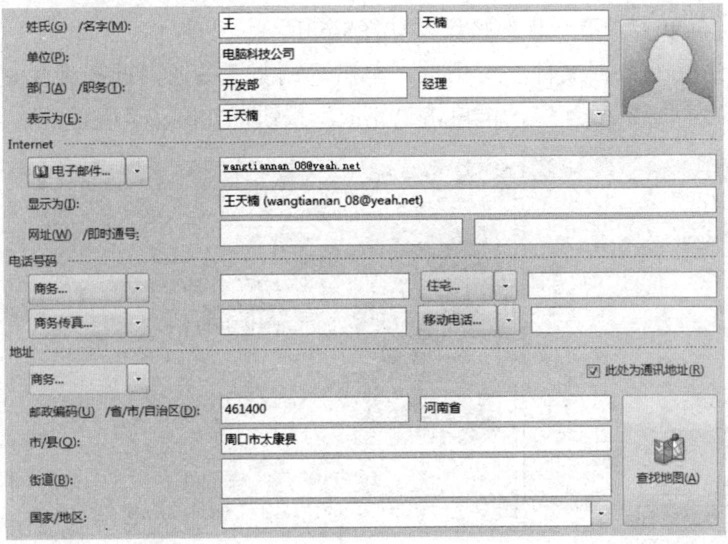


图8-58

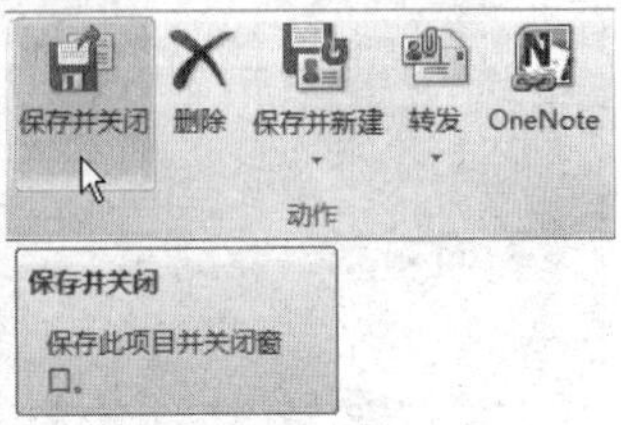


图8-59

### 3．保存电子邮件

第21步：在“文件”选项卡下，单击“打开”选项下的“导入”按钮，如图8-60所示。

第22步：打开“导入和导出向导”对话框，选择“导出到文件”，再单击“下一步”按钮，如图8-61所示。

第23步：打开“导出到文件”对话框，选择“Outlook数据文件（.pst）”，再单击“下一步”按钮，如图8-62所示。

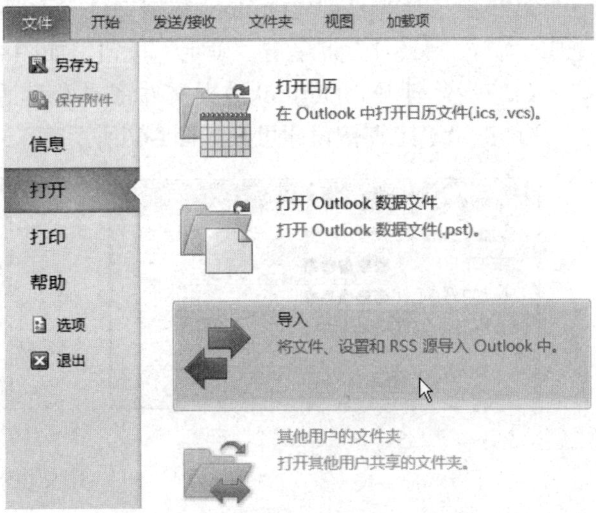


图8-60

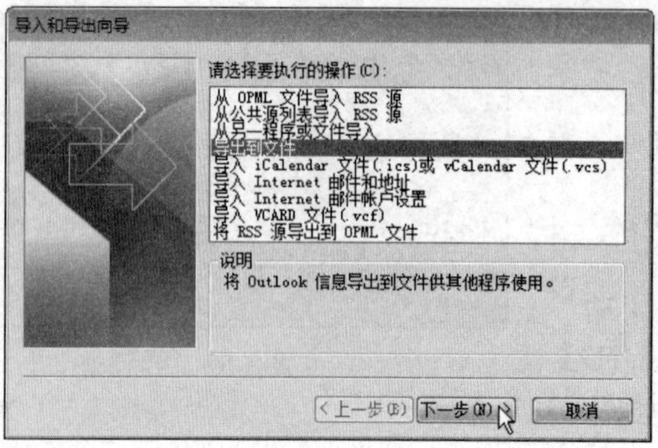


图8-61

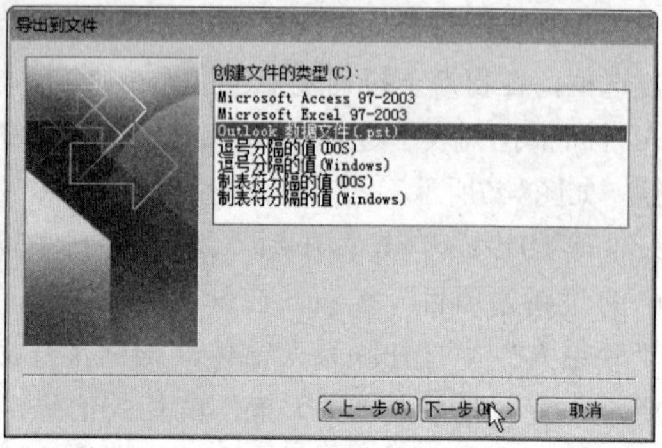


图8-62

第24步：打开“导出Outlook数据文件”对话框，选择“Outlook数据文件”，勾选“包括子文件夹”复选框，再单击“下一步”按钮，如图8-63所示。

第25步：打开“导出Outlook数据文件”对话框，单击“浏览”按钮，选择考生文件夹所在位置并输入文件名为“A8-A.pst”，再单击“完成”按钮，如图8-64所示。

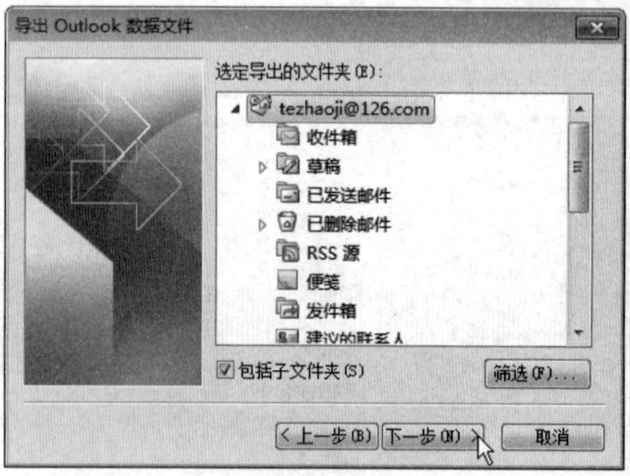


图8-63

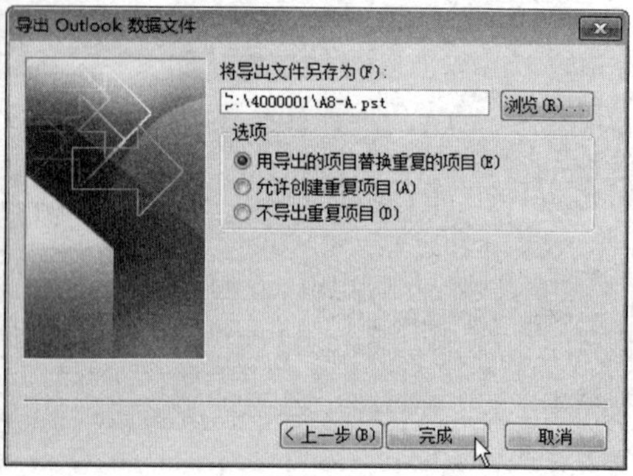


图8-64

第26步：打开“创建Outlook数据文件”对话框，在“密码”和“验证密码”文本框中均输入“ks8-1”，单击“确定”按钮，如图8-65所示。

第27步：打开“Outlook数据文件密码”对话框，在“密码”文本框中输入“ks8-1”，单击“确定”按钮即可，如图8-66所示。

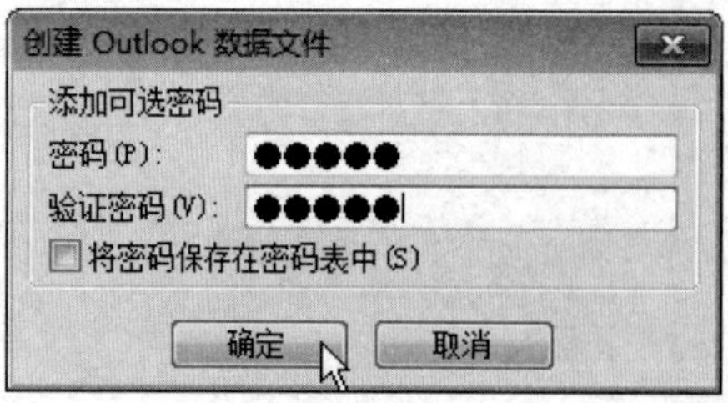


图8-65

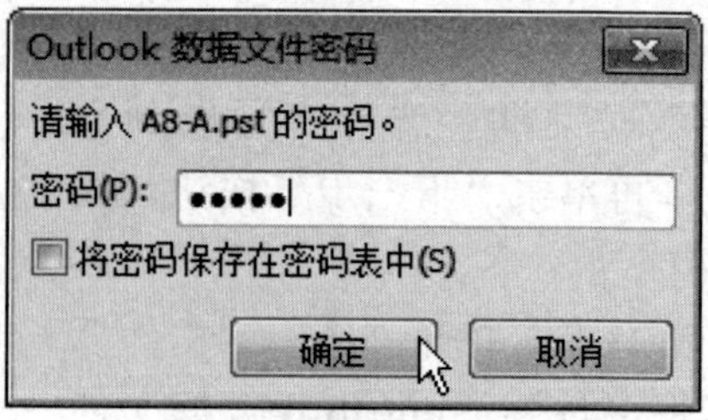


图8-66